ENZYKLOPÄDIE DER TIERWELT

VÖGEL

VÖGEL

ENZYKLOPÄDIE DER TIERWELT

BERATENDER AUTOR
Joseph Forshaw

ILLUSTRATIONEN VON
Dr. David Kirshner

Orbis Verlag

Produced by
Weldon Owen Pty Limited
43 Victoria Street, McMahons Point NSW 2060, Australia
Telex 23038; Fax (02)929 8352
A Member of the Weldon International Group of Companies
Sydney • Hong Kong • London • Chicago • San Francisco

Titel der Originalausgabe: Birds
Beratender Autor: Joseph Forshaw
Illustrationen: Dr. David Kirshner

www.orbis-verlag.de

Übersetzung: Dr. Derek Vinyard
Satz: Partner-Satz, Hamburg
Druck: Kyodo Printing, Singapore
Umschlaggestaltung: Büro Norbert Pautner, München
Printed in Singapore

ISBN 3-572-01378-X

S. Nielsen/DRK Photo

Umschlagseiten: Sanderlinge, eine Art von Strandläufern, suchen bei Sonnenuntergang die Küste nach Nahrung ab. Foto von Franz Lanting/ Minden Pictures.
Seite 1: Regenbogenspinte sitzen normalerweise auf augenfälligen Ansitzen und warten dort auf vorüberfliegende große Insekten wie Bienen, Wespen und Libellen. Foto von Geoff Langford.
Seiten 2–3: Kaiserpinguine wandern über die gefrorene antarktische Landschaft. Foto von Graham Robertson/AUSCAPE International.
Seiten 4–5: Die Stockente gehört zu den bekanntesten Enten überhaupt. Hier hebt eine gerade von einem Teich ab.
Seite 7: Der Rosalöffler ist in den Mangrovensümpfen der südlichen USA recht verbreitet.
Seiten 8–9: Diese Zwergflamingos wurden im frühen Morgennebel am Lake Nakuru (Kenia) aufgenommen. Foto von J. B. Davidson/Survival Anglia.
Seiten 10–11: Stockenten und ihre Verwandten findet man auf der ganzen Welt.
Seiten 12–13: Ziehende Schneegänse, fotografiert im Bosque del Apache Wildlife Refuge (USA). Foto von Jeff Foott/Survival Anglia.
Seiten 44–45: Kaptölpel sammeln sich in ihren Brutgründen in riesigen Schwärmen. Foto von V. Serventy/Planet Earth Pictures.

HERAUSGEBER:
Joseph Forshaw

DIE AUTOREN:

Dr. George W. Archibald
International Crane Foundation, Wisconsin, USA

Dr. Luis F. Baptista
California Academy of Sciences, San Francisco, USA

Dr. Anthony H. Bledsoe
University of Pittsburgh, USA

Dr. Walter J. Bock
Columbia University, New York, USA

Dr. P.A. Clancey
Durban National Science Museum, Südafrika

Dr. Charles T. Collins
California State University, New York, USA

Dr. Joel Cracraft
University of Illinois at Chicago, USA

Dr. Francis H.J. Crome
Commonwealth Scientific and Industrial Research Organization, Australien

Dr. John P. Croxall
British Antarctic Survey, Cambridge, England

G.R. Cunningham-Van Someren
National Museums of Kenya, Nairobi

Dr. S.J.J.F. Davies
Curtin University of Technology, Perth, Australien

Dr. Jon Fjeldså
University of Copenhagen, Dänemark

Dr. Hugh A. Ford
University of New England, Armidale, Australien

Clifford B. Frith
Queensland Museum, Australien

Dr. Stephen Garnett
scientific editor, Australien

Dr. Collin J.O. Harrison
British Museum (Natural History), London, England

Dr. Alan Kemp
Transvaal Museum, Pretoria, Südafrika

Dr. Scott M. Lanyon
Field Museum of Natural History, Chicago, USA

Terence Lindsey
Australian Museum, Sydney, Australien

Dr. Kim W. Lowe
Department of Conservation and Environment, Melbourne, Australien

S. Marchant
Woodside Petroleum Company, Australien

Dr. H. Elliott McClure
Walter Reed Army Institute of Research, Washington, USA

Penny Olsen
Commonwealth Scientific and Industrial Research Organization, Australien

Dr. Kenneth C. Parkes
Carnegie Museum of Natural History, Pittsburgh, USA

Dr. Robert B. Payne
Museum of Zoology, University of Michigan, USA

Dr. Christopher Perrins
Department of Zoology, Oxford University, England

Dr. Michael R.W. Rands
International Council for Bird Preservation, Cambridge, England

Ian Rowley
Commonwealth Scientific and Industrial Research Organization, Australien

E.A. Schreiber
Los Angeles County Natural History Museum, USA

Dr. Lester L. Short
City University of New York, USA

Dr. Peter J.B. Slater
University of St. Andrews, Scotland

Dr. G.T. Smith
Commonwealth Scientific and Industrial Research Organization, Australien

Alison Stattersfield
International Council for Bird Preservation, Cambridge, England

Dr. Frank Sturtevant Todd
Ecocepts International, San Diego, USA

Dr. Edwin O. Willis
Universidade Estadual Paulista, Sao Paolo, Brasilien

INHALT

VORWORT 10

ERSTER TEIL

DIE WELT DER VÖGEL

EINFÜHRUNG 14
Joseph Forshaw

VÖGEL SYSTEMATISCH BETRACHTET 19
Walter J. Bock

DIE VÖGEL IM WANDEL DER ZEITEN 23
Joel Cracraft

LEBENSRÄUME UND ANPASSUNG 27
Hugh A. Ford

DAS VERHALTEN DER VÖGEL 32
Peter J.B. Slater

GEFÄHRDETE ARTEN 37
Alison Stattersfield

ZWEITER TEIL

DIE ARTEN DER VÖGEL

RATITEN UND TINAMUS 46
S.J.J.F. Davies

ALBATROSSE UND STURMVÖGEL 50
J.P. Croxall

PINGUINE 55
Frank S. Todd

SEETAUCHER UND LAPPENTAUCHER 58
Jon Fjeldså

PELIKANE UND VERWANDTE 61
E.A. Schreiber

KRANICHE UND VERWANDTE 67
K.W. Lowe

GREIFVÖGEL 74
Penny Olsen

WASSERVÖGEL UND WEHRVÖGEL 81
Frank S. Todd

HÜHNERVÖGEL 88
Michael R.W. Rands

KRANICHE UND IHRE VERWANDTEN 95
George W. Archibald

WATVÖGEL UND STRANDVÖGEL 102
Colin J.O. Harrison

TAUBEN UND FLUGHÜHNER 114
Francis H.J. Crome

PAPAGEIEN 118
Joseph Forshaw

TURAKOS UND KUKUCKE 125
S. Marchant

EULEN, SCHWALME UND ZIEGENMELKER 128
Penny Olsen

SEGLER UND KOLIBRIS 134
Charles T. Collins

MAUSVÖGEL UND TROGONE 138
G.R. Cunningham-Van Someren

EISVÖGEL UND VERWANDTE 140
Joseph Forshaw und Alan Kemp

SPECHTE UND BARTVÖGEL 152
Lester L. Short

BREITMÄULER UND PITTAS 158
H. Elliott McClure

TÖPFERVÖGEL UND VERWANDTE 162
Edwin O. Willis

TYRANNEN UND VERWANDTE 166
Scott M. Lanyon

LEIERSCHWÄNZE UND DICKICHTVÖGEL 169
G.T. Smith

LERCHEN UND STELZEN 171
P.A. Clancey

SCHWALBEN 174
P.A. Clancey

STACHELBÜRZLER 176
P.A. Clancey

BÜLBÜLS UND FEENVÖGEL 177
P.A. Clancey

WÜRGER UND VANGAWÜRGER 180
P.A. Clancey

SEIDENSCHWÄNZE UND VERWANDTE 182
H. Elliott McClure

SPOTTDROSSELN UND BRAUNELLEN 183
H. Elliott McClure

WASSERAMSELN UND DROSSELN 185
C. Perrins

TIMALIEN UND ZAUNKÖNIGE 188
C. Perrins

GRASMÜCKEN UND SÄNGER 192
C. Perrins

STAFFELSCHWÄNZE UND VERWANDTE 196
Stephen Garnett

LAUFFLÖTER UND VERWANDTE 198
Stephen Garnett

MONARCHEN UND VERWANDTE 199
Stephen Garnett

MEISEN 202
C. Perrins

KLEIBER UND BAUMLÄUFER 204
C. Perrins

HONIGFRESSER UND VERWANDTE 205
Terence Lindsey

VIREOS 209
Kenneth C. Parkes

AMMERN UND TANGAREN 210
Luis F. Baptista

WALDSÄNGER UND STÄRLINGE 214
Kenneth C. Parkes

FINKEN 216
Anthony H. Bledsoe und Robert B. Payne

STARE UND VERWANDTE 223
Terence Lindsey

NEUSEELÄNDISCHE LAPPENVÖGEL 225
Terence Lindsey

DROSSELSTELZEN UND VERWANDTE 226
Ian Rowley

LAUBENVÖGEL UND PARADIESVÖGEL 228
Clifford B. Frith

KRÄHEN UND HÄHER 231
Ian Rowley

INDEX 234

QUELLENVERZEICHNIS 239

VORWORT

Der Ornithologe Oliver Austin sagte einmal: »Besitzt ein Tier Federn, ist es ein Vogel. Wenn nicht, ist es keiner.«

Federn und Flugfähigkeit sind die Begriffe, die Vögel definieren. Hinzu kommt ihre Fähigkeit, die innere Körpertemperatur zu erhalten (Warmblütigkeit, wie sie auch bei Säugern vorliegt), weshalb sie schließlich den größten Teil der Erde besiedelten.

Wie die Säugetiere entwickelten sich auch die Vögel aus Reptilien. Allerdings liegt diese Abspaltung nicht so lange zurück — etwa 160 Millionen Jahre. Anatomisch sind alle Vögel einander bemerkenswert ähnlich, ganz gleich, ob man nun einen schwirrenden Kolibri, einen segelnden Milan, den flugunfähigen Strauß oder einen tauchenden Pinguin vor Augen hat. Zudem tragen alle noch Schuppen auf Beinen und Füßen, ein sichtbares Erbe der Reptilien. Wenn Sie beim nächsten Mal eine Grasmücke auf einem Ast oder einen Greifvogel im Flug sehen, bewundern Sie die geometrische Anordnung ihrer Federn, die aus Schuppen entstanden sind, und denken Sie — nur einen Augenblick lang — an Reptilien.

Obwohl die Vögel an das Land gebunden sind, um zu nisten, ihre Eier auszubrüten und die Jungen aufzuziehen, ermöglicht ihnen ihre Fähigkeit zu fliegen, Fische auch in den fernsten Meeren zu fangen und Nahrung zwischen den Kliffen und Kakteen der trockensten Wüsten zu finden. Die unerreichte Leichtigkeit, mit der sie im Himmel und in den Baumwipfeln zu Hause sind, nimmt unsere Vorstellung gefangen. Keine anderen lebenden Tiere erreichen aus eigener Kraft solche Geschwindigkeiten oder können so lange Strecken zurücklegen wie Vögel. Es verwundert daher nicht, daß sie seit der Steinzeit die Menschen mit Neid erfüllten und deren Phantasie anregten.

Darüber hinaus besitzen viele Vögel auffallende Farben, Formen und Stimmen, die wir Menschen als ästhetisch empfinden. Analysen von Vogelgesängen bilden die Grundlagen unseres Verständnisses von der Kommunikation unter Tieren. Die Vögel waren es auch, die uns Modelle für die Verhaltensforschung, von Territorialität und Dominanz sowie besonders der Paarung, an die Hand gaben. Auffällige Federn und Kragen, Hauben und Hautlappen, gemeinsame Tanzflächen und erstaunliche Körperhaltungen charakterisieren die komplizierte Balz vieler Vögel. Andere Arten sammeln sich zum Brüten in gewaltigen Scharen. Die großen Kolonien der Flamingos und Pelikane, der Pinguine und Tölpel gehören zu den großartigsten Schauspielen der Natur überhaupt. Sie bilden darüber hinaus eine Schatzkammer mit leicht zugänglicher Information darüber, wie die Natur arbeitet.

Für Menschen eröffnet die Begegnung mit Vögeln eine Welt ästhetischer und intellektueller Freude — allerdings wird diese Welt täglich kleiner. Durch menschliches Verschulden ist heute jede neunte Vogelart vom Aussterben bedroht. Sollte es noch eine Hoffnung geben, diese Entwicklung aufzuhalten, liegt dies in wachsendem öffentlichen Interesse, und der Schlüssel hierzu ist das Verständnis für die Vögel. Das ist jedenfalls die Absicht dieses Buches.

William Conway
Direktor der New York Zoological Society, USA

Angelo Gandolfi

ERSTER TEIL
DIE WELT

DER VÖGEL

Peter Steyn/Ardea London Ltd

▲ Vögel sind durch Federn charakterisiert. Die Feinheit dieser Strukturen bietet die Möglichkeit einer weiten Spanne von Farben und Mustern unter den Vögeln, von gedämpften Braun- und Grautönen bis zu der wunderbar irisierenden Farbe dieses Kleinen Halsband-Nektarvogels.

EINFÜHRUNG

JOSEPH FORSHAW

Wissenschaftler unterteilen das Tierreich in größere Gruppen, um Klassifizierungen vornehmen zu können. Die bei weitem größte Gruppe ist die der Wirbellosen: Sie umfaßt etwa 95 Prozent der Millionen bekannter Tierarten, darunter Schwämme, Mollusken (Weichtiere), Arthropoden (Gliederfüßer) und Insekten. Zu den Wirbeltiergruppen, dies sind die Tiere mit einem Rückgrat, gehören die übrigen fünf Prozent der bekannten Arten. Man kann sie grob in Fische, Amphibien, Reptilien, Vögel und Säugetiere unterteilen. Die Klasse Aves (Vögel) besteht aus annähernd 9000 Arten, die (jedenfalls nach der Klassifizierung, der dieses Buch folgt) in 24 Ordnungen zusammengefaßt werden. Eine davon, die Passeriformes (als Passerinen oder Singvögel bekannt) enthält über die Hälfte aller bekannter Vogelarten. Die übrigen Ordnungen werden allgemein als Nicht-Passerinen zusammengefaßt. Vögel gibt es in unterschiedlichster Gestalt und Größe, vom Strauß *(Struthio camelus),* der eine Höhe von 2,5 Metern erreicht, bis zur Bienenelfe *(Mellisuga helenae),* die von der Schnabel- bis zur Schwanzspitze nur sechs Zentimeter mißt und damit vermutlich der kleinste Vogel ist. Es gibt große, flugunfähige Vögel und kleine, die in der Luft stillstehen und sogar rückwärts fliegen können, dazu beinahe jedes vorstellbare Zwischenstadium. Jedenfalls ist das entscheidende Merkmal, welches die Vögel sofort von allen anderen Tieren abhebt, der Besitz von Federn: Alle Vögel haben Federn.

GEFIEDER

Die Federn sind Bestandteil des Vogelgefieders. Sie sorgen für den mechanischen und thermischen Schutz. Zudem verleiht das Gefieder dem Körper eine Stromlinienform und reduziert dadurch die Reibung während des Fluges, bei der Fortbewegung über Land oder durch Wasser.

Es gibt verschiedene Typen von Federn. Die wichtigsten sind jedoch die Konturfedern, aus denen sich das normale, von außen sichtbare Gefieder zusammensetzt und die Daunen, die bei den meisten Vögeln als darunterliegende Schicht verborgen sind und in der Regel das Gefieder neugeschlüpfter Küken bilden. Bei den meisten Arten wachsen alle Federn, die keine Daunen sind, aus definierten Hautbereichen (den Pterylen) hervor. Die dazwischen liegenden Gebiete (die Apterylen) sind dagegen nackt. Das Gefieder eines Vogels wird regelmäßig in der Mauser erneuert.

Die Färbung und Musterung des Gefieders helfen den Vögeln, andere Individuen ihrer eigenen Art zu erkennen und spielen bei der Balz eine wichtige Rolle. Die blendende Anordnung der Gefiederfarben, die Vögel zur Schau stellen, ist auf Struktur- und Pigmentfarben innerhalb der Federn zurückzuführen. Strukturfarben beruhen entweder auf Interferenz mit dem Licht (das zum Irisieren führt) oder auf Lichtstreuungseffekten; die dafür verantwortlichen Strukturen befinden sich in den Fahnen und Strahlen der Federn. Pigmentfarben sind unter den Vögeln weit verbreitet und haben ihre Ursache in den Pigmenten. Das häufigste ist das Melanin, dasselbe dunkle Pigment, das beim Menschen in Haut, Haaren und Augen vorkommt. Viele Farben entstehen aus einer Kombination zweier oder mehr Pigmentfarben oder gar aus dem Zusammenspiel von Pigment- und Strukturfarben.

SCHNÄBEL UND FÜSSE

Schnabel und Füße bilden die anderen wichtigen Bestandteile des äußeren Erscheinungsbildes eines Vogels. Die enorme Bandbreite in Struktur und Form dieser Körperanhänge steht in starkem Gegensatz zu dem vergleichsweise eintönigen Gefieder. Der Schnabel bildet den vorstehenden, mit Hornschichten bedeckten Kiefer eines Vogels. Er muß dem Vogel ähnliche Dienste leisten wie den Menschen die Hände. Der Schnabel wird zum Nestbau, zur Gefiederpflege oder als Waffe im Zweikampf eingesetzt; seine Hauptaufgabe besteht allerdings im Sammeln der Nahrung, wobei verschiedene Nahrungsgrundlagen unterschiedliche Schnabelformen erfordern.

Auch in den Beinen (Tarsi) und Füßen gibt es strukturelle Unterschiede. So besitzen Vögel, die sich überwiegend auf dem Boden aufhalten, lange Beine, die gut an das Schreiten und Laufen angepaßt sind. Dagegen sind die Beine baumbewohnender Vögel kurz, um das Klettern und Hocken auf den Ästen zu erleichtern. Bei einigen Vögeln, besonders bei Bewohnern kalter Klimate, sind sowohl Beine als auch die Zehen befiedert.

Kein Vogel besitzt mehr als vier Zehen; einige haben drei, und als Ausnahme besitzt der Strauß sogar nur zwei. Bei den meisten Arten stehen drei Zehen nach vorn und die erste weist nach hinten. Es gibt allerdings Ausnahmen: So zum Beispiel bei den Mauerseglern (Familie Apodidae), deren sämtliche Zehen nach vorn gerichtet sind, oder bei den Papageien

▶ Die Größe der Vögel variiert von der winzigen Bienenelfe, die so klein ist, daß sie bequem in eine Streichholzschachtel hineinpaßt, bis zum Strauß, der an Höhe einen Menschen noch wesentlich übertrifft. Die Vielfalt ihrer Farben und Muster wirkt wie ein Kaleidoskop. Allerdings täuscht diese Vielfalt über eine grundsätzlich vorhandene Ähnlichkeit im Körperbau hinweg, und die Vögel variieren in ihrer Größe und im Grundkörperbau wesentlich weniger als die meisten anderen Tiergruppen.

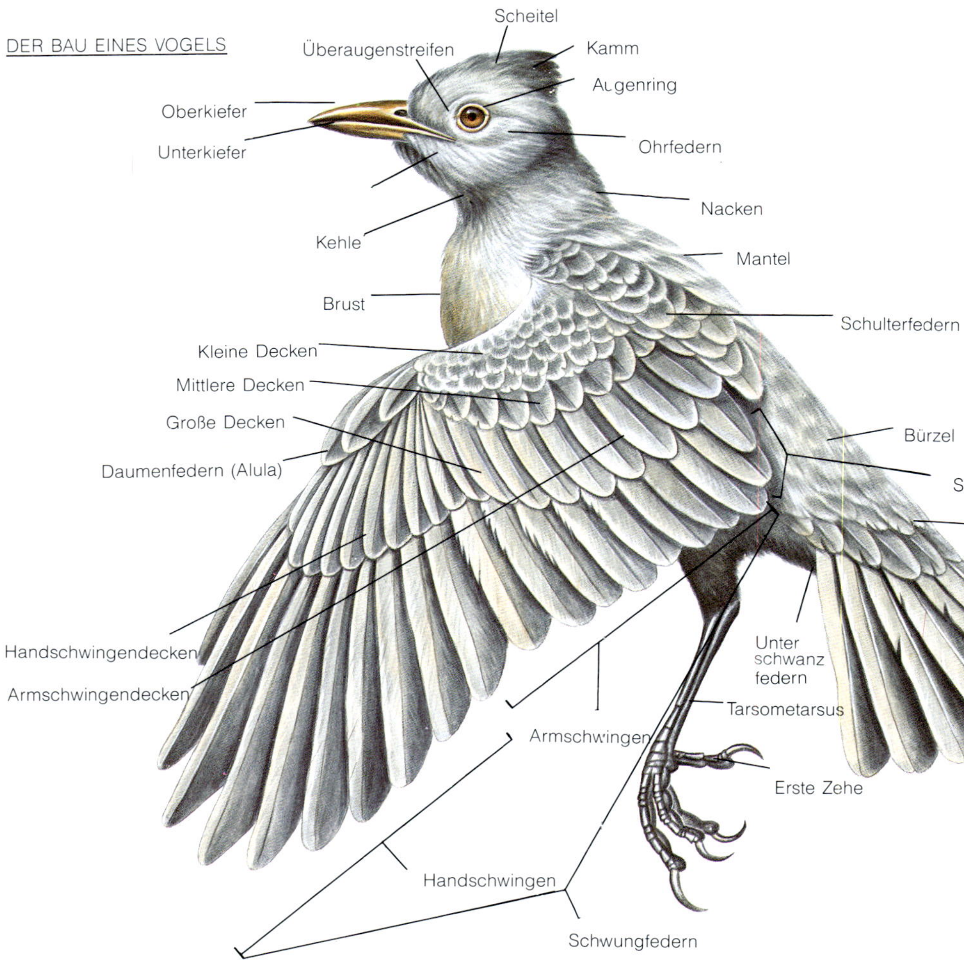

◀ Abgesehen vom Konturgefieder besteht ein größeres äußeres Merkmal in den großen Federn, die mit dem Flug zu tun haben: Die Handschwingen, (am Außenflügel), die Armschwingen (am Innenflügel) und die Schwanzfedern. Grob gesagt, sorgen die Flügel für den Auftrieb und der Schwanz für die Steuerung.

(Ordnung Psittaciformes) mit zwei nach vorn und zwei nach hinten gerichtete Zehen. Viele Vögel zeigen in ihren Füßen zudem strukturelle Abwandlungen. Am deutlichsten tritt dies bei schwimmenden Arten auf, deren mit Schwimmhäuten verbundene Zehen wie wirkungsvolle Paddel arbeiten.

SKELETT UND INNERE ORGANE

Die meisten der auffälligen Merkmale des Vogelskeletts stehen mit den beiden voneinander unabhängigen und spezialisierten Arten der Fortbewegung in Zusammenhang — dem Fliegen und dem Gehen. Beim typischen Vogel sind sowohl der Schulter- als auch der Beckengürtel besonders kräftig, da jeder von ihnen das gesamte Körpergewicht tragen muß,

DIE FEDERN EINES VOGELS

Der Bau einer Vogelfeder bildet eine außerordentlich erfolgreiche und sehr wirkungsvolle Kombination von Leichtigkeit und Belastbarkeit. Die Feder selber ist lediglich ein kompliziertes, hochspezialisiertes Erzeugnis der äußeren Hautschicht und besteht beinahe vollkommen aus einer sehr kräftigen Substanz mit dem Namen »Keratin«. Es ist (im Prinzip) dieselbe Substanz, aus der sich die menschlichen Haare und Fingernägel zusammensetzen.

Eine Konturfeder enthält zwei deutlich unterscheidbare Komponenten: Der zentrale Mittelschaft oder »Rachis« und die Fahne auf jeder Seite. Die Rachis besitzt kräftige Keratinwände und ist mit verhornten Zellen angefüllt, die entfernt an das Mark einiger Pflanzen erinnern. Ein ähnliches Material erfüllt auch die seitlich abzweigenden Äste, die zusammen die Fahne bilden. An den Seiten eines jeden Astes befinden sich Strahlen mit Häkchen daran, die sich mit den benachbarten Ästen verhaken und so der Feder ihre Formbeständigkeit geben.

Bei den Daunenfedern ist lediglich der Calamus oder die Basis der Rachis erhalten. Von der Spitze des Calamus aus weisen parallele Äste wie die Spitzen einer Krone nach außen, und dies verleiht der Daune ihre typische, flauschige Oberfläche.

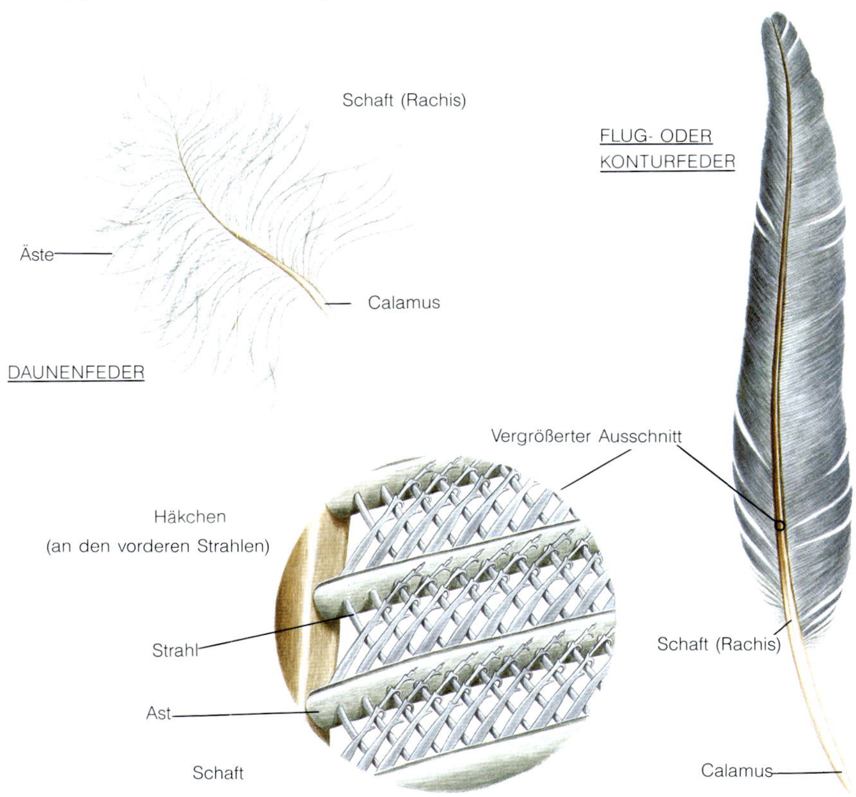

wenn der Vogel fliegt beziehungsweise geht. Das Skelett der Vorderextremität ist so modifiziert, daß Arm, Unterarm und Hand den Flügel stützen. Auch die Hinterextremität ist solcherart spezialisiert, daß einige Metatarsialia (Mittelfußknochen) miteinander verwachsen und verlängert sind, so daß das Bein den Eindruck erweckt, ein zusätzliches Segment zu besitzen.

Sieht man vom Genick einmal ab, ist die Wirbelsäule vergleichsweise unbeweglich, und zahlreiche Wirbel sind miteinander verwachsen. Der Schädel ist leicht gebaut und besitzt einen kompakten, runden Hirnkasten, der vom Gehirn beinahe bis an die Grenzen ausgefüllt wird. Der Schnabel ist am Schädel recht beweglich angebracht und erlaubt so dem Oberkiefer, sich zu bewegen, damit der Schnabel weiter aufgerissen werden kann. Diese Beweglichkeit des Oberkiefers ist bei den Papageien besonders ausgeprägt, bei den Ratiten (Laufvögeln) und wenigen anderen Vögeln jedoch kaum oder gar nicht zu finden. Bei vielen Vögeln ist das Skelett durch umfangreiche Pneumatisierung (d.h. die Knochen sind hohl und enthalten Luftsäcke) sehr leicht geworden. Ungeachtet ihrer Aushöhlung sind einige Knochen kräftig, denn sie besitzen innere, fachwerkartige Verstärkungen, die ihre Belastbarkeit erhöhen. Leichtigkeit und Belastbarkeit sind für den Flug unerläßlich.

Der Blutkreislauf wird von einem vierkammerigen Herzen beherrscht, dessen Bau von dem des vierkammerigen Säugerherzens abweicht. Dickwandige Arterien befördern das Blut unter hohem Druck vom Herzen in alle Körperbereiche. Die dünnwandigen Venen transportieren das Blut durch ein Netzwerk von Kapillaren innerhalb der Organe und Gewebe, ehe es zum Herzen zurückkehrt, und ausgesonderte Flüssigkeit wandern in die Lymphgefäße. Unter den Vögeln besitzen die ausdauernden Flieger ein verhältnismäßig größeres Herz als die weniger geschickten oder die Kurzstreckenflieger. Wie die Säugetiere sind auch die Vögel »warmblütig«. Obwohl diese Fähigkeit, die Körpertemperatur oberhalb derer der Umgebung zu halten, von beiden Gruppen unabhängig erworben wurde, ist die Physiologie der Wärmeregulation bei Säugern und Vögeln bemerkenswert ähnlich und bildet ein erstaunliches Beispiel paralleler Evolution.

Vögel verfügen über ein hoch spezialisiertes Atmungssystem. Die kleinen Lungen umfassen nur etwa zwei Prozent des Körpervolumens, allerdings sind die mit ihnen verbundenen Luftsäcke gut entwickelt, und beide zusammen bilden vielleicht bis zu 20 Prozent des Körpervolumens. Diese Luftsäcke befinden sich in verschiedenen Teilen des Körpers und spielen eine wichtige Rolle beim Durchströmen der Atemluft.

Der Verdauungstrakt eines Vogels entspricht im Prinzip dem anderer Wirbeltiere und besteht aus einer gewundenen Röhre oder Darm, der vom Maul bis zum After führt. Die Nahrung gelangt vom Maul in die Speiseröhre und von dort in den Kropf; dieser bildet eine dünnwandige, dehnbare Tasche der Speiseröhre, in der die Nahrung bis zur anschließenden Verdauung aufbewahrt wird. Auch bei der Fütterung der Jungen wird die Nahrung aus dem Kropf herausgewürgt. Der Kropf ist bei körnerfressenden und vielen fleischfressenden Vögeln gut entwickelt, weniger bei anderen Arten, und bei einigen insektenfressenden Vögeln ist er überhaupt nicht vorhanden. Der Proventriculus und der Ventriculus oder Muskelmagen entsprechen zusammen dem Magen der Säugetiere; sie sind wiederum bei körnerfressenden Arten gut entwickelt. Vom Muskelmagen aus wandert die Nahrung in das Duodenum (Zwölffingerdarm) und den Darm, wo sie zu Ende verdaut und der unverwertbare Rest schließlich durch den Anus ausgeschieden wird. Da Vögel keine Harnblase besitzen, werden stickstoffhaltige Abfallprodukte in Form von Harnsäure, einer halbfesten, pastösen Substanz, ausgeschieden, nachdem das Wasser in der Kloake absorbiert wurde. Die Kloake bildet eine gemeinsame Öffnung, durch die alle Produkte der Fortpflanzungs-, Verdauungs- und Ausscheidungssysteme hindurchtreten. Einige Vögel, wie etwa Eulen, entledigen sich der unverdaulichen Bestandteile ihrer Nahrung in Form von gepreßten Bündeln (Gewölle), die sie durch das Maul hervorwürgen.

DIE SINNESORGANE

Der allgemeine Bau des Vogelauges ähnelt dem, den man bei allen Wirbeltieren findet. Allerdings führten die außergewöhnlich gut entwickelten und leistungsfähigen Augen, die man bei allen Vögeln, besonders jedoch bei einigen Greifvögeln und nächtlich lebenden Arten findet, die Ornithologen zu dem Schluß, daß der Gesichtssinn die größte Bedeutung besitzt.

Versuche, das Hörvermögen von Vögeln zu bestimmen, waren nur zum Teil von Erfolg gekrönt. Allerdings stellte sich heraus, daß die wenigen gemessenen Gehörfunktionen eine ähnliche Empfindlichkeit aufwiesen wie bei Menschen. Man fand eine höhere Leistungsfähigkeit in dem Vermögen, verschiedene aufeinanderfolgende Töne zu unterscheiden, die so rasch wiederholt wurden, daß sie für das menschliche Ohr unentwirrbar verschmolzen. Vögel verfü-

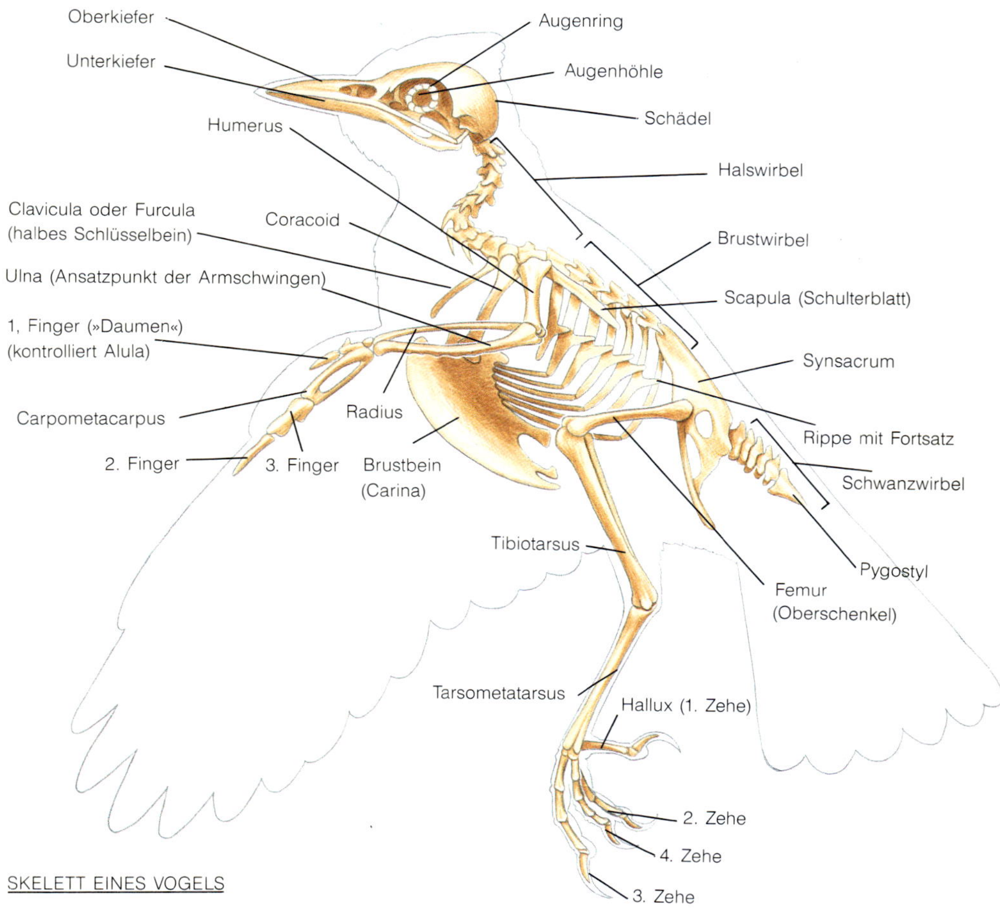

SKELETT EINES VOGELS

▲ Obwohl das Skelett eines Vogels im Prinzip dem anderer Wirbeltiere ähnelt, ist es in hohem Maße modifiziert, um den aktiven Flug zu unterstützen. Die Knochen der Hand sind beispielsweise verwachsen und bilden eigentlich einen einzigen Finger, der die Schwungfedern trägt. Zu den anderen typischen Vogelmerkmalen gehören die nach hinten weisenden Fortsätze (»Processus uncinati«) an jeder Rippe sowie eine vorstehende, kielähnliche Struktur am Sternum oder Brustbein, die dabei hilft, die enormen Brustmuskeln zu verankern, die ihre Kraft auf die Flügel übertragen.

Längsschnitt durch einen Knochen

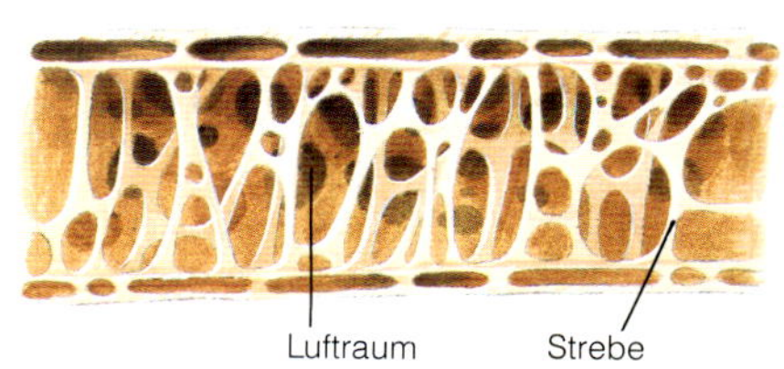

▲ Die langen Knochen der Gliedmaßen (und bei einigen Vögeln auch viele andere Knochen im Körper) sind dünnwandig und hohl, innen allerdings in komplizierter Weise mit Spangen und Balken versehen, um bei geringstmöglichem Gewicht die maximale Stärke und Belastbarkeit zu erzielen.

Die Brut einer Kleinen Mantelmöwe schlüpft in einer Kolonie in Wales.

Kathie Atkinson

▶ Ein Baby-Vogel bricht mit Hilfe seines an der Schnabelspitze gelegenen »Eizahns« durch die Eierschale. Dieses Merkmal ist nur bei gerade geschlüpften Tieren sichtbar und wird danach etwa innerhalb eines Tages abgestreift oder absorbiert.

Kathie Atkinson

▶ Naß und schmutzig, ruht sich das eben geschlüpfte Küken von seinen Anstrengungen aus. Bei einigen Arten stoßen die Küken, während sie sich noch im Ei befinden, piepende Laute aus, und es hat sich gezeigt, daß diese Rufe das Schlüpfen der anderen Küken im Gelege beschleunigen und damit die Chance verbessern, daß alle gleichzeitig ihre Eier verlassen.

Kathie Atkinson

▶ Vögel wie diese, deren Küken mit einem Daunenkleid, mit offenen Augen und voll beweglich zur Welt kommen, sind als frühreif bekannt. Einige können sogar sofort selber fressen. Aber selbst dann vergehen einige Tage, ehe der Jungvogel vollständig fähig ist, seine Körpertemperatur zu regulieren, und die Eltern müssen häufig auf den Jungen sitzen, um diese vor Regen und extrem heißem oder kaltem Wetter zu schützen.

gen offenbar über angemessen entwickelte Geruchsorgane; bei einigen Arten scheint der Geruchssinn allerdings nur schwach entwickelt zu sein und eine untergeordnete Rolle zu spielen.

WIE VÖGEL SICH FORTPFLANZEN

Alle Vögel legen Eier, innerhalb derer sich die Entwicklung des Embryos nach und nach vollzieht. Allerdings ist diese Art der Fortpflanzung in anderen Tiergruppen weit verbreitet. Wie es bei der Mehrzahl der Wirbeltiere der Fall ist, besitzt das erwachsene Männchen Hoden und das Weibchen Eierstöcke; allerdings ist bei nahezu sämtlichen Vogelarten nur noch der linke Eierstock funktionstüchtig. Während der Kopulation wird die Kloake bei beiden Geschlechtern hervorgestülpt, so daß das Sperma vom Männchen zum Weibchen übertragen werden kann. Bei einigen Vögeln jedoch (etwa bei zahlreichen Enten und Ratiten) sind Teile der männlichen Kloake so modifiziert, daß sie einen Penis bilden. Die Befruchtung der aus dem Eierstock entlassenen Eier erfolgt im oberen Eileiter. Anschließend wird jedes Ei, wenn es den Eileiter entlang wandert, mit Schichten von Eiweiß bedeckt. In der weiteren und weitgehend dehnbaren Gebärmutter wird das Ei mit Schale und mit Farbstoffen vervollständigt und dann, durch Vagina und Kloake wandernd, nach außen in das Nest abgegeben.

Die Entwicklung des Embryos erfordert, daß das Ei im richtigen Temperaturbereich erhalten wird. Dies wird in der Regel durch Körperkontakt mit einem der Eltern erreicht, und viele Arten haben Brutflecken entwickelt, also unbefiederte, reich durchblutete Körperareale. Der Altvogel läßt sich auf dem Nest so nieder, daß ein oder mehrere Brutflecken ein oder mehrere Eier bedecken, und indem sich die Eltern regelmäßig ablösen oder zum Fressen kurze Pausen einlegen, werden die Eier ausgebrütet, bis die Küken durch die Schale brechen. Die Brutzeiten sind von unterschiedlicher Länge; sie können bei einem großen Albatros bis zu 80 Tagen oder bei einigen kleinen Passerinen nur 10 Tage betragen.

John Daniels/Ardea London Ltd

▶ Diese Rotkehlchen-Brut ist schon beinahe flügge (darunter versteht man den Erwerb eines vollständigen Federkleides und der Fähigkeit zum Flug). Das Rotkehlchen ist ein Nesthocker: Die Küken sind nach dem Schlüpfen nackt, blind und hilflos und über mehrere Wochen vollständig von der Ernährung und Fürsorge durch ihre Eltern abhängig, ehe sie das Nest verlassen können.

VÖGEL SYSTEMATISCH BETRACHTET

WALTER J. BOCK

Die Verschiedenartigkeit einer Tiergruppe wie der Vögel ließe sich in diesem Buch ohne Anwendung einer bewährten Systematik kaum überblicken. Sie ermöglicht den Biologen, eine gewaltige Menge biologischer Information in wirkungsvoller Weise zusammenzufassen. So lassen sich die Vögel als Glieder des Tierreichs, des Stammes der Chordaten, des Unterstammes Wirbeltiere und der Klasse Aves einteilen, woraus hervorgeht, daß jeder einzelne Vogel unter anderem Kiemenschlitze, einen am Rücken gelegenen hohlen Nervenstrang, eine Wirbelsäule, ein Neuralrohr sowie Federn und zu Flügeln umgewandelte Vordergliedmaßen besitzt.

DIE SYSTEMATIK DER VÖGEL

Die Klasse Aves wird in Ordnungen unterteilt — nach der diesem Buch zugrundeliegenden Systematik sind es 24. Allerdings existieren zusätzliche Ordnungen, in denen sich ausschließlich ausgestorbene Vögel befinden. Kann man einen Vogel als eine Eule, Ordnung Strigiformes, einordnen, so sagt uns dies, daß er neben anderen Merkmalen über einen knöchernen Bogen auf dem Radius verfügt. Handelt es sich bei dem Vogel um einen Nashornvogel, Familie Bucerotidae, wissen wir, daß die ersten beiden Halswirbel zu einer Einheit verschmolzen sind. Jede Ordnung wird in Familien unterteilt (etwa 165), jede Familie in Gattungen (etwas über 2000) und jede Gattung in Arten (etwas mehr als 9000).

Es darf nicht verschwiegen werden, daß über die Grenzen einiger Gruppen sowie über die Verwandtschaftsverhältnisse zwischen Ordnungen und zwischen den Familien einer Ordnung noch längst keine Einigkeit besteht. Allerdings sind die meisten der in diesem Werk besprochenen Gruppen auf der Familienebene wohl begründet und behalten ihre Gültigkeit auch dann, wenn mehr über die Verwandtschaftsverhältnisse der Vögel untereinander bekannt wird.

WAS IST EINE ART?

Eine Art ist als eine Gruppe sich tatsächlich oder potentiell miteinander fortpflanzender Populationen oder Organismen definiert, die von anderen derartigen Gruppen genetisch isoliert ist. Die Arten halten ihre Abgrenzung voneinander durch einzigartige Isolationsbarrieren aufrecht, die den Austausch genetischen Materials unter ihnen verhindern.

Der wissenschaftliche Name einer Art besteht aus zwei Wörtern, die aus dem Griechischen oder Lateinischen stammen - beispielsweise *Falco peregrinus.* Dieser Name wird von Ornithologen überall in der Welt benutzt, unabhängig davon, ob niederländische Taxonomen in Ägypten, russische Forscher in Sibirien oder spanisch sprechende Wissenschaftler in Südamerika arbeiten. Allerdings kann der Trivial- oder Populärname, den diese Art von der jeweiligen Bevölkerung bekommt, von Ort zu Ort wechseln. So wird der Wanderfalke in England auch als Schwarzwangen-Falke bezeichnet und besitzt überdies verschiedene Namen in vielen anderen Sprachen; sie alle beziehen sich jedoch auf die eine Art *Falco peregrinus.*

Wenn Populationen einer Art geographisch isoliert sind, können sie leicht einzelne Abweichungen in Größe oder Gefiederfarbe entwickeln; sie werden dann als abgegrenzte Rassen oder Unterarten angesehen. In diesem Fall wird dem wissenschaftlichen Namen ein drittes Wort beigegeben. So bildet etwa *Falco peregrinus tundrius* eine der nordamerikanischen und *Falco peregrinus calidus* eine der europäischen Unterarten. Man kann davon ausgehen, daß sich ein erwachsenes Weibchen mit dem erwachsenen Männchen einer verwandten Unterart erfolgreich fortpflanzt, wo ihre Verbreitungsgebiete einander überschneiden und ihr Lebensraum brauchbare Verhältnisse bietet.

Von Zeit zu Zeit stehen Biologen vor der Entscheidung, ob die Vertreter bestimmter geographischer Gebiete als Unterarten einer Art oder als getrennte Arten angesehen werden sollten. Derartige Entscheidungen erfolgen weitgehend willkürlich, da es keine objektiven Kriterien gibt, nach denen sich der spezifische Status der Vertreter bestimmter Gebiete, deren Verbreitungsgebiete einander nicht berühren, beurteilen ließe.

DIE GRUNDLAGEN DER SYSTEMATIK

Die biologische Systematik, das Werk von Taxonomen (Systematikern), verfolgt zwei Hauptziele: Das erste ist das Erkennen der grundlegenden Einheiten biologischer Vielfalt, also der Arten und deren Untereinheiten (zumeist Unterarten). Dies zeigt dann das Ausmaß der Vielfältigkeit unter den Organismen, sowohl bei noch existierenden als auch bei ausgestorbenen Arten. Das zweite Ziel besteht in der Anordnung dieser Grundeinheiten zu einem System von Gruppen, die ein immer höheres Niveau annehmen und bietet damit einen Grund, biologische Kenntnisse zusammenzufassen. Sind zwei oder mehr Gruppen einander hinsichtlich ihrer Morphologie, Physiologie, ihres Verhaltens und ihrer Ökologie verhältnismäßig ähnlich, lassen sie sich systematisch in derselben Gattung zusammenfassen. Man vermutet, daß alle Arten einer Gattung die Nachfahren eines gemeinsamen Vorfahren sind.

Die Biologen sind an einer einzigen biologischen Systematik interessiert, die sich für sämtliche vergleichenden Untersuchungen eignet und die die Entwicklungsgeschichte von Organismen beleuchtet, indem sie das Ausmaß entwicklungsgeschichtlicher Veränderungen entlang einer jeden Entwicklungslinie und die Aufspaltungen derartiger Linien zusammenfassen. Diese Aspekte zeigen sich dann in der Zahl der Taxa (der systematischen Gruppen) in aufeinanderfolgenden Stufen (wie etwa Art, Gattung, Familie, Ordnung, Klasse) und verweisen damit auf das Aus-

Morten Strange

▲ Vögel, die einander oberflächlich ähnlich sehen, müssen nicht unbedingt miteinander verwandt sein, während Unterschiede im äußeren Erscheinungsbild häufig über eine vorhandene gemeinsame Entwicklungslinie hinwegtäuschen. Dieser Nashornvogel zum Beispiel teilt trotz seines abweichenden Aussehens viele Merkmale mit den Eisvögeln, und beide werden in der Ordnung Coraciiformes zusammen gruppiert.

maß der Verwandtschaft unter Arten und unter Taxa höherer Ordnung.

In den vergangenen Jahren verwendete man verschiedene Typen biologischer Systematik. Einer davon ist als der phänetische bekannt. Bei einer derartigen Klassifizierung finden als einziger Aspekt entwicklungsgeschichtlichen Wandels nur die evolutionären Veränderungen ihren Niederschlag, die sich in der Ähnlichkeit unter den Taxa ausdrücken. Ein zweiter Typ ist der kladistische (von dem griechischen Klados, was »Zweig« bedeutet). Der einzige entwicklungsgeschichtliche Aspekt, der sich in dieser Form der Klassifizierung niederschlägt, ist die Aufspaltung stammesgeschichtlicher Entwicklungslinien (Verzweigungsmuster). Ein dritter Typ, die entwicklungsgeschichtliche Klassifizierung, versucht sowohl das Ausmaß entwicklungsgeschichtlichen Wandels in den stammesgeschichtlichen Linien als auch die Aufteilung dieser Linien zusammenzufassen. Allerdings sind diese beiden Aspekte der Evolution nicht absolut miteinander korreliert, so daß die entwicklungsgeschichtlich orientierten Taxonomen im Einzelfall entscheiden müssen, welchem Aspekt sie eine größere Bedeutung beimessen. Zum Beispiel schließt die Ordnung Passeriformes über die Hälfte aller bekannten lebenden Vogelarten ein, denn ihre Glieder zeigen wesentlich weniger Unterschiede als alle übrigen Vogelordnungen zusammengenommen. Dagegen enthält die Ordnung Coliiformes (Mausvögel) eine einzige Gattung mit lediglich sechs Arten; sie unterscheidet sich allerdings deutlich von anderen Ordnungen. Von den drei vorgestellten Möglichkeiten bietet die entwicklungsgeschichtliche Systematik dem Biologen den größten Informationsgehalt und bildet das beste grundlegende Allzweck-Bezugssystem. Die entwicklungsgeschichtliche Systematik in diesem Buch lehnt sich eng an das System an, das in dem sechzehnbändigen Werk des jüngst vollendeten Peter's Check-list of Birds of the World empfohlen wird.

DER AUFBAU EINER SYSTEMATIK

Der Aufbau einer biologischen Systematik erfolgt in zwei Schritten. Zunächst werden die Hypothesen über die Einteilung von Gruppen formuliert — beispielsweise, daß die Eisvögel (Familie Alcedinidae) und die Nashornvögel (Familie Bucerotidae) Glieder derselben Gruppe sind, nämlich der Ordnung Coraciiformes. Diese Hypothese wird wissenschaftlich auf ihre Haltbarkeit bezüglich der taxonomischen Eigenschaften von Merkmalen überprüft, von denen das der Homologie das wichtigste ist. In einem zweiten Schritt werden Hypothesen über die taxonomischen Eigenschaften von Merkmalen — etwa dem der Homologie — formuliert und anhand empirischer Beobachtungen getestet. Dieser zweite Schritt, die Merkmalsanalyse, bildet den wichtigsten Abschnitt, wenn Organismen in Gruppen höherer Ordnung eingereiht werden.

Die Begriffe Homologie, homolog und Homologon stammen aus dem griechischen homologos, was soviel bedeutet wie »übereinstimmend, entsprechend«. Im biologischen Sprachgebrauch bildet ein Homologon ein Merkmal bei zwei oder mehr Organismen, das stammesgeschichtlich von demselben Merkmal des unmittelbaren gemeinsamen Vorfahren dieser Organismen herstammt. Daher bedeutet die Hypothese, daß die miteinander verwachsenen ersten und zweiten Halswirbel bei den Nashornvogel-Arten homolog sind, daß dieses Merkmal von derartig verwachsenen Halswirbeln des unmittelbaren Vorfahren aller bekannter Nashornvögel ererbt wurde. Die Hypothesen über homologe Merkmale werden geprüft, indem man sie vergleicht und ihre Ähnlichkeiten bestätigt. Diese Ähnlichkeiten sind, wie man vermutet, erblich. Sie beschreiben das Merkmal bei dem unmittelbaren gemeinsamen Vorfahren und bleiben im Lauf der Entwicklungsgeschichte bei jedem Organismus nachfolgender Generationen unverändert. Man würde also die Homologie der verwachsenen Halswirbel bei den Nashornvögeln dadurch testen, daß man Ähnlichkeiten im Bau dieses Merkmals bei verschiedenen Arten von Nashornvögeln herausstellt. Dies ist der einzige verfügbare und gangbare Weg, um Hypothesen über Homologien zu prüfen.

Die Möglichkeit, einem Irrtum durch eine unabhängige Entwicklungsgeschichte miteinander nicht verwandter Organismen zu entgehen, die unter vergleichbaren Umweltbedingungen leben, läßt sich verringern, indem man verschiedene Merkmale untersucht, so daß wenigstens einige dieser Merkmale von vergleichbaren Selektionseinflüssen nicht berührt werden. Daher versucht der Wissenschaftler, ganz verschiedene Merkmale zu verwenden und dabei sorgfältig zu wählen, damit unter ihnen auch die Berücksichtigung finden, die mit verschiedenen Aspekten im Leben dieser Organismen in Verbindung stehen.

So legt eine unterschiedliche Form der Schwimmhäute bei Lappen- und Seetauchern nahe, daß diese Gruppen, obgleich beide über Schwimmhäute verfügen und Tauchvögel sind, die sich mit den Füßen vorwärtstreiben, miteinander nicht eng verwandt sind. Systematiker vertrauen der Richtigkeit einer klassifizierenden Hypothese mehr, wenn sie von einer Vielfalt homologer Merkmale gestützt wird. Ein jedes Merkmal muß allerdings sorgfältig und unabhängig voneinander untersucht werden.

Die Ornithologen haben sich diesen Ansatz zunutze gemacht, allerdings mit unterschiedlichem Erfolg. Das Hauptproblem scheint in der großen Bedeutung zu liegen, die man der Entdeckung neuer taxonomischer Merkmale beimißt (in den letzten beiden Jahrzehnten waren es biochemische), allerdings ohne Aspekte der Funktion und der Anpassung zu berücksichtigen, um zu zeigen, welche Verläßlichkeit man den taxonomischen Merkmalen in den verschiedenen Vogelgruppen beimessen kann.

Darüber hinaus zeichnen sich bei jedem Systematiker die Neigung ab, die Klassifizierung zu favorisieren, die von den von ihm benutzten Merkmalen besonders gestützt wurde. Schließlich wurden die meisten der klassischen morphologischen Merkmale, die man zur Begründung der zur Zeit gültigen Klassifizierung heranzog, niemals sauber analysiert. Die gilt übrigens auch für die neu aufgestellten biochemischen und genetischen (DNA) Merkmale.

WAS IST EINE »SEQUENZ«?

Was ist eine Klassifizierung und was eine »Sequenz«? Warum variiert die »Sequenz« von Vögeln in verschiedenen Büchern? Ehe wir auf diese Fragen antworten, sollten wir auf den Unterschied zwischen einer Klassifizierung und einer »Sequenz« eingehen.

Bei Klassifizierungen handelt es sich um Systeme, die entwicklungsgeschichtliche Verwandschaftsverhältnisse taxonomischer Gruppen zum Ausdruck bringen, die in einer einander einschließenden und einander nicht überlappenden Hierarchie angeordnet sind. In jedem beliebigen Taxon stammen sämtliche Glieder von einem einzigen gemeinsamen Vorfahren ab. In dieser Form der Hierarchie sind die Taxa in einer Folge von Kategorien unterschiedlicher Ordnung angeordnet. Für die Vögel ist die Klasse Aves die höchste kategorische Ordnung, gefolgt von Ordnungen, Familien, Gattungen und Arten. Es werden auch dazwischen angesiedelte Stufen wie Über- und Unterfamilien sowie Stämme verwendet.

Bei »Sequenzen« werden Taxa so angeordnet, daß sie Büchern und anderen Datenbanken mit ihren vergleichbaren linearen Einschränkungen Rechnung tragen. Es gibt allerdings Regeln für den Aufbau von »Sequenzen« (so werden etwa primitivere Gruppen vor den weiter entwickelten aufgelistet), es lassen sich jedoch aus derselben Systematik andere, ebenso gültige »Sequenzen« entwickeln. Weithin anerkannte Standard-»Sequenzen« sind insofern wichtig, als sie die Kommunikation erleichtern. In diesem Werk haben wir nicht nur die grundsätzliche Systematik, sondern auch die allgemeine »Sequenz« aus Peter's Check-list übernommen, da es sich hierbei um die am weitesten verbreitete, moderne »Sequenz« für die Vögel der Welt handelt.

REGELN FÜR WISSENSCHAFTLICHE NAMEN

Der internationale Code zoologischer Nomenklatur beschäftigt sich mit Namen für Gruppen unterschiedlicher Stufen, von Unterarten bis zu Familien, und verfolgt dabei das Ziel, einen stabilen, allgemeingültigen Satz taxonomischer Namen für alle Tiere zu begründen.

Nach der Prioritätsregel ist der gültige Name eines jeden Taxons der jeweils älteste, der ihm verliehen wurde. Zeigen dann neuere Untersuchungen, daß zwei Arten Glieder derselben Gattung sind, die jedoch in der Vergangenheit verschiedenen Gattungen zugeordnet waren, müssen sie beide den Gattungsnamen bekommen, der als erster veröffentlicht worden war. Allerdings ist die Regel der Priorität nur eine von denen, die man anwendet, um in der zoologischen Nomenklatur Stabilität und Allgemeingültigkeit zu erreichen. Eine andere besteht im bewährten Langzeitgebrauch, der durch den Einfluß des Gremiums der internationalen Kommission für zoologische Nomenklatur kontrolliert wird.

Leo Meier/Weldon Trannies

▲ Wie dieser Braunliest besitzen die meisten Coraciiformes große Schnäbel und ein buntes Gefieder, und sie nisten in Höhlen. Wirklich aussagekräftige Gemeinsamkeiten fallen jedoch häufig weit weniger ins Auge. So besteht etwa ein Merkmal im Körperbau, das ihre gemeinsame Entwicklungslinie vermuten läßt, darin, daß die drei nach vorn weisenden Zehen über ihre gesamte Länge miteinander verwachsen sind. Diesen ungewöhnlichen Zustand bezeichnet man als Syndactylie.

VOGELORDNUNGEN UND -FAMILIEN

Die folgende Liste basiert auf der Check-list of Birds of the World von J.L. Peters, E. Mayr, J.C. Greenway Jr. und anderen, 1931-1987, 16 Bände, Cambridge, Massachusetts, Museum für vergleichende Zoologie.

KLASSE AVES

KLASSE AVES

Ordnung **STRUTHIONI-FORMES**	RATITEN UND TINAMUS
Struthionidae	Straußen
Tinamidae	Tinamus
Rheidae	Rheas
Casuariidae	Kasuare
Dromaiidae	Emus
Apterygidae	Kiwis

Ordnung **PROCELLARII-FORMES**	ALBATROSSE UND STURMVÖGEL
Diomedeidae	Albatrosse
Procellariidae	Wasserscherer und Sturmvögel
Hydrobatidae	Sturmschwalben
Pelecanoididae	Tauchersturmvögel

Ordnung **SPHENISCIFORMES**	PINGUINE
Speniniscidae	Pinguine
Ordnung **GAVIIFORMES**	SEETAUCHER
Gaviidae	Seetaucher

Ordnung	
PODICIPEDIFORMES	**LAPPENTAUCHER**
Podocipedidae	Lappentaucher
Ordnung	
PELECANIFORMES	**PELIKANE UND VERWANDTE**
Phaetontidae	Tropikvögel
Pelecanidae	Pelikane
Phalacrocoracidae	Kormorane, Schlangenhalsvögel
Sulidae	Basstölpel, Tölpel
Fregatidae	Fregattvögel
ORDNUNG	
CICONIIFORMES	**REIHER UND VERWANDTE**
Ardeidae	Reiher, Rallen
Scopidae	Schattenvögel
Ciconiidae	Störche
Balaenicipitidae	Schuhschnäbel
Threskiornithidae	Ibisse, Löffler
ORDNUNG	
PHOENICOPTERIFORMES	**FLAMINGOS**
Phoenicopteridae	Flamingos
ORDNUNG	
FALCONIFORMES	**GREIFVÖGEL**
Cathartidae	Neuweltgeier *
Accipitridae	Fischadler, Milane, Habichte, Adler, Altweltgeier, Weihen, Bussarde, Harpyien und Buteoninen
Sagittariidae	Sekretäre
Falconidae	Falken, Zwergfalken, Geierfalken
Ordnung	
ANSERIFORMES	**WASSERVÖGEL UND WEHRVÖGEL**
Anatidae	Gänse, Schwäne, Enten
Anhimidae	Wehrvögel
Ordnung	
GALLIFORMES	**HÜHNERVÖGEL**
Megapodiidae	Großfußhühner
Cracidae	Hokkohühner
Phasianidae	Truthühner, Gebirgshühner usw.
Opisthocomidae	Schopfhühner
Ordnung	
GRUIFORMES	**KRANICHE UND VERWANDTE**
Mesitornithidae	Stelzrallen
Turnicidae	Laufhühnchen
Pedionomidae	Steppenläufer
Gruidae	Kraniche
Aramidae	Riesenrallen
Psophiidae	Trompetervögel
Rallidae	Rallen
Heliornithidae	Binsenhühner
Rhynochetidae	Kagus
Eurypygidae	Sonnenrallen
Cariamidae	Seriemas
Otididae	Trappen
Ordnung	
CHARADRIIFORMES	**WATVÖGEL UND STRANDVÖGEL**
Jacanidae	Blatthühnchen
Rostratulidae	Goldschnepfen
Dromadidae	Reiherläufer
Haematopodidae	Austernfischer
Ibidorhynchidae	Ibisschnäbel
Recurvirostridae	Stelzenläufer, Säbelschnäbler
Burhinidae	Triele
Glareolidae	Rennvögel, Brachschwalben
Charadriidae	Regenpfeifer
Scolopacidae	Brachvögel, Strandläufer, Bekassinen

Thinocoridae	Höhenläufer
Chionididae	Seidenschnäbel
Laridae	Möwen, Seeschwalben, Scherenschnäbel
Stereorariidae	Raubmöwen
Alcidae	Alken
Ordnung	
COLUMBIFORMES	**TAUBEN UND FLUGHÜHNER**
Pteroclididae	Flughühner
Columbidae	Tauben
Ordnung	
PSITTACIFORMES	**PAPAGEIEN**
Psittacidae	Papageien
Ordnung	
CUCULIFORMES	**TURAKOS UND KUKUCKE**
Musophagidae	Turakos, Lärmvögel
Cuculidae	Kukucke u.a.
Ordnung	
STRIGIFORMES	**EULEN**
Tytonidae	Schleiereulen, Fratzeneulen
Strigidae	echte Eulen
Ordnung	
CAPRIMULGIFORMES	**SCHWALME UND ZIEGENMELKER**
Steatornithidae	Fettschwalme
Podargidae	Schwalme
Nyctibiidae	Tagschläfer
Aegothelidae	Zwergschwalme
Caprimulgidae	Ziegenmelker
Ordnung	
APODIFORMES	**SEGLER UND KOLIBRIS**
Apodidae	Segler
Hemiprocnidae	Baumsegler
Trochilidae	Kolibris
Ordnung	
COLIIFORMES	**MAUSVÖGEL**
Coliidae	Mausvögel
Ordnung	
TROGONIFORMES	**TROGONS**
Trogonidae	Trogons
Ordnung	
CORACIIFORMES	**EISVÖGEL UND VERWANDTE**
Alcedinidae	Eisvögel
Todidae	Todis
Momotidae	Sägeracken
Coraciidae	Racken
Upupidae	Wiedehopfe
Phoeniculidae	Baumhopfe
Bucerotidae	Nashornvögel
Ordnung	
PICIFORMES	**SPECHTE UND BARTVÖGEL**
Galbulidae	Glanzvögel
Bucconidae	Faulvögel
Capitonidae	Bartvögel
Ramphastidae	Tukane
Indicatoridae	Honiganzeiger
Picidae	Spechte
Ordnung	
PASSERIFORMES	
Unterordnung Eurylaimi	**BREITMÄULER UND PITTAS**
Eurylaimidae	Breitmäuler
Philepittidae	Lappenpittas
Pittidae	Pittas
Acanthisittidae	Maorischlüpfer

Unterordnung	
Furnarii	**TÖPFERVÖGEL UND VERWANDTE**
Dendrocolaptidae	Baumsteiger
Furnariidae	Töpfer
Formicariidae	Ameisenvögel
Rhinocryptidae	Bürzelstelzer
Unterordnung	
Tyranni	**TYRANNEN UND VERWANDTE**
Tyrannidae	Tyrannen
Pipridae	Schnurrvögel
Cotingidae	Schmuckvögel
Oxyruncidae	Flammenköpfe
Phytotomidae	Pflanzenmäher
Unterordnung	
Oscines	**SINGVÖGEL**
Menuridae	Leierschwänze
Atrichornithidae	Dickichtvögel
Alaudidae	Lerchen
Motacillidae	Stelzen
Hirundinidae	Schwalben, Trugschwalben
Campephagidae	Stachelbürzler u.a.
Pycnonotidae	Bülbüls
Irenidae	Feenvögel
Laniidae	Würger
Vangidae	Vangawürger
Bombycillidae	Seidenschwänze
Hypocoliidae	Seidenwürger
Ptilogonatidae	Seidenschnäpper
Dulidae	Palmenschwätzer
Prunellidae	Braunellen
Mimidae	Spottdrosseln u.a.
Cinclidae	Wasseramseln
Turdidae	Drosseln
Timaliidae	Timalien u.a.
Troglodytidae	Zaunkönige
Sylviidae	Grasmücken
Muscicapidae	Sänger
Maluridae	Staffelschwänze u.a.
Acanthizidae	Südseegrasmücken u.a.
Ephthianuridae	Trugschmätzer
Orthonychidae	Laufflöter u.a.
Rhipiduridae	Fächerschwänze
Monarchidae	Monarchen
Petroicidae	Schnäpper
Pachycephalidae	Dickköpfe u.a.
Aegithalidae	Schwanzmeisen
Remizidae	Beutelmeisen
Paridae	Meisen
Sittidae	Kleiber, Spiegelkleiber, Mauerläufer
Certhiidae	Baumläufer
Rhabdornithidae	Trugbaumläufer
Climacteridae	Baumrutscher
Dicaeidae	Mistelfresser
Nectariniidae	Nektarvögel
Zosteropidae	Brillenvögel
Meliphagidae	Honigfresser
Vireonidae	Vireos
Emberizidae	Ammern, Tangaren
Parulidae	Waldsänger
Icteridae	Stärlinge
Fringillidae	Finken
Drepanididae	Kleidervögel
Estrildidae	Prachtfinken
Ploceidae	Webervögel
Passeridae	Sperlinge
Sturnidae	Stare, Beos
Oriolidae	Pirole, Feigenpirole
Dicruridae	Drongos
Callaeatidae	Lappenvögel
Grallinidae	Drosselstelzen
Artamidae	Schwalbenstare
Cracticidae	Würgerkrähen
Ptilonorhynchidae	Laubenvögel
Paradisaeidae	Paradiesvögel
Corvidae	Krähen, Häher

* Neue genetische und morphologische Hinweise sprechen dafür, daß die Neuweltgeier enger mit den Störchen verwandt sind (Familie Ciconiidae, Ordnung Ciconiiformes).

DIE VÖGEL IM WANDEL DER ZEITEN

JOEL CRACRAFT

Die Biologie der lebenden Vögel ist besser bekannt als die jeder anderen Wirbeltiergruppe. Allerdings ist unser Verständnis der Entwicklungsgeschichte der Vögel weniger umfangreich, was zum Teil darauf zurückzuführen ist, daß weniger Fossilien gefunden wurden (als bei anderen Gruppen). Allerdings geben zahlreiche spektakuläre Fossilfunde der letzten Zeit im Zusammenhang mit vergleichenden Untersuchungen der Anatomie und genetischen Struktur heute lebender Arten brauchbare Hinweise, mit Hilfe derer sich das Muster der Vogelevolution rekonstruieren läßt, insbesondere die Frühgeschichte der Vögel.

»GEFIEDERTE DINOSAURIER«

Obwohl Vögel vor mehr als 150 Millionen Jahren ihren Ursprung haben, erbrachten die ersten 50 Millionen Jahre der Vogelgeschichte vergleichsweise wenige Fossilien. Die wenigen existierenden förderten jedoch wichtige Informationen über die Modernisierung des Köperbauplans der Vögel zutage, besonders hinsichtlich der Entwicklungsgeschichte des Fluges.

Während der letzten zehn Jahre griffen die Paläontologen noch einmal die Verwandtschaftsverhältnisse zwischen Vögeln und aufrecht gehenden theropoden Dinosauriern auf, einer Gruppe, zu der der vermutlich bekannteste Dinosaurier überhaupt gehört, der *Tyrannosaurus rex*. Die Erkenntnis, daß Vögel »gefiederte Dinosaurier« seien, kam mit der Entdeckung neuer Exemplare des ältesten bekannten Vogels auf, der *Archaeopteryx lithographica*. In der Tat gehörten die beiden wunderschönen, nahezu vollständigen *Archaeopteryx*-Exemplare, die sich heute in den Museen von London und Berlin befinden, zu den allerersten fossilen Vögeln, die beschrieben wurden.

Alle sechs *Archaeopteryx*-Exemplare wurden in den Solnhofener Kalksteinen Bayerns entdeckt. Sie lebten in der Späten Jura, also vor 200 bis 145 Millionen Jahren. Die enge Verwandtschaft der *Archaeopteryx* und anderer Vögel zu den theropoden Dinosauriern ist insofern bezeichnend. Sie bedeutet, daß der Flug als eindeutigstes Vogelmerkmal und alle strukturellen Veränderungen, die für den Flug erforderlich sind, bei aufrecht gehenden, raschen, räuberischen Vorfahren entstanden sind, die eher dafür gebaut waren, sich ebenes Land zu erobern als Bäume.

Obwohl der Archaeopteryx sehr deutlich mit den Vögeln verwandt ist, erinnert doch sein Skelett weitgehend noch an das eines Theropoden. So fehlen beispielsweise bei den meisten Knochen der Vorderextremität sämtliche speziellen Veränderungen, wie sie moderne Vögel entwickelt haben, etwa die Verwachsung der Knochen im Handgelenk und in der Hand, die das Anheften und die genaue Steuerung der Schwungfedern erleichtern. Die Knochen des Schultergürtels (Scapula und Coracoid) entsprachen denen von Theropoden, und die beiden Schlüsselbeine waren zu einer U-förmigen Furcula oder »Gabelbein« zusammengewachsen. Man vermutete lange Zeit, daß die Furcula ein eindeutiges Vogelmerkmal sei, die beide Schultergürtel während des Fluges zusammenhält; heute wissen wir allerdings, daß sie auch bei einigen fortschrittlichen Theropoden vorhanden war,

◀ Der älteste bekannte Vogel, Archaeopteryx lithographica, hatte etwa die Größe einer Krähe oder einer Taube und lebte in Europa vor mehr als 145 Millionen Jahren.

wo sie vermutlich ebenfalls als eine Art Spange funktionierte, wenn auch nicht beim Flug, sondern für die Arme, die zum Ergreifen der Beute eingesetzt wurden.

Schon in den Tagen seiner Entdeckung im Jahre 1861 wurde der Archaeopteryx als Vogel betrachtet, da sein Körper mit Federn bedeckt war, die — ähnlich wie bei modernen Vögeln — in Bahnen angeordnet waren. Ungeachtet des Vorhandenseins von Federn diskutierten die Paläontologen darüber, ob Archaeopteryx zum aktiven Flug befähigt oder nur ein Gleitflieger war. Die detailierte Form der Schwungfedern legt die erste Vermutung nahe, denn sie waren asymmetrisch gebaut — die Vorderkante war wesentlich schmaler als die hintere. Eine derartige Anordnung ist offenbar mit einer wohlentwickelten aerodynamischen Funktionstüchtigkeit verbunden und läßt daher vermuten, daß der Archaeopteryx zum aktiven Flug fähig war. Zudem war das Gehirn des Archaeopteryx, besonders die Bereiche, die mit der motorischen Aktivität und Koordination zu tun haben, vergrößert, was ebenfalls auf eine wesentliche Verfeinerung des Fortbewegungsverhaltens hinweist.

DIE KREIDEZEIT

Einige der ältesten Formen der Kreidezeit (vor 145 bis 65 Millionen Jahren) sind nur unwesentlich jünger als der Archaeopteryx selber. Dennoch sind alle kreidezeitlichen Vögel modernen Vögeln viel ähnlicher als den Theropoden, und die meisten von ihnen waren zweifellos zum aktiven Flug fähig. Zugleich bietet ihr Körperbau Hinweise auf ihren Ursprung bei den Dinosauriern. Unter den primitivsten Formen befinden sich zwei Arten, die man in letzter Zeit in der Nähe von Las Hoyas in Spanien fand. Beide waren von der Größe kleiner Singvögel und besaßen Vordergliedmaßen und Schultergürtel, die denen moderner Vögel ähnlich waren, während die Skelettelemente des Beckens und der Hinterextremitäten dem Archaeopteryx und den Theropoden ähnlicher waren. Auch diese Vögel hatten ein Pygostyl (es handelt sich dabei um die letzten, miteinander verwachsenen Schwanzwirbel, die auf diese Weise den Schwanzfedern einen zentral gelegenen Befestigungspunkt bieten) sowie ein verknöchertes Brustbein, was auf Verbesserungen in ihrer Flugtüchtigkeit schließen läßt.

Einige andere kreidezeitlichen Vögel sind insofern interessant, als sie zeigen, daß sich bereits zu dieser Zeit anatomisch fortschrittlichere Formen entwickelt hatten. Einer davon, der *Ambiortus* aus der Mongolei, hatte etwa die Größe einer kleinen Krähe. Dieser *Ambiortus* besaß einen wohlentwickelten Kiel auf dem Brustbein und einen außerordentlich modernen Schultergürtel. Zudem waren (anders als bei den Fossilien aus Las Hoyas) wie bei modernen Vögeln die Knochen des Handgelenks zu einem einzigen Element, dem Carpometacarpus, zusammengewachsen. Wenn auch über das Becken und die Hinterextremitäten des Ambiortus nichts bekannt ist, kann ein anderer Vogel der frühen Kreidezeit die Lücken unseres Verständnisses füllen. Man kennt diese Form, die nach ihrem Entdeckungsort in der Gansu-Provinz in China *Gansus* genannt wurde, nur von dem distalen (körperabwärts gelegenen) Teil des Beines; allerdings bieten diese Knochen ein vollständig modernes Bild und sind wesentlich fortschrittlicher als die Vögel von Las Hoyas. Es handelte sich bei *Gansus* offenbar um eine kleine, strandvogelähnliche Art.

Die vielleicht bekanntesten aller fossilen Vögel der Kreide waren *Hesperornis* und *Ichthyornis* aus der Späten Kreide Nordamerikas. Man kennt hesperornithiforme Vögel auch aus der Frühen Kreide Englands und aus der Späten Kreide Südamerikas, was vermuten läßt, daß sie erfolgreich und weit verbreitet waren. *Hesperornis* und *Ichthyornis* sind insofern bemerkenswert, als sie, indem sie den primitiven, theropoden Zustand beibehielten, ebenso wie der Archaeopteryx im Ober- und Unterkiefer Zähne besaßen. Es mag sein, daß viele andere kreidezeitlichen Vögel ebenfalls Zähne trugen, allerdings wurde bislang noch kein Hinweis darauf gefunden. *Hesperornis* und die verwandten Formen waren flugunfähige Tauchvögel, die sich mit ihren Füßen vorantrieben. Daher hatten sie den Kiel auf dem Brustbein eingebüßt, ihre Flügelgröße wesentlich reduziert und nicht pneumatisierte Knochen entwickelt. Dagegen war *Ichthyornis* ein leistungsfähiger Flieger, der in mancher Hinsicht an moderne Möven erinnert; er ist allerdings primitiver und mit diesen nicht verwandt.

DIE ENTSTEHUNG DER MODERNEN VÖGEL

Die als Neornithes (»neue Vögel«) bezeichneten modernen Vögel lassen sich in zwei wohldefinierte Gruppen unterteilen. Die erste ist die der Paläognathen (»mit altertümlichem Kiefern« mit Blick auf ihren etwas primitiven Schädelbau); dazu gehören die Tinamus Süd- und Mittelamerikas, die großen, flugun-

▶ Eine Reihe von Vögeln bewohnte die Meere der späten Kreidezeit vor etwa 70 Millionen Jahren, darunter einige Hesperornis-Arten, fischfressende Vögel, die möglicherweise als Vorfahren der modernen Taucher gelten können. Diese Vögel hatten ihre Fähigkeit zu fliegen verloren und besaßen, wie der Archaeopteryx, aber anders als alle modernen Vögel, Zähne.

fähigen Ratiten (Laufvögel) wie der afrikanische Strauß, die Nandus Südamerikas, der Emu und die Kasuare Australien-Neu Guineas sowie die neuseeländischen Kiwis. Die Paläognathen haben eine lange Geschichte, die noch vor das Auseinanderbrechen und der Verdriftung der Südkontinente zurückdatiert. Einige Fossilien aus der Späten Kreide fand man in der Mongolei und in Europa. Im Paläozän (vor 65 bis 57 Millionen Jahren) Europas und Nordamerikas lebten zahlreiche Arten relativ kleinwüchsiger Paläognathen, von denen die meisten aktiv fliegen konnten.

Die zweite Gruppe moderner Vögel ist die der Neognathen (»mit modernem Kiefer« mit Blick auf ihre fortschrittlichere Schädelanatomie). Mehr als 99 Prozent aller heute lebenden Arten gehören zu den Neognathen. Man weiß, daß die meisten Hauptgruppen im Eozän (vor 57 bis 37 Millionen Jahren) und im Oligozän (vor 37 bis 24 Millionen Jahren) bereits vertreten waren; einige wenige von ihnen sind fossil bis in die Kreide nachgewiesen, was in erster Linie auf die Seltenheit Fossilien führender Sedimente zurückzuführen ist. Die Paläontologen vermuten wahrscheinlich zu Recht, daß viele dieser Gruppen oder deren Vorfahren bis mindestens in die Kreide zurückreichen.

Eine der primitiveren Entwicklungslinien der Neognathen umschließt die galliformen (Hühner, Fasanen, Wachteln) und die anseriformen Vögel (Enten, Gänse, Schwäne). Beide sind zuerst aus Fossilien des Eozäns bekannt, und vermutlich besaß jede von ihnen zu dieser Zeit eine weltweite Verbreitung. Diese Auffächerung umfaßte auch eine kleine Gruppe sehr großer Vögel, von denen einige über zwei Meter hoch waren: die flugunfähigen Diatryma-Arten des nordamerikanischen, europäischen und asiatischen Eozäns. Lange Zeit vermutete man, daß sie gefährliche Räuber waren; allerdings legen Untersuchungen aus jüngerer Zeit nahe, daß sie sich von Pflanzen ernährten, was auch mit ihrer offensichtlichen Verwandtschaft zu den Anseriformes in Einklang stände. Es ist denkbar, daß auch eine andere Gruppe flugunfähiger Riesen, die Dromornithiden oder »Mihirung-Vögel« Australiens, Glieder dieser Entwicklungslinie waren.

Nach neueren Hinweisen gehören die Wasservögel wie Pinguine, Seetaucher, Lappentaucher, Pelikane, Kormorane und deren Verwandte sowie die Albatrosse, die Wasserscherer und Verwandte einer ganz anderen Entwicklungslinie an. Viele dieser Gruppen haben fossile Vertreter im Eozän; es ist also vernünftig, den Anfang dieser Auffächerung in der Kreide zu vermuten. Die Pinguine sind in Australien, Südamerika und Neuseeland, wo sie heute leben, auch fossil gut belegt, und selbst im Eozän waren sie schon auf den »Flug« durch das Wasser spezialisiert.

Unter den Vögeln haben nur wenige Entwicklungslinien eine so interessante Fossilgeschichte wie die Pelecaniformes. Die bizarrste Gruppe war die der Pseudodontornithes (»falschzähnige Vögel«), eine vielfältige Zusammenstellung albatroßähnlicher Gleitflieger. Sie alle trugen an ihren Kiefern zahnähnliche Knochenfortsätze, die vermutlich beim Beutefang eingesetzt wurden, wenn sie rasch die Meeresoberfläche überflogen. Einige Pseudodontornithes waren mit einer Flügelspanne von sechs Metern wirklich gigantisch und wesentlich größer als irgendein lebender Albatross.

Die aus paläontologischer Sicht faszinierendste Vogelordnung ist die der Gruiformes, zu denen neben den Rallen und Kranichen eine Reihe morphologisch andersartiger Familien gehören. Die Gruiformes sind unter sämtlichen Vogelordnungen vielleicht am besten fossil belegt. Eine Linie, die heute nur noch von den Trompetervögel und Seriemas Südamerikas vertreten wird, war einst wesentlich vielfältiger; dazu gehörten einige eng verwandte Familien, die in Europa und Nordamerika im Eozän und Oligozän eine sehr umfangreiche Auffächerung erlebten. Eine andere Linie teilte sich in Südamerika als die spektakulären Phorusrhacoiden auf. Dazu gehörten viele Riesenformen, von denen die meisten, wenn auch nicht alle, flugunfähig waren und die Savannen und Pampas als gefährliche Räuber durchschritten. Sie überlebten bis zum Ende des Pliozäns (vor fünf bis zwei Millionen Jahren). Unerklärlicherweise fand man einen der größten Vertreter dieser Gruppe, den *Titanis walleri,* auch in den pliozänen Fossilienbeständen Floridas; es handelt sich um den einzigen unbestrittenen Fund dieser Vögel nördlich von Brasilien.

Da sie aquatische Lebensräume bewohnten, sind die charadriiformen Vögel (Strandvögel, Möwen,

▲ Neuseeland war die Heimat der Moas, einer Gruppe großer bis sehr großer flügelloser Vögel, die vermutlich vom Pleistozän an noch bis vor 200 oder 300 Jahren lebten. Man kennt etwa ein Dutzend Arten; der hier abgebildete Dinornis maximus maß nach Schätzungen aufgerichtet rund drei Meter.

▲ Unter den Fossilien des Pleistozäns (vor zwei Millionen bis 10000 Jahren) finden sich zahlreiche Arten, die heute noch existieren, viele andere sind jedoch heute ausgestorben. Die große, geierähnliche Teratornis merriami lebte im westlichen Nordamerika, und zahlreiche Exemplare fand man in den kalifornischen Teergruben der Rancho La Brea.

Seeschwalben und Verwandte) fossil alle gut dokumentiert. Mindestens vier ausgestorbene Familien der Späten Kreide Nordamerikas wurden provisorisch in dieser Ordnung untergebracht, um die lange zurückliegenden Ursprünge dieser Gruppe zu bezeugen. Viele heute lebende Familien, darunter Strandläufer, Regenpfeifer, Säbelschnäbler, Papageientaucher und Alken waren schon im Eozän vorhanden.

Zu einer anderen Entwicklungslinie aquatischer Formen gehören die Flamingos, Störche und Ibisse, und auch sie sind fossil recht gut nachgewiesen. Alle drei waren vor 45 bis 50 Millionen Jahren vorhanden und weit verbreitet.

Die beiden großen Gruppen von Greifvögeln umfassen die Falconiformes (Habichte, Adler, Falken und Geier) und die Eulen. Ob sie alle untereinander eng verwandt sind, war schon Gegenstand intensiver Debatten. Auch wenn die Fossilbelege nicht bei der Lösung dieses Problems helfen, zeigen sie jedoch, daß beide Gruppen seit mindestens 50 Millionen Jahren existieren. Die Habichte und Adler hatten sich auf den meisten Kontinenten etwa im Eozän auseinanderentwickelt, und andere falconiforme Gruppen wie die Fischadler und Sekretäre sind beinahe ebenso alt. Die cathartiden »Neuweltgeier«, deren entwicklungsgeschichtliche Verwandtschaftsverhältnisse noch immer ungeklärt sind, weisen ebenfalls umfangreiche Fossilbelege auf, darunter einige Formen im Eozän und Oligozän sowohl Europas und Asiens als auch Nord- und Südamerikas. Ganz ohne Zweifel waren die spektakulärsten geierähnlichen Vögel (deren Verwandtschaftsverhältnisse übrigens ebenfalls unklar sind) die Teratornithes (»Wundervögel«) des Miozän (vor 24 bis fünf Millionen Jahren) und des Pliozän (vor fünf bis zwei Millionen Jahren) Südamerikas sowie des Pleistozän (vor zwei Millionen bis 10000 Jahren) Nordamerikas. *Teratornis merriami,* die man in den kalifornischen Teergruben von Rancho La Brea fand, war mit einer Flügelspanne von vielleicht 3,8 Metern recht groß. Der gewaltigste Vogel jedoch, der den Himmel des südamerikanischen Miozän durchmaß, war der *Argentavis magnificens,* der größte flugfähige Vogel überhaupt. *Argentavis* besaß eine Flügelspannweite von vermutlich 7,5 Meter und ein Körpergewicht von 80 Kilogramm. Aktuellen Befunden der Schädelmorphologie zufolge war dieser Gigant eher ein Beutegreifer als ein Aasfresser wie die meisten Geier.

Die zweite Gruppe von Greifvögeln, die Eulen, war bemerkenswert vielfältig: Man kennt nicht weniger als drei heute ausgestorbene Familien aus dem Paläozän und Eozän Nordamerikas und Europas, und aus denselben Ablagerungen sind zahlreiche ausgestorbene Gattungen von Schleiereulen bekannt. Von Eulen, die zu der modernen Familie Strigidae gehören, weiß man frühestens aus dem frühen Oligozän, und seitdem haben sie sich nahezu weltweit aufgefächert.

Die übrigen Vogelordnungen und -familien werden, obwohl sie nicht so umfangreiche paläontologische Funde bieten wie die zuvor erwähnten, von Fossilien repräsentiert, die zeigen, daß auch ihre Ursprünge weiter als 50 Millionen Jahre zurückreichen. Darunter befinden sich die Ziegenmelker und ihre Verwandten (Caprimulgiformes), die Kukucke (Cuculiformes), die Papageien (Psittaciformes), die Mauersegler (Apodiformes) sowie die Eisvögel, Racken und ihre Verwandten (Coraciiformes).

Die größte Vogelordnung ist die der Passeriformes oder Singvögel. Heute gibt es mehr als 70 Familien und tausende von Arten; da es sich jedoch beinahe ausnahmslos um kleine, baumbewohnende Vögel handelt, sind sie fossil nur spärlich belegt. Und die bisher gefundenen Fossilien sind höchstens einige zigtausend Jahre alt. Obwohl eine kleine Zahl von Arten aus Ablagerungen beschrieben wurde, die mindestens 40 Millionen Jahre alt sind, besteht über ihre Verwandtschaftsverhältnisse noch keine Klarheit. Allerdings sind die genetischen Distanzen unter den am meisten divergierenden Familien wesentlich größer als unter vielen nicht-passerinen Gruppen, die es vor 50 bis 60 Millionen Jahren schon gab. Dies läßt vermuten, daß die Singvögel lange vor dieser Zeit ihre Ursprünge haben.

Alle diese Hinweise zusammen führen die Ornithologen zu dem Schluß, daß die meisten Ordnungen und Familien lebender Vögel ihre Wurzeln vermutlich in der Kreide haben, also vor über 65 Millionen Jahren, und daß sie sich dann nach und nach auffächerten.

Es dürfte schwierig sein, diesen Schluß unmittelbar zu beweisen, bis mehr Fossilien in den nicht marinen Sedimenten der Späten Kreide vorliegen. Dennoch erbrachten die letzten Jahre einen erheblichen Zuwachs auf dem Gebiet der Vogel-Paläontologie, der erwarten läßt, daß unsere Erkenntnisse auf dem Gebiet der Vogelevolution in allernächster Zeit zunehmen werden.

LEBENSRÄUME UND ANPASSUNG

HUGH A. FORD

Der Lebensraum eines Vogels läßt sich grob als die Umgebung definieren, die er bewohnt; dies betrifft besonders das Klima und die Vegetation. Sein Lebensraum muß ihm Nahrung und Jagdgründe bieten, Schutz vor Beutegreifern und Wettereinflüssen sowie Nistplätze. Vögel haben sich an Lebensräume angepaßt, die so verschieden sind wie die arktische Tundra, die Sahara-Wüste, der Regenwald Amazoniens und die Weite der Ozeane. Aus den verfügbaren Ressourcen haben sie sich Nischen »ausgehöhlt«. Die meisten haben Eiszeiten und Perioden großer Trockenheit überlebt, die zur Ausweitung oder Einengung der von ihnen bevorzugten Lebensräume führten. In der Tat sind einige ausgestorben, aber andere entwickelten sich, um deren Plätze einzunehmen. Ein jeder Lebensraum weist eine charakteristische Anordnung von Arten auf, von denen viele morphologische Anpassungen an diesen besonderen Lebensraum zeigen.

DIE ANFORDERUNGEN AN EINEN LEBENSRAUM

Der Lebensraum eines Vogels kann durch geographische Barrieren eingeschränkt sein. So sind etwa zahlreiche Singvogelfamilien wie Schmuckvögel, Schnurrvögel, Ameisenvögel und Baumsteiger auf Süd- und Mittelamerika beschränkt. Laubenvögel, Staffelschwänze und Leierschwänze findet man nur in der Region Australiens und Neu Guineas. Häufiger kommt die Einschränkung eines Lebensraumes dadurch zustande, daß eine Art das Vorhandensein einer besonderen Ressource verlangt. Dabei kann es sich um Nahrung handeln, etwa um den Samen der Fichte bei dem Gemeinen Kreuzschnabel *(Loxia curvirostra)* in Skandinavien oder um die Protea-Blüten beim Kaphonigfresser *(Promerops cafer)* in Südafrika. Häufig handelt es sich um einen sicheren Nistplatz, etwa um das Loch in einer lebenden Kiefer beim Kokardenspecht *(Picoides borealis)* in den südöstlichen Vereinigten Staaten oder um Termitenhügel im Falle des Goldschultersittichs *(Psephotus chrysopterygius)* in Norden Australiens.

Vögel können bezüglich ihres Lebensraumes anspruchslos oder spezialisiert sein. Der Wanderfalke *(Falco peregrinus)* und die Schleiereule *(Tyto alba)* besetzen eine weite Spanne von Lebensräumen in aller Welt. Dagegen ist der Michigan-Waldsänger *(Dendroica kirtlandii)* das Beispiel für eine hochspezialisierte Art, die ausschließlich in Strauchkiefernwäldern lebt, welche sich nach einem Feuer erholen, das sie sechs bis dreizehn Jahre zuvor niedergebrannt hatte. Einige Arten besetzen unterschiedliche Lebensräume in verschiedenen Teilen ihres Verbreitungsgebietes. Die Ohrenlerche *(Eremophila alpestris)* brütet in der hohen Arktis, den kalten Wüsten Zentralasiens sowie auf den Bergen des Balkans, Marokkos und des Mittleren Osten. In Nordamerika ist diese Art in der Tundra, in Gebirgen und Wüsten, aber auch in Feldern und Weidegebieten weit verbreitet. Es gibt sogar eine kleine, isolierte Population in den Anden.

In vielen Gegenden kommt es vor, daß die Gegenwart anderer Tiere, besonders Beutegreifer, Parasiten und Nahrungskonkurrenten, Vögel von einem sonst zusagenden Lebensraum abhält. Eingeschleppte Beutegreifer wie Wiesel und Ratten haben viele einheimische Vögel von den Inseln Neuseelands zum Verschwinden gebracht, so sind beispielsweise der Hihi *(Notiomystis cincta)* und der Sattelvogel *(Philesturnus carunculatus)* heute auf winzige Inseln vor der Küste beschränkt.

Eine eingeschleppte Mücke, die die Vogel-Malaria überträgt, zwang die endemischen Kleidervögel der Hawaii-Inseln, sich in die Bergwälder einer jeden Insel zurückzuziehen. Hinweise auf den Ausschluß durch Konkurrenz sind schwieriger zu finden, jedoch weiten viele Arten ihren Lebensraum aus, wenn eine ähnliche Art fehlt. So ist zum Beispiel die Ohrenlerche in Nordamerika deswegen so weit verbreitet, weil es dort keine anderen echten Lerchen gibt.

▼ Der Goldschulter-Sittich ist ein seltener Vogel, der die trockenen Savannenwälder auf der australischen Halbinsel Cape York bewohnt. Er ernährt sich beinahe ausschließlich von Körnern auf dem Boden und errichtet sein Nest nur auf Termitenhügeln. Er ist bei Vogelliebhabern heiß begehrt, und sein Überleben ist durch illegalen Fang bedroht.

G. Longford

Tom & Pam Gardner

▲ Die Panthervögel sind überwiegend auf die Eukalyptuswälder und Baumlandschaften Australiens beschränkt und suchen dort unter den Blättern nach Insekten. Dies hier ist die am weitesten verbreitete Art, der Streifen-Panthervogel. Er nistet in Baumhöhlen oder in Gängen auf dem Boden.

▶ (Gegenüber:) Zwar sind die Meere riesig, jedoch sind für die Seevögel zum Nisten geeignete Inseln klein und weit verstreut. Daher sammeln sich viele Arten in gewaltigen, übervölkerten Kolonien, wie diese Königspinguine auf der Insel Macquarie.

Viele Zugvögel besetzen in der Brutzeit und der brutfreien Zeit recht unterschiedliche Lebensräume. Meeresvögel ziehen über die Ozeane, brüten jedoch auf Inseln und Kliffen. Am bemerkenswertesten ist vielleicht der Marmelalk *(Brachyramphus marmoratus)*, der in den 50 Meter hohen Kronen von Waldbäumen nistet, die sich landeinwärts an der Pazifikküste Nordamerikas befinden.

ÖKOLOGISCHE NISCHEN

Die ökologische Nische ist die Rolle, die ein Tier in seinem Lebensraum übernimmt — sein Verhältnis zu Nahrung, Unterschlupf und natürlichen Feinden. In der Regel tendiert die Ernährungsweise dazu, die Nische einer Art einzuschränken. So ist etwa der Buntspecht *(Picoides major)* Eurasiens ein waldbewohnender Insekten- und Körnerfresser, der Baumrinden untersucht und anstochert. Der Lerchenstärling *(Sturnella magna)* Nordamerikas ist ein auf dem Boden nach Nahrung suchender Insektenfresser, der Graslandschaften bewohnt. Es ist klar, daß damit die Lebensweise der Vögel nur umrissen wird. So könnte man hinzufügen, daß der Specht faulende Baumstämme benötigt, um seine Nistplätze auszuhöhlen, daß er zuweilen nestjunge Vögel frißt und manchmal auf dem Boden seine Nahrung sucht. Allerdings wird die ökologische Nische in der Regel als eine rasche Möglichkeit genutzt, die Stellung einer Art in ihrer Lebensgemeinschaft einzuordnen.

Nischen lassen sich vielleicht am besten verdeutlichen, wenn man die Arten vergleicht, die in einem beliebigen einzelnen Lebensraum zusammenleben. In einem Wald gibt es etwa Körner- und Fruchtfresser, zahlreiche Insektenfresser, gelegentlich auch Arten, die sich von Nektar oder von Wirbeltieren ernähren. Einige Arten kombinieren unterschiedliche Nahrungsformen; so tun dies beispielsweise die Drosseln in Nordamerika und Europa, die Früchte und wirbellose Tiere fressen oder die australischen Honigfresser, die Insekten und Nektar zu sich nehmen. Unterschiedliche Arten, die dieselbe Nahrung benötigen, gehen innerhalb eines Lebensraums häufig in unterschiedlichen Stufen, die man als Mikrohabitate bezeichnet, auf Nahrungssuche. Unter den Insektenfressern existieren zum Beispiel verschiedene Arten, die ihre Nahrung auf dem Boden, zwischen den Blättern oder auf der Rinde fressen oder ihre Beute in der Luft fangen. Es kommt vor, daß Arten ähnliche Nahrungsobjekte am selben Ort aber von unterschiedlicher Größe aufnehmen.

Den Wissenschaftlern, die Untersuchungen darüber anstellten, in welcher Weise Vögel in vergleichbaren Lebensgemeinschaften überall auf der Welt die Ressourcen gemeinsam oder alternativ nutzen, sind zwei Dinge aufgefallen: Zunächst sind es häufig ähnlich aussehende (aber vermutlich nicht verwandte) Vögel, die ähnliche Nischen auf unterschiedlichen Kontinenten besetzt halten; dies ist als Konvergenz bekannt. Zum zweiten unterscheiden sich die Zahlen der Arten, die in jedem beliebigen Lebensraum vorhanden sind.

DIE VERSCHIEDENARTIGKEIT DER ARTEN

Ein Mensch, der im Frühling in einem nordamerikanischen, europäischen oder südaustralischen Wald Vögel beobachtet, kann davon ausgehen, daß er an einem guten Morgen 40 oder 50 Vogelarten zu sehen bekommt. Bei anschließenden Besuchen könnten noch einige hinzukommen, der Beobachter wäre jedoch schon glücklich, wenn das Stückchen Wald vielleicht 100 Arten im Jahr anzöge. Dagegen kann ein kleines Regenwaldgebiet auf Neu Guinea durchaus 200 Vogelarten beherbergen, und die besten Teile Amazoniens ernähren sogar 300 bis 500 Arten. Warum sind tropische Regenwälder so artenreich? Es gibt dafür offenbar mehrere Gründe. Die Regenwälder enthalten eine größere Vielfalt an Ressourcen, etwa eine gewaltige Auswahl an Früchten, Blüten und großen Insekten und zudem die Möglichkeit, Nahrung im Gewirr von Rebengewächsen oder in Palmwedeln zu suchen. Vögel wie Papageien, Fruchttauben, Glanzvögel und Sägeracken machen sich diese Nischen zunutze. Es gibt in Südamerika eine ganze Reihe von Arten, die den Kriegsameisen folgen und die Insekten fangen, die jene verdrängen.

Auf Inseln leben typischerweise weniger Vogelarten als auf dem Festland. Grundsätzlich befinden sich auf einer Insel umso weniger Arten, je kleiner sie ist und je weiter sie vom Festland entfernt liegt. Größere Inseln weisen wieder mehr Arten auf, weil sie mehr Lebensräume bieten und damit auch mehr ökologische Nischen. Zudem vermag jede Art, die eine zusagende Nische findet, in so großer Individuenzahl aufzutreten, daß sie vor dem Aussterben einigermaßen sicher ist. Wenn ozeanische Inseln nur wenige Arten beherbergen, liegt dies zum Teil daran, daß nur we-

▲ Aus einer einzigen ursprünglichen Art, die vermutlich dem in der Mitte gezeigten Vogel sehr ähnlich sah, entwickelten sich die Darwinfinken zu einer Reihe von Arten, die heute die meisten Inseln und Lebensräume auf den Galapagos-Inseln besetzt halten.

fressen. Eine Art entwickelte einen verlängerten Schnabel und ernährt sich, von Körnern abgesehen, von Kaktusblüten und Früchten *(G. scandens)*. Eine andere Entwicklungslinie führte zu den baumbewohnenden Finken der Gattung Camarhynchus, die von Früchten, Knospen, Körnern und Insekten lebt. Der Spechtfink sucht sich Insekten unterhalb der Baumrinde und in faulendem Holz; dabei benutzt er einen kleinen Zweig oder Kaktusstachel, um die Beute zu orten und aus schwer zugänglichen Stellen herauszuhebeln. Eine weitere Art, der Waldsängerfink *(Certhidea olivacea)*, nahm die Lebensweise einer Grasmücke an und sammelt kleine Insekten von Blättern und Zweigen. Der vielleicht bemerkenswerteste Fall ist der des Spitzschnabel-Grundfinks *(Geospiza difficilis)*, der sich jetzt vom Blut der Seevögel ernährt. Dabei schleicht er sich an nistende Tölpel heran, pickt an der Basis ihrer Flügel- und Schwanzfedern und leckt das austretende Blut auf.

Die unterschiedlichen Erscheinungsbilder der Finken auf diesem trockenen, abgelegegen Archipel führten Charles Darwin zu der Ansicht, daß Arten nicht unveränderlich seien, sondern sich mit der Zeit änderten, mit anderen Worten entwickelten. Der Vorgang, bei dem sich eine einzelne Art in eine ganze Reihe verschiedener Formen auffächert und dabei unterschiedliche Nischen nutzt, ist als »adaptive Radiation« bekannt. Sie läßt sich auf zahlreichen ozeanischen Inselgruppen beobachten. Das beste Beispiel bieten vielleicht die Hawaii-Inseln. Wiederum traf vor einigen Millionen Jahren ein Fink ein, vielleicht aus Asien, und fand eine Umgebung mit unbeschränkten Möglichkeiten vor. Dies führte zu etwa 40 Arten von Kleidervögeln (Familie Derpaninidae), die sich überall auf den Hauptinseln alle Arten von Körnern, Insekten und Nektar nutzbar machten. Leider folgte dann unter dem Einfluß polynesischer und

nige Vögel sie erreichen konnten. Allerdings ergaben jüngere Forschungen an fossilen Überresten auf pazifischen Inseln, daß dort zu Zeiten der polynesischen Siedler viel mehr Arten lebten als zu der Zeit, da die Europäer dort ankamen. So läßt sich die heute verarmte Tierwelt zum Teil darauf zurückführen, daß die Inselvölker zahlreiche Formen ausrotteten.

ADAPTIVE RADIATION

Zu den Inselvögeln gehören einige bemerkenswerte Formen. Ihre Entwicklung ist das Ergebnis langer Isolationsperioden von den Verwandten des Festlands in einer fremden Umgebung sowie der Tatsache, daß viele andere Festlandformen fehlen. Häufig hat sich eine Vogelform ökologisch in viele Formen aufgefächert, so daß nun mehrere existieren und verschiedene ökologische Nischen besetzen.

Am besten läßt sich dies bei den Darwinfinken der Galapagos-Inseln beobachten. Als die ersten Finken vom benachbarten südamerikanischen Festland eintrafen, existierten dort vermutlich keine anderen landbewohnenden Vögel. Allerdings gab es dort Insekten, Früchte, Blüten und Knospen neben den Körnern, die die Hauptnahrungsquelle der Finken bilden. Einige der Finken hielten weiterhin die Nische der Körnerfresser besetzt; so leben auf den größeren Inseln Arten mit großem, mittelgroßem und kleinem Schnabel *(Geospiza magnirostris, G. fortis* und *G. fulginosa)*, die große, mittelgroße bzw. kleine Körner

▶ Der Schnabel mißt beim Schwertschnabel etwas mehr als die Hälfte der gesamten Körperlänge. Als Bewohner der Hochanden Südamerikas sammelt dieser Kolibri Nektar aus einer Reihe von Pflanzenarten, die durch sehr tiefe, trompetenförmige Blüten charakterisiert sind.

John S. Dunning/Ardea London Ltd

europäischer Siedler die fast völlige Ausrottung.

SCHNABEL, FÜSSE, FLÜGEL UND SCHWANZ

Bei Vögeln sind die Körperteile, die an ihre Ernährungsweise und an die Nischen angepaßt sind, die sie besetzen, von charakteristischer Größe und Form. Am besten läßt sich die Anpassung am Vogelschnabel nachweisen. Der lange, dolchförmige Schnabel der Reiher, die riesigen Taschen am Pelikanschnabel, der Hakenschnabel der Greifvögel und die breiten, schweren Schnäbel körnerfressender Papageien und Finken sind allesamt Anpassungen an deren Ernährungsweise. So spiegeln Unterschiede bei Schnäbeln verwandter Arten Unterschiede in deren Ökologie wider. In Europa besitzt die Blaumeise *(Parus caeruleus)* einen breiteren Schnabel als die Tannenmeise *(P. ater)*, da sie Insekten von breitblättrigen Bäumen sammelt, während letztere ihr Futter in Nadelbäumen sucht; ein schlanker Schnabel bietet Vorteile, wenn man zwischen Kiefernnadeln herumstochert. Ein ähnliches Bild zeigt sich in Nordamerika, wo die Schlichtmeise *(P. inornatus)* für die Nahrungssuche auf Laubbäumen einen breiteren und die Rotrückenmeise *(P. rufescens)* als Anpassung an Nadelbäume einen schmaleren Schnabel besitzt.

Auch die Füße zeigen Anpassungen an die Ernährungsweise und Umgebung eines Vogels. Dafür bieten die Fänge der Greifvögel, mit denen große Beutetiere gepackt werden, die zum Paddeln mit Schwimmhäuten versehenen Füße der Enten und die extrem verlängerten Zehen des Blatthühnchens, mit denen es auf den Seerosen zu gehen vermag, gute Beispiele. Beine und Zehen von Vögeln, die ihre Nahrung auf dem Boden suchen, sind in der Regel lang, während auf Bäumen lebende Vögel sehr lange Zehen und Krallen, aber kurze Beine besitzen. Richtige

Mark Newton/Auscape International

▲ Vögel, die im flachen Wasser watend ihre Nahrung suchen, haben, wie dieser Stelzenläufer, grundsätzlich lange Beine, Hälse und Schnäbel. Stelzen findet man überall in der Welt in allen denkbaren seichten Feuchtgebieten der gemäßigten und tropischen Regionen.

Flugkünstler wie Schwalben und Mauersegler haben kleine Füße, tatsächlich lautet der wissenschaftliche Name einer Gruppe von Mauerseglern Apus, was soviel bedeutet wie »ohne Füße«. Auch bei Bewohnern sehr kalter Klimate können die Füße kurz sein, um den Wärmeverlust herabzusetzen; so sind die Beine und Füße der tundrabewohnenden Alpenschneehuhns (Gattung Lagopus) sehr kurz und befiedert.

Auch Flügel und Schwanz können wichtig sein. Lange Flügel ermöglichen einen energiesparenden Flug. Die Mehlschwalbe *(Delichon urbica)* wendet beim Fliegen weitaus weniger Energie auf als mehr an das Land gebundene Vögel ähnlicher Größe. Allerdings erhöhen kurze Flügel die Manövrierfähigkeit, und man findet sie bei Vögeln, die in dichten Lebensräumen zu Hause sind oder die sich aggressiven Flugkünsten hingeben.

Natürlich verändern viele Vögel ihre Nahrungsgrundlage und sogar ihren Lebensraum im Laufe eines Jahres. Daher müssen ihre Schnäbel, Beine und Flügel immer Kompromisse sein. Zahlreiche Vögel fressen sowohl Körner als auch Insekten. Für erstere wäre jedoch ein breiter und für letztere ein schmaler Schnabel ideal. Es scheint, daß die Vögel sich morphologisch an den Zeitraum anpassen, in dem die Nahrungsversorgung am geringsten ist. Der Buchfink *(Fringilla coelebs)* und die Kohlmeise *(Parus major)* ernähren sich im Sommer von Insekten, im Winter jedoch von Nüssen und Körnern. Ihre Schnäbel sind ziemlich breit, an die Zeit angepaßt, in der die Nahrung knapp ist.

Die natürliche Selektion arbeitet an den Schnäbeln, Beinen und Flügeln der Vögel, indem sie diejenigen mit der wirkungsvollsten Form und Größe begünstigt. Die Vögel können am besten überleben und die meisten Nachkommen hinterlassen, die dann die vorteilhaften Merkmale ihrer Eltern geerbt haben werden. Auf diese Weise erfolgt die natürliche Selektion über Millionen von Jahren.

DAS VERHALTEN DER VÖGEL

PETER J.B. SLATER

Das Verhalten der Vögel wird in erster Linie von deren Gesichts- und Gehörsinn bestimmt. In dieser Hinsicht sind sie Menschen sehr ähnlich, was vermutlich — abgesehen von ihrem schönen Gefieder und den eindrucksvollen Gesängen — zum Teil erklärt, warum Vögel auf uns so anziehend wirken. Obwohl das Verhalten der Vögel in wunderbarer Weise variiert, stehen sie alle vor dem Problem, den Weg von einem Ort zum anderen zu finden, Nahrung aufzuspüren, Freßfeinden aus dem Weg zu gehen, sich mit einem Partner der eigenen Art fortzupflanzen und ihre Jungen großzuziehen, die ihrerseits gut darauf vorbereitet sind, alle diese Leistungen zu vollbringen. Bei all diesen Aktivitäten spielen die Sinnesorgane eine wichtige Rolle.

AUGEN UND OHREN WIE BEIM MENSCHEN

Das Sehvermögen der meisten Vögel entspricht so ziemlich unserem eigenen, obwohl neuere Hinweise vermuten lassen, daß sie im ultravioletten Licht wesentlich besser sehen können als wir. Ebenso ist auch ihr Hörbereich dem unseren ähnlich. Einige jedoch, etwa Eulen, verfügen über besondere, bemerkenswerte Fähigkeiten. Die Schleiereule kann sich in einem pechschwarzen Raum innerhalb von Sekunden auf eine Maus ausrichten und sie töten, da ihre Ohren an eine extrem genaue Ortung von Geräuschen angepaßt sind. Sie meisten Vögel sind uns auch durch ihren nur mäßigen Geruchssinn ähnlich, aber auch hier gibt es Ausnahmen: Die neuseeländischen Kiwis sind für ihre Fähigkeit bekannt, ihre Beute durch Geruch zu orten.

Der andere Hauptfaktor, den man bei der Diskussion des Vogelverhaltens im Hintergrund berücksichtigen muß, ist ihre Art, sich fortzubewegen. Vögel sind extrem beweglich. Der Flug ermöglicht ihnen, auf der Verfolgung von Nahrung oder Geschlechtspartnern lange Strecken zurückzulegen. Diejenigen, die in höheren Breiten brüten, sind nicht darauf angewiesen zu überwintern oder während der kurzen, kalten Wintertage, wenn viele Nahrungsquellen ausfallen oder knapp werden, ein ungesichertes Leben zu fristen. Sie können in ausgeglichenere Klimate reisen, wo es sich leichter leben läßt.

WIE SIE NAHRUNG FINDEN

Die Fähigkeit, eine einigermaßen regelmäßige Nahrungsversorgung zu finden, ist verständlicherweise für ein fliegendes Tier, das leicht sein muß und daher keine großen Reserven speichern kann, von großer Bedeutung. Ob sie nun nach Fischen tauchen, am Spülsaum des Wassers nach Krabben stochern, Insekten vom Blätterdach des Waldes sammeln oder im

▼ Ein Eisvogel taucht nach erfolgreicher Jagd mit seiner Beute aus dem Wasser auf. Diese farbenprächtige Art bewohnt die an Flüssen und Strömen gelegenen Waldgebiete. Von einigen an den Ufern tief gelegenen Sitzplätzen aus sucht er konzentriert das Wasser nach Beute ab.

Australian Picture Library/ZEFA

▲ Mit ausgestreckten Fängen wurde eine Schleiereule in der letzten Phase vor der Landung im Bild festgehalten. Diese Art ist kosmopolitisch und verfügt über ein bemerkenswert feines Gehör: Laborversuche zeigten, daß sie in vollkommener Dunkelheit eine Maus fangen kann, wobei sie sich ausschließlich von den winzigen Geräuschen leiten läßt, die ihre Beute beim Atmen und Umherlaufen verursacht.

Unterholz nach Körnern suchen, verbringen die meisten Vögel einen hohen Anteil der Zeit, in der sie unterwegs sind, auf der Suche nach Nahrung.

Nur wenige Vögel arbeiten bei der Suche nach Nahrung zusammen. Seien es nun einzelgängerische Jäger, wie Habichte oder Eulen, oder sei es, daß sie sich, wo es Nahrung im Überfluß gibt, in Gruppen sammeln, wie es die Finken und Pinguine tun, so helfen sie einander doch nur selten beim Fangen der Beute. Zwar schwimmen Pelikane in Formation, und Kormorane tauchen gleichzeitig ab, was ihnen vermutlich hilft, Fischschwärme zusammenzutreiben. Eine enge Zusammenarbeit, um eine einzelne Beute aufzuspüren und zu töten, wie es etwa Wölfe oder Löwen tun, ist bei Vögeln jedoch selten. Ein Beispiel dafür ist die soziale Jagd, die vom Wüstenbussard praktiziert wird, wo sich verschiedene Vögel zusammentun, um eine große Beute wie etwa ein Kaninchen zu töten. Es kommt vor, daß beide Geschlechtspartner eines Paares zusammen auf Nahrungssuche gehen. Und es gibt Hinweise darauf, daß einige Vögel, die am selben Ort übernachten, voneinander profitieren, indem sie Informationen darüber austauschen, wo sich am besten Nahrung finden läßt. Jedoch kümmern sich die meisten Vögel beim Fressen nur wieder um sich selbst.

Kleine Vögel, die keine ausgedehnten Nahrungsreserven besitzen, müssen sehr intensiv während der meisten Stunden des Tages fressen. Tatsächlich sind die Reserven bei den ganz kleinen Arten, wie bei den Kolibris, so gering, daß die Tiere über Nacht Wärme verlieren und auf die Sonnenwärme angewiesen sind, um am Morgen wieder in Gang zu kommen.

Es ist für Vögel von großem Vorteil, ihre Nahrung möglichst schnell und ökonomisch zu finden. Besonders dann, wenn sie an ungeschützten Stellen fressen, wo sie sich bei ihrer Suche vielleicht selber der Gefahr aussetzen, gefressen zu werden. Viele Hinweise sprechen dafür, daß Vögel sich tatsächlich so ernähren. Eine Drossel, die gerade einen Wurm gefunden hat, sucht daraufhin dieselbe Gegend etwas sorgfältiger ab — setzt man voraus, daß Würmer normalerweise in Gruppen auftreten, ist dies eine gute Strategie. Ein Fliegenschnäpper, der früh am Tag kleine Insekten in den Baumwipfeln frißt, kommt später, wenn die großen Fliegen aktiv werden, näher zum Boden herunter. Diese liefern, gemessen am Aufwand sie zu fangen, mehr Energie.

Einzelne Vögel können beim Fressen unterschiedliches Geschick entwickeln und sich auf die Nahrung konzentrieren, an die sie am besten angepaßt sind. So kommt es vor, daß einige Möwen an der Küste Krabben und andere Wirbellose fressen, während andere auf Ackerflächen nach Nahrung suchen, während wieder andere sich auf die Beute spezialisieren, die sie auf Mülldeponien finden. Selbst bei einem einzigen Nahrungstyp können die Techniken voneinander abweichen. Es ist nicht leicht, die beiden Schalenhälften einer Muschel aufzubrechen und so an das Fleisch innen heranzukommen, allerdings haben die Austernfischer verschiedene Möglichkeiten dafür entwickelt. So sind einige auf »Messerstecherei« spezialisiert, indem sie ihren Schnabel zwischen die Schalen stecken und den Muskel durchtrennen, der sie zusammenhält. Die von anderen bevorzugte Technik ist das »Aufhämmern«, bei dem sie durch die Schale brechen. Einige Möwen und Krähen wenden noch eine weitere Methode an: Sie erheben sich in Luft und lassen die Muschel wiederholt hinunterfallen, bis sie bricht. Manchmal suchen sie sich sogar harte Oberflächen, um den Erfolg ihrer Bemühungen zu erhöhen.

Schalen auf eine harte Oberfläche fallen zu lassen, ist nur ein Schritt vom Gebrauch von Werkzeugen entfernt. Singdrosseln verwenden besondere Steine, ihren »Amboß«, auf den sie mehrfach die Gehäuse von Schnecken schmettern, bis diese zerbrechen. Schmutzgeier schlagen den umgekehrten Weg ein, um die sehr dickschaligen Straußeneier aufzubrechen. Sie schaffen es, indem sie aus ihrem Schnabel einen schweren Stein auf das Ei fallen lassen. Noch raffinierter ist das Verhalten des Spechtfinks der Galapagos-Inseln. Dieser benutzt einen Kaktusstachel, den er im Schnabel hält, um Larven aus Baumhöhlen herauszuziehen.

Einige Vögel sind mit dem Ausbleiben eines ununterbrochenen Nahrungsangebots dadurch fertiggeworden, daß sie die Nahrung speichern. Wenn eine Sumpfmeise ein reiches Angebot an Körnern findet, versteckt sie diese mit einem Mal in der Umgebung und merkt sich diese Plätze. In den folgenden Tagen kehrt sie dorthin zurück, um die Körner nach und nach zu fressen. Andere Vögel, wie der Eichelspecht, speichern ihre Nahrung in einer längerfristig angelegten Strategie, um damit über die Monate auszukommen, in denen die von ihnen gefressenen Nüsse selten sind.

WIE SIE RÄUBERN AUSWEICHEN

Vögel müssen nicht nur fressen, sie müssen auch vermeiden, selber gefressen zu werden. Ein einsamer Fink, der in offenem Gelände umherstreift, ist für eine Katze oder einen Habicht eine leichte Beute. Vermutlich liegt überwiegend darin der Grund, daß viele kleine Vögel in Schwärmen fressen, wobei sie aus einer erhöhten Alarmbreitschaft Nutzen ziehen, die auf dem Vorhandensein von mehr Augen beruht. In einer großen Gruppe hält immer einer von ihnen bestimmt den Kopf hoch und hält nach Gefahren Ausschau. Häufig gibt der erste, der einen Beutegreifer entdeckt, einen Alarmruf von sich und warnt so die anderen. Diese Sicherheit in der Gruppe führt dazu, daß jeder Vogel mehr Zeit mit dem Fressen und weniger Zeit mit dem Ausschauen nach Beutegreifern verbringt. Beispielsweise wird ein einzelner Strauß beim Fressen häufiger seinen Kopf erheben und umherschauen als wenn er sich in einer Gruppe befindet.

Einzeln lebende Vögel haben verschiedene Möglichkeiten, der Gefahr des Gefressenwerdens zu entgehen. Die Bekassine, ein versteckt lebender Watvogel, bleibt still sitzen, bis man sich beinahe über ihm befindet und huscht dann im Zickzack-Flug in den Himmel, dem ein Beutegreifer nur sehr schwer folgen könnte. Sein in verschiedenen Brauntönen gestreiftes Gefieder paßt sich genau der Farbe des langen Grases der Feuchtgebiete an, in denen er lebt. Und wie bei vielen mit Tarnfärbung versehenen Vögeln besteht seine Hauptverteidigung darin, daß Räuber Schwierigkeiten haben, ihn zu finden. Der nordamerikanische Kaninchenkauz verwendet sogar einen noch besseren Trick. Er lebt in den Gängen von Erdhörnchen, und sollte eines von diesen zufällig auf ihn stoßen, gibt er einen Ruf von sich, der stark an das Geräusch einer Klapperschlange erinnert.

PAARUNG UND KOPULATION

Das Fortpflanzungsverhalten der Vögel unterscheidet sich in wunderbarer Weise. Die meisten Vögel sind monogam, und häufig verteidigt das Männchen ein Territorium, in dem für das Paar und dessen Junge genug Nahrung zu finden ist. Bei den Singvögeln lockt das Männchen mit seinem Gesang einen Partner an und hält Rivalen aus seinem Territorium fern. Männliche Eindringlinge werden bedroht, weibliche dagegen mit Gesten umworben, bei denen häufig

▼ Viele Vögel setzen bei der Paarung verschiedenartige Balzhandlungen ein, um ihre Paarbindungen zu festigen. Diese komplexen Rituale sind häufig ästhetisch oder spektakulär. Hier vollzieht ein Paar Renntaucher seinen gemächlichen und graziösen »Algentanz«.

Gary Nuechterlein

Brian Chudleigh

▲ Ein Australtölpel kehrt mit Nistmaterial zur Kolonie zurück. Die meisten Vögel bauen Nester, um darin ihre Jungen zu hegen und zu schützen. Bei einigen Nestern handelt es sich um extrem komplizierte Strukturen, deren Fertigstellung Tage oder gar Wochen erfordert, während andere kaum mehr als einen grob zusammengescharrten Haufen organischer Abfälle darstellen.

leuchtend gefärbte Teile seines Gefieders zu sehen sind. Hinter diesem allgemeinen Bild verbirgt sich allerdings eine große Vielfalt. Bei einigen in Kolonien lebenden Arten wie den Baßtölpeln ist das Territorium gerade groß genug für das Nest, und das Fressen wird anderenorts erledigt. Bei einigen Arten bilden die Männchen sogenannte »Balz-Arenen«, also Gruppen sehr kleiner Territorien, auf denen sie balzen, um Weibchen für die Paarung anzulocken. Anschließend nisten die Weibchen selber an anderer Stelle. Es kommt vor, daß sich einige Männchen mit verschiedenen Weibchen auf demselben Territorium paaren, andere besitzen vielleicht verschiedene Territorien mit jeweils einem Weibchen darin. Bei einigen Singvögeln, etwa beim Haussperling, besitzt das Männchen keinen echten Gesang, während es bei anderen, etwa beim Graurücken-Leierschwanz, bei der Nachtigall oder der Rotrücken-Spottdrossel, hunderte oder sogar tausende von Versen beherrscht. Diese reichen Gesänge entwickelten sich, wie man vermutet, wie der Schwanz eines Pfauen, weil die Weibchen sich von der Vielfalt angezogen fühlen. Und je umfangreicher und besser die Balz, desto höher steigt der Paarungserfolg des Männchens.

Nach der Paarung folgen der Nestbau, die Kopulation und die Eiablage. Das Nest kann ein sehr ausgeklügeltes Gebilde sein, so etwa bei den Webervögeln, bei denen die Konstruktion eine komplexe Folge von Bewegungen und sorgfältig ausgesuchte Materialien erfordert. Ein Nest kann jedoch auch nur ein Kratzer im Boden sein. Einige Vögel bauen überhaupt kein Nest, während andere einen riesigen Haufen aufschichten. Am bemerkenswertesten ist in diesem Zusammenhang der mehrere Meter breite Hügel, der vom männlichen Buschhuhn aus pflanzlichem Material aufgehäuft wird, besonders, da die Eier durch die bei der Zersetzung entstehende Wärme und nicht durch ein Elternteil ausgebrütet werden. In den weniger abweichenden Fällen erfolgt das Ausbrüten durch das Männchen, das Weibchen oder durch beide. Auch die Fürsorge der Jungen wird von einem der Elternteile oder von beiden übernommen. Kürzlich entdeckte man als weitere Variante, daß viele Arten am Nest Helfer haben. Dies sind weitere Vögel, häufig die Nachkommenschaft aus früheren Gelegen, die den Eltern helfen, die Jungen zu füttern und somit mehr Junge großzuziehen. Dieses Prinzip ist vielleicht bei der Südsee-Salangane am weitesten entwickelt.

Vögel mit Jungen oder Eiern haben ein besonderes Problem, denn sie müssen Räuber von ihrer Brut fernhalten. So dienen besondere Alarmrufe, die bei der Sichtung eines Habichts ausgestoßen werden, dazu, den Partner und die Jungen zu warnen, so daß sie ruhig und unbeweglich bleiben, bis die Gefahr vorüber ist. Einige kleine Vögel fauchen auf dem Nest und rasseln mit ihren Schwungfedern, um, einen gefährlichen Räuber wie eine Schlange nachahmend, Furcht zu erzeugen. Bei Watvögeln kommt es häufig zu Ablenkungsmanövern. Nähert sich dem Nest ein gefährlicher Eindringling, etwa ein Mensch, laufen

Belinda Wright

▲ Eine sorgfältige und ausgedehnte Brutfürsorge ist bei den Vögeln ein sehr auffälliges Verhaltensmerkmal. Hier versorgt in Indien ein Buntstorch seine Jungen mit Nahrung.

▼ Die flauschigen Jungen der Renntaucher verbringen am Anfang ihres Lebens viel Zeit damit, gemütlich auf dem Rücken eines ihrer Eltern zu reiten. Bei den Lappentauchern arbeiten beide Geschlechter in der Brutfürsorge zusammen, allerdings ist die Beteiligung des Männchens bei Vögeln keineswegs die Regel. Bei vielen Arten zieht das Weibchen seine Brut ohne Hilfe auf.

sie mit am Boden schleifenden Flügeln davon, als wären sie schwer verwundet. Sobald der Räuber dann in einiger Entfernung vom Nest der Versuchung nachgibt, sie zu jagen, erheben sie sich in die Luft und fliegen mit kräftigen Schlägen davon. So wird der Räuber von einer Mahlzeit durch die Aussicht auf eine andere abgelenkt und bekommt schließlich keine von beiden.

Es kommt auch vor, daß Beutegreifer vertrieben werden. Der Möwensturmvogel, ein nordatlantischer Seevogel, der von Nahrung wie Tintenfischen, Quallen und dem Abfall lebt, der von Fischkuttern über Bord geworfen wird, verteidigt sein Nest, indem er seine letzte ölige, halb verdaute Mahlzeit einem Eindringling entgegenspeit. Er kann ein Ziel noch in zwei Meter Entfernung treffen, und wenn er trifft, verbreitet es einen tödlichen Gestank, so daß es sich für Eindringling empfiehlt, Abstand zu halten.

Gary Neuchterlein

WIE SIE AUFWACHSEN

Bei einigen Vögeln (etwa bei Sing- und Greifvögeln) schlüpfen die Jungen klein, nackt und hilflos und müssen im Nest gefüttert werden, bis sie flügge geworden sind. Dies kann sich oft über mehrere Wochen hinziehen. Bei anderen Vögeln (zum Beispiel Enten und Möwen) sind die Jungen bei ihrer Geburt schon gut entwickelt, können nach kurzer Zeit stehen und das Nest am Tage nach dem Schlüpfen verlassen. Rasch lernen sie, selbständig zu fressen, und die Eltern bieten ihnen lediglich Unterschlupf und Schutz.

Die Erfahrung spielt in der Entwicklung aller Vögel eine wichtige Rolle, besonders nach dem Verlassen des Nestes. So lernt eine junge Möwe den Ruf ihrer eigenen Mutter und hebt den Kopf zum Betteln nur dann, wenn sie den Ruf dieses besonderen erwachsenen Tieres hört, das zur Kolonie zurückkehrt. Sie lernt auch, am elterlichen Schnabel zu picken, um Futter zu erhalten. Bei Hühnern und Enten, wo die Jungen ihrer Mutter auf der Nahrungssuche folgen, merken sie sich auch deren Merkmale. Zunächst folgt ein junges Küken jedem großen Objekt, das es zu sehen bekommt, nach ein paar Tagen jedoch hat es sich auf seine Mutter geprägt und folgt dann nur noch ihr.

Durch Erfahrung mit ihren Eltern und Geschwistern merken sich die jungen Vögel auch die allgemeineren Merkmale ihrer eigenen Art, und wenn sie reifer sind, achten sie genau auf diese Merkmale, wenn sie einen Geschlechtspartner suchen. Dies trifft auch auf die Singvögel zu, obwohl sie längere Zeit im Nest bleiben. Wird ein junger männlicher Zebrafink von einem Paar Bengalfinken aufgezogen, wird er, sobald er erwachsen ist, vorzugsweise mit einem Bengalfinken balzen und kopulieren.

Mit zunehmendem Wachstum entwickeln die Jungvögel viele der Fertigkeiten, die sie zum Überleben brauchen; sie reproduzieren sie durch Versuch und Irrtum sowie durch Zusammenspiel mit den Eltern und den anderen um sie herum. Junge Säugetiere, dies gilt besonders für räuberisch lebende wie Katzen, tollen häufen in Balgereien herum. Das Spielen ist bei Vögeln weniger ausgeprägt, allerdings fliegen junge Greifvögel wie etwa Falken aufeinander los und balgen miteinander in atemberaubenden Kunstflügen.

DAS GEHIRN DER VÖGEL

Bei vielen Lernerfolgen, die man bei Vögeln beobachten kann, handelt es sich mehr um Fälle spezieller Fähigkeiten, die sich mit ihrer Lebensweise decken, als um ein Zeichen weit gefächerter Intelligenz. Eine Rotrücken-Spottdrossel beherrscht mehr als eintausend Gesangsstrophen, eine Sumpfmeise kann sich hunderte von Plätzen merken, an denen Körner versteckt sind. Umgekehrt könnte jedoch keine von beiden des anderen Aufgabe lösen oder viele andere Aufgaben, die uns ganz einfach erscheinen. Die natürliche Selektion hat sie mit besonderen Fähigkeiten ausgestattet, wo sie sie benötigen.

GEFÄHRDETE ARTEN

ALISON STATTERSFIELD

Mehr als eintausend Vogelarten sind heute vom Aussterben bedroht. Dies ist das erschreckende Ergebnis neuer Untersuchungen des internationalen Rates für Vogelschutz (ICBP). Tatsächlich steht es jedoch schlimmer als sogar diese Zahl vermuten läßt, denn viele weitere Arten nehmen an Zahl ab oder sind potentiell gefährdet, und auch sie könnten bald vom Aussterben bedroht sein.

DIE WELTWEITE BEDROHUNG

Alle Arten von Vögeln sind bedroht — die Passerinen, die Nicht-Passerinen, große und kleine Vögel, Land- und Seevögel — die Familie mit den bei weitem meisten bedrohten Arten — es sind insgesamt 70 — ist die der Papageien der Psittacidae. Wundervolle Vögel wie der größte Papagei, der Hyazinthara *(Anodorhynchus hyacinthinus)* aus Zentralbrasilien, Ost-Bolivien und dem nordöstlichen Paraguay, oder der Welt einziger flugunfähiger Papagei, der Kakapo *(Strigops habroptilus)*, der heute nur noch auf wenigen Inseln vor Neuseeland vorkommt, könnten sehr wohl bald verschwunden sein.

Bedrohte Vögel stammen aus allen Schichten des Vogellebens (einige leben in Feuchtgebieten, andere in Wüsten, viele bewohnen winzige Inseln), der Lebensraum mit den meisten bedrohten Arten ist jedoch der tropische Regenwald. Viele der bedrohten Papageien, Tauben, Fasane, Greifvögel und Nashornvögel sind Waldbewohner, und einige Familien, so etwa

Keith & Liz Laidler/Ardea London Ltd

◀ Weltweite Zerstörung der Lebensräume und Wilderei haben viele Papageien auf bedenklich niedrige Populationen zusammenschrumpfen lassen. Dies trifft in besonderem Maße auf die großen Aras zu wie diesen südamerikanischen Hyazinth-Ara, den größten aller Papageien. Große Vögel benötigen grundsätzlich große Territorien. Diese wunderschönen Vögel beanspruchen umfangreiche Lebensräume, sind leicht zu fangen, erzielen einen hohen Marktpreis und werden nicht in angemessener Weise geschützt. Dieses Zusammenspiel ungünstiger Umstände macht es unwahrscheinlich, daß die Tiere in der Wildnis überleben können.

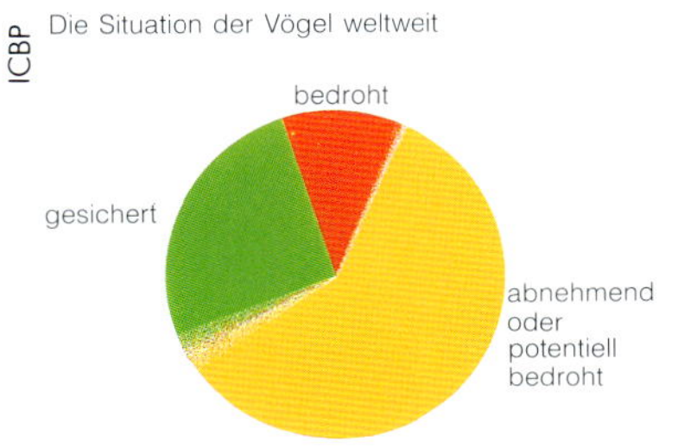

▲ Die prekäre Situation der Vögel der gesamten Welt: Etwa elf Prozent der gesamten Avifauna muß als bedroht angesehen werden.

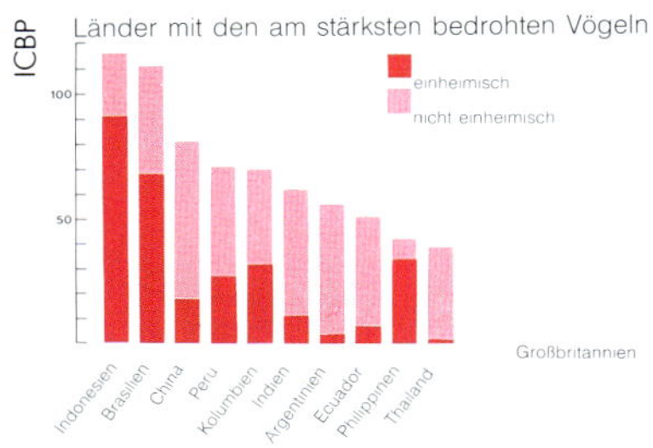

▲ Der politische Zusammenhang: Viele der ärmsten Nationen der Welt weisen zugleich den höchsten Gesamtbetrag bedrohter Vogelarten auf.

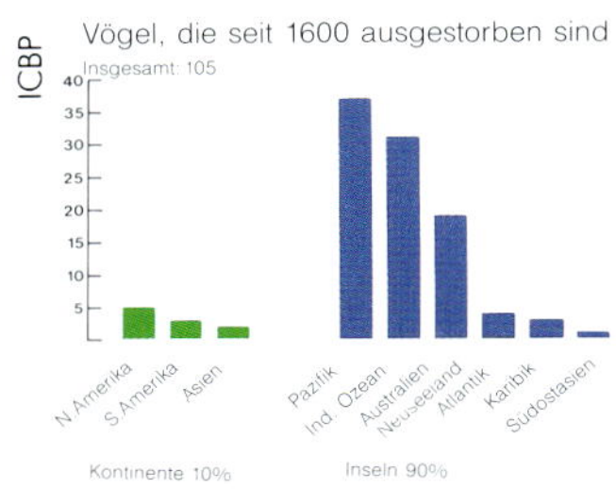

▲ Das Aussterben geographisch gesehen: Bis heute betrachtet, legt diese trostlose Aufstellung nahe, daß Vögel kleiner, ozeanischer Inseln am stärksten gefährdet sind, dicht gefolgt von den Arten der tropischen Regenwälder.

die Ameisenvögel (Formicariidae) Zentral- und Südamerikas, die Breitmäuler (Eurylaimidae) Afrikas und Asiens und die Paradiesvögel (Paradisaeidae) Indonesiens, Neu Guineas und Australiens, sind in ihrem Vorkommen beinahe ausschließlich auf Wälder beschränkt.

Vögel sind überall auf der Welt bedroht, auf sämtlichen Kontinenten und auf den meisten Inseln. Zwei Länder ragt jedoch besonders heraus: Indonesien und Brasilien enthalten zusammen mehr als 25 Prozent aller bedrohten Vogelarten.

Seit 1600 sind wenigstens 100 Arten, überwiegend Inselvögel, ausgestorben. Mehr als 30 verschwanden im Laufe dieses Jahrhunderts. Selbstverständlich ist das Aussterben ein natürlicher Prozeß: Arten sind schon immer ausgestorben und andere haben sich als Reaktion auf eine veränderte Umwelt aufgefächert und an diese angepaßt. Als Folge ihrer Entwicklungsgeschichte zeigen die heutigen Vögel nur wenig Ähnlichkeit zu ihren Archaeopteryx-ähnlichen Vorfahren, die vor 140 Millionen Jahren über die Erde flogen. Der große Unterschied zwischen den Arten, die in historischer Zeit ausstarben und denen, die in weiter zurückliegender Zeit verschwanden, besteht darin, daß die Aussterbefälle der jüngeren Zeit beinahe ausschließlich dem Menschen anzulasten sind.

Diese Krise ist keineswegs auf Vögel beschränkt, denn deren Rückgang zeigt, daß die übrige Tierwelt, die in denselben Ökosystemen lebt — Säuger, Reptilien und Wirbellose — sehr wahrscheinlich ebenfalls Probleme hat. Wir müssen ohne Übertreibung damit rechnen, innerhalb der nächsten paar Generationen weltweit einen massiven Verlust an Vielfalt der Organismen hinzunehmen, es sei denn, wir unternehmen jetzt etwas dafür, die Natur zu erhalten.

WARUM VÖGEL GEFÄHRDET SIND

Die Gründe für das Aussterben und gegenwärtige Bedrohungen variieren jeweils nach dem Vogeltyp, seinem Lebensraum und dem geographischen Gebiet, das er bewohnt. Die bedeutendste Ursache für das Aussterben von Vögeln besteht in der Wirkung, die eingeschleppte Arten auf Inselvögel ausüben. In jedem Fall besteht die größte allgemeine Bedrohung der Vögel heute in der Zerstörung ihrer Lebensräume; dies betrifft sowohl die Insel- als auch die Kontinentalformen.

Die Zerstörung der Lebensräume

Beinahe alle größeren Lebensraumtypen wurden durch Übergriffe des Menschen in Mitleidenschaft gezogen: Graslandschaften wurden in weitem Umfang gepflügt oder einer intensiven Überweidung durch Vieh ausgesetzt; Feuchtgebiete wurden trockengelegt und in Farmland verwandelt. Tropenwälder wurden erodiert, abgeholzt und abgebrannt. Schon jetzt sind die Tropenwälder auf 44 Prozent ihrer ursprünglichen Fläche reduziert, und die Zerstörung schreitet rasch fort. Bis vor kurzem lag die verläßlichste Schätzung der jährlichen Abholzung in den Tropen bei 11,4 Millionen Hektar im Jahr. Heute vermutet man allerdings, daß die Abholzung in Brasilien, Costa Rica, Indien, Myanmar (ehemals Burma), den Philippinen und Vietnam weitaus höher liegt als man zuvor vermutet hatte. Auch im Kamerun, in Indonesien und Thailand haben die Rodungen stark zugenommen. Wenn diese neuen Untersuchungen zutreffen, verliert die Welt in jedem Jahr 20,4 Millionen Hektar Regenwälder.

In einigen Gebieten hat eine nahezu vollkommene Entwaldung stattgefunden, so etwa auf den Cebu-Inseln auf den Philippinen und auf dem indonesischen Sangihe, wo in der Folge auch die vom Wald abhängigen, endemischen Vögel verschwanden, so der Vierfarben-Mistelfresser *(Dicaeum quadricolor;* Cebu, ausgestorben 1906) und der Paradiesschnäpper *(Eutrichomyias roqleyi;* Sangihe, ausgestorben vermutlich 1978). In anderen Gebieten wurde der Wald auseinandergerissen. Einige Arten sind natürlich in der Lage, eine teilweise erfolgte Beseitigung ihrer Lebensräume zu überleben oder können sogar aus einem abgeholzten Sekundärwald noch Nutzen ziehen. Es existieren jedoch weitaus mehr Arten, die sich nicht anpassen können und für ein fortgesetztes Überleben von einem unberührten Lebensraum abhängig sind.

Der gewaltigste Greifvogel der Welt, die Harpyie *(Harpia harpyia),* wird durch die Beseitigung und Fragmentierung des Waldes bedroht. Dieser großartige Vogel lebt in den Tropenwäldern Zentral- und Südamerikas, von Mexiko bis nach Ost-Bolivien, Süd-Brasilien und zum extremen Norden Argentiniens. Man schätzt, daß ein Paar von Harpyien ein Territorium von 100 bis 200 Quadratkilometer unberührten Waldes benötigt, um seine Nahrungsanforderungen zu erfüllen. Daher liegt die Minimalfläche eines intakten Regenwaldes, die das Überleben der Harpyie gewährleisten soll, bei etwa 37500 Quadratkilometer, wenn man zugrundelegt, daß für die fortgesetzte Lebensfähigkeit eine Population von 250 Paaren nötig ist. Da die Harpyien allerdings nicht dazu neigen, ihre Territorien mit denen ihrer größten Nahrungskonkurrenten, dem Kronenadler *(Harpyhaliaetus coronatus),* der ebenfalls bedroht ist, zu überlappen, wird für die 500 Vögel ein eher noch größeres Gebiet erforderlich sein. Ganz grob geschätzt, mögen 60000 Quadratkilometer ausreichen, eine Fläche also, die dem Bereich des Amazonas-Waldes entspricht, der 1988 zerstört wurde. Diese Art wird langfristig nur dann überleben können, wenn es

▶ Einer der größten und eindrucksvollsten aller Greifvögel, die Harpyie, wird durch umfangreiche Zerstörung der Wälder Zentral- und Südamerikas bedroht. Er ist heute sehr selten.

gelingt, die Zerstörungsrate in den Wäldern überall unter Kontrolle zu bringen und ein Netzwerk großer, ungestörter Reservate einzurichten.

Eingeschleppte Arten

Eingeschleppte Arten, besonders Beutegreifer wie Katzen, Ratten und Mangusten, gehörten zu den wesentlichen Ursachen für das Aussterben von Inselvögeln. Viele dieser Vögel hatten sich ohne jeden Selektionsdruck durch Beutegreifer entwickelt und waren dann unfähig, mit den eingeschleppten ausländischen Arten zurechtzukommen, die Eier und Nestlinge raubten oder, dies gilt besonders für die Arten, die ihre Flugfähigkeit eingebüßt hatten, sogar die erwachsenen Tiere jagten. Ein solcher Vogel war der Stephen-Schlüpfer *(Xenicus lyalli;* ausgestorben 1894). Stephen Island ist ein winziger Flecken Erde von insgesamt 2,6 Quadratkilometer Größe und liegt in der Cook-Meerenge zwischen den nördlichen und südlichen Inseln Neuseelands. Vermutlich hatte der Zaunkönig unter allen Vögeln die geringste natürliche Verbreitung und war zudem der einzige wirklich flugunfähige Passerine. Sein wahrer Anspruch auf Ruhm besteht allerdings in der bemerkenswerten Art seines Aussterbens — durch die Katze des Leuchtturmwärters. Dieses einzige Katzentier entdeckte die Art für sich und vernichtete in nur wenigen Monaten die gesamte Population.

Eingeschleppte Pflanzenfresser wie Kaninchen und Ziegen können wegen der Veränderungen, die sie durch Abweiden der Vegetation anrichten, eine ebenso fatale Wirkung haben wie eingeführte Beutegreifer. So geriet etwa auf der Insel Laysan (einem Korallenatoll, das zu den Hawaii-Inseln gehört) die Laysanente *(Anas laysanensis)* in den zwanziger Jahren an den Rand des Aussterbens, nachdem dort Kaninchen eingeschleppt worden waren und diese die Insel nach und nach ihres Blätterbewuchses beraubt hatten. Zwei weitere Arten, das Laysan-Sumpfhuhn *(Porzanula palmeri;* ausgestorben 1944) und der Laysan-Rohrsänger *(Acrocephalus familiaris;* ausgestorben zwischen 1912 und 1923) waren nicht fähig zu überleben, während der Laysangimpel *(Telespyza cantans)* dadurch überdauern konnte, daß er seine Ernährunsgweise umstellte und die Eier von Seevögeln fraß.

Arten, die früher einmal eingeschleppt worden waren, bedrohen heute immer noch zahlreiche Vögel in ernsthafter Weise. So ist zum Beispiel die Braune Baumschlange vermutlich für den Zusammenbruch der Populationen sämtlicher Waldvögel auf der pazifischen Insel Guam verantwortlich; dies betrifft in erster Linie die endemische Guamralle *(Rallus owstoni)* und den ebenfalls endemischen Marianenmyiagra *(Myiagra freycineti)*. Auf Madagaskar führten zudem exotische Fische zu einem Rückgang der Seerosen und anderer Wasserpflanzen und brachten so den madagassischen Pelzelntaucher *(Tachybaptus pelzelni)* in Gefahr.

Heute bemüht man sich darum, Inseln von eingeschleppten Beutegreifern freizuhalten, und an einigen Orten wurden bereits Maßnahmen ergriffen, die Eindringlinge zu vernichten. Auf der Little Barrier-Insel vor Auckland, Neuseeland, hatte es mehr als 100 Jahre lang Katzen gegeben, ein zwischen 1977 und 1980 durchgeführtes Ausrottungsprogramm führte jedoch zu ihrer vollständigen Vernichtung und zu einer spürbaren Verbesserung in der Situation einiger bedrohter Vogelarten. So zeigten etwa der Cook-Sturmvogel *(Pterodroma cooki)* und der Parkinson-Sturmvogel *(Procellaria parkinsoni)*, die beide stark bejagt wurden (zwischen 1974 und 1975 waren 100 Prozent der flügge werdenen Parkinson-Sturmvögel getötet worden), eine spürbare Erholung ihrer Bestände. Die Populationsgröße des Hihi *(Notiomystis cincta)*, der, einst in den Wäldern Neuseelands weit verbreitet, nur noch auf der Little Barrier-Insel überlebte, war zurückgegangen, nimmt jedoch heute wieder zahlenmäßig zu. Schließlich wurde der auf der Little Barrier-Insel ausgestorbene Sattelvogel *(Creadion carunculatus)* erfolgreich wiederangesiedelt.

Brian Chudleigh

▲ Eingeschleppte Beutegreifer wie verwilderte Ratten und Katzen haben das Aussterben zahlreicher Kleinvögel beschleunigt. Einst in den ursprünglichen Wäldern Neuseelands weit verbreitet, überlebt der hier gezeigte Hihi nur noch auf wenigen, winzigen Inseln weit vor der Küste. Hier ist beständige Wachsamkeit gefordert, um die versehentliche Einschleppung von Beutegreifern zu verhindern.

Die Jagd durch den Menschen

Ein weiterer wesentlicher Grund für das Aussterben ist die Jagd. Dazu gehört die Jagd auf Nahrung (dies betrifft die Vögel und ihre Eier), auf Federn und, in einigen Fällen, auf Museumsexemplare. So wurde etwa der Gelbbürzel-Mamo *(Drepanis pacifica;* ausgestorben 1899) wegen seiner leuchtend gelben Steißfedern bejagt, und man opferte 80000 Vögel für das berühmte Königsgewand von Kamehameha I. Der vielleicht bekannteste Fall, bei der die Bejagung zum Aussterben führte, ist derjenige der Wandertaube

▲ Ein roter Farbton im Gefieder ist eine Eigenschaft, die sich den Liebhabern von Kanarienvögeln lange Zeit entzog, bis man herausfand, daß sich durch kontrollierte Kreuzung mit dem südamerikanischen Feuerzeisig das dafür erforderliche genetische Material einschleusen ließ. Als Folge dieser Entdeckung wurden die Feuerzeisige so häufig gefangen, daß sie heute eine in kritischer Weise bedrohte Art bilden.

(Ectopistes migratorius; ausgestorben 1914). Einst verdunkelten sie in riesigen Zahlen den Himmel Nordamerikas, dann organisierte man Jagdwettbewerbe, bei denen 30000 tote Vögel erforderlich waren, um einen Preis zu bekommen. Der Vorrat erschien unerschöpflich, doch wurden die unglaublichen Mengen innerhalb eines Jahrhunderts auf kleine, dahinschwindende Scharen reduziert und 1914 starb der letzte Überlebende im Zoo von Cincinnati.

Viele Arten werden heute noch immer bejagt. Während einige die Verluste ertragen können, werden andere in bedrohlicher Weise in ihrem Bestand reduziert. Eine Art, die besonders gelitten hat, ist der Dünnschnabel-Brachvogel *(Numenius tenuirostris),* eine der seltensten und am wenigsten erforschte Art der östlichen paläarktischen Region (dazu gehören Europa, die UdSSR, der Mittlere Osten und Nordafrika). Diese Art nistet, wie man vermutet, in der UdSSR und besucht auf seiner Wanderung die Türkei, Rumänien, Ungarn, Jugoslawien, Griechenland, Italien, Tunesien, Marokko und den Iran. Offenbar war sie in weiten Teilen ihres Verbreitungsgebiets bis zum Ende des 19. Jahrhunderts noch häufig — Beobachtungen aus Algerien beschreiben »unglaubliche Schwärme ... so groß wie die von Staren« — aber bereits 1989 beschränkten sich die Nachweise dieser Art auf drei Individuen, die in einem marokkanischen Feuchtgebiet überwinterten. Wahrscheinlich reduzierte die unkontrollierte Bejagung die Population Jahr um Jahr, und der Bruterfolg (oder besser dessen Ausbleiben) der Art konnte die durch die Jagd verursachten Verluste nicht kompensieren. Soll diese Art überleben, ist ein Jagdverbot auf alle Brachvögel und Pfuhlschnepfen (wegen der Verwechslungsgefahr unter den Jägern) in allen diesen Ländern dringend geboten.

Der internationale Handel

Der Handel mit Wildvögeln stellt eine zunehmende Gefahr für die Vögel dar. Einige Arten sind besonders begehrt, und je seltener sie werden, um so höher steigt ihr Marktwert. Es ist daher außerordentlich schwierig, den Handel mit wertvollen Vögeln zu kontrollieren, denn sowohl die Fänger als auch die Händler werden durch reiche Gewinne in Versuchung geführt. Der Kapuzenzeisig *(Carduelis cucullata)* ist einer der beliebten Käfigvögel. Der Handel mit dieser Art begann im 19. Jahrhundert, und die Nachfrage steigerte sich in diesem Jahrhundert noch, als man entdeckte, daß sich der Kapuzenzeisig mit dem Kanarienvogel *(Serinus canarius)* (aus derselben Unterfamilie der Finken) kreuzen und sich auf diese Weise das genetische Material für ein rotes Gefieder einschleusen ließ. Einstmals besetzte der Zeisig ein durchgehendes Gebiet über Nord-Venezuela bis in den Nordosten Kolumbiens mit isolierten Populationen auf den Inseln Gasparee, Monos und Trinidad. Tausende von Vögeln wurden gefangen, und die Zahlen gingen drastisch zurück, so daß heute nur noch an wenigen Stellen Venezuelas gesichterte Fundorte und vielleicht nur noch 600 bis 800 Vögel existieren.

Die bekanntesten aller Käfigvögel sind die Papageien, und der Handel hatte bei einigen Arten verheerende Auswirkungen. Der Spix-Ara *(Cyanospitta spixii)* wurde in der Wildnis illegal bis zum allerletzten Vogel gefangen. Nur wenige Ornithologen bekamen diese Art jemals zu Gesicht, und man weiß nur wenig über ihre Lebensweise. Sie stammt aus einer abgelegenen Region Nordost-Brasiliens, und im Jahre 1990 wurde eine Suchaktion nach dem Vogel über weite Bereiche seines mutmaßlichen Verbreitungsgebietes durchgeführt. Das Suchteam ortete lediglich einen Vogel. Zwar gab es Berichte, denen zufolge der Spix-Ara an einer anderen, nahegelegenen Stelle bis zum letzten Jahr überlebt hatte, allerdings nahmen die Einwohner an, daß die letzten Individuen von Fallenstellern weggefangen worden seien. Weitere Nachforschungen ergaben, daß der von dieser Art bevorzugte Lebensraum in reifen Waldgebieten entlang der Wasserläufe liegt und daß gegenwärtig nur drei kleine Flecken im Staate Bahia übriggeblieben waren. Es wird jetzt deutlich, daß das Verbreitungsgebiet dieses Papageien wesentlich kleiner ist als zuvor vermutet. Und da Fallensteller eine bereits winzige Population in einem schwindenden Lebensraum ausbeuten, ist die Art heute praktisch ausgestorben. Die einzige Hoffnung für diese Art besteht in den etwa 15 in Gefangenschaft gehaltenen Individuen und einem sorgfältig geplanten Zuchtprogramm.

Pestizide und Umweltverschmutzung

Die Anwendung von Pestiziden und die Verschmutzung der Umwelt bedrohen zahlreiche Vogelarten überall auf der Welt. In den 60er Jahren zeichnete sich der wissenschaftliche Beweis dafür ab, daß mehr als 20 Vogelarten in Europa und Nordamerika unter katastrophalem Brutversagen leiden, das auf mißgebildete und zerbrochene Eier zurückzuführen ist. Einige der davon betroffenen Vögel waren der Wanderfalke *(Falco peregrinus),* der eurasische Sperber *(Accipiter nisus),* der Steinadler *(Aquila chrysaetos),* der

Fischadler *(Pandion haliaetus)* und der Braunpelikan *(Pelecanus occidentalis)*. Diese Vögel zeigten jeweils als die Endglieder ihrer Nahrungskette allesamt ein hohes Ausmaß an Kontamination mit DDT, und dies hing zweifellos mit ihren ungewöhnlich dünnen Eierschalen zusammen. Chlorierte Kohlenwasserstoffe (zu denen DDT gehört) bleiben in der Umwelt über viele Jahre erhalten und reichern sich, da sie fett- und öl-löslich sind, im Fettgewebe der an oberster Stelle stehenden Beutegreifer an und wirken sich auf die Fortpflanzung negativ aus.

Der Einsatz von chlorierten Kohlenwasserstoffen ist heute eingeschränkt, und die Populationen der betroffenen Arten sind dabei, sich zu erholen. Allerdings haben neue Klassen von Chemikalien deren Stelle eingenommen, und auch diese haben tödliche Nebeneffekte. So vermutet man allgemein, daß der Gebrauch von Pestiziden in Afrika für viele europäische Zugvögel (ebenso wie für Vögel, die innerhalb Afrikas ziehen und für dort ansässige Arten) eine Bedrohung darstellt. Auch wird behauptet, daß es durch Vernichtungskampagnen gegen Heuschrecken und Vögel (beispielsweise gegen die Quelea, einen landwirtschaftlichen Schädling) unter einer Reihe von ziehender Arten zu Todesfällen kam, darunter etwa bei Störchen, Reihern und Greifvögeln. Darüber hinaus sprechen die Umstände dafür, daß Pestizide, insbesondere Rhodentizide (Nagetiergifte) in Ägypten für den Rückgang dort einheimischer Arten verantwortlich sind.

Neben den Pestiziden und Insektiziden gibt es noch eine Menge anderer synthetischer Chemikalien, die heute die Atmosphäre, das Land und das Wasser verpesten und die für Vögel (sowie für andere Tiere und für den Menschen) schädlich sind. In Israel fand man in Kadavern des bedrohten Weißstorchs *(Ciconia ciconia)* hohe Anteile an polychlorierten Biphenylen (PCBs), ebenso in verfaulten Eiern in Deutschland und den Niederlanden. Diese Chemikalien, die bei der Verbrennung von Plastik und anderer Abfallprodukte der Elektronikindustrie anfallen, reduzieren den Bruterfolg erheblich und können daher sehr wohl ein Faktor sein, der zum Rückgang des Weißstorchs beiträgt.

Klimakatastrophen

Auch Klimaveränderungen können beim Rückgang von Vogelarten beteiligt sein. Es wurde zum Beispiel vermutet, daß der Riesenalk *(Alca impennis)* aus dem Nordatlantik (ausgestorben 1844) niemals besonders zahlreich und sein Vorkommen auf eine vergleichsweise enge Klimazone begrenzt war. Es erscheint wahrscheinlich, daß eine Periode von Unwettern mit der zunehmenden Bejagung durch den Menschen zusammenfiel und daß die Art am Zusammenspiel dieser Faktoren möglicherweise zugrundeging. Allerdings ist der Klimawechsel nicht nur ein Phänomen der Vergangenheit. Wir erleben gegenwärtig einen Klimawechsel mit vermutlich weitreichenden Folgen, den sogenannten Treibhaus-Effekt. Sollte es nicht gelingen, den Verbrauch fossiler Brennstoffe wie Kohle, Gas und Öl zu reduzieren, so könnte sich, wie Wissenschaftler mutmaßen, die Durchschnittstemperatur auf der Erde innerhalb der nächsten 50 Jahre um drei Grad Celsius erhöhen. Dann wäre die Erde wärmer als vor 10000 Jahren. Sogar diese kleine Veränderung dürfte vermutlich das Verbreitungsgebiet vieler Arten beeinflussen, natürliche Gemeinschaften auseinanderreißen und dazu beitragen, daß einige anfällige Arten einfach aussterben.

Einige klimatische Veränderungen können plötzlich und dramatisch eintreten. Der Hurricane Gilbert war der gewaltigste Sturm, den man in der Karibik in diesem Jahrhundert verzeichnet hat. Als Gilbert am 12. September 1988 Jamaica traf, wurden Böen von mehr als 220 Stundenkilometern gemessen. Der Wind raste über die Insel und richtete enorme Verwüstungen an, besonders an den Berg- und den in mittlerer Höhe gelegenen Wäldern. Man befürchtete, daß es sechs endemische Arten, die stark an diese Lebensräume gebunden waren, schlimm getroffen haben könnte. Allerdings überlebten die Vögel den Hurricane überraschend gut. Da Hurricanes Jamaica nicht gerade selten heimsuchen und sich die Wälder vermutlich immer in irgendeinem Stadium der Regeneration befinden, ist die Avifauna zweifellos an dieses dynamische System angepaßt. Es besteht allerdings die Sorge, daß eine fortgesetzte Abholzung und Entnahme von Holzkohle die Wälder auf winzige Gebiete zusammenschrumpfen lassen und daß die Jagd die Vogelpopulationen auf derart geringe Zahlen reduziert, daß sie beim nächsten Mal nicht in der Lage sein könnten, sich von den Auswirkungen eines Sturmes von der Stärke von Gilbert zu erholen.

VÖGEL MIT BEGRENZTEM VERBREITUNGSGEBIET

Einige Vögel werden dadurch als bedroht angesehen, daß sie nur winzige Verbreitungsgebiete besitzen — etwa Vögel, die nur auf kleinen, einzelnen Inseln vorkommen wie der Adler-Fregattvogel *(Fregata aquila)*. Dieser Seevogel brütet ausschließlich auf Boatswainbird Islet (drei Hektar Fläche) unmittelbar vor der Küste der abgelegenen südatlantischen Insel Ascension. Einst brütete er auf der Insel Ascension selber, allerdings zwangen das Sammeln seiner Eier, Störungen und das Einschleppen fremdländischer Säugetiere, in erster Linie Katzen, den Fregattvogel, auf die katzen- und menschenleere Boatswainebird Islet auszuweichen. Trotz der Verkleinerung ihres Verbreitungsgebietes scheint diese Art mit einer Population von etwa 10000 Vögeln noch immer recht zahlreich

▼ Die Umweltverschmutzung forderte ihren Tribut von den Populationen wildlebender Vögel. Eine der Auswirkungen von DDT auf Wanderfalken besteht darin, daß es die physiologischen Funktionen beeinflußt, mit Hilfe derer das Weibchen die Schale um das Ei herum anlegt. Infolgedessen sind die Eier empfindlich und zerbrechen leicht unter der normalen Belastung des Ausbrütens, wobei das Küken innen umkommt. Dieser Effekt löschte den Bestand des Wanderfalken beinahe vollkommen aus. Mit dem Verbot von DDT begannen die Populationen jedoch, sich schrittweise wieder zu erholen.

R.T. Smith/Ardea London Ltd

Tom & Pam Gardner

▶ Eine der am stärksten ermutigenden Erfolgsgeschichten im Vogelschutz der jüngeren Zeit ist die Erhaltung der Waldralle, deren Vorkommen auf eine winzige Insel in der Tasmanischen See beschränkt ist. Nachdem der Bestand in den späten siebziger Jahren auf kritische 20 Vögel geschmolzen war, richtete man ein Programm für Zucht in Gefangenschaft und Wiederauswilderung ein. Mit solchem Erfolg, daß Vogel heute überall auf der Insel häufig vorkommt.

▼ Der Takahe ist auf die Grassümpfe der entlegensten Hochgebirge Neuseelands beschränkt und wurde schon für ausgestorben gehalten, bis man ihn völlig überraschend 1947 wiederentdeckte. Er bleibt jedoch in kritischer Weise gefährdet.

Brian Chudleigh

vorzukommen. Wie man es auch betrachtet, macht die Tatsache, daß die gesamte Population auf ein so geringes Areal begrenzt wird, diese zu einer Art, die leicht und rasch bedroht sein könnte, sollte es zum Beispiel Katzen gelingen, auf der Insel Fuß zu fassen.

Auch viele kontinentale Arten besitzen sehr eingeschränkte Verbreitungsareale, die auf einzelne Berggipfel oder winzige Waldflecken begrenzt sind. Zwei solche Arten sind der Bannermanturaco *(Tauraco bannermanni)* und der Schwarzkehl-Lappenschnäpper *(Platysteira laticincta),* die man nur in dem immer kleiner werdenden Wald des Mount Kilum (auch als Mount Oku bekannt) im Bamenda-Hochland Kameruns findet. Eine andere, wegen ihres kleinen Verbreitungsgebietes bedrohte Art, ist das Schwarzbrust-Schneehöschen *(Eriocnemis nigrivestis),* die man ausschließlich von zwei Vulkanen Nord-Zentral-Ecuadors kennt und die durch die von der nahen Hauptstadt Quito ausgehende Zerstörung ihrer Lebensräume bedroht sind. Es ist für das Überleben dieser Vögel unumgänglich, ihnen einen angemessenen Schutz zu gewähren, ehe es zu spät ist.

Eine Art mit eingeschränktem Verbreitungsgebiet, der man den notwendigen Schutz zukommen ließ, ist der Braunbauch-Dickichtvogel *(Atrichornis clamosus),* ein Vogel der sumpfigen Eucalyptus-Wälder im äußersten Südwesten West-Australiens. Als man seit 1889 keine Fundmeldung dieser Art mehr hatte, befürchtete man schon, sie sei ausgestorben. Jedoch wurde 1961 bei Two Peoples Bay, östlich von Albany, eine kleine, aus 40 bis 45 singenden Männchen bestehende Population wiederentdeckt. Das Verschwinden des Dickichtvogels aus dem größten Teil seines früheren Verbeitungsgebietes wird den Flächenbränden zugeschrieben, die neu eintreffende europäische Sieder anlegten, um das Wachstum von Gräsern zu fördern, die sich besser für das Weiden von Rindern eignen. Die Population von Two Peoples Bay überlebte vermutlich nur, weil das Gebiet felsig und damit für Landwirtschaft ungeeignet war.

Allerdings brachte die Wiederentdeckung des Braunbauch-Dickichtvogels ein Problem mit sich: Denn das Gebiet, in dem der Vogel lebte, lag genau an der von der Regierung West-Australiens vorgeschlagenen Stelle für eine neue zu errichtende Stadt. Zur Ehrenrettung der Regierung sei gesagt, daß dieser Ort schließlich verworfen und im Jahre 1966 Two Peoples Bay zum Naturschutzgebiet erklärt wurde. 1987 war die Population des Braunbauch- Dickichtvogels bereits auf über 500 Exemplare angewachsen, und andere Populationen hatten sich in anderen, nahegelegenen Reservaten etabliert.

GEHEIMNISVOLLE VÖGEL

Einige Vögel stehen auf den Listen bedrohter Arten, weil sie praktisch Rätsel aufgeben — sie wurden überhaupt nur so wenige Male gesehen, daß man annimmt, daß sie extrem selten und daher gefährdet sein müssen. Zum Beispiel kannte man den Macgillivrayi-Sturmvogel *(Pterodroma macgillivrayi)* von einem einzigen Exemplar, das im Jahre 1855 auf Gau (einer Insel der Fiji-Gruppe) aufgesammelt worden war. Allerdings wurde 1984 ein erwachsenes Tier auf Gau gefangen und freigelassen und 1985 ein Jungvogel dort gefunden. Es ist daher wahrscheinlich, daß diese Art auf der Insel brütet, obwohl seither keine weiteren Sichtungen vorkamen.

Geheimnisvolle Vögel tauchen immer wieder auf. Eine Entdeckung jüngeren Datums war 1988 die einer neuen Würger-Art aus Somalia. Dieser Vogel (der zur Zeit der Drucklegung noch beschrieben und benannt werden muß) war im dichten Acacia-Buschland gefunden worden und war der Entdeckung bisher vermutlich durch die Unzugänglichkeit seines Lebensraumes entgangen. Zu den geheimnisvollen Vögeln gehören außerdem die David-Buschwachtel *(Arborophila davidi),* die man von einem Exemplar kennt, das 1927 in Vietnam, 60 Kilometer östlich von Ho Chi Minh-Stadt, aufgesammelt worden war, sowie die Schwalbe *Hirundo perdita,* von der nur ein einziges Exemplar bekannt ist, das man 1984 bei einem Leuchtturm vor Port Sudan tot auffand.

NOCH EINMAL DAVONGEKOMMEN

Von den etwa 1000 vom Aussterben bedrohten Arten existieren einige mit so wenigen Individuen, daß sie im höchsten Maße vom Aussterben bedroht sind. Und trotzdem könnte es noch möglich sein, selbst diese Arten zu erhalten. Als Beispiel für eine solche Art steht der Schreikranich *(Grus americana)* im Mittelpunkt eines bemerkenswerten Naturschutzprogrammes, das von den USA und von Kanada durchgeführt wurde. Im Verlaufe dessen wuchs die Gesamtpopulation vom absoluten Tiefstand von 21 wildlebenden Exemplaren im Jahre 1944 in den späten achtziger Jahren auf 200 wild und in Gefangenschaft lebende Vögel an. Vermutlich war der Schreikranich in historischer Zeit niemals besonders zahlreich — am Ende des 18. Jahrhunderts existierten vielleicht nur etwa 500 Vögel. Arten mit natürlicherweise geringen Individuenzahlen reagieren besonders empfindlich auf Veränderungen. Allerdings gaben die niedrigen Zahlen in Verbindung mit kleinen (und schrumpfenden) Brut- und Überwinterungsgebieten und einer (wegen Bejagung und vorhandener Überland-Starkstromleitungen) gefährlichen Zugroute, die sich über 3000 Kilometer erstreckte, dem Schreikranich kaum eine Überlebenschance. Die Erholung des Schreikranichs ist eine sehr komplexe Geschichte. So wurden etwa vielfach Vögel und Eier in einem massiven Versuch, die Fortpflanzungsrate möglichst groß zu halten, von einem Ort zum anderen verfrachtet. Bemühungen und Aufwendungen, die sich allerdings auszahlten.

Die Mehrheit der bedrohten Vögel lebt jedoch in den Entwicklungsländern, wo Investitionen in Naturschutz hinter den Anforderungen der Bevölkerung zurückstehen. Und es ist daher unwahrscheinlich, daß viele Arten zu retten sind, haben sie erst einmal einen solch kritischen Zustand erreicht. Es ist daher unabdingbar, daß man geeignete Naturschutzmaßnahmen zu einem wesentlich früheren Punkt ergreift.

Nichts zeigt die dringende Notwendigkeit, rasch zu handeln, um Arten vom Rande des Aussterbens zurückzuholen, deutlicher als die Geschichte der Goldkehl-Pitta *(Pitta gurneyi)*, eines bezaubernd schönen Vogels mit einer leuchtend blauen Krone und chromgelben Seiten. Die Pitta ist ein Bewohner Süd-Burmas (heute Myanmar) und der Halbinsel Thailand. Und obwohl sie noch zu Beginn dieses Jahrhunderts häufig war, wurde sie in der Wildnis seit 1952 nicht wieder angetroffen. Große Bereiche ihres ursprünglichen Lebensraumes in den Tiefland-Wäldern wurden von der aufblühenden menschlichen Bevölkerung gerodet und besiedelt. Die Suche nach Vögeln in den Jahren 1984 und 1985 blieb ergebnislos. Als man jedoch 1986 dem Tip eines Vogelhändlers folgte, wurde die Suche nach dieser Art mit der Entdeckung eines nistenden Paares in einem winzigen Fleckchen Wald bei Khao Noi Chuchi, ganz im Süden Thailands, belohnt. Eine intensive, anschließende Bestandsaufnahme ergab, daß praktisch die gesamte Population von weniger als 30 Paaren auf diesen einen Wald begrenzt ist. Eine Petition an den Landwirtschaftsminister, die auf dieses unschätzbar wertvolle Waldfragment aufmerksam machte (abgesehen von der Pitta beherbergt dieser Wald eine außerordentliche Vielfalt an anderen Tieren und Pflanzen), sorgte noch gerade rechtzeitig für Schutz, denn Khao Noi Chuchi war

ZUKÜNFTIGER NATURSCHUTZ

Die vom Aussterben bedrohten Vogelarten müssen ebenso wie die in ihrer Zahl zurückgehenden oder potentiell bedrohten Arten unbedingt erhalten werden. Verschiedene Arten stellen unterschiedliche Anforderungen an den Naturschutz. Allerdings dürfte eine Kombination von Maßnahmen wie Erhaltung der Lebensräume, Vernichten eingeschleppter Arten, Jagdverbot, Überwachen des Handels und Verhinderung der Umweltverschmutzung dazu beitragen, ihr Überleben zu sichern. Die nötigen Maßnahmen anzugehen und durchzuführen, erfordert jedoch Zeit und Geld, und beides ist knapp. Obwohl Naturschutzprojekte zur Rettung herausgestellter Arten außerordentlich erfolgreich sein kann — nicht nur für die Art selber, sondern auch für die mit ihr zusammenlebende Tierwelt — sollte sich der Naturschutz in Zukunft vielleicht am besten auf besondere Standorte konzentrieren, in denen verschiedene bedrohte Arten zusammen vorkommen. An derartigen »Krisenherden« ist nämlich der Erfolg für all die investierten Schutzmaßnahmen am größten. Wenn wir solche Standorte schützen, leisten wir einen größeren Beitrag zur Erhaltung der biologischen Vielfältigkeit.

Brian Chudleigh

▲ Diese Schwarzdrossel wurde durch entschlossene Maßnahmen in letzter Minute vor dem Aussterben gerettet. Sie lebt nur auf der Insel Chatham im fernen Südwestpazifik. Der Bestand war auf etwa neun Individuen geschrumpft, ehe ein komplexes Aufzuchtprogramm mit Hilfe von Zieharten zu einiger Hoffnung zu berechtigen begann, daß sich die Bestände wieder aufbauen lassen.

▼ Grundsätzlich scheinen die Vögel der tropischen Tiefland-Regenwälder am meisten bedroht zu sein: Dies ist die Heimat des sehr seltenen und wunderschönen Goldkehl-Pitta.

M.D. England/Ardea Photographics

ZWEITER TEIL
DIE ARTEN

DER VÖGEL

Ordnung Struthioniformes
6 Familien, 15 Gattungen
55 Arten

GRÖSSE
Kleinste Art
Brauntinamu *(Crypturellus soui)*, Gesamtlänge 15 Zentimeter; Gewicht 450 Gramm.
Größte Art
Strauß *(Struthio camelus)*, Höhe 2,75 Meter; Gewicht 63 bis 105 Kilogramm.

ARTENSCHUTZ
Folgende Arten werden in der ICBP-Liste der bedrohten Vögel aufgeführt: Zwergkiwi *(Apertyx owenii)*, Grausteiß-Tinamu *(Tinamus solitarius)*, Schwarztinamu *(T. osgoodi)*, Gelbfuß-Tinamu *(Crypturellus noctivagus)*, Waldtinamu *(C. saltuarius)*, Taczanowski-Steißhuhn *(Nothoprocta taczanowskii)*, Kalinowski-Steißhuhn *(N. kalinowskii)*, Wachtel-Steißhuhn *(Northura minor)* und Pfauensteißhuhn *(Taoniscus nanus)*.

RATITEN UND TINAMUS

S.J.J.F. DAVIES

Die Ratiten, die Riesen unter den Vögeln, bilden zusammen mit ihren kleineren Verwandten, den Tinamus, die lebenden Vertreter der Ordnung Struthioniformes. Ihre Verbreitung auf den Südkontinenten nährte lange Zeit hindurch die Ansicht, daß sie eine primitive Gruppe südlichen Ursprungs repräsentieren, die nicht auf die nördliche Hemisphäre vordringen konnten. Allerdings zeigen neu entdeckte Fossilien von Ratiten, daß ihr gegenwärtiges südliches Vorkommen nur die Überreste einer einst weit verbreiteten Gruppe darstellt. Die Vertreter dieser Ordnung — Strauß, Rheas (Nandus), Kasuare, Emu und Kiwis — zeigen in spektakulärer Weise, daß Vögel sich zu großen, flugunfähigen Wirbeltieren entwickeln können, vergleichbar den großen, pflanzenfressenden Säugern.

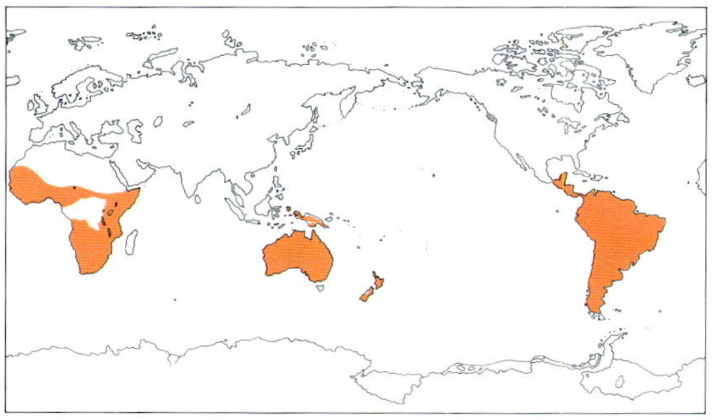

EIN BRUSTBEIN OHNE KIEL

Die Ordnung umfaßt sechs lebende Familien. Es handelt sich um die Struthionidae, vertreten vom afrikanischen Strauß, dem größten Vogel der Welt; die Tinamidae, dies sind etwa 45 Arten von Tinamus in Süd- und Zentralamerika; die Rheidae, zwei südamerikanische Nandu-Arten; die Casuariidae, drei Arten von Kasuaren, die Neu Guinea und Australien bewohnen, die Dromaiidae, der australische Emu sowie die Apterygidae, drei Kiwi-Arten, die Neuseeland bewohnen. Noch in historischer Zeit bewohnten die Dinornithidae, mindestens zwölf Moa-Arten, Neuseeland, und einzelne Tiere überlebten vermutlich bis ins neunzehnte Jahrhundert. Das endgültige Aussterbedatum einer anderen Familie, der auf Madagaskar beschränkten Aepyornithidae (Madagaskarstrauße), lag um 1650.

Alle »echten« Ratiten sind flugunfähig und besitzen ein flaches Sternum (Brustbein) ohne den kielähnlichen Vorsprung, der bei den meisten flugfähigen Vögeln vorkommt. (Das lateinische Wort ratis bedeutet »Floß«). Die Tinamus haben ein gekieltes Sternum und können zudem fliegen. Sie sind den übrigen Struthioniformes allerdings in vielen ungewöhnlichen anatomischen Merkmalen ähnlich, etwa hinsichtlich der Struktur des Gaumens. Verglichen mit den Federn der meisten anderen Vögel ist ihr Gefieder nicht sehr dicht. Bei den Kasuaren und dem Emu hängt das Gefieder wie Haare vom Körper, und jede Feder trägt zwei Schäfte gleicher Länge. Der Strauß, die Nandus, Tinamus und Kiwis besitzen Federn mit einem Hauptschaft, allerdings verhaken sich die Äste, sofern vorhanden, nicht dicht, so daß die Vögel zottig aussehen.

DER STRAUSS: EIN HERRSCHER UND SEIN HAREM

Ratiten sind Laufvögel. Ihre langen, dünnen Beine tragen das Körpergewicht hoch über dem Boden, etwa wie bei den Huftieren (Pferden, Rindern und Verwandten) und verleihen ihnen dadurch mechanische Vorteile. Im Verlaufe ihrer Entwicklungsgeschichte wurde bei den Ratiten die Zahl ihrer Zehen ständig reduziert. Die meisten Vögel besitzen vier. Bei den Ratiten ist drei die übliche Anzahl; nur der Strauß besitzt lediglich zwei Zehen, ein unter lebenden Vögeln einmaliges Merkmal. Anders als bei den meisten Ratiten sind beim Strauß die Männchen größer als die Weibchen: Sie erreichen eine Höhe von 2,75 Metern, die Weibchen sind 1,90 Meter hoch. Das weite Verbreitungsgebiet des Strauß umfaßte einst den Mittleren Osten, den überwiegenden Teil Nordafrikas sowie das Afrika südlich der tropischen Regenwälder. Heute ist er jedoch im Mittleren Osten und in den meisten Gebieten Nordafrikas ausgestorben. Beinahe sämtliche südafrikanischen Populationen sind auf Nationalparks begrenzt. In Südaustralien existiert eine kleine, verwilderte Population.

Die Straußen setzen ihre großen Flügel bei der Paarung ein, und jeder Hahn sammelt sich ein Harem von zwei bis fünf Hennen. In der Regel baut das Männchen das Nest, in dem alle seine Weibchen die Eier ablegen. Während der Brutzeit von 39 bis zu 42 Tagen brütet anschließend meist die ranghöchste Henne tagsüber und der Hahn während der Nacht. Beide Geschlechter bewachen die Küken, die als Familie etwa zwölf Monate zusammenbleiben. Obwohl die Fortpflanzung in der Regel bis zum dritten oder vierten Lebensjahr hinausgezögert wird, werden die Tiere gelegentlich schon im zweiten Jahr geschlechtsreif. Ihr Fortpflanzungsverhalten ist recht vielfältig, abhängig von der Dichte der Population, vom Lebensraum und den klimatischen Bedingungen. Einige Nester sind im Besitz monogamer Paare, besonders dort, wo Straußen selten sind. Im dichten Busch können die Nester dichter beieinander liegen als in der üblichen Distanz von zwei Kilometern, und in der offenen Ebene liegen sie zuweilen weiter auseinander. Jeden Tag sammeln sich die Straußen in größeren Zahlen um Wasserstellen herum oder an Orten mit reichem Nahrungsangebot, und Jungvögel findet man in großen Gruppen von bis zu 100 Vögeln. Die Nahrung bildet eine Auswahl von Früchten, Kör-

Mitch Reardon/Weldon Trannies

◀ Der Strauß war einst in ganz Afrika und im Mittleren Osten weit verbreitet. Heute lebt er nur noch in wenigen afrikanischen Nationalparks. Etwa um die Jahrhundertwende wurde der Strauß wegen seiner Federn, die in der Mode-Industrie gebraucht wurden, in großem Stil gezüchtet. Diese Industrie ist noch nicht vollständig erloschen, und in Südafrika werden insgesamt noch immer 60000 Vögel in Gefangenschaft gehalten. In der arabischen Welt mißt man den Schalen der Straußeneier magische Kräfte bei. Daher werden sie häufig in die Dächer muslimischer Häuser oder ägyptischer Moscheen als Blitzableiter eingebaut.

nern, Sukkulentenblättern und den jungen Teilen von Sträuchern, Blattgewächsen und Gräsern. Sie fressen außerdem kleine Wirbeltiere und nehmen Steine auf, die ihnen bei der Zerkleinerung der Nahrung helfen.

DIE SÜDAMERIKANISCHEN FAMILIEN

Die beiden Ratitenfamilien Südamerikas, die Nandus und die Tinamus, umfassen insgesamt 47 Arten und bewohnen eine Vielfalt von Lebensräumen, vom Wald bis zum Hochland der Anden.

Nandus

Die Nandus werden manchmal als die Straußen Südamerikas bezeichnet. Der Nandu *(Rhea americana)* erreicht eine Höhe von 1,5 Meter und ein Gewicht von 20 bis 25 Kilogramm. Der Darwinstrauß *(Pterocnemia pennata)* ist kleiner. Beide Arten besitzen ein graues oder grau-braunes Gefieder und große Flügel, die den Körper wie ein Mantel umhüllen. Beim Laufen spreizen die Nandus zuweilen ihre Flügel ab, die dann als Segel funktionieren, allerdings sind die Vögel nicht in der Lage zu fliegen.

Die ursprüngliche Verbreitung der beiden Arten war ungewöhnlich. Der Nandu lebte in den Ebenen Nordost-Brasiliens bis nach Zentral-Argentinien;

Michael Yamashita

▲ Ein Einlappenkasuar. Da die Proteinquellen für viele Einheimische der Regenwälder Neu Guineas knapp sind, hat es sich eingebürgert, junge Kasuare zu fangen und aufzuziehen. Sobald die Vögel geschlechtsreif sind, werden sie geschlachtet.

▼ Die südamerikanischen Tinamus bilden in vielerlei Hinsicht die ökologischen Gegenstücke zu den Wachteln und Fasanen an anderen Orten der Welt. Sie alle leben auf dem Boden, obwohl viele zum Schlafen die Bäume aufsuchen. Einige Arten, wie dieser hochlandbewohnende Tinamu, der an seinem Nest abgebildet ist, leben im Regenwald.

Michael Fogden/Bruce Coleman Ltd

sein Verbreitungsgebiet wurde allerdings durch landwirtschaftliche Erschließung auseinandergerissen. Der Darwinstrauß existiert in zwei getrennten Populationen: Eine in der Pampas (der Grasebene) Patagoniens; sie ist als eigentlicher Darwin- Strauß bekannt; die andere, der Puna-Strauß, lebt in den Hochanden des südlichen Peru und des nördlichen Chile.

Nandu-Männchen kämpfen um Territorien, und hat ein Männchen einmal seinen Sitz etabliert, baut es ein Nest, indem es einen Kratzer auf dem Boden mit Blättern und Gras säumt. Zu dieser Stelle lockt es die Weibchen, häufig in einer kleinen Gruppe. Ein jedes Weibchen legt ein Ei in das Nest hinein und wiederholt dies alle zwei bis drei Tage, bis das Männchen, sobald das Gelege groß genug ist, sie verjagt und mit dem Brüten beginnt. Ehe die Weibchen ihre Eier ins Nest legen und ebenso danach, legen sie ihre Eier in der Nähe auf dem Boden ab. Einige davon rollt das Männchen unter sich, die anderen verfaulen. Sobald das Männchen auf dem Nest sitzt, wandert die Gruppe der Weibchen zu einem anderen Männchen und kann auf diese Weise in einer Saison ein halbes Dutzend Nester versorgen. Der Hahn führt die Küken, die rasch heranwachsen und nach etwa sechs Monaten die Größe erwachsener Tiere erreichen. Sie pflanzen sich jedoch nicht fort, ehe sie nicht zwei Jahre alt sind.

Tinamus

Die Größe der 45 Tinamu-Arten variiert vom Format einer Wachtel bis zu dem eines großen Huhns. Obwohl sie in ihrer Anatomie, dem Protein ihres Eiklars und der Struktur ihrer Gene eine enge Verwandtschaft zu den übrigen Struthioniformes aufweisen, zeigen sie in augenfälliger Weise auch Unterschiede. Viele, möglicherweise alle, Arten können fliegen, wenngleich sie es nur selten tun; sie entgehen Beutegreifern in der Regel, indem sie sich durch Deckung davonschleichen oder unbeweglich verharren. Die meisten Arten besitzen drei Zehen, eine bei Ratiten übliche Zahl, einige jedoch haben vier. Die Vertreter der Gattung Tinamus übernachten auf Bäumen, alle anderen Tinamus dagegen auf dem Boden. Bei den Tinamus-Arten ist der Rücken des Tarsus aufgerauht, um den Vögeln beim Ruhen eine guten Halt auf dem Ast zu gewähren.

Viele Arten ernähren sich von pflanzlichem Material, einige jedoch (etwa die Nothoprocta-Arten) nehmen viel tierische Kost zu sich, und das Pampahuhn *(Rhynchotus rufescens)* gräbt nach Wurzeln und Termiten. Bei einigen Arten (etwa beim *Pisacca Nothoprocta ornata)* wird das Nest von einem einzigen Männchen und Weibchen errichtet, in den meisten Fällen tut sich allerdings ein Männchen mit mehreren Weibchen zum Nisten zusammen. Die Tinamus nisten auf dem Boden, indem sie eine Mulde mit Gras und Blättern säumen, und wie bei den meisten Ratiten übernimmt das Männchen das Ausbrüten (bei Eudromia dauert es 19 Tage) und sorgt für die Familie.

Tinamus findet man in zahlreichen Lebensräumen, darunter im Regenwald und in den öden Hochanden. Auf den offenen Plateaus lebt das Perlsteißhuhn *(Eudromia elegans)* in Herden von bis zu 100 Exemplaren. Die Tinamus sind vielfältig und zahlreich. Bedenkt man, daß sie heute systematisch in der Nähe des Urbestandes aller Ratiten angesiedelt werden, sind dies durchaus eindrucksvolle Errungenschaften.

EMUS UND KASUARE

Der australische Emu *(Dromaius novaehollandiae)* führt ein Nomadenleben, ist immer in Bewegung, um den Kontakt zu seiner Nahrung zu behalten. Nicht daß seine Nahrung sich bewegte, jedoch erscheinen die reichen Angebote an Blüten, Früchten, Körnern, Insekten und jungen Trieben, von denen er sich ernährt, in den australischen Wüsten in rein zufälliger Folge. Die bis zu zwei Meter hohen und 45 Kilogramm schweren Emus wandern über weite Entfernungen, meist in monogamen Paaren, die nur anhalten, wenn sie ein reiches Nahrungsangebot finden und weiterziehen, wenn dieses erschöpft ist. Nur wenn das Männchen etwa acht Wochen lang das Brutgeschäft übernimmt, kann es nicht auf Nahrungssuche gehen. Daher frißt oder trinkt es während der Brutzeit nicht, noch entleert es sich, sondern lebt stattdessen von den Fettreserven, die es in den sechs Monaten zuvor aufgebaut hat. Wenn die Umstände es einem Paar nicht erlaubt haben, vor der Brutsaison im Winter Fett anzuspeichern, brütet es nicht, oder wenn Eier gelegt werden, so verläßt sie das Männchen, ehe sie schlüpfen. Das Männchen bewacht die Küken und führt sie in den ersten sieben Monaten, zuweilen sogar länger. Das Weibchen bleibt manchmal in der Nähe, wandert auf der Suche nach Nahrung weit fort oder paart sich mit einem anderen Männchen. Selten nur tun sich dieselben Partner für eine weitere Brutsaison zusammen.

Emus leben in Süd-Australien überall, nicht nur in den Wüsten. Im Norden werden sie seltener, wenngleich einige wenige Vögel so weit nördlich wie Darwin oder Cape York angetroffen werden. Ihre Zahl, gegenwärtig auf etwa eine halbe Million Individuen geschätzt, kann in Abhängigkeit von feuchten oder trockenen Jahreszeiten rasch ansteigen oder fallen. Sie kommen häufig im Buschland an der Küste vor, in Eucalyptuswäldern und auf Salzbusch-Ebenen. Einige wenige dringen in die gebirgige Heidelandschaft vor, und einige leben noch in landwirtschaftlich genutzten Gebieten, vorausgesetzt, daß noch geringe Buschland-Bestände übrig sind.

Die Kasuare bevorzugen den Dschungel. Auf Neu

C.A. Henley

Guinea leben drei Arten, und eine davon, der Helmkasuar *(Casuarius casuarius)* bewohnt auch die tropischen Regenwälder ganz im Nordosten des australischen Queensland. Auf Neu Guinea ist man sich über die ursprüngliche Verbreitung der drei Arten nicht sicher, denn sie wurden von Menschen verfrachtet und jenseits ihrer natürlichen Verbreitungsgrenzen ausgesetzt. Vermutlich bevorzugte der Helmkasuar den Regenwald mittlerer Lagen, der Einlappen-Kasuar *(C. unappendiculatus)* den Tiefland-Regenwald und der Bennett-Kasuar (oder Moruk, *C. bennetti)* das Hochland, möglicherweise sogar die gebirgigen Graslandschaften. Einige Inseln um Neu Guinea herum besitzen Kasuar-Populationen, die in der Regel von jeweils einer Art stammen. So lebt beispielsweise der Helmkasuar auf Ceram und der Moruk auf New Britain. Der Helmkasuar erreicht eine Höhe von 1,5 Metern und kann mehr als 55 Kilogramm wiegen. Sein glänzendes Rückengefieder wächst ihm nach dem ersten Jahr, davor sind die Jungvögel in ein schlichtes Grau gekleidet. Alle Arten besitzen Kehllappen. Sie sind bei erwachsenen Tieren leuchtend rot und blau, bei den jüngeren jedoch weniger farbenfroh. Dem Moruk fehlt ein deutlicher Helm, ein solcher ziert jedoch die Köpfe der beiden anderen Arten. Kasuare sind bei ihrer Ernährung auf die Früchte des Waldes angewiesen — Früchten von mehr als 75 Baumarten im nördlichen Queensland. Einzelne Tiere halten offenbar ein Territorium von einem bis fünf Quadratkilometer aufrecht, an dessen Grenzen sie umherwandern, um Früchte zu sammeln, wenn die verschiedenen Bäume reifen. Während der winterlichen Brutsaison wird das Territorium von Paaren besetzt, und das aus sechs bis acht Eiern bestehende Gelege wird etwa zwei Monate lang vom Männchen ausgebrütet, das dann auch die Jungvögel umsorgt. Kasuare sind nirgendwo besonders zahlreich, und ihr Überleben wird gefährdet sein, wenn die Artenvielfalt der Wälder durch Abholzen reduziert wird.

KIWIS, DIE GRABENDEN RATITEN

Drei Kiwi-Arten leben heute noch auf Neuseeland: Der Streifenkiwi *(Apteryx australis)* ist mit einer Länge von 55 Zentimeter der größte; die Weibchen wiegen 3,5 Kilogramm. Der Haastkiwi *(A. haastii)* ist von mittlerer Größe, und der Zwergkiwi *(A. owenii)* wird 35 Zentimeter lang und 1,2 Kilogramm schwer. Den Streifenkiwi findet man noch auf der Nord- und der Südinsel sowie auf den Stewart Islands, den Haastkiwi nur auf der Südinsel und den Zwergkiwi nur auf Kapiti Island, wo er 1913 eingeschleppt wurde.

Kiwis sind nachtaktiv und ernähren sich von Wirbellosen, die sie überwiegend durch den Geruchssinn finden, indem sie mit ihren langen, empfindlichen Schnäbeln im Boden stochern. Die Paare bilden sich in der Brutsaison im späten Winter und im Frühling, und das Männchen gräbt eine Höhle, in die das Weibchen ein bis drei weiße Eier hineinlegt. Ein jedes Ei entspricht bis zu 25 Prozent des Körpergewichts des Weibchens und ist daher das proportional größte Ei, das überhaupt ein Vogel ablegt. Die Eier werden vom Männchen 78 bis 82 Tage lang bebrütet. Die Küken sind offenbar von dem Augenblick an, in dem sie aus dem Bau kommen, völlig selbständig.

Der Ruf des männlichen Streifenkiwi ist ein schriller Pfiff mit einer langen, ansteigenden Phrase an dem einen und einer absteigenden auf der anderen Seite, worauf der Name »Kiwi« zurückgeht. Die Weibchen besitzen einen heiseren, tiefen Ruf. Zwei anatomische Merkmale trennen die Kiwis von den anderen Ratiten. Zunächst sind die Flügel — beim Emu und den Kasuaren nur klein — bei den Kiwis nur noch Reste. Zweitens verfügen die weiblichen Kiwis über paarige, funktionstüchtige Eierstöcke — bei den meisten Vögeln funktioniert in der Regel nur noch der linke und der rechte fehlt vollständig. Alle Arten leben im ursprünglichen Podocarpien-Wald (Nadelbäume der südlichen Hemisphäre).

▲ Außerhalb der Brutzeit bilden Emus manchmal wandernde Gruppen. Nach der Paarung und der Eiablage besorgt das Männchen jedoch das Ausbrüten und die Aufzucht der Jungen allein. Die Küken sind beim Schlüpfen mit einem Daunenkleid bedeckt und können ihrem Vater innerhalb weniger Stunden folgen. Er zeigt den Küken, wo es etwas zu fressen gibt; meist können sie sich jedoch selber versorgen.

▼ Der Kiwi ist das Nationalsymbol Neuseelands. In Wirklichkeit gibt es jedoch drei einander sehr ähnliche Arten. Diese nur auf Neuseeland lebende Gruppe besitzt nirgendwo auf der Welt enge Verwandte. Alle drei Kiwis sind flugunfähig, nachtaktiv und leben in Gängen. Der hier gezeigte Haastkiwi lebt nur auf der Südinsel.

Brian Chudleigh/National Wildlife Centre

ALBATROSSE UND STURMVÖGEL

J.P. CROXALL

Die Vögel der Ordnung Procellariiformes, insgesamt als Sturmvögel oder Röhrennasen bekannt, sind in hohem Maße an eine Lebensweise am Meer angepaßt, denn sie verbringen einen großen Teil ihrer Zeit über der See und ernähren sich von größerem Zooplankton, von Cephalopoden (Tintenfischen) und Fischen. Man kann sie an allen Ozeanen der Welt finden; man vermutet jedoch, daß sich ihre Vorfahren an den südlichen Meeren entwickelten. Ihre Fossilbelege reichen 60 Millionen Jahre zurück.

Ordnung Procellariiformes
4 Familien, 23 Gattungen
92 Arten

Kleinste Art
Zwergsturmschwalbe *(Halocyptena microsoma)*, Länge 12,5 bis 15 Zentimeter; Flügelspanne 32 Zentimeter; Gewicht 28 bis 34 Gramm.

Größte Art
Wander-Albatros *(Diomedea exulans)*; Länge 1,1 bis 1,4 Meter; Flügelspanne 3,4 Meter; Gewicht 6 bis 11 Kilogramm.

ARTENSCHUTZ
Bedrohte Arten: Amsterdam-Albatros *(Diomedea amsterdamensis)*, Kurzschwanz-Albatros *(D. albatrus)*, Maskarenen-Sturmvogel *(Pterodorma aterrima)*, Teufel-Sturmvogel *(P. hasitata)*, Bermuda-Sturmvogel *(P. cahow)*, Beck-Sturmvogel *(P. becki)*, Magenta-Sturmvogel *(P. magentae)*, Gon-Gon *(P. feae)*, Madeira-Sturmvogel *(P. madeira)*, Hawaii-Sturmvogel *(P. phaeopygia)*, Cook-Sturmvogel *(P. cooki)*, Ranguru-Sturmvogel *(P. axillaris)*, Masatierra-Sturmvogel *(P. defilippiana)*, Pycroft-Sturmvogel *(P. pycrofti)*, Macgillivray-Sturmvogel *(P. macgillivrayi)*, Parkinson-Sturmvogel *(P. parkinsoni)*, Westland-Sturmvogel *(P. westlandica)*, Rosafuß-Sturmtaucher *(Puffinus creatopus)*, Heinroth-Sturmtaucher *(P. heinrothi)*, Newell-Sturmtaucher *(P. newelli)*, Townsend-Sturmtaucher *(P. auricularis)*, Guadelupe-Wellenläufer *(Oceanodroma macrodactyla)*, Ruß-Wellenläufer *(O. markhami)*, Anden-Wellenläufer *(O. hornbyi)* *und Garnot-Sturmvogel (Pelecaoides garnoti)*.

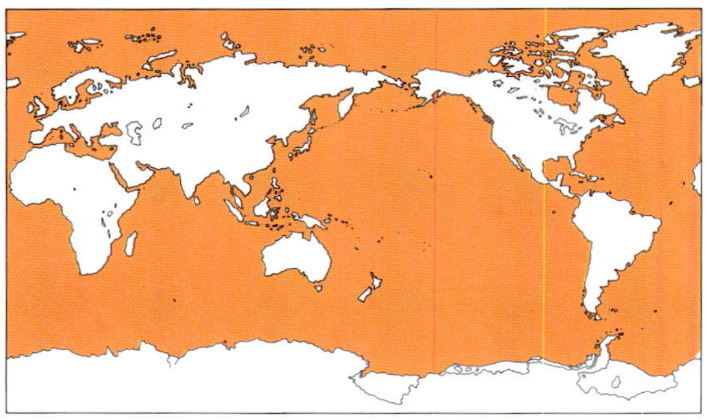

VÖGEL DER OFFENEN SEE

Die Procellariiformes verbinden einige Gemeinsamkeiten, in erster Linie jedoch ihre langen, äußeren, röhrenförmigen Nasenlöcher — daher stammt ihr Trivialname »Röhrennasen«. Dieses spezielle Merkmal ist mit einem (für Vogelverhältnisse) wohlentwickelten Geruchslappen im Gehirn verbunden, und es ist wahrscheinlich, daß die Procellariiformes ihre Nahrung, ihre Brutplätze und Einzeltiere sich untereinander durch den Geruchssinn finden. Alle Arten besitzen einen besonderen, muffigen Körperduft, der bei Museumsexemplaren über Jahrzehnte haften bleibt.

Zu den anderen Merkmalen gehören ein tief gefurchter Schnabel mit deutlichem Haken sowie die Fähigkeit der meisten Arten (jedoch nicht bei den Pelecanoididae, Tauchersturmvögeln), große Mengen von Öl im Magen zu speichern. Dieses Öl, das aus den energiereichen Nahrungsvorräten stammt, die von den Meeresorganismen angelegt wurden, von denen sie leben, wird emporgewürgt, um die Jungen zu füttern oder ausgespien, um potentielle Beutegreifer abzuschrecken. Dies ist eine von vielen Anpassungen an eine in hohem Maße pelagische Lebensweise mit riesigen Ozeanflächen, die für diese Gruppe typisch

▶ Der Keilschwanz-Sturmtaucher bewohnt die tropischen und subtropischen Gewässer des Südpazifik und des Indischen Ozeans.

Graham Robertson/Auscape International

ist. In jüngster Zeit zeigten Satelliten-gestützte Untersuchungen der Wanderwege, daß der Wanderalbatros *(Diomedea exulans)* zwischen 3600 und 15000 Kilometer mit Geschwindigkeiten von bis zu 80 Kilometer in der Stunde auf einer einzigen Reise zurücklegt, während sein Partner eine zehntägige Brutschicht einlegt.

Die Procellariiformes lassen sich in vier Familien unterteilen: Albatrosse (Familie Diomedeidae), Wasserscherer (Familie Procellariidae), Sturmschwalben (Familie Hydrobatiidae) und Tauchersturmvögel (Familie Pelecanoididae).

ALBATROSSE

Als die ersten portugiesischen Seeleute des fünfzehnten Jahrhunderts sich die afrikanische Küste in den stürmischen Südatlantik hinunterwagten, trafen sie auf große, schwarz-weiße Seevögel mit gedrungenem Körper und lang ausgezogenen Flügeln. Sie nannten diese fremdartigen Vögel alcatraz, das portugiesische Wort für große Seevögel. Später verballhornten englische Seeleute das Wort »Alcatraz« zu »Albatros«.

Die Albatrosse sind die zweifellos die besten Gleitflieger. Manchmal können sie stundenlang ohne einen einzigen Flügelschlag durch die Luft schweben. Typischerweise stehen sie mit dem sturmgepeitschten Meer zwischen der Antarktis und den äußersten Südteilen Amerikas, Afrikas und Australiens in Verbindung; sie brüten jedoch auch an den stärker temperierten Gewässern der südlichen Halbkugel. Drei Arten brüten im Nordpazifik und eine auf den Galapagos-Inseln am Äquator.

Albatrosse unterscheiden sich von den anderen Procellariiformes durch die Lage ihrer röhrenförmigen Nasenlöcher, die sich an jeder Seite der Schnabelbasis befinden, anstatt oben auf dem Schnabel verwachsen zu sein. Sie ernähren sich sehr vielfältig: Sie holen sich häufig die Reste hinter den Schiffen, allerdings bilden Fische, Tintenfische und Krebse die bevorzugte Nahrung, die oft in der Nacht gefangen wird. Sie fangen ihre Beute überwiegend von der Meeresoberfläche; gelegentlich fangen sie sie jedoch direkt unterhalb der Oberfläche, indem sie mit angewinkelten Flügeln hinuntertauchen.

Albatrosse sind mit einer durchschnittlichen Lebensspanne von 30 Jahren langlebige Vögel. Allerdings verlieren sie, was sie an Lebenserwartung gewinnen, an Fruchtbarkeit, denn bei den meisten Arten pflanzen sich die Tiere nicht fort, ehe sie nicht zehn bis fünfzehn Jahre alt sind und einige Arten brüten nur in zweijährigem Rhythmus. Die meisten Albatrosse brüten in dicht bevölkerten Kolonien, die zuweilen tausende von Paaren zählen. Im Gegensatz dazu leben die Rußalbatrosse der Gattung Phoebetria einzeln oder nisten in kleinen Gruppen auf Kliffkanten. Bei einigen Arten besteht das Nest aus einem Haufen aus Erde und Pflanzen, obwohl die tropischen Arten mit einem kärglichen Nest auskommen und der Galapagos-Albatros *(Diomedea irrorata)* gar überhaupt keines anlegt.

In der Regel paaren sich Albatrosse für's Leben, und eine »Scheidung« gibt es nur nach mehreren Fehlschlägen im Brutgeschäft. Sie sind für ihre spektakuläre Balz bekannt. Dabei stehen sie mit geöffneten Flügeln und gespreizten Schwänzen, strecken währenddessen ihre Hälse aus und werfen den Kopf zurück, bis die Schnabelspitze vom Rückengefieder überdeckt wird. All dies wird mit gurgelnden und wiehernden Tönen begleitet sowie, bei den großen Albatrossen, die die komplexesten Rituale besitzen, durch Klappern mit dem Schnabel.

Wie alle Procellariiformes legen Albatrosse ein einziges, weißes Ei, das in wechselnden Schichten von einigen Tagen von beiden Eltern bebrütet wird; 65 Tage lang bei den kleineren Arten und bis zu 79 Tagen beim Königsalbatros *(Diomedea epomorpha)*. Das Küken wird anfangs drei bis vier Wochen lang bebrütet; anschließend kehren die Eltern jedoch nur

▲ Der Wander-Albatros unterscheidet sich von den meisten anderen Röhrennasen durch die verblüffende Folge unterschiedlicher Jugendkleider, die jedes Individuum während seiner langen Jugendzeit trägt. Im Gegensatz zu den Verhältnissen bei diesen noch jungen Vögeln an ihren Nistgründen auf der Insel Macquarie sind die oberen Flügelteile der alten Männchen überwiegend weiß. Albatrosse paaren sich für das ganze Leben und grüßen einander bei ihrer Rückkehr zur Nistzeit mit auffälligen Gesten, etwa mit ausgestreckten Flügeln und trompetenden Rufen.

Graham Robertson

▲ Der Gelbnasen-Albatros gehört zu einer Gruppe recht kleiner Albatrosse mit dunklen Oberflügeln und farbenprächtigen Schnäbeln. Wie alle Albatrosse ist er ein Bewohner der offenen See, der nur zum Nisten an Land kommt. Diese Art brütet jährlich (nicht in zweijährigem Turnus wie bei den großen Albatrossen) auf verschiedenen Inseln des Indischen Ozeans und des südlichen Atlantik.

solange an die Küste zurück, wie sie benötigen, um eine Mahlzeit zu überbringen. Bis die Jungen flügge werden, vergeht ein Zeitraum von 120 Tagen (beim Mollymauk *(D. meanophrys)* und Gelbnasen-Albatros *(D. chlororhynchos)* und bis zu 278 Tagen beim Wanderalbatros. Die extrem lange Nistzeit bei der letztgenannten Art und fünf weiteren Arten (Königs-, Amsterdam- *(D. amsterdamensis),* Graukopf- *(D. chrysostoma),* Ruß- *(Phoebetria palpebrata)* und Dunkelalbatros *(P. fusca)* bringt es mit sich, daß sie, wenn sie ein Küken erfolgreich aufziehen, erst im übernächsten Jahr wieder brüten können.

Die 14 Albatrosse lassen sich zweckmäßig in drei Gruppen unterteilen.

Die großen Albatrosse

Die großen Albatrosse erkennt man sofort an ihrer gewaltigen Größe; ihre durchschnittliche Flügelspanne liegt bei etwa drei Metern. Es existieren drei Arten: Der Wanderalbatros (der auf den meisten subantarktischen Inseln brütet) und der Königsalbatros; beide leben zirkumpolar in den südlichen Ozeanen. Allerdings ist der Königsalbatros abseits seiner Brutinseln um Neuseeland herum weit weniger häufig. Die letzte Art ist der Amsterdam-Albatros von der französischen, subantarktischen Insel Amsterdam im Indischen Ozean, eine erst in neuerer Zeit beschriebene und beinahe ausgestorbene Art, von der etwa fünf Paare in jedem Jahr brüten.

Mollymauks

Zu dieser Gruppe gehören neun kleinere Arten von Albatrossen mit einer durchschnittlichen Flügelspanne von 2,2 Meter. Der Begriff »Mollymauk« stammt von dem niederländischen Wort mollemok, was etwa »törichte Möwe« bedeutet. Drei Arten brüten im nördlichen Pazifik: Der Kurzschwanz-Albatros *(Diomedea albatrus)* von der winzigen vulkanischen Insel Torishima vor Japan; zweitens der Schwarzfußalbatros *(D. nigripes)* aus dem Nordwest-Pazifik und drittens der Laysan-Albatros *(D. immutalbilis)* vom Hawaii-Archipel. Der Galapagos-Albatros ist die einzige am Äquator lebende Albatros-Art. Er brütet auf Galapagos sowie auf der Isla de la Plata vor Ecuador und überwintert in den reichen Gewässern des kühlen Humboldtstromes vor Ecuador und Peru.

Rußalbatrosse

Sie sind von ähnlicher Größe wie die Mollymauks und enthalten nur zwei Arten: Den Rußalbatros und den Dunkelalbatros. Beide Arten brüten auf den gemäßigten und subantarktischen Inseln des atlantischen und des Indischen Ozeans, südlich beziehungsweise nördlich der antarktischen Polarfront, und kommen an einigen wenigen Stellen auch gemeinsam vor. Es handelt sich um Vögel mit dunklem Gefieder und schlankeren Flügeln und spitzer zulaufenden Schwänzen als bei anderen Albatrossen.

WASSERSCHERER (STURMTAUCHER)

Die Wasserscherer bilden die verschiedenartigste Familie der Procellariiformes. Ihre Größe reicht von den Riesensturmvögeln (in Albatrosgröße) bis zu den kleinen Walvögeln; allerdings besitzen die typischen Vertreter die Größe einer kleinen Möwe. Sie haben ihren Namen von der Eigentümlichkeit einiger Arten, unmittelbar über der Wasseroberfläche zu streichen. Ihre Verbreitung reicht weiter als die irgendeiner anderen Vogelfamilie. Dabei gibt es Arten, die 250 Kilometer in der Antarktis landeinwärts nisten (der Schneesturmvogel, *Pagodroma nivea)* oder in der Arktis soweit nördlich wie es Land gibt (der Eissturmvogel, *Fulmarus glacialis).* Trotz dieser großen Verschiedenartigkeit läßt sich die Familie in vier Gruppen mit jeweils einigen gemeinsamen Merkmalen unterteilen.

Möwensturmvögel

Die Möwensturmvögel sind eine Gruppe von Kaltwasservögeln, die lediglich entlang der Kaltwasserströme in die Subtropen vordringen. Sie alle besitzen große, gedrungene Schnäbel und ernähren sich von größerem Zooplankton und von Fisch. Die meisten von ihnen sind versierte Aasfresser, die den Fischereischiffen folgen. Von den sieben Arten kommen sechs nur auf der Südhalbkugel vor. Bei dem einzigen nördlichen Vetreter handelt es sich um den Eissturmvogel, dessen Verbreitungsgebiet und Individuenzahl in jüngster Zeit in bemerkenswerter Weise zugenommen haben. Sein südliches Gegenstück ist der Silbersturmvogel *(Fulmarus glacialoides)*. Drei Arten von Fulmaren gehören zu Gattungen mit nur einer Art in jeder Gattung. Es sind der Weißflügel-Sturmvogel *(Thalassoica antarctica)*, der Kapsturmvogel *(Daption capense)*, sowie der einzige kleine vollkommen weiße Sturmvogel, der Schneesturmvogel.

Im Gegensatz zu diesen mittelgroßen Arten, deren Flügelspanne durchschnittlich ein Meter mißt, sind der Hallsturmvogel *(Macronectes halli)* und der Riesensturmvogel *(M. giganteus)* (beide sind über den südlichen Meeren weit verbreitet) schwerer als manche Albatrosse, obwohl ihre Flügelspanne nur zwei Meter beträgt. Die Riesensturmvögel ernähren sich sehr vielfältig. Sie sind jedoch als spezialisierte Aasfresser zur See und an der Küste bekannt, wo sie wie Geier an Robbenkadavern fressen.

Walvögel

Die Walvögel bilden eine weitere, südlich lebende Gruppe von Sturmvögeln, die überwiegend auf den subantarktischen Inseln brüten. Sie sind klein (Flügelspanne etwa 60 Zentimeter) und sehr ähnlich in Größe und Erscheinungsbild, nämlich oben blaugrau und unten weiß mit einer abgesetzten W-förmigen Markierung über den Flügeln. Ihren Namen tragen sie daher, daß sie früher häufig in der Gegenwart von Walen beobachtet wurden. Es gibt ungefähr sechs Arten von Walvögeln (der Status einiger Unterarten ist noch immer ungeklärt), die zwei Gruppen bilden. Vier Arten höhlen unterirdische Gänge aus und besitzen zudem kammähnliche Auswüchse des Gaumens, um das Oberflächen-Zooplankton aus dem Meerwasser zu herauszufiltern. Die beiden übrigen Arten, der Dickschnabel-Sturmvogel *(Pachyptila crassirostris)* und der Feensturmvogel *(P. turtur)*, nisten häufig zwischen Felsblöcken und sind weniger verbreitet.

Hakensturmtaucher

Die Hakensturmtaucher bilden eine Gruppe, die sich nur schwierig klassifizieren und identifizieren läßt. Zahlreiche Arten sind einander in Färbung und Markierungen sehr ähnlich, und es besteht noch keine Einigkeit über die Zahl der eindeutig feststellbaren Arten (es sind etwa 30). Des weiteren wird darüber debattiert, ob der Blausturmvogel *(Halobaena caerulea)* zu dieser Gruppe oder zu den Walvögeln gehört. Hakensturmtaucher nisten zumeist unter der Erde in großen Kolonien, viele Arten brüten jedoch auf abgelegenen Inseln, wo es keine Beutegreifer gibt.

Es handelt sich um mittelgroße Vögel (ihre Flügelspanne mißt etwa 80 Zentimeter). Ihre Schnäbel sind kurz, gedrungen und weisen eine scharfe Schnittkante und einen starken Haken auf, mit denen sie kleine Tintenfische und Fische packen und aufschneiden können. Sie sind in den tropischen und subtropischen Meeren weit verbreitet, besonders im Pazifik. Einige haben nur ein kleines Verbreitungsgebiet und brüten auf kleinen Inseln, so etwa der Bermudasturmvogel *(Pterodroma cahow)* aus Bermuda und der Madeirasturmvogel *(P. madeira)* aus Madeira. Viele Arten sind nur sehr wenig bekannt. Den Maskarenensturmvogel *(P. aterirrima)* kennt man beispielsweise nur von vier Exemplaren aus Réunion, die im 19. Jahrhundert gesammelt wurden sowie von drei Vögeln, die man in den siebziger Jahren tot auffand. Der Magenta-Sturmvogel *(P. magentae)* wurde kürzlich auf einem kleinen Felsen vor der Küste von Chatham Island (Neuseeland) wiederentdeckt, 111 Jahre, nachdem das einzigartige Typenexemplar im südlichen pazifischen Ozean gesammelt worden war. Die Brutstätten des erst im Jahre 1955 beschriebenen Jouaninsturmvogels *(Bulweria fallax)* schließlich sind noch immer unbekannt.

Echte Sturmvögel

Die vierte Gruppe der Wasserscherer bilden die echten Sturmvögel der Gattungen *Procellaria, Calonectris* und *Puffinus*, insgesamt etwa 23 Arten. Ihre Größe variiert; die Flügelspanne reicht von 60 Zentimetern bis zu 1,5 Meter. Sie sind weit verbreitet und außerordentlich wanderlustig. Die Schnäbel der Wasserscherer sind (sieht man von Procellaria einmal ab) im Verhältnis länger und dünner als die der Möwensturmvögel, Walvögel oder Hakensturmtaucher und werden in erster Linie dazu verwandt, Fische oder großes Zooplankton unter Wasser zu ergreifen. Die vier Procellaria-Arten bilden die größten Vertreter der Gruppe. Ihre Verbreitung ist auf die südlichen Ozeane beschränkt, allerdings überwintert der Parkinson-Sturmvogel *(P. parkinsoni)*, wie man weiß, vor der Küste Westmexikos. Die beiden *Calonectris-Arten* sind geographisch isoliert: Der Gelbschnabel-Sturmtaucher brütet im Nordatlantik und der Weißgesicht-Sturmtaucher im Nordpazifik, und beide wandern während des nördlichen Winters südwärts. Zur Gattung *Puffinus* gehören etwa 17 Arten kleiner bis mittelgroßer Wasserscherer. Der in Süd-Australien brütende Kurzschwanz-Sturmtaucher wird gelegentlich auch als Hammelvogel bezeichnet, denn seine Küken werden wegen des Fleisches und des Fetts kommerziell genutzt.

Graham Robertson

▲ Ein Ruß-Albatros an seinem Nest auf Gough Island im Südatlantik.

▼ Die Röhrennasen sind zwar am stärksten auf der Südhalbkugel vertreten, jedoch ist der Eissturmvogel in den kälteren Teilen des nördlichen Atlantik und Pazifik ein häufiger Vogel. In diesem Jahrhundert konnte er sogar sein Verbreitungsgebiet und seinen Bestand ausdehnen. Eissturmvögel sind Aasfresser, die sich häufig wegen der Abfälle um Fischerboote herum versammeln.

Jean-Paul Ferrero/Auscape International

▶ Die Lummensturmvögel setzen ihre Flügel eher zum Unterwasser-Antrieb als zum Fliegen ein. Ihre Gestalt ist etwas rundlich, und ihre Flügel sind klein und steif. In ihrem Erscheinungsbild und Verhalten zeigen sie einige bemerkenswerte Parallelen zu den Alken (Seite 112), die es auf der Südhalbkugel nicht gibt. Dies ist der Gemeine Lummensturmvogel, die häufigste der vier Arten.

Graham Robertson

STURMSCHWALBEN

Die Sturmschwalben sind kleine Vögel (mit einer durchschnittlichen Flügelspannweite von 45 Zentimetern), die man auf allen Meeren antrifft. Viele Arten besitzen ein auffallend schwarzes Gefieder mit einem weißen Bürzel. Sie alle nisten unterirdisch in Kolonien, meist auf isolierten Inseln. Häufig werden lange Wanderungen unternommen. So zieht zum Beispiel die Buntfuß-Sturmschwalbe *(Oceanites oceanicus)* von seinen atlantischen Nistplätzen in die subarktischen Meere der Nordhalbkugel, und offenbar wandert der Matsudaira-Wellenläufer *(Oceanodroma matsudariae)* entlang einer West-Ost-Richtung vom Pazifik zum Indischen Ozean.

Die nördliche Gruppe der Sturmschwalben, dies sind insgesamt etwa 13 Arten, besitzt spitz zulaufende Flügel und kurze Beine. Sie schnellen aus der Luft herab und fangen ihre Nahrung von der Meeresoberfläche weg. Die elf Arten der Gattung *Oceanodroma* haben mäßig gegabelte Schwänze.

Die sieben Arten der südlichen Sturmschwalben sind durch kurze, abgerundete Flügel und lange Beine gekennzeichnet. Letztere halten die Vögel häufig nach unten gestreckt, wenn sie beim Fressen über die Meeresoberfläche springen oder »gehen«.

TAUCHERSTURMVÖGEL

Wie schon ihr Name vermuten läßt, tauchen diese Sturmvögel nach ihrer Nahrung. Dabei fliegen sie einfach ins Wasser und sind verschwunden. Plötzlich tauchen sie aus der Tiefe wieder auf. Mit gleicher Leichtigkeit bewegen sie sich durch Luft und Wasser. Ihre Flügel sind kurz und breit — eine Anpassung an das Schwimmen unter Wasser — und ihr Flug entspricht eher einem Schwirren als einem Gleiten.

Die röhrenförmigen Nasenöffnungen öffnen sich nach oben anstatt nach vorn, was vermutlich eine Anpassung an ihre tauchende Lebensweise darstellt. Alle vier Arten, die zu einer Gattung, *Pelecanoides,* gehören, trifft man in den südlichen Ozeanen an. Mit einer durchschnittlichen Flügelspanne von 30 Zentimetern sind sie relativ klein. Im Gegensatz zu zahlreichen anderen Sturmvögeln unternehmen Tauchersturmvögel offenbar keine ausgedehnten Wanderzüge, nicht einmal außerhalb der Brutsaison, sondern man sieht sie meist in der Nähe ihrer Nistgebiete.

WAS IHR ÜBERLEBEN IN FRAGE STELLT

Von alters her hielt man den Albatros für einen Vogel, der ein schlechtes Omen war, da er angeblich die Seelen ertrunkener Seeleute verkörperte. Ein solches Tier zu töten bedeutete Unglück. Trotz dieses Aberglaubens, der durch Coleridge's Gedicht »Rime of the Ancient Mariner« bekannt wurde, entging der Albatros der Verfolgung nicht, denn er wurde von zahlreichen Seefahrern gefangen, um auf langen Reisen die Eintönigkeit der Ernährung zu mildern.

Die Entdeckung der abgelegenen Inseln, der Nistgebiete also, die von Albatrossen und anderen Procellariiformes bevorzugt werden, führte zu Verlusten durch das Wegsammeln der Eier und in einigen Kolonien beinahe zu einer Ausverkaufs-Schlächterei wegen ihrer üppigen Federn, die für weiche Kissen sehr begehrt und um die Jahrhundertwende in der Damenmode populär geworden waren. Der Kurzschwanz-Albatros hatte besonders unter den Daunenjägern zu leiden. Der einst im Nordpazifik überaus zahlreiche Albatros schrumpfte um 1953 im Bestand auf etwa zehn Paare auf der Vulkaninsel Torishima zusammen (hier trugen in den Jahren 1902 und 1939 Vulkanausbrüche auch dazu bei, daß die Art beinahe ausstarb). Die Population ist langsam dabei, sich zu erholen: 1986 wurden 146 Erwachsene und 77 Jungvögel gezählt, und seitdem eine Grasnarbe transplantiert wurde, um Nistgebiete an den unsicheren vulkanischen Hängen zu stabilisieren, hat der Fortpflanzungserfolg zugenommen. Die größten Bedrohungen gehen heute von Hunden und Katzen aus, die von Menschen auf die abgelegenen Inseln gebracht worden waren, auf denen Sturmvögel brüten sowie von der kommerziellen Fischerei mit Treibnetzen.

PINGUINE

FRANK S. TODD

Die Pinguine bilden eine Gruppe hochspezialisierter, sozialer, flugunfähiger Seevögel, die in sämtlichen kalten Gewässern der südlichen Ozeane weit verbreitet sind. Die größten Konzentrationen und die größte Artenzahl findet man in der Subantarktis zwischen den Breitengraden 45° und 60°. Dabei ist die Artenvielfalt um das Gebiet Neuseelands und um die Falkland-Inseln herum am größten. Lediglich zwei Arten leben südlich des sechzigsten südlichen Breitengrades in der Antarktis. Auf der Nordhalbkugel gibt es keine Pinguine, wenn auch der Galapagos-Pinguin *(Spheniscus mendiculus)* gelegentlich etwas oberhalb des Äquators vorkommt. Andere Arten bewohnen die Festlandküsten und die Inseln vor Australien, Neuseeland und Patagonien, Tierra del Fuego (Feuerland) mitsamt den nördlichen Ausläufern nach Peru sowie die vor Südwestafrika gelegenen Inseln. Obwohl die Pinguine Gebiete bewohnen, die von Landraubtieren frei sind, müssen sie sich im Meer mit so gefährlichen aquatischen Beutegreifern auseinandersetzen wie den fleischfressenden Seeleoparden und Schwertwalen. In einigen Gebieten vertilgen gewitzte fliegende Räuber wie Raubmöwen enorme Mengen an Eiern und Küken.

Ordnung Sphenisciformes
1 Familie, 6 Gattungen 17 Arten

GRÖSSE
Kleinste Art
Zwergpinguin *(Eudyptula minor)*, Länge 39 bis 41 Zentimeter; Gewicht 0,7 bis 2,1 Kilogramm.
Größte Art Kaiserpinguin *(Aptenodytes forsteri)*; Länge 115 Zentimeter; Gewicht 19 bis 46 Kilogramm.

ARTENSCHUTZ
Folgende Arten werden in der ICBP-Liste der bedrohten Vögel aufgeführt: Gelbaugen-Pinguin *(Megadyptes antipodes)*, Humboldt-Pinguin *(Spheniscus humboldti)* und Brillenpinguin *(S. demersus)*.

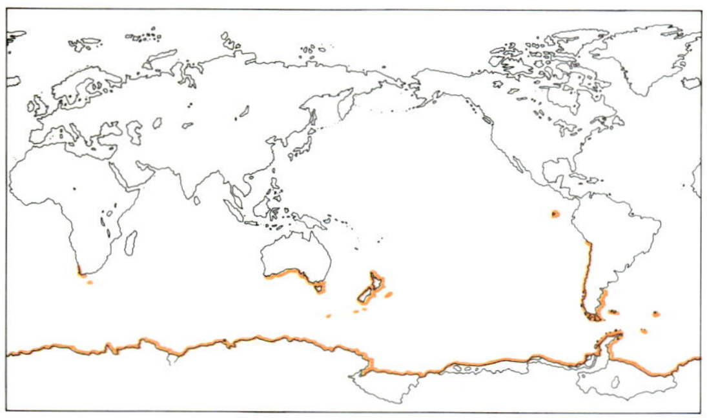

UNTERWASSERSCHWIMMER

Trotz ihrer Flugunfähigkeit haben sich die Pinguine aus fliegenden Vögeln entwickelt; sie blieben jedoch mindestens 45 Millionen Jahre lang im wesentlichen unverändert. Von allen Vögeln sind sie am stärksten an das Wasser gebunden. Einige Arten verbringen bis zu drei Viertel ihres Lebens im Meer und kommen nur zum Brüten und zur Mauser an Land. Viele unternehmen Wanderungen. Mit ihren Flügeln, die sich zu steifen, flachen, paddelähnlichen Flossen entwickelt haben, sind die Pinguine ausgezeichnete Schwimmer. Die einzigen anderen Vogelgruppen, die mehr mit Hilfe der Flügel als der Füße unter Wasser schwimmen, sind die Alken und deren Verwandte (sie bilden auf der Nordhalbkugel die Gegenstücke zu den Pinguinen) sowie die Tauchsturmvögel. Obwohl sie bei kurzen Sprints Geschwindigkeiten von bis zu 24 Stundenkilometern erreichen können, legen Pinguine in der Regel fünf bis zehn Kilometer pro Stunde zurück. Sie sind die bei weitem am besten angepaßten Taucher unter den Vögeln. Von einem Kaiserpinguin *(Apenodytes fosteri)* wird berichtet, daß er 265 Meter tief tauchte und 18 Minuten lang unter Wasser

▼ Man stellt sich die Pinguine häufig im Zusammenhang mit der antarktischen Eiswüste vor. Allerdings lebt der Galapagos-Pinguin auf einem Archipel, das beinahe genau am Äquator liegt.

D. Parer and E. Parer-Cook/Auscape International

Graham Robertson

Eine Gruppe von Kaiserpinguinen überquert ein Eisfeld im typischen Gänsemarsch.

blieb, und selbst kleinere Arten wie der Eselspinguin *(Pygoscelis papua)* taucht in Tiefen von über 150 Meter hinab. Pinguine ernähren sich von Fischen, Krill und anderen kleinen Wirbellosen sowie von Cephalopoden (Tintenfischen), die sie unter Wasser fangen und fressen.

Alle Pinguine stehen thermoregulatorischen Herausforderungen gegenüber: Die am Pol lebenden Pinguine müssen Wärme erhalten, die Arten der gemäßigten und tropischen Breiten müssen dagegen überschüssige Wärme abgeben. Daher besitzen die gut isolierten Pinguine des Südpols vergleichsweise kleinere Körperanhänge, und die Befiederung kann sich sehr wohl unten am Schnabel fortsetzen. Im Gegensatz dazu sind die Körperanhänge der tropischen Arten größer und die Haut um das Gesicht herum ist nackt, so daß sie bei Umspülung im Wasser einen Mechanismus zur Abgabe überschüssiger Wärme bietet. Keine andere Vogelgruppe muß Lufttemperaturen aushalten, die von minus 60 Grad Celsius während des antarktischen Winters bis zu über 40 Grad am Äquator reichen. Die Pinguine sind auf die isolierende Fähigkeit ihrer einander überlappenden Federn angewiesen, um ihre Körpertemperatur gleichzuhalten. Dabei wird warme Luft in der wasserdichten Schicht in wirkungsvoller Weise eingeschlossen. Wenn ein Pinguin einmal im Jahr mausert, gehen alle Federn gleichzeitig verloren. In diesem Zeitraum ist er nicht wasserabweisend und muß sich an der Küste oder auf dem Eis aufhalten. Vögel, die sich im Federwechsel befinden, können nicht zum Fressen ins Meer gehen und verlieren, weil sie fasten müssen, im Laufe der drei- bis sechswöchigen Mauserzeit ein Drittel oder noch mehr von ihrem Körpergewicht.

Wie die meisten Seevögel haben auch die Pinguine eine recht lange Lebenserwartung, obwohl unter den Jungvögeln eine hohe Sterblichkeit herrschen kann. Während der Brutsaison leben die meisten Arten streng territorial. Nur der Kaiserpinguin bildet im Winter große, zusammengedrängte Gruppen. Bei einigen Arten werden die Tiere keine vollendeten Brüter, ehe sie zehn Jahre alt sind. Unmittelbar nach dem Schlüpfen sind die Jungen bereits mit Daunen bedeckt; dennoch sind sie auf ihre Eltern angewiesen, die sie wärmen und beschützen. Die Küken werden mit Futter versorgt, das die Eltern auswürgen, und in den Oberflächenkolonien erkennen diese ihre Jungen an der Stimme.

DIE SECHS GATTUNGEN

Die beiden größten und farbenprächtigsten Arten, die Königs- und Kaiserpinguine, gehören zu der Gattung *Aptenodytes.* Im Gegensatz zu anderen Pinguinen, die typischerweise Gelege mit zwei Eiern produzieren, legen beide jeweils nur ein einziges Ei, das auf den Füßen ausgebrütet und dabei von einer muskulösen Falte der Abdominalhaut bedeckt wird. Der Kaiserpinguin ist in sofern einzigartig als er während des tiefsten, dunklen antarktischen Winters brütet. Zudem brüten während der gesamten Brutdauer von 62 bis 67 Tagen lediglich die Männchen, und drittens befinden sich die Kolonien typischerweise auf dem jährlichen Eis, so daß der Kaiserpinguin (unter normalen Umständen jedenfalls) der einzige Vogel ist, der niemals festen Boden betritt. Die den brütenden Männchen auferlegte Fastenzeit von 110 bis 115 Tagen ist die längste unter allen Vögeln.

Der kleinere aber noch farbenprächtigere Königs-

◀ Die meisten Pinguine bewegen sich an Land gehend. Dagegen springt der Felsenpinguin (ganz links) häufig mit geschlossenen Beinen, wie ein Mensch beim Sackhüpfen. Der Königspinguin (links) ist die zweitgrößte Art. Er brütet in großen Kolonien, von denen einige mehr als 100000 Paare zählen. Im vergangenen Jahrhundert stellte der Mensch diesem Vogel intensiv nach; heute erholen sich jedoch die Bestände rasch. Beide Arten bewohnen die Inseln der Subantarktis.

pinguin *(A. patagonicus)* aus der Subantarktis wiegt beinahe 20 Kilogramm und vermag in einem Zeitraum von drei Jahren lediglich zwei Küken in die Welt zu setzen. Die Küken verbringen den Winter in großen Gruppen, den sogenannten Créches, wo sie sporadisch gefüttert werden, und viele von ihnen gehen zugrunde. Die Küken brauchen neun bis dreizehn Monate, bis sie flügge sind, ein längerer Zeitraum als bei irgendeinem anderen Vogel. Früher wurden die Königspinguine wegen ihres Fetts erlegt; nachdem sie per Gesetz unter Schutz gestellt worden waren, haben sich die meisten Kolonien wieder erholt.

Die Adelie-, Esels- und Kehlstreifpinguine werden zusammen als Langschwanz-Pinguine bezeichnet. Der Adeliepinguin *(Pygoscelis adeliae)* kommt nur in der Antarktis vor und dürfte mit einer Population von mehreren Millionen Exemplaren der zahlreichste Pinguin sein. Der Kehlstreifpinguin lebt in einem Gebiet, das als der Scotia Arc bekannt ist, das von der Spitze der antarktischen Halbinsel ausgeht und die South Shetland-, South Orkney- und South Sandwich-Inseln sowie South Georgia einschließt. Der Eselspinguin *(P. papua)* bewohnt in erster Linie die Subantarktis; allerdings brüten einige Tiere entlang der Nordküste der antarktischen Halbinsel. Alle drei Arten nisten während des südlichen Frühlings und Sommers, also von Oktober bis Februar. Der wandernde Adeliepinguin überwintert im Packeis. Dagegen bevorzugen überwinternde Kehlstreifpinguine das offene Wasser.

Die sechs Dickschnabelpinguine (Gattung *Eudyptes)* kommen im wesentlichen in der gesamten Subantarktis um den Pol herum vor. Die erwachsenen Tiere zeichnen sich durch vorstehende orangefarbene oder gelbe Kämme aus. Alle Arten produzieren aus zwei Eiern unterschiedlicher Größe bestehende Gelege, und obwohl bei einigen (mindestens drei) Arten zwei Küken schlüpfen können, gelingt es keiner von ihnen, beide Jungen großzuziehen. Einige Arten besitzen sehr eingeschränkte Brutgebiete — so brütet etwa der Haubenpinguin *(E. schlegeli)* auf Macquarie Island und der Snares Island-Dickschnabelpinguin *(E. robustus)* nur auf Snares Island.

Die vier Pinguinarten der Gattung Spheniscus, die im Prinzip nicht wandern und die gemäßigten und tropischen Gebiete bewohnen, weisen von allen die umfangreichste Breitengrad-Verbreitung auf: Die Verbreitung der neuweltlichen Arten dehnt sich von den Galapagos-Inseln südwärts zur Spitze Südamerikas und zu den Falkland-Inseln aus. Der Brillenpinguin *(S. demersus)* lebt in den Gewässern Südafrikas und Namibias. Die meisten Sphenisciden nisten in Höhlen oder Spalten, in einigen überfüllten Kolonien nisten sie zuweilen auch an der Oberfläche.

Der in Höhlen nistende Zwergpinguin *(Eudyptula minor)* Australiens und Neuseelands ist der kleinste Pinguin — man würde etwa 30 Exemplare benötigen, um die Masse eines großen Kaiserpinguins aufzuwiegen. Der am stärksten gefährdete Pinguin ist der neuseeländische Gelbaugenpinguin *(Megadyptes antipodes)*. Möglicherweise existieren nur noch weniger als 4500 Vögel, was einem Rückgang von beinahe 80 Prozent seit den fünfziger und sechziger Jahren bedeutet. Im Gegensatz zu den meisten anderen Pinguinen nisten die Gelbaugenpinguine nicht sozial, und Paaren, die voneinander nicht optisch isoliert sind, gelingt es nicht, ihre Jungen aufzuziehen. Sowohl der Verlust passender Lebensräume zum Nisten als auch das Einschleppen terrestrischer Beutegreifer hatten sehr schädliche Auswirkungen.

Ordnung Gaviiformes
1 Familie, 1 Gattung, 5 Arten

GRÖSSE
Kleinste Art
Sterntaucher *(Gavia stellata),* Länge (ausgestreckt) 53 bis 70 Zentimeter; Gewicht 1,1 bis 1,7 Kilogramm.
Größte Art
Gelbschnabel-Eistaucher *(Gavia adamsii);* Länge (ausgestreckt) 109 Zentimeter; Gewicht bis 6,5 Kilogramm.
ARTENSCHUTZ
Die Seetaucher sind in ihrem Bestand zurückgegangen, sind jedoch nicht vom Aussterben bedroht.

Ordnung Podicipediformes
1 Familie, 6 Gattungen ca. 19 Arten

GRÖSSE
Kleinste Art
Schwarzkopftaucher *(Tachybaptus dominicus),* Länge 24 bis 28 Zentimeter; Gewicht 110 bis 150 Gramm.
Größte Art
Magellan-Taucher *(Podiceps maior);* Länge (ausgestreckt) bis zu 70 Zentimeter; Gewicht 1,5 Kilogramm.
ARTENSCHUTZ
Folgende Arten werden in der ICBP-Liste der bedrohten Vögel aufgeführt: Goldscheitel-Taucher *(Podiceps gallardoi),* Punataucher *(P. taczanowskii),* Pelzelntaucher *(Tachybaptus pelzelnii)* und Zwergtaucher *(T. rufolavatus).* Der Atitlan-Taucher *(Podilymbus gigas)* und der Andentaucher *(Podiceps (nigricollis) andinus)* sind vermutlich ausgestorben.

SEETAUCHER UND LAPPENTAUCHER

JON FJELDSÅ

Seetaucher und Lappentaucher (zu denen auch die kleineren Zwergtaucher gehören) sind in hervorragender Weise stromlinienförmig gestaltete Wasservögel, etwa von der Größe einer Ente oder einer kleinen Gans. Obwohl sie zu zwei getrennten Ordnungen gerechnet werden, den Gaviiformes und den Podicepediformes, hielt man sie einst für eng miteinander verwandt. Heute wird ihre Ähnlichkeit allerdings als das Ergebnis konvergenter Evolution betrachtet, die auch voneinander unabhängige Anpassungen an das Tauchen einschließt. Vergleicht man ihre Erbsubstanz, so sind die Seetaucher offenbar mit den Pinguinen und Sturmvögeln verwandt, die ihre Flügel unter Wasser einsetzen, und obwohl sich die Seetaucher heute mit den Füßen vorantreiben, lassen einige anatomische Einzelheiten vermuten, daß sich ihre Vorfahren unter Wasser mit den Flügeln vorwärts bewegten. Die Verwandtschaftsverhältnisse der Lappentaucher sind noch immer ungeklärt. Aufgrund einiger anatomischer Merkmale lassen sie sich jedoch vermutlich in die Nähe der Zwergbinsenhühner oder Rallen stellen.

SEETAUCHER

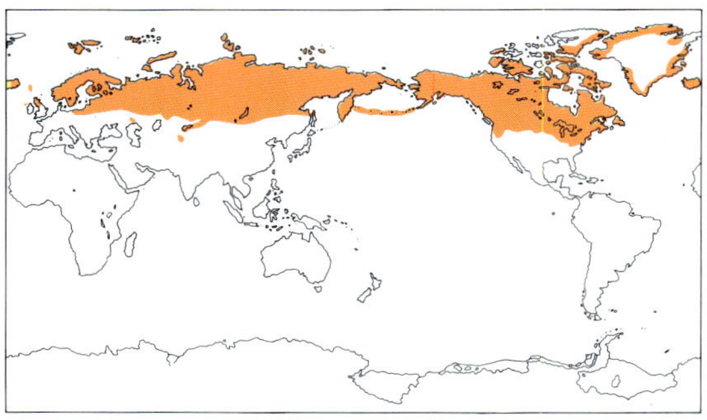

Die Taucher sind scheue Vögel und Bewohner der Seen der nördlichen Wälder und der Tundra. Ihre wild schreienden und jodelnden Rufe, die mehrere Kilometer weit zu hören sind, bilden nach Ansicht vieler Leute das Wesentliche dieser einsamen, nördlichen Wildnis. Nach der Brutsaison fliegen die Seetaucher zu ihren Winterquartieren am Meer, wo sie während der Monate Oktober bis Dezember ihre Schwungfedern wechseln. Wenn sie Fische verfolgen, kommen sie unter Wasser rasch voran und können in extremen Fällen bis zu 70 Meter tief tauchen. Obwohl sie relativ seichte Wasserstellen bevorzugen, pflegen sie sich weit von der Küste entfernt aufzuhalten, so daß man sie am besten beobachten kann, wenn sie über gewisse vorstehende Punkte entlang den nördlichen Küsten hinwegziehen.

Im Winter sind sie oben recht einheitlich rußiggrau und unten herum weiß gefärbt, und die Arten lassen sich dann nur schwer auseinanderhalten. Zur Brutsaison ist ihr Gefieder allerdings wieder mit den schönsten Mustern geschmückt. Der Sterntaucher *(Gavia stellata)* bekommt dann seinen rostbraunen

▶ Ein Eistaucher. Die Vertreter der Seetaucher-Familie kennt man in Europa und in Nordamerika.

Kehlfleck und ein Muster schwarzweißer Linien oben auf dem Hals. Der Prachttaucher *(G. arctica)* und seiner Geschwisterart *(G. pacifica)*, die in Ost-Sibirien, Alaska und Kanada leben, besitzen seitlich am Hals schwarze und weiße Linien sowie auf dem schwarzen Rücken vier weißgesprenkelte Flächen. Der Eistaucher *(G. immer)* aus Island und Nordamerika und der Gelbschnabel-Eistaucher *(G. adamsii)*, der das arktische Nordamerika und Sibirien bewohnt, sind überwiegend schwarz; am Rücken sind sie mit weißen, quadratischen Flecken etwa wie ein Schachbrett geschmückt.

Da die Seetaucher Schwierigkeiten haben, normal zu gehen, errichten sie ihre Nester an der Uferkante eines Sees. Dies erlaubt dem Vogel, elegant ins Wasser zu schlüpfen. Die meisten Nistplätze befinden sich auf Halbinseln oder kleinen Inseln an Plätzen mit einem guten Überblick, die allerdings noch von den Wellen erreicht werden. Bei den Nestern handelt es sich meist nur um seichte Ausschürfungen des morastigen Bodens. Allerdings gibt es Paare, die Schilfhalme und Wasserpflanzen zusammenbauen. Das Weibchen legt im Durchschnitt zwei Eier, die einen Monat lang ausgebrütet werden. Die Jungen sind in ein rußig-braunes Daunengefieder gekleidet und bilden (ähnlich den Pinguinen und Sturmvögeln) nacheinander zwei Daunengefieder aus. Sie können sofort schwimmen und tauchen; allerdings ziehen es die Jungen der größeren Arten vor, zunächst auf den Rücken ihrer Eltern zu reisen. Der Sterntaucher brütet überwiegend in Teichen und fliegt zur Nahrungssuche zu größeren Seen oder hinaus aufs Meer.

LAPPENTAUCHER UND ZWERGTAUCHER

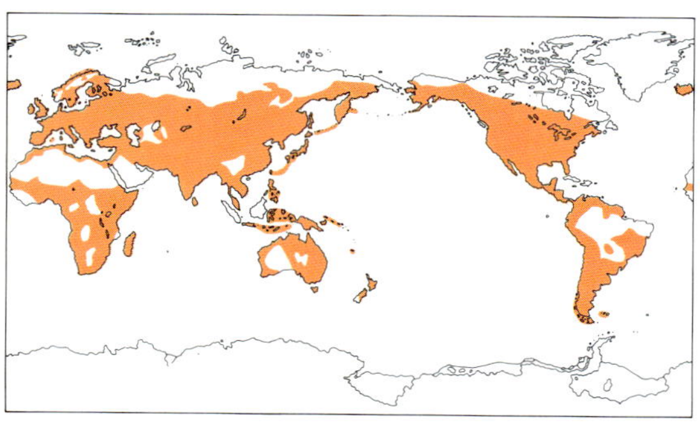

Schlank und elegant, mit Kämmen und Halskrausen versehen, hält man einige Lappentaucher für die wohl faszinierendsten Vögel auf einem See. Die am besten bekannte Art ist der Haubentaucher *(Podiceps cristatus)*, der in den gemäßigten Teilen Eurasiens, Afrikas und Australiens weit verbreitet ist. In Nordamerika wird er vom Rothalstaucher *(P. grisegena)* und dem Renntaucher *(Aechmophorus occidentalis)* vertreten. Die kleineren Zwergtaucher sind weniger auffällig und erinnern mit ihren kleinen, zugespitzten Schnäbeln an Entenküken. Die biegsamen, kompakten Füße, deren Schwimmhäute sich an der halben Zehenlänge erstrecken, funktionieren beinahe wie Propeller und verleihen den Vögeln, wenn sie im Wasser Fische und Wirbellose verfolgen, eine hohe Wendigkeit und Geschwindigkeit.

▲ Die Lappentaucher sind für ihre aufsehenerregende Balz bekannt. Dabei vollführen beide Geschlechter eine Reihe vielfältiger, hochritualisierter Bewegungen. Diese Renntaucher gleiten mit Hilfe rascher Bewegungen ihrer Füße über die Wasseroberfläche.

Morten Strange/Flying Colours

▲ Ein Haubentaucher bietet seinem Küken eine Feder an. Zwar fressen verschiedene Lappentaucher-Arten ihre Federn, doch der Sinn bleibt rätselhaft. Vielleicht hängt dieses Verhalten irgendwie mit ihrer Fischnahrung zusammen.

Die Lappentaucher verbringen nahezu ihr gesamtes Leben im Wasser. Sie nisten sogar darauf, indem sie aus pflanzlichem Material schwimmende Plattformen errichten, die sie im Schilf verbergen. Die Küken sind sofort imstande zu schwimmen, da sie jedoch gegen das kalte Wasser empfindlich sind, verbringen sie die meiste Zeit unter den Flügeln ihrer Eltern.

Betrachtet man ihre Anpassungen an die Ernährungsweise, so haben sich die Lappentaucher erheblich auseinanderentwickelt. Der primitive Typ des Tauchers ist klein und pummelig, lebt zurückgezogen im Schilf, frißt Wasserinsekten und spurtet zuweilen nach kleinen Fischen. Derartige Lappentaucher gibt es überall auf der Welt, selbst in kleinen Bächen und Teichen. Die großen, stromlinienförmigen Lappentaucher ziehen größere Seen vor, denn sie sind darauf spezialisiert, Fische zu fressen. Der Renntaucher vermag Fische mit seinem schlanken Schnabel aufzuspießen. Andere gedrungene und kleinschnäblige Lappentaucher haben sich darauf spezialisiert, winzige Gliederfüßer zwischen den Wasserpflanzen aufzupicken. Während die Fische spießenden Taucher einzeln fressen, geht letzterer Typ gemeinsam auf Nahrungssuche. Die Ernährungsweise wird in weitem Umfang durch die Anatomie des Schnabels festgelegt, und wo verschiedene, eng miteinander verwandte Arten in derselben geographischen Region vorkommen, haben ihre Schnäbel die unterschiedlichsten Größen. Solch eine »Verdrängung der Wesensart« reduziert die Nahrungskonkurrenz zwischen den Arten.

In der Regel entgehen die Lappentaucher möglichen Gefahren, indem sie abtauchen. Daher ist das Fliegen für ihr tägliches Leben entbehrlich und sie können bei der Mauser sämtliche Schwungfedern gleichzeitig auswechseln. Einige Arten versammeln sich zur Mauser in außerordentlich produktiven Seen — so verbrachten etwa 750000 Schwarzhalstaucher *(Podiceps nigricollis)* den Herbst an einem kalifornischen See. Wenn die Vögel in die Luft kommen wollen, brauchen sie Anlauf. Sie fliegen zwar schnell, sind jedoch außerstande, rasch die Richtung zu wechseln und somit vielleicht eine Beute für Greifvögel. Aus diesem Grunde ziehen sie bevorzugt in der Nacht. Die Arten der nördlichen Halbkugel verbringen den Winter auf eisfreien Seen oder am Meer. Dabei brauchen Lappentaucher, die unter stabilen klimatischen Bedingungen leben, möglicherweise überhaupt nicht zu fliegen. Einige Arten haben ihre Flugfähigkeit vollkommen eingebüßt und bleiben ihr gesamtes Leben lang an ein und demselben See: So lebt der Punataucher *(P. taczanowskii)* in einem peruanischen Hochlandsee und der Titicaca-Taucher *(Rollandia micropterum)* in den Seen des peruanisch-bolivianischen Hochplateaus.

Die Balz ist bei den Lappentauchern sehr komplex. Besonders bei den größeren Arten stehen einander die Partner in mehreren lang währenden Runden gegenüber, während derer sie abwechselnd den Kopf schütteln. Sie »tanzen« auch, indem sie den Körper senkrecht beinahe vollständig aus dem Wasser herausheben oder sie schwimmen rasch hoch aufgerichtet nebeneinander her. Die Geschlechter sehen zwar gleich aus, unterscheiden sich jedoch durch feine Unterschiede in der Stimme.

WAS IHR ÜBERLEBEN BEDROHT

Die größte Bedrohung für das Überleben der Seetaucher und Lappentaucher ist die Zerstörung ihrer Süßwasser-Lebensräume. Als Nahrungsspezialisten sind sie Veränderungen in ihren aquatischen Ökosystemen gegenüber besonders empfindlich — Seetaucher werden von saurem Regen in Mitleidenschaft gezogen, die Lappentaucher durch Verschmutzung und Trockenlegen ihrer seichten Nistgebiete. Auch menschliche Aktivitäten machen sich auf den Bruterfolg zahlreicher Arten negativ bemerkbar, insbesondere bei den Seetauchern, die bei Störungen sofort ihr Nest aufgeben.

PELIKANE UND VERWANDTE

E.A. SCHREIBER

Eine Familie der Ordnung Pelecaniformes ist auf der ganzen Welt besonders gut bekannt — die Pelikane der Familie Pelecanidae. Diese ungelenken, komischen Wesen mit ihren großen Füßen, dem watschelnden Gang, langen Schnabel und der riesigen Kehltasche haben, soweit die Geschichte schriftlich überliefert ist, immer schon die Aufmerksamkeit auf sich gezogen. Die vier anderen Familien sind die Tropikvögel (Familie Phaethonitidae), Tölpel und Basstölpel (Familie Sulidae), Kormorane und Schlangenhalsvögel (Familie Phalacrocoracidae) sowie die Fregattvögel (Familie Frigatidae). Alle diese unterschiedlichen Familien besitzen ein gemeinsames Merkmal: ihre Füße bilden eine einheitliche Fläche, denn alle vier Zehen sind durch Schwimmhäute miteinander verbunden. Das vertrauteste Merkmal dieser Gruppe dürfte der große, nackte Kehlsack sein, der bei Pelikanen und männlichen Fregattvögeln auffällig sein kann, der Tropikvögeln jedoch vollständig fehlt.

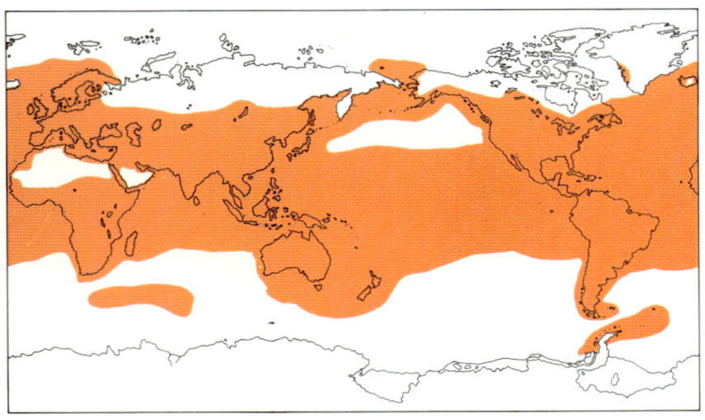

NISTEN IN KOLONIEN

Als primär marine Vögel findet man die Pelecaniformes in allen aquatischen Räumen, von der offenen See und den Meeresküsten bis zu Seen, Sümpfen und Flüssen. Bei Pelikanen und Kormoranen kommt es vor, daß sie im Laufe des Jahres zwischen Süß- und Salzwasser hin- und herwechseln. So nistet zum Beispiel der Nashornpelikan *(Pelecanus erythrorhynchos)* im Inland und zieht außerhalb der Brutsaison an die Küstengewässer. Die meisten Arten bewohnen die tropischen und gemäßigten Regionen, allerdings leben einige Tölpel- und Kormoranarten in antarktischen und subantarktischen Gewässern.

Die Pelecaniformen leben üblicherweise länger als 20 Jahre, und viele kehren in jedem Jahr treu zu demselben Nistplatz zurück, um sich wieder mit demselben Partner zusammenzutun. Alle Arten leben in gewissem Umfang in Kolonien und nisten mit ihren Artgenossen an isolierten Orten wie etwa Inseln. Kormorane und Basstölpel bauen ihre Nester häufig nur wenige Zentimeter nebeneinander. In diesen

Ordnung Pelecaniformes
5 Familien, 7 Gattungen
56 Arten

GRÖSSE
Kleinste Art
Weißschwanz-Tropikvogel *(Phaethon lepturus)*, Kopf-Schwanzlänge 35 bis 40 Zentimeter; Zentrale Schwanzfedern 35 bis 40 Zentimeter; Gewicht etwa 460 Gramm.
Größte Art
Krauskopf-Pelikan *(Pelecanus crispus)* und Brillen-Pelikan *(P. conspicillatus)*; Länge 160 bis 180 Zentimeter; Gewicht etwa 15 Kilogramm.

ARTENSCHUTZ
Folgende Arten werden in der ICBP-Liste der bedrohten Vögel aufgeführt: Graupelikan *(Pelecanus philippensis)*, Krauskopf-Pelikan *(P. crispus)*, Abbott-Tölpel *(Sula abbotti)*, Warzenscharbe *(Phalacrocorax carunculatus)*, Zwergscharbe *(Halietor pygmeus)*, Galapagos-Scharbe *(Nannopterum harrisi)*, Adler-Fregattvogel *(Fregata aquila)* und Weißbauch-Fregattvogel *(F. andrewsi)*.

◀ Eine Kolonie von Kaptölpeln in Südafrika. Die Tölpel nisten in großen, dichten Kolonien, in denen alle Stadien des Brutzyklus zeitlich eng aufeinander abgestimmt sind. Die Vögel verteidigen energisch ihre Territorien. Diese sind jedoch so winzig, daß der Besitzer die Grenzen seines Gebietes mühelos mit dem Schnabel erreichen kann, während er auf seinem Nest sitzt.

dichtbesiedelten Kolonien kommt es zwischen Nachbarn oft zu aggressiven Zwischenfällen, denn jedes Paar verteidigt einen Grenzraum um sein Nest herum. Dagegen bilden die Kolonien der Maskentölpel häufig nur lose Ansammlungen von Vögeln, die sechs bis sechzig Meter voneinander entfernt brüten. Nicht selten nisten in einer einzigen Kolonie zwei, drei oder mehr pelecaniforme Arten zusammen.

Bei allen Arten teilen sich beide Eltern die Pflichten des Ausbrütens und der Aufzucht der Jungen. Je nach dem Nistschauplatz und der Art erfolgt die Ablösung auf den Eiern nach wenigen Stunden oder erst nach über einer Woche. Kehrt der Partner von der Nahrungssuche zurück, vollzieht das Paar ein kurzes Begrüßungsritual, was die Wiedererkennung des Partners ermöglicht und die Paarbindung festigt. Ist der brütende Vogel nicht gewillt, seine Pflichten aufzugeben, wird der zurückgekehrte Vogel anscheinend ungeduldig. Er setzt sich dann neben den brütenden Partner auf das Nest und beginnt ihn sanft fortzuschieben. Das Brutvorgang nimmt, je nach Art, vier bis sieben Wochen in Anspruch. Währenddessen hüllen die Erwachsenen die Eier entweder in ihre großen Schwimmhäute an den Füßen ein oder stecken sie zum Wärmen zwischen das Brustgefieder. Sie besitzen keinen Brutfleck. Bei allen Pelecaniformes schlüpfen die Küken nackt, nur bei den Tropikvögeln ist das einzige Küken beim Schlüpfen von dicken, flauschigen, grauen Daunen umhüllt. Die Küken müssen tagsüber sorgfältig vor der heißen Sonne beschattet und in der Nacht warmgehalten werden. Nach zwei bis drei Wochen sind alle Küken mit Daunen bedeckt. Sie werden dann häufig allein gelassen, während beide Eltern nach Nahrung suchen. Die erwachsenen Vögel würgen die Mahlzeit direkt in das Maul des Kükens — manch ein Vogelbeobachter wundert sich, wie nur ein Küken satt werden kann, wenn drei nestjunge Pelikane gleichzeitig ihre langen Schnäbel in die Kehle eines ihrer Eltern hineingedrängt haben. Die Pelecaniformen fressen in erster Linie Fisch, allerdings nehmen sie unter Umständen auch Tintenfische und andere Wirbellose, ja sogar die Eier und Küken anderer Vögel zu sich. In Jahren mit reichlichem Nahrungsangebot können Arten, die mehr als ein Ei legen, auch mehr als ein Küken aufziehen.

Das System an Luftsäcken, das Vögel mit einem ständigen Vorrat an sauerstoffhaltiger Luft versieht, die sowohl beim Einatmen als auch beim Ausatmen durch die Lungen streicht, ist bei vielen Pelecaniformen besonders umfangreich. Es verzweigt sich zudem in großem Umfang um die Brust und den unteren Halsbereich, so daß sich dieser Körperbereich weich und gepolstert anfühlt. Man vermutet, daß diese Polsterung einen Stoßdämpfer für die Arten bildet, die von der Luft aus ins Wasser eintauchen (Tropikvögel, Pelikane, Basstölpel und Tölpel) und einen zusätzlichen Auftrieb bewirkt.

▼ Ein Weißschwanz-Tropikvogel segelt über seine Brutkolonie in den Seychellen. Wenn sie nicht brüten, sind die Tropikvögel einsame Bewohner der offenen See. Ihre Verbreitung leitet sich von ihrem Namen ab. Sie zeichnen sich durch ein Paar schlanker Schwanzfahnen aus, die ebenso lang sind wie der übrige Körper.

C.A. Henley

C.A. Henley

▲ Eine Gruppe von Brillen-Pelikanen setzt zur Landung an. Gemessen am Körpergewicht zählen die Pelikane zu den größten flugfähigen Vögeln.

TROPIKVÖGEL

Die Tropikvögel weichen in vielen Merkmalen und Verhaltensweisen von den übrigen Pelecaniformen ab, wenngleich sie das eine bestimmende Merkmal ihrer Ordnung besitzen: die eine Fläche bildenden Füße. In vielerlei Hinsicht scheinen sie mit den Möwen und Seeschwalben (Ordnung Charadriiformes) verwandt zu sein. In tropischen und subtropischen Meeren weit verbreitet, findet man sie in der Karibik, im Atlantik, Pazifik sowie im Indischen Ozean. Außerhalb der Brutzeit sind sie an Land nicht zu beobachten. Die drei Arten (Gattung *Phaeton*) ähneln einander im Erscheinungsbild. Sie sind weiß und tragen schwarze Muster an Kopf, Rücken und Handschwingen. Zudem besitzen alle zwei lange, zentrale Schwanzfedern.

Erstaunlicherweise können Tropikvögel nicht gehen, denn ihre Beine liegen zu weit am Körper zurück. Um sich an Land fortzubewegen, schieben sie sich mit beiden Füßen vorwärts und fallen auf den Bauch. Ihre Balz vollziehen sie in der Luft, indem sie in Gruppen von zwei, zwölf oder mehr Individuen laut kreischend umherfliegen. Dann landet ein Paar und schiebt sich vorwärts, bis es den in Frage kommenden Nistplatz erreicht hat, etwa ein Loch im Felsen oder unter einem Busch. Dort sitzen beide und kreischen einander an, als wollten sie entscheiden, ob sie ein Paar werden wollen oder nicht. Die Tropikvögel werden häufig als Bootsmannsvögel bezeichnet, vermutlich weil ihr rauher Ruf an das Rufen eines Bootsmanns erinnert. Es sind Sturztaucher, die sich aus verschiedenen Höhen ins Wasser fallen lassen, um ihre Beute, Fische oder Tintenfische, zu fangen.

PELIKANE

Alle sieben Arten dieser faszinierenden Vögel besit-

▶ Der Blaufußtölpel ernährt sich, wie die übrigen Tölpel, von Fischen. Die Vögel unternehmen spektakuläre Tauchsprünge aus einer Höhe von etwa 15 Metern. Durch die große Höhe gelangt der Vogel nach dem Eintauchen tiefer ins Wasser als die Fischschwärme. Daher kann er auf dem Rückweg nach oben seine Beute von unten her schnappen.

D. Parer and E. Parer Cook/Auscape International

▲ Der Braunpelikan besitzt ein für Pelikane ungewöhnliches Verhalten, denn er taucht aus der Luft nach seiner Beute, wie es die Tölpel tun. Der Blaußfuß-Tölpel (rechts) ist die zweitseltenste Tölpelart überhaupt und ist auf den östlichen, pazifischen Ozean beschränkt.

zen die typische Tasche, den langen Schnabel und den langen Hals. Bei fünf Arten sind die Erwachsenen überwiegend weiß mit einer Schwarztönung in den Hand- und Armschwingen. Der Graupelikan *(Pelecanus philippensis)* ist hellgrau gefärbt, seine Handschwingen schwarz. Der ausgewachsene Braunpelikan *(P. occidentalis)* weist eine komplizierte Folge des jährlichen Gefiederwechsels auf: Auf dem Rücken ist er silbergrau, der Bauch ist schwarz. Kopf und Hals sind weiß. Allerdings tritt, abhängig vom Brutstadium, zu verschiedenen Jahreszeiten eine Veränderung ein: Der Hals wird schokoladenbraun und/oder der Kopf gelb, zudem variiert auch die Farbe der Kehltasche.

Die meisten Pelikane nisten in der Nähe des Süßwassers und suchen dort auch ihre Nahrung. Allerdings können sämtliche Arten wahlweise in Süß- oder Salzwasser fressen. Der Braunpelikan ist die einzige marine Art, und nur er taucht aus verschiedenen Höhen ins Wasser herab, um sich eine Mahlzeit zu fangen. Alle anderen Arten fressen, indem sie auf der Wasseroberfläche sitzen — und den Schnabel mit der dehnbaren Kehltasche ins Wasser tauchen. Es kommt vor, daß Pelikane Fische in seichte Gewässer treiben, wo sich diese leichter fangen lassen. Besonders Braunpelikane sind dafür bekannt, daß sie um Fischerboote und deren Anlegestellen herum nach Aas suchen. Leider fördert dieses Verhalten vielerorts ihren zahlenmäßigen Rückgang, denn sie verwickeln sich leicht in den Fangleinen, die sich später an Felsen oder Bäumen verhaken.

Ausgewachsene Pelikane sind praktisch stumm, und bei der Paarung wird anstelle von Lautäußerungen die »Körpersprache« eingesetzt. Die Männchen suchen sich in der Kolonie einen Nistplatz - der Rötelpelikan *(P. rufescens)* und der Graupelikan überwiegend auf Bäumen; der australische *(P. conspicillatus)*, der Rosapelikan *(P. onocrotalus)*, der *P. crispus* aus Dalmatien und die Nashornpelikane auf dem Boden; die Braunpelikane brüten entweder auf Bäumen oder auf dem Boden. Hier setzen sie sich in Positur und balzen, in erster Linie mit Kopf und Hals, während die Weibchen über sie hinwegfliegen. Ist ein Weibchen angelockt, absolvieren beide eine Folge von koordinierten Balzhandlungen. Nach der Paarung bringt das Männchen Nistmaterial zum Weibchen, und dieses errichtet das Nest. Die Zahl der Vögel in einer Kolonie reicht von nur fünf Paaren bis zu

Leo Meier/Weldon Trannies

▲ Die Kormorane besitzen keine wasserabweisende Substanz in ihrem Gefieder. Dies reduziert die Energie, die sie benötigen, um unter Wasser zu bleiben und Fische zu verfolgen. Unter Umständen kann jedoch das Gefieder zu schwer werden, um die Jagd fortzusetzen. Wie diese Elsterscharben verbringen die Kormorane daher viel Zeit am Ufer, wo sie umherbummeln und ihr Gefieder trocknen lassen.

einigen tausend. In einer großen Pelikankolonie geht es recht geräuschvoll zu, denn die Küken besitzen durchaus eine Stimme und machen davon Gebrauch, um ihre Eltern lauthals um Nahrung anzubetteln.

BASSTÖLPEL UND TÖLPEL

Die drei Arten von Basstölpeln leben überwiegend in gemäßigten Regionen, während die sechs Tölpel-Arten in sämtlichen tropischen und subtropischen Regionen der Welt verbreitet sind. Bei den meisten Basstölpeln und Tölpeln sind Kopf, Hals und Unterseite weiß und der weiße Rücken zeigt verschiedene Ausprägungen von braun oder schwarz. An den Weichteilen am Schnabel und an den Füßen variieren die Farben von leuchtendem Himmelblau beim Blaufußtölpel *(Sula nebouxii)* bis zu lebhaftem rot beim Rotfußtölpel *(S. sula)*. Das Gefieder ist bei beiden Geschlechtern ähnlich. Eine Ausnahme bildet die ostpazifische Unterart des Brauntölpels *(S. leucogaster)*, dessen Weibchen der Körperfarbe entsprechende braune Köpfe besitzen und bei deren Männchen die Köpfe von hellerem braun sind.

Vermutlich stammt der englische Name für Tölpel »Booby« von dem spanischen Wort bobo, was etwa »Clown« oder »Schwachkopf« bedeutet. Bei der Paarung paradieren die Vögel umher, heben die Füße hoch vom Boden, fetten einander gegenseitig das Gefieder ein, fechten mit den Schnäbeln und stoßen mit den Köpfen zusammen. Wenn man so etwas beobachtet, scheint der Name »Tölpel« gerechtfertigt. Lediglich der Abbott-Tölpel *(S. abbotti)* und der Rotfußtölpel nisten auf Bäumen. Dazu bauen sie ein Nest aus Zweigen und legen es zuweilen mit Blättern aus. Die anderen legen ihr(e) Ei(er) auf dem nackten Boden ab oder bauen ein Nest aus Zweigen oder Dreck.

Basstölpel und Tölpel tauchen wie Raketen, häufig aus erstaunlichen Höhen, ins Wasser hinab, um Fische und Tintenfische zu fangen. Dabei fressen sie allein oder in Gruppen. Zuweilen verfolgen Basstölpel Fische sogar unter Wasser, indem sie sich mit ihren kraftvollen Füßen und halbgeöffneten Flügeln vorantreiben. Von einigen Tölpeln werden Fälle von Kleptoparasitismus berichtet. Dabei jagen sie andere Tölpel, bis diese ihre Nahrung auswürgen und nehmen ihnen die Mahlzeit ab.

KORMORANE UND SCHLANGENHALSVÖGEL

Die meisten der 28 Kormoranarten und der vier Arten von Schlangenhalsvögeln leben in tropischen und gemäßigten Gebieten; einige bewohnen jedoch die kälteren antarktischen und arktischen Gewässer. Wieder andere Arten leben ausschließlich am Süßwasser, andere nur am Meer und manche findet man auch in beiden Lebensräumen. Ein Vertreter der Familie, die Galapagosscharbe *(Nannopterum harrisi)*, kann nicht fliegen. Sie springt ins Wasser hinein und wieder heraus, klettert auf Felskanten, um zu ruhen oder auf den Inseln, auf denen es keine Räuber gibt, um zu ihrem Nistplatz zu gelangen. Die auf Bäumen nistenden Arten bauen Zweignester; die auf Felseninseln oder Felskanten nistenden Arten verwenden dagegen Algen oder sogar Guano und alte Knochen zum Nestbau. Die Kormorane bilden einige der größten und dichtesten aller Meeresvogel-Kolonien, die, wie zu erwarten ist, große Mengen an Exkrementen produzieren. Dieser Guano wird in einigen Gegenden der Welt als Dünger abgebaut.

Die meisten Kormorane und Schlangenhalsvögel sind schwarz. Sie können einen irisierenden blauen oder grünen Glanz aufweisen, während andere auffällige, weiße Markierungen zeigen. Ihre Nahrung

Zefa/Wisniewski

▲ Ein Männchen des Binden-Fregattvogels mit seiner aufgeblasenen, leuchtend roten Kehltasche. Die Balz der Fregattvögel gehört zu den seltsamsten Aktivitäten, die man bei Vögeln findet. Die Männchen sitzen zwischen den Büschen ihrer Brutinseln. Fliegen oben Weibchen vorbei, bläst ein jedes Männchen seine Tasche auf, klappert mit dem Schnabel und flattert wild mit den Flügeln, um ein Weibchen zur Landung neben ihm zu bewegen. Darauf erfolgt die Paarung.

besteht überwiegend aus Fisch, allerdings schließt sie auch kleinere Mengen an Tintenfischen, Krebstieren, Fröschen, Kaulquappen und Insektenlarven ein. Grundsätzlich verfolgen sie ihre Beute schwimmend unter Wasser. Die weit hinten am Körper sitzenden Beine und Füße machen das Gehen nicht gerade einfach, liefern jedoch im Wasser einen hervorragenden Vortrieb.

FREGATTVÖGEL

Die fünf Arten der Fregattvögel sind außerhalb der Brutzeit weit über die tropischen Ozeane verbreitet. Sie nisten auf isolierten Inseln. Alle fünf sind einander in Größe und Erscheinungsbild recht ähnlich: Die erwachsenen Männchen sind sämtlich schwarz, sieht man vom Weißbauch-Fregattvogel *(Fregata andrewsi)* und dem Arielfregattvogel *(F. ariel)* ab, die am Bauch weiße Farbanteile aufweisen. Die Weibchen sind das größere Geschlecht, und alle besitzen auf der Unterseite weiße Markierungen, nur der Adlerfregattvogel *(F. aquila)* nicht, der schwarz ist. Die Männchen suchen sich einen Nistplatz und sitzen in Gruppen mit anderen Männchen zusammen. Jedes von ihnen hat den großen, roten Kehlsack wie einen riesigen, roten Ballon aufgeblasen. Fliegt ein Weibchen darüber hinweg, beginnt das Männchen mit dem Schnabel zu klappern und mit den Flügeln zu schlagen. Die Weibchen landen und balzen mit verschiedenen Männchen, bis ein Paar beschließt, daß es »zueinander paßt«. Anschließend beginnt das Männchen, sein Weibchen mit Nistmaterial zu versorgen, wobei es häufig Zweige von unachtsamen Nachbarn stiehlt. Es wird nur ein Ei gelegt.

Die Fregattvögel besitzen unter allen Vögeln möglicherweise die längste Aufzuchtperiode der Küken. Im Alter von fünf bis sechs Monaten beginnen die Jungen zu fliegen. Sie kehren jedoch, um gefüttert zu werden, zum Nest zurück, bis sie etwa ein Jahr alt sind. Fliegende Jungvögel sieht man häufig mit Stöcken oder anderen Gegenständen in der Umgebung der Kolonie »spielen«. Einer taucht ab, nimmt einen Zweig vom Boden auf und die anderen verfolgen ihn. Dabei nähern sie sich geschickt dem Jungvogel von allen Seiten und versuchen, den Zweig zu ergreifen. Der Vogel läßt das Stöckchen fallen, das unter Umständen von einem anderen aufgegriffen wird, ehe es den Boden berührt, und die Jagd beginnt von neuem. Unzweifelhaft eignen sie sich dabei die Geschicklichkeit an, die sie zum Fangen ihrer eigenen Mahlzeiten benötigen. Das Gehen ist für Fregattvögel kaum durchführbar, denn ihre Beine sind sehr kurz und die Füße klein; zudem schleift der überlange Schwanz nach, wenn sie auf dem Boden landen. Einige Ornithologen vermuteten, daß sie nicht auf dem Wasser sitzen, da ihre Federn nicht gut Wasser abweisen. Aufgrund ihrer großen Flügel (die Spannweite beträgt bis zu 2,5 Meter), ihrer kleinen Füße und des kleinen Körpers haben sie erhebliche Schwierigkeiten, vom Wasser abzuheben und die Flügel in den richtigen Winkel zu bringen, um damit zu schlagen und vielleicht zu fliegen. Daher fressen Fregattvögel in der Luft, indem sie sich Fische oder Tintenfische in der Nähe der Wasseroberfläche schnappen oder fliegende Fische fangen. Mit ihrer riesigen Flügelfläche und dem geringen Körpergewicht besitzen sie die niedrigste bei einem Vogel gemessene Flügelbelastung und können tagelang in der Luft bleiben. Zudem sind sie unglaublich wendig und jagen andere Vögel, insbesondere Tölpel, bis diese ihre Nahrung auswürgen und sie ihnen die Mahlzeit stehlen.

WAS IHR ÜBERLEBEN BEDROHT

Die bedenklichsten Bedrohungen der Pelecaniformes gehen vom Menschen aus: Störung der nistenden Kolonien und Zerstörung der Nist-Lebensräume. Auch die Verwertung von Vögeln als Nahrungsmittel führt zum Verlust zahlreicher Individuen. Beutegreifer wie Ratten, Katzen und Schweine, auf Inseln eingeschleppt, zerstören fortgesetzt brütende Kolonien; besonders empfindlich sind Bodenbrüter. Organische, chlorhaltige Pestizide wie DDT, die bei Pelikanen und anderen fischfressenden Vögeln dazu führen, daß sie dünnschalige Eier legen, die beim Ausbrüten zerbrechen, sind durch Gesetz eingeschränkt; allerdings wirken die heute verwendeten organischen, phosphorhaltigen Pestizide ebenfalls in hohem Maße toxisch auf Vögel. Auslaufendes Öl und andere Formen der Wasserverseuchung führen zu örtlichen Todesfällen. Die am stärksten gefährdeten Pelecaniformes sind die Pelikane, vermutlich weil sie in unmittelbarer Nähe der Menschen leben.

KRANICHE UND VERWANDTE

K.W. LOWE

Zu der Ordnung Ciconiiformes gehören die Reiher, Störche, Ibisse und Löffler; dagegen besteht die Ordnung Phoenicopteriformes aus den Flamingos. Zusammen mit der Familie Gruidae (Kraniche) sind diese beiden Ordnungen wegen der langen Beine und ihrer Gewohnheit, im Wasser watend nach Nahrung zu suchen, meist als Schreitvögel bekannt. Im Gegensatz dazu bezeichnet man die kleinen Vögel, die zur Ordnung Charadriiformes gehören, als Watvögel.

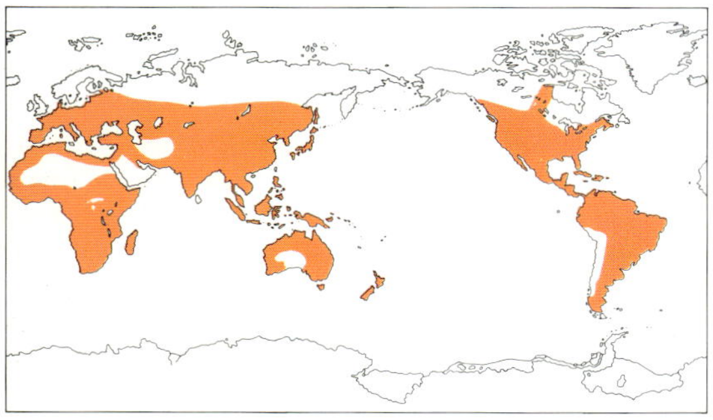

MAN ERKENNT SIE AN DER SCHNABELFORM

Die Ernährungsgewohnheiten und damit die Schnabelformen bieten bei den Schreitvögeln den besten Zugang zu ihrer Identifizierung. Mit 61 Arten zeigt die Reiherfamilie die größte entwicklungsgeschichtliche Aufgliederung. Man erkennt sie an ihren kurzen, geraden Schnäbeln, sieht man von einer oder zwei Arten ab, deren Schnabelformen aufgrund ihrer spezialisierten Ernährungsweise abweichen. Die Störche (17 Arten) sind sehr große Vögel mit entsprechend großen Schnäbeln unterschiedlicher Gestalt. Die Ibisse (26 Arten) und Löffler (sechs Arten) gehören zu einer Familie; die Ibisse besitzen sichelförmige, nach unten gebogene Schnäbel, und die treffend bezeichneten Löffler sind leicht zu erkennen. Die Schnäbel der fünf Flamingoarten sind kurz, dick und in merkwürdiger Weise nach unten gebogen, was sofort eine ungewöhnliche Ernährungsweise vermuten läßt.

In jüngerer Zeit wurden die Neuweltgeier (Familie Catharthidae) aufgrund genetischer und einiger morphologischer Untersuchungen in die Ordnung Ciconiiformes eingeschlossen. Zuvor hielt man sie für Vertreter der Ordnung Falconiformes. Ausführliche Informationen über sie findet man in dem entsprechenden Kapitel. Der taxonomische Stand dieser Geier wird noch lebhaft diskutiert.

Schreitvögel findet man überall auf der Welt (nur an den Polen nicht) und in allen Lebensräumen. Viele Arten leben gruppenweise, und häufig sieht man riesige Ansammlungen verschiedener Arten zusammen fressen, ruhen oder nisten. Arten, deren Vetreter einzeln leben, besetzen ökologische Nischen, die offen-

Ordnung Ciconiiformes
6 Familien, 43 Gattungen
110 Arten

GRÖSSE
Kleinste Art
Zwergdommel *(Ixobrychus minutus)*, Länge 27 bis 36 Zentimeter; Gewicht 46 bis 85 Gramm.
Größte Art
Goliath-Reiher *(Ardea goliath)*; Länge 1,4 bis 1,5 Meter.

ARTENSCHUTZ
Folgende Arten gelten als bedroht: Zickzack-Reiher *(Zebrilus undulatus)*, Rotscheitel-Reiher *(Gorsachius goisagi)*, Hainan-Reiher *(G. magnificus)*, Braunkehl-Reiher *(Egretta vinaceigula)*, Schneereiher *(E. eulophotes)*, Madagaskar-Reiher *(Ardea humbloti)*, Weißbauch-Reiher *(A. imperialis)*, Schuhschnabel *(Balaeniceps rex)*, Milchstorch *(Mycteria cinerea)*, Höckerstorch *(Ciconia stormi)*, Schwarzschnabel-Storch *(C. boyciana)*, Malaienstorch *(Leptoptilos javanicus)*, Argala *(L. dubius)*, Weißschulter-Ibis *(Pseudibis davisoni)*, Riesenibis *(P. gigantea)*, Waldrapp *(Geronticus eremita)*, Glattnacken-Rapp *(G. calvus)*, Nipponibis *(Nipponia nippon)*, Zwergibis *(Bostrichia bocagei)* und *Schwarzstirn-Löffler (Platalea minor)*.

◀ Ein Seidenreiher an seinem Nest. Überall auf der Welt wurden diese Reiher einst in riesigen Mengen wegen ihrer Daunen abgeschlachtet. Diese spezialisierten Federn, die sie nur zur Brutzeit tragen, waren im Handel als »Aigrettes« bekannt und wurden zur Dekoration von Damenhüten verwendet.

▲ Der Buntstorch (ganz links) ist ein großer, farbenprächtiger, asiatischer Storch, den man häufig in geschützen Feuchtgebieten antrifft. Der Waldrapp (Mitte links) ist eine nordafrikanische Ibis-Art, die auf Felsen nistet. Er ist in hohem Maße gefährdet und wurde zum Objekt eines intensiv betriebenden Schutzprogrammes. Der Mangroven-Reiher (Mitte rechts) ist ein kleiner, häufiger Bewohner der amerikanischen Kontinente, und der Purpurreiher (ganz rechts) ist eine große Art, der man in Europa und Asien noch häufig begegnen kann.

bar eine einsame Lebensführung begünstigen. Die meisten Art ziehen und legen lange Strecken zurück, um kaltem Wetter auszuweichen. Vermutlich liegt der Grund darin, daß das Wetter direkt die Verfügbarkeit ihrer Nahrung beeinflußt und ihre Körper viel Energie verbrauchen, um warm zu bleiben.

REIHER

Sehr verwirrend sind bei den Reihern ihre englischen Namen. Was sind »Herons« und was »Egrets«? Das Wort »egret« stammt von dem Begriff »aigrette«, der die fadenförmigen Brutfedern, die man bei sechs Arten weißer Reiher findet. Seitdem wurde diese Definition im allgemeinen Gebrauch auf einige andere Reiherarten übertragen, die anders gefärbt sind und denen diese ausgefallenen Federn fehlen.

Reiher gehören zu den Vögeln mit spezialisierten Federn, Puderdunen genannt, die niemals bei der Mauser abgestoßen werden, sondern an der Spitze ausfransen und von der Basis her kontinuierlich weiterwachsen. Die Spitzen zerfallen zu einem feinen Puder, mit dem die Vögel Schleim und Fett von ihren Federn entfernen.

Anmerkung d. Ü.: Diese Vorstellung geistert schon seit Jahrzehnten durch die Literatur. Wahrscheinlicher ist, daß die Puderdunen die Bürzeldrüse in ihrer Funktion ergänzen oder ersetzen und zur Regulation der Mikroflora auf der Haut beitragen.

In der Familie Ardeidae existieren drei Haupttypen: Die typischen Reiher, die im Prinzip den meisten Leuten geläufig sind; die überwiegend nachtaktiven Nachtreiher und die Dommeln, die man selten zu Gesicht bekommt, deren »dröhnenden« Rufe jedoch häufig zu hören sind.

Typische Reiher

Die typischen Reiher bilden eine verschiedenartige Gruppe von unterschiedlicher Größe, Färbung, Gefiedermusterung und Ernährungsgewohnheit. Die vielleicht am besten bekannte Art ist der Kuhreiher *(Bubulcus ibis)*, der mit Erfolg in die meisten Gebiete dieser Erde vorgedrungen ist. Dieser Reiher hat seine Ernährungsweise darauf abgestellt, daß er Insekten fängt, die von großen, weidenden Tieren aufgescheucht werden. Dieses Verhalten muß sich in Verbindung mit wildlebenden Tieren wie Büffel, Nashorn, Flußpferd, Giraffe und Elefant entwickelt haben. Heute schließen sich die Vögel domestizierten Tieren wie Rindern und Pferden an. Dies und ihre Gewohnheit, einem Pflug während der Arbeit zu folgen, hat zu ihrer beinahe weltweiten Verbreitung beigetragen.

Die meisten typischen Reiher bilden einfach nur Variationen einer Grundform. Ihre Größe variiert vom Rotbauchreiher *(Ardeola rufiventris)* bis zum Goliathreiher *(Ardea goliath)*; sie sind einfarbig (weiß, schwarz, grau) oder weisen eine Mischung von zwei oder mehr Farben auf, darunter grün, rotbraun, grau und eine Vielzahl von Schattierungen. Einige fangen ihre Nahrung reglos abwartend, bis die

Beute zu ihnen kommt, andere verfolgen sie aktiv, indem sie hinterherlaufen oder sich aus dem Flug auf die Beute an der Wasseroberfläche herabstürzen.

Es gibt allerdings auch einige bizarre Formen, etwa den Kahnschnabel *(Cochlearius cochlearius)*, dessen Verbreitungsgebiet sich von Mexiko bis nach Argentinien erstreckt. Der Schnabel dieses Vogels wurde als pantoffelähnlich beschrieben. Er ist wesentlich breiter und tiefer als der normale Reiherschnabel, oben flach und unten gebogen. Diese Form tritt noch deutlicher hervor, wenn der Vogel seinen nach hinten herunterhängenden, fächerförmigen Kamm zeigt. Offenbar bildet der Schnabel eine Anpassung daran, die Fläche und Zahl der Beutesensoren und damit die Wahrscheinlichkeit zu erhöhen, beim Zuschnappen auf Beute zu treffen, wenn der Vogel in der Nacht auf Nahrungssuche geht. Nach Meinung einiger Autoren bildet der Kahnschnabel eine seltsame Variante des Nachtreihers.

Der südafrikanische Glockenreiher *(Egretta ardesiaca)* ernährt sich auf eine bemerkenswerte Weise. Er bewohnt flache Salz- oder Süßwasserbereiche, wo er seinen Körper nach vorn beugt, die Flügel über den Rücken anhebt, wobei die Flügelspitzen nach unten weisen, so daß ein Schirm entsteht, der einen Schatten auf die Wasseroberfläche wirft. Sein Kopf befindet sich unterhalb dieses Flügeldachs, das offenbar die Funktion eines trügerischen Unterschlupfes hat, was die im Wasser lebende Beute verleitet, darunter Zuflucht zu suchen.

Nachtreiher

Die Nachtreiher haben ihren Namen daher, daß sie überwiegend nachts fressen. Es handelt sich um

◀ Der Nimmersatt ist in großen Teilen Afrikas häufig und weit verbreitet. Dieser Storch frißt nur sporadisch und ist nicht besonders gesellig. Er wandert durch das seichte Wasser und fängt Frösche und andere kleine Wassertiere.

▼ Der ungewöhnliche Schuhschnabel lebt nur im Inneren Afrikas, besonders in der Sudd-Region des südlichen Sudan. Er erinnert in vielen Punkten seines Verhaltens eher an einen Reiher als an einen Storch. Zudem zieht er beim Fliegen den Kopf zwischen die Schultern, wie es die Reiher tun.

David C. Houston/Bruce Coleman Ltd

kurze, gedrungene Reiher mit realtiv dicken Schnäbeln und vergleichsweise kurzen Beinen. Eine Art, der Gemeine Nachtreiher *(Nycticorax nycticorax)*, ist vermutlich der am weitesten verbreitete aller Reiher. Ihre Nahrungspalette ist recht vielseitig. Dazu gehören Fische, Frösche, Schlangen. kleine Säuger, Spinnen, Krebse und Insekten. Tagsüber ruhen sich die meisten Nachtreiher aus, in der Regel hoch in den Bäumen, wo sie der aufmerksame Beobachter sehen kann.

Rallen

Die Rallen sind unauffällige, ruhige Tiere. Sie bewohnen dicht bewachsene Feuchtgebiete und sind daher selten zu sehen. Sie haben die Eigenart, Tarnungshaltungen einzunehmen; so stehen sie etwa vollständig aufrecht mit nach oben weisendem Schnabel und verschmelzen damit optisch mit dem Schilf und anderen dünnen, senkrecht wachsenden Pflanzen ihrer Standorte. Sie wiegen sich sogar langsam hin und her, um die vom Wind bewegte Vegetation zu imitieren. Eine merkwürdige Anpassung besteht darin, daß ihre Augen am Kopf weit auseinanderstehen. Dadurch verfügen sie über ein großes Gesichtsfeld, sogar dann, wenn ihr Schnabel zum Himmel zeigt. All dies macht deutlich, daß sie sich eher auf Tarnung als auf Flucht verlassen, um Beutegreifern zu entgehen.

STÖRCHE

Die Störche kennt man am besten durch die Geschichten, die man sich über nur eine der 17 Arten erzählt. Der eurasische Weißstorch *(Ciconia ciconia)* ist als Bild der Fruchtbarkeit im Volksmund außerordentlich bekannt. Seine Gewohnheit, auf Gebäuden — häufig auf Schornsteinen — zu nisten und seine Rückkehr zu den Brutgebieten im Frühling, nachdem er in Afrika überwintert hat, wurden lange Zeit mit der menschlichen Geburt in Verbindung gebracht. Doch so inspirierend diese Art sein mag, andere Vertreter der Storchenfamilie sind nicht weniger interessant. Eine ungewöhnliche Besonderheit findet man zum Beispiel beim Schuhschnabel *(Balaeniceps rex)*. Man stelle sich einen riesigen, dunkelgrauen Vogel vor, der offenbar einen holländischen Holzpantoffel im Gesicht trägt! Nun, es ist wahr; dieser Vogel lebt in den Feuchtgebieten Afrikas. Leider wurde er trotz seiner erheblichen Anziehungskraft nicht eingehend untersucht. Auch die beiden Arten der Klaffschnäbel *(Gattung Anastomus)* sind leicht zu erkennen. Ihre großen Schnäbel sehen aus, als hätten sie sich, nachdem sie auf etwas Hartes gebissen haben, auf halber Höhe verbogen. In Wirklichkeit benutzen sie diese Lücke, um Süßwasserschnecken zu packen und zu zermalmen. Für ein so großes Tier scheint dies eine merkwürdige Nahrungsgrundlage zu sein.

Als Gruppe sind die Störche besser untersucht als die meisten anderen Schreitvögel. Dies ist das Verdienst eines einzigen Forschers, Phillip Kahl, der über mehr als ein Jahrzehnt die Welt bereiste, um alle 17 Arten zu untersuchen. Sein Hauptziel bestand darin, die entwicklungsgeschichtlichen Verwandtschaftsverhältnisse unter den Arten zu klären. Dies ließ sich mit Störchen erreichen, da sie über eine umfangreiche und komplizierte Balz verfügen, die sie auch auffällig zur Schau stellen. Die Ergebnisse der Arbeit Kahls wurden in einer faszinierenden Reihe außerordentlich lesenswerter Publikationen herausgebracht.

IBISSE

Eine andere erfolgreiche Gruppe, die sich in die meisten Lebensräume aufgefächert hat und von den meisten Leuten erkannt wird, sind die Ibisse. Sie sind in hohem Maße an Feuchtgebiete gebunden, wo sie, auf oder in dem Sediment oder im Wasser stochernd, ihre Nahrung suchen. Sie nisten auch in den Feuchtgebieten, häufig in gewaltigen, dicht gepackten Kolonien. Verschiedene Arten nahmen jedoch eine abweichende Lebensweise an. Eine Art, der Hagedasch *(Bostrychia hagedash)* aus dem zentralen und südlichen Afrika nutzt zum Fressen und Brüten feuchte und trockene Wälder. Der Glattnackenrapp *(Geronticus calvus)* ist auf ein Gebiet in Südafrika begrenzt, wo große Bäume selten sind, da häufige Blitzeinschläge einen großen Teil des ursprünglichen Waldes abgebrannt haben. Dieser anpassungsfähige Ibis nistet nun auf Sandsteinklippen, häufig neben Wasser-

◀ Löffler findet man auf sämtlichen Kontinenten mit Ausnahme der Antarktis. Alle sechs Arten sehen im Prinzip ähnlich aus, und alle (bis auf den Rosalöffler) besitzen, wie dieser Rosenfuß-Löffler, ein weißes Gefieder.

fällen, die für Beutegreifer unzugänglich sind.

Leider befinden sich unter den Ibissen mehr gefährdete Arten als unter den anderen Familien der Schreitvögel. Der Waldrapp *(G. eremita)*, ein enger Verwandter des Glattnackenrapps, lebt heute nur noch an wenigen Stellen in einer kleinen Population. Der Nipponibis *(Nipponia nippon)* war einst in Japan weit verbreitet; heute hat nur eine Handvoll Vögel dort in der Wildnis überlebt, und in China lebt eine weitere kleine Population.

LÖFFLER

Diese ungewöhnlichen Vögel sind offenbar auf der ganzen Welt beliebt. Der langgezogene, abgeflachte Schnabel erinnert an einen Löffel. Dieser wird (teilweise geöffnet) mit schwingenden Bewegungen von einer Seite zur anderen durchs Wasser gezogen, bis ein Beuteobjekt berührt wird. Besonders empfindliche Nervenenden, die den Schnabel säumen, registrieren die Schwingungen, die von der Beute bei der Berührung erzeugt werden, und der Schnabel schnappt augenblicklich zu. Anschließend wirft der Vogel seinen Kopf zurück und lockert seinen Griff an der Beute, die dann in den Schlund hinabfällt. Bei der Beobachtung von Löfflern habe ich mich gewundert, warum sie von all den ruckartigen Kopfbewegungen nicht Kopfschmerzen bekommen oder sich krank fühlen. Eingehende Untersuchungen an Löfflern gibt

Ordnung Phoenicopteriformes 1 Familie, 1 Gattung, 5 Arten

GRÖSSE
Kleinste Art
Zwergflamingo *(Phoenicopterus minor)*, Länge 100 Zentimeter; Gewicht 1,9 Kilogramm.
Größte Art
Gemeiner Flamingo *(Phoenicopterus ruber)*; Länge 140 Zentimeter; Gewicht 2,1 bis 4,1 Kilogramm.
ARTENSCHUTZ
Der Gelbfuß-Flamingo *(Phoenicopterus andinus)* und der Kurzschnabel-Flamingo *(P. jamesi)* stehen auf der ICBP-Liste der bedrohten Vögel.

es nur wenige; allerdings zeigte eine australische Arbeit über den Königslöffler *(Platalea regia)*, daß diese Vögel gierige Fresser sein können, die manchmal pro Tag hunderte von Beuteobjekten zu sich nehmen. In einigen marinen Ökosystemen, wo sich ihre Ernährung auf Garnelen konzentriert, scheint die Tatsache, daß sie selektiv die großen, überwiegend weiblichen Garnelen wegfressen, das Geschlechterverhältnis der Garnelenpopulation zu verändern. So wirkt sich die Zahl der Garnelen, die die Löffler vertilgen, auf das gesamte Ökosystem nachhaltig aus. An landeinwärts gelegenen Stellen des australischen Kontinents kann man diese Art neben dem Gelbschnabellöffler *(P. flavipes)* antreffen, wo starke Unterschiede zwischen den Vögeln und ihren Ernährungsgewohnheiten zutage treten: Beim Königslöffler sind Körper und Schnabel kürzer und fetter als beim Gelbschnabel, und beim Voranwaten bewegt der erstere seinen Schnabel schneller durch das Wasser. Diese Unterschiede finden in dem Beutetyp ihren Niederschlag, den die Arten am selben Ort fangen, denn der Königslöffler fängt die flinkere Beute, etwa Fische.

Von dem europäischen Löffler *(P. leucorodia)* abgesehen, sind die übrigen Löffler nicht so gut bekannt. Der wunderschöne Rosenfußlöffler *(P. alba)* trägt im Englischen nur einen armseligen Namen *(African spoonbill)*, denn alle Löffler besitzen ein überwiegend weißes Gefieder. Man hätte ihn, wie im Deutschen, besser nach seinen rosafarbenen Beinen, Schnabel und Gesicht benennen sollen. Der Schwarzstirnlöffler *(P. minor)* bewohnt den Orient, wird jedoch nicht häufig von dort gemeldet. Der Rosalöffler *(P. ajaja)*, ein Bewohner der amerikanischen Küstensümpfe, trägt einen zutreffenden Namen und bildet in seinen farblich tristen Lebensräumen einen aufregenden Farbfleck.

FLAMINGOS

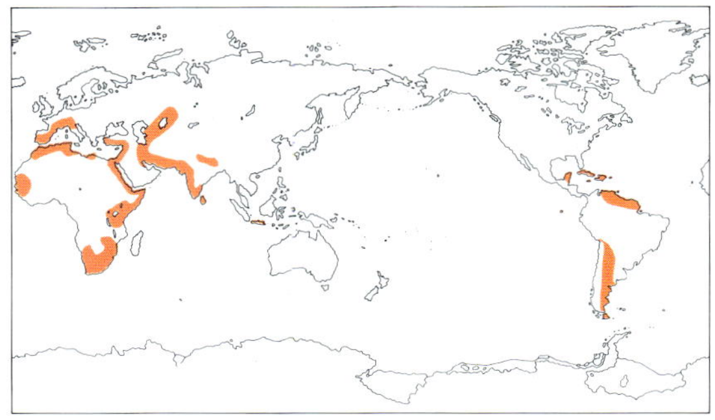

Das leuchtende Rosa der Flamingofedern und der stark gebogene Schnabel machen diese Vögel sofort erkennbar. Da ihre Hälse und Beine im Vergleich zum Körper länger sind als bei anderen Vögeln, wirken sie auf den ersten Blick merkwürdig und unbe-

DER HEILIGE IBIS

Der Heilige Ibis *(Threskiornis aethiopicus)* war für das tägliche Leben der alten Ägypter von großer Bedeutung. Für diese Menschen symbolisierten gewisse Tiere individuelle Götter, und die Tiere wurden als Gottheiten verehrt. Der Heilige Ibis war ein Symbol Taatis, des Gottes der Schreibkunst und der Weisheit. Dieses wunderbare Papyrusbild zeigt den ibisköpfigen Thoth in einer Zeremonie nach dem Tode eines Menschen. Dazu gehörte, daß dessen Herz gewogen wurde. Wog das Herz schwerer als die Feder der Wahrheit und Gerechtigkeit, wurde sie von einem weiteren Tier-Gott verschlungen. Das Ergebnis wurde von Taati aufgezeichnet und den prüfenden Gottheiten mitgeteilt. In Tempeln wurden lebende Vögel gehalten und nach ihrem Tode mumifiziert. In den Totenstätten der Tiere, in der Nähe der Brutplätze in den Feuchtgebieten, fand man gewaltige Sammlungen mumifizierter Vögel, manchmal bis zu einer halben Million. Vermutlich handelte es sich überwiegend um Jungvögel, die eines natürlichen Todes gestorben waren und von den Tierhütern als Zeichen des Respekts aufgesammelt wurden. Leider bewahrte die Bedeutung der Ibisse in der menschlichen Kultur diese Art nicht davor, in Ägypten zur Mitte des neunzehnten Jahrhunderts auszusterben, obwohl es sie anderenorts noch gibt.

▶ Diese ägyptische Papyrus-Malerei stammt etwa von 1250 v. Chr. Sie zeigt Taati, des ibisköpfigen Gott der Schreibkunst und Weisheit, der das Ergebnis einer Herz-Schätzung notiert.

C.M. Dixon

Frans Lanting/Minden Pictures

holfen. Ihre Schönheit und Anmut zeigen sich jedoch bald.

Flamingos leben auf sämtlichen Kontinenten, wenngleich man in Australasien heute nur noch Fossilien findet. Offenbar bevorzugen sie Salz- oder Brackwasser, durch das sie ihre Schnäbel mit der Oberseite nach unten hindurchziehen. Der Oberkiefer ist mit Reihen von Schlitzen gesäumt und die Zunge ist mit feinen, zahnähnlichen Fortsätzen bedeckt. Der Schnabel ist zunächst geöffnet. Wird der Unterkiefer dann geschlossen, werden Wasser und Schlamm durch die Schlitze am Schnabel hinausgepumpt. Was im Schnabel zurückbleibt, enthält vermutlich ein Gemisch mikroskopisch kleiner Nahrungsteile, die verschluckt werden.

Die am besten bekannte Art ist der Gemeine Flamingo *(Phoenicopterus ruber)* Eurasiens, Afrikas, sowie Zentral- und Südamerikas. Gelegentlich wandert er von den Karibischen Inseln aus nach Florida in die USA. Alle Flamingos nisten in Seen in seichten Schlammtöpfen, die sie so zusammenscharren, daß sie über die Wasseroberfläche hinausragen. Es wird nur ein Ei gelegt, und etwa 30 Tage vergehen bis zum Schlüpfen. Die Jungvögel verlassen die Nester und versammeln sich in großen »Kinderkrippen«. Bereits sehr früh können sie laufen und schwimmen.

▲ Diese Gruppe von Zwergflamingos sucht ihre Nahrung in den seichten Gewässern des ostafrikanischen Nakuru-Sees. Man kann die Zwergflamingos häufiger nachts beim Fressen beobachten. Dann gehen sie so tief ins Wasser hinein, daß sie schwimmen müssen.

Ordnung Falconiformes
4 Familien, 72 Gattungen
ca. 292 Arten

GRÖSSE
Kleinste Art
Finkenfälkchen *(Microhierax fringillarius)* oder Weißscheitel-Fälkchen *(M. latifrons)*, Flügellänge 9 Zentimeter; Kopf-Körperlänge 14 bis 15 Zentimeter; Schwanz 5 Zentimeter; Gewicht etwa 35 Gramm.
Größte Art
Andenkondor *(Vultur gryphus)*; Flügellänge 79 bis 85 Zentimeter; Kopf-Körperlänge 109 bis 127 Zentimeter; Schwanz 33 bis 38 Zentimeter; Gewicht 7,7 bis 14 Kilogramm.

ARTENSCHUTZ
Es stehen 44 Arten auf der ICBP-Liste der bedrohten Vögel, darunter: Kalifornischer Kondor *(Gymnogyps californianus)*, Bismarckweih *(Henicopernis infuscata)*, Madagaskar-Seeadler *(Haliaeetus vociferoides)*, Binden-Seeadler *(H. leucoryphus)*, Kapgeier *(Gyps coprotheres)*, Schlangenhabicht *(Eutriorchis astur)*, Andamanen-Schlangenweihe *(Spilornis elgini)*, Halsbandsperber *(Accipiter collaris)*, Mantelbussard *(Leucopternis polionota)*, Galapagos-Bussard *(Buteo galapagoensis)*, Harpyie *(Harpia harpyja)*, Kaiseradler *(Aquila heliaca)*, Bartelsadler *(Spizaetus bartelsi)*, Rötelfalke *(Falco naumanni)*, und Mauritius-Turmfalke *(F. punctatus)*.

GREIFVÖGEL

PENNY OLSEN

Das lateinische Wort »raptor«, der Ursprung der englischen Bezeichnung für »Greifvogel«, bedeutet »einer, der zupackt und wegträgt«. Dieser Begriff stellt einem sofort die archetypischen Adler vor Augen, die stärksten Beutegreifer unter den Vögeln. Die Ordnung Falconiformes — eine der größten und faszinierendsten aller Vogelgruppen — umfaßt eine unerwartete Spanne an Gestalt und Lebensweise, von den raschen, Vögel fangenden Falken, die zu den schnellsten Vögeln gehören, bis zu den riesigen, häßlichen, aasfressenden Geiern. Ihre gewaltige Stärke sowie ihre bemerkenswerte Flug- und Sehkraft haben Menschen über Jahrtausende inspiriert, gefesselt und entsetzt. Ihre Ausstrahlung ist so einflußreich, daß sie sogar heute noch auf den Wappen zahlreicher Nationen, als Militärinsignien und als Wahrzeichen vieler Betriebe auftauchen. Und ein Begriff wie »Adlerauge« hat eine Bedeutung, die man überall kennt.

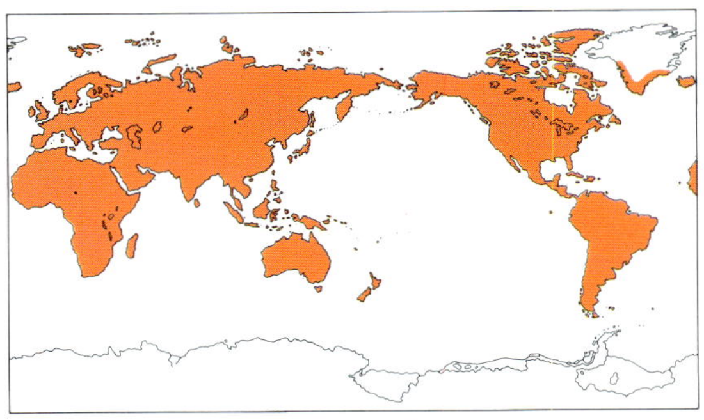

HAKENSCHNÄBEL UND SCHARFE FÄNGE

Typisch für Greifvögel sind Hakenschnäbel, kräftige Füße, scharf gebogene Fänge und große Augen. Ihre Nasenlöcher sind von einer fleischigen Wachshaut umgeben, die die Basis des Schnabels überspannt. Normalerweise gehen sie tagsüber auf die Jagd — daher werden sie häufig als Tagraubvögel bezeichnet - und fressen lebende Beute, die sie mit den Füßen gefangen haben. Charakteristisch ist auch der Kropf (eine taschenähnliche Ausdehnung des Schlundes), um die eben gefressene Nahrung zu speichern.

Die Unterschiede im Knochenbau sind Anpassungen an die außerordentliche Verhaltensvielfalt der Greifvögel. Geier segeln auf langen, breiten Flügeln; ihre Füße sind stark und die Fänge vergleichsweise gerade. Sie müssen über riesige Entfernungen nach Aas suchen und dann gegenhalten, während sie mit den Schnäbeln daran ziehen. Überwältigen müssen sie die Beute jedoch nicht. Die Falken besitzen im allgemeinen einen muskulösen Körper, lange, spitz zulaufende Flügel und lange Zehen — alle diese Merkmale brauchen sie, um rasch und wendig zu fliegen und Beute in der Luft zu fangen. Viele Milane haben einen relativ schlanken Körper und schwache, fleischige Füße, was auf ihre im Prinzip weniger räuberische Ernährungsweise hinweist; sie sammeln Aas oder nehmen Beute, die sich leicht fangen läßt. Die Weihen und Sperber reichen mit ihren langen Beinen noch in Büsche und ins Gras hinein. Die kurzbeinigen Falken fangen ihre Beute, häufig mit großer Gewalt, in der Luft. Bei einigen großen Adlern des Waldes sind Beine und Fänge sehr massiv; sie fangen damit Affen, Faultiere und andere große Säugetiere aus den Bäumen. Falken töten ihre Beute mit einem Schlag oder durch einen Biß in das Genick der Beute, wobei sie das Rückenmark durchtrennen. Die Habichte und andere Vertreter der Familie Accipitridae töten durch die Kraft ihres Griffs, wobei sie das Opfer häufig wie unter Zwang quetschen. Alle Greifvögel halten ihre Beute mit den Füßen und zerteilen sie mit dem Schnabel.

Bei den meisten Vögeln ist das Gefieder braun bis kastanienbraun, dunkelgrau oder schwarz, häufig mit gesprenkelter oder gestreifter Unterseite. Die australische Rasse des Neuhollandhabichts *(Accipiter novaehollandiae)* kann vollkommen weiß sein. Einige sind mit Kämmen geschmückt, die sie bei Erregung aufrichten können. Einige Arten besitzen ein abweichendes Jugendkleid, und bei einigen wenigen unterscheiden sich die Männchen in der Färbung von den Weibchen. Die Weibchen sind fast immer das größere Geschlecht, besonders unter den wendigen, Vögel fangenden Arten. Das Zwergmännchen des eurasischen Sperbers *(A. nisus)* wiegt etwa die Hälfe vom Gewicht des Weibchens. Dagegen besteht bei den Greifvögeln, die auf unbewegliche Beute angewiesen sind, der geringste Dimorphismus, und bei diesen Arten sind beide Geschlechter etwa gleich groß.

Greifvögel sind für ihre bemerkenswerte Flug- und Sehkraft bekannt. So kann ein Keilschwanzadler *(Aquila audax)*, eine dem Steinadler *(A. chrysaetos)* ähnliche Art, aus einer Entfernung von 1,5 Kilometern ein Kaninchen von seiner Umgebung unterscheiden; ein Mensch muß dazu bis 500 Meter herankommen. Alle Greifvögel orten ihre Beute in erster Linie optisch.

Nicht zuletzt, weil sie herausragende Beutegreifer sind, haben Greifvögel unter Kontamination mit Pestiziden, dem Verlust ihrer Lebensräume und unter Verfolgung gelitten, und einige waren lange Zeit hindurch in der Falknerei heiß begehrt. Allerdings waren ihre Ausstrahlung und ihre Anziehungskraft schließlich auch vorteilhaft für sie, denn es wurden unter erheblichem Aufwand verschiedene Programme zur Arterhaltung in Angriff genommen.

LEBENSRÄUME

Greifvögel trifft man in nahezu jedem Lebensraum an: Von der arktischen Tundra bis zum äquatorialen Regenwald, von der trockenen Wüste bis zum Feuchtgebiet, von landwirtschaftlich genutzen Gegenden bis zu Städten. Da die strukturellen Merkmale eines Lebensraumes für die meisten Greifvögel wesentlich wichtiger sind als die Art der Vegetation, ernähren die Waldgebiete überall in der Welt eine Reihe unterschiedlicher Arten. Zudem sind Greifvögel nicht gleichmäßig über die Welt verteilt: Mehr als

Tom & Pat Leeson

◀ Der Weißkopf-Seeadler, das Nationalsymbol der Vereinigten Staaten von Amerika. Heute sind die Bestände dieses Vogel stark reduziert, und er ist nur noch in Alaska häufig.

100 Arten brüten in den Tropen, jedoch nur vier in der hohen Arktis. Einige Lebensräume können Greifvögel nur zu bestimmten Jahreszeiten ernähren. So brütet zum Beispiel der in Nordamerika und Eurasien lebende Rauhfußbussard *(Buteo lagopus)* oberhalb der Baumgrenze in der offenen arktischen Tundra. Anschließend zieht die gesamte Population südwärts, um in den Acker- und Feuchtgebieten zu überwintern. Der Eleonorenfalke *(Falco eleonorae)* verläßt in jedem Winter die kargen, felsigen Inseln des Mittelmeer- und Küstenbereichs Marokkos, auf denen er brütet, und zieht zu den feuchten Wäldern Madagaskars.

Einige Greifvögel sind imstande, eine weite Spanne von Lebensräumen zu besetzen, solange sich dort passende Beute fangen läßt. Am anderen Extrem befinden sich die hochspezialisierten Arten; sie sind auf einen besonderen Lebensraumtyp angewiesen. Der Schneckenweih *(Rostrhamus sociabilis)* frißt ausschließlich Schnecken, die er in den süßwasserbestandenen Tieflandmarschen Floridas, Kubas und Mexikos, nach Süden bis Argentinien, fängt.

Isolierte Inseln begünstigen häufig einzelne Arten. Der Galapagos-Bussard *(Buteo galapagoensis)* ist zum Beispiel der einzige Beutegreifer auf den halbtrockenen Galapagos-Inseln. Auf Neuseeland gibt es dagegen zwei Beutegreifer: Den Maorifalken *(Falco novaezeelandiae)* in den Wäldern und die Sumpfweihe *(Circus approximans)* in den offenen Graslandschaften. Der Greifvogel mit dem am stärksten

Francois Gohier/Auscape International

▲ Eine Gruppe von Andenkondoren versammelt sich an einem Kadaver. Diese Vögel besitzen ein ausgeglichenes Gemüt, und es kommt beim Fressen selten zu Streitereien. Mit einem Gewicht von bis zu 14 Kilogramm und einer Flügelspanne von drei Metern ist der Andenkondor der größte Greifvogel.

begrenzten Verbreitungsgebiet ist der gefährdete Hawaiibussard *(Buteo solitarius);* er kommt nur auf einer einzigen Insel vor.

Es gibt einen Zusammenhang zwischen Lebensraum und Gestalt. Bewohner des Waldes wie Habichte haben in der Tendenz abgerundete Flügel, um beim Fliegen über den Bäumen den Auftrieb zu nutzen. Die Flügel der Arten, die in offenem Land leben, sind etweder spitz und ausgezogen für den raschen Flug (Falken) oder breit, um damit ohne viel Kraft zu segeln (Bussarde und Adler).

DIE SPANNBREITE DER GREIFVOGELTYPEN

Die heute lebenden Greifvögel lassen sich am besten in 14 allgemeine Typen unterteilen.

Familie Cathartidae

Neuweltgeier Diese Geier wirken im Erscheinungsbild und im Verhalten wie typische Geier, allerdings ist ihre Ähnlichkeit mit den Altweltgeiern höchstwahrscheinlich nur oberflächlich — das Resultat konvergenter Evolution, um sie einer vergleichbaren Lebensweise auzupassen. Es ist eher anzunehmen, daß sie mit den Störchen in die Ordnung Ciconiiformes gehören. Ähnlich den Störchen und anders als bei den Greifvögeln sind ihre Nasenöffnungen perforiert (an beiden Seiten des Kopfes durchgängig offen), und zudem spritzen sie Exkremente auf ihre Beine, um sich abzukühlen. Bei allen Cathartiden sind Kopf und Hals unbefiedert. Der Königsgeier besitzt einen außerordentlich gewellten, mit Hautlappen versehenen Kopf in den leuchtenden Farben rot, orange und gelb. Die gewaltigen kalifornischen und Andenkondore gehören zu den größten flugfähigen Vögeln. Truthahngeier *(Cathartes aura)* sind mittelgroß und zierlich proportioniert. Sie sind imstande, Aas nur durch den Geruchssinn zu orten und dabei zu stark verweste Kadaver einfach als zum Fressen ungeeignet liegenzulassen.

Familie Accipitridae

Fischadler Der Fischadler *(Pandion haliaetus)* ist weltweit verbreitet, brütet auf der Südhalbkugel allerdings nur in Australien. Wenn er auf der Jagd nach Fisch seine spektakulären Tauchgänge unternimmt, verschließt er seine Nasenlöcher. Er jagt an Meeresküsten oder an Seen und taucht zuweilen vollständig unter. Eine umkehrbare äußere Zehe, lange, gebogene Fänge und rauhe, stachelige Zehen helfen ihm, die schlüpfrige Beute festzuhalten. Einige Populationen wurden durch Pestizide und Verfolgung durch den Menschen bereits dezimiert, allerdings waren lokale Schutzprogramme recht erfolgreich.

Wespenbussarde und Weißschwanzaare Diese Vögel sind im Erscheinungsbild und im Verhalten recht unterschiedlich. Einige sind in hohem Maße spezialisiert: Wespenbussarde (besonders die der Gattung

Pernis) fressen die Larven und Nester von Wespen; der Fledermausaar *(Machaerhamphus alcinus)*, der in Afrika und von Burma bis Neu Guinea vorkommt, fängt in der Abenddämmerung Fledermäuse; der Langschnabelweih *(Chondrohierax uncinatus)*, dessen Verbreitung von Mexiko südlich nach Argentinien reicht, zieht säuberlich mit seinem tief gebogenen Schnabel Landschnecken aus ihren Gehäusen. Bazas der Gattung *Aviceda* fressen Insekten, wobei sie grüne Heuschrecken braunen vorziehen, sowie gelegentlich Feigen. Die kleinen, nahezu kosmopolitisch verbreiteten grauweißen Gleitaare der Gattung *Elanus* sind Nagetierjäger und hervorragend angepaßte Stehflieger.

Milane und Seeadler Der Schwarzmilan *(Milvus migrans)* ernährt sich sehr verschiedenartig, kann jedoch mit seiner Vorliebe für Aas, Exkremente und anderem Abfall zu Hundertschaften um Schlachthöfe und Ortschaften herum auftreten. Seine großen Vettern, die Seeadler *Ichthyophaga* und *Haliaeetus* (einschließlich des Weißkopf-Seeadlers, *H. leucocephalus)* greifen sich lebende Fische an der Wasseroberfläche, fangen Kaninchen und suchen nach Aas. Sie sind zudem angriffslustige »Piraten«, die anderen Vögeln, ja sogar anderen Greifvögeln, die Beute abnehmen.

Altweltgeier Geier sind Aasfresser, die selten eine Beute töten. Sie sind nicht in der Lage, im Flug über längere Zeit mit den Flügeln zu schlagen und sind daher auf steigende Luftströmungen angewiesen, um hoch oben segeln zu können. Aufgrund der riesigen Entfernungen, die sie auf der Suche nach Kadavern zurücklegen können, sind sie ungewöhnlich effiziente und bedeutende Aasvertilger. Bei den meisten Arten sind Teile von Kopf und Hals unbefiedert, was, wie man annimmt, das Verschmutzen der Federn beim Fressen reduziert und vielleicht bei der Wärmeregulierung von Vorteil ist. Die sieben Arten der Geier der Gattung *Gyps* sind normalerweise zahlreich, und an einer Nahrungsquelle können sich durchaus einige hundert Exemplare versammeln. Sie verteilen sich in der Luft und behalten ihre Nachbarn im Auge. Entdeckt dann einer der Vögel einen Kadaver und geht hinunter, so folgen ihm viele andere. Sie dringen beim Verschlingen von Muskelfleisch und Eingeweiden tief in ein Tier hinein, und ihre geräumigen Kröpfe fassen etwa ein Viertel des Körpergewichts. Der Mönchsgeier *(Aegypius monachus)* ist, wenn er an einem Kadaver in Streit gerät, anderen Geiern ge-

Jean-Paul Ferrero/Auscape International

◀ Durch seine Körpergröße und seinen schweren, kräftigen Schnabel verschafft sich der Ohrengeier in der Regel einen der vordersten Plätze unter den verschiedenen Geier-Arten, die sich rasch bei jedem Aas in der afrikanischen Steppe einfinden.

▼ Der Weißbauch-Seeadler ist eine australasiatische Art. Seine Verbreitung ist nicht auf die Küste beschränkt, denn er ist häufig in der Nähe der größeren Flüsse und Seen des Landesinneren zu finden. Er fängt Fische durch spektakuläres Sturztauchen aus einer Höhe, sucht jedoch auch die Küsten nach Aas ab.

Belinda Wright

▲ Die außerordentlich biegsamen Beine des afrikanischen Schlangensperbers lassen sich um bis zu 70 Grad nach hinten und 30 Grad zur Seite biegen. Damit vermag er auch in schwer zugänglichen Baumhöhlen nach Nestlingen und ähnlich kleinen Tieren zu greifen, von denen er sich ernährt.

▼ Als Gruppe gesehen, sind die Weihen Vögel des offenen Landes. Die meisten Arten nisten auf dem Boden. Die australische Fleckenweihe ist die einzige Weihe, die ihr Nest in Bäumen anlegt.

genüber im Vorteil, denn mit seinem kraftvollen Schnabel kann er derbes Gewebe, Sehnen und Haut fressen. Der Schmutzgeier *(Neophron percnopterus)* bricht Eier auf und frißt den Inhalt. Ist ein Ei zu groß, um es aufzunehmen und fallenzulassen, sammelt er Steine auf und schleudert sie dagegen. Knochen und Schildkröten werden vom Bartgeier *(Gypaetus barbatus)* aus der Höhe fallengelassen. Anschließend landet er, um die Reste zu fressen. Seine Lebensräume liegen im offenen Bergland von Spanien bis nach Zentralasien. Der ungewöhnliche afrikanische Palmgeier *(Gypohierax angolensis)* ist auf die Frucht der Ölpalme angewiesen.

Schlangenadler Mit kräftigen Füßen und kurzen, rauhen Zehen packen die Vertreter dieser Gruppe Schlangen und andere Reptilien. In einigen Merkmalen ähneln sie den Geiern der Alten Welt, und sie verbringen — wie diese — viele Stunden segeln in der Luft. Die meisten leben in Afrika, allerdings kommt der Schlangenadler *(Circaetus gallicus)* auch in Südeuropa und ostwärts bis nach Indien vor. Obwohl auch er in diese Gruppe gehört, ernährt sich der Gaukler *(Terathopius ecaudatus)*, ein afrikanischer Vogel mit prächtigem Schwanz, überwiegend von Aas.

Weihen Es handelt sich um eine einheitliche Gruppe (Gattung *Circus)* langflügeliger und langschwänziger Habichte. Typischerweise fliegen sie niedrig und langsam über offenes Gelände hinweg, um sich auf kleine Reptilien, Vögel und Säugetiere zu stürzen. Die Verbreitungsgebiete der 13 kosmopolitischen Arten überschneiden einander nur in Australien, wo es zwei Arten gibt, die Fleckenweihe *(C. assimilis)* und die Sumpfweihe. Die Fleckenweihe brütet, wie die meisten Greifvögel, auf Bäumen, die anderen Arten jedoch auf dem Boden zwischen hochstehender Vegetation. Einige leben polygyn; ein Männchen paart sich mit bis zu sechs Weibchen. Wenn sie nicht gerade brüten, sind einige Arten recht gesellig und ruhen gemeinsam auf ebener Erde.

Sperber und Habichte Die Gattung Accipiter ist mit etwa 48 überall in den Wäldern verbreitenen Arten die größte Greifvogelgattung. Mit seinen typischen abgerundeten Flügeln, langen Schwänzen und Beinen ist der größte unter ihnen der Hühnerhabicht *(A. gentilis,* Gewicht bis zu 1,3 Kilogramm), ein gewaltiger Beutegreifer, der große Vögel und Säuger bis zur Größe eines Hasen jagt. Der kleinste ist der Zwergsperber *(A. minullus*, er ist weniger als 100 Gramm leicht), der von Insekten und kleinen Vögeln lebt.

Typische Bussarde und Verwandte Bussarde sind mittelgroße bis große Habichte, die man in zahlreichen Lebensräumen aller Kontinente, mit Ausnahme der Antarktis und Australiens, findet. Die meisten sind braun oder grau gefärbt. Die 25 Arten der Gattung *Buteo* segeln auf ihren breiten Flügeln und ausgedehnten, runden Schwänzen leicht dahin und fangen vom Boden Säugetiere und Reptilien. Wüstenbussarde *(Parabuteo unicinctus)* leben und brüten in kleinen Gruppen: Etwa vier Vögel betreiben eine gemeinsame Jagd. Sobald ein Hase aufgespürt ist, wird er von einem der Vögel den anderen zugescheucht, die im Hinterhalt warten.

Harpyien Es handelt sich um sehr große, starke Adler mit unbefiederten Beinen. Am gewaltigsten ist die Harpyie *(Harpia harpyia)* des tropischen Südamerika, gefolgt vom philippinischen Affenadler *(Pithecophaga jefferyi)*. Letzterer besitzt — für Greifvögel sehr ungewöhnlich — blaue Augen.

Tom & Pam Gardner

Echte Adler Diese echten Adler (darunter die Gattungen *Aquila, Hieraaetus, Speziastur* und *Spizaetus)* unterscheiden sich von den übrigen Adlern dadurch, daß ihre Beine bis zu den Fußspitzen Federn tragen. Von ihrer Gestalt her sind sie klassische Adler und aktive Jäger, die Säuger und Bodenvögel erbeuten.

Familie Sagittariidae

Sekretär Der Sekretär *(Sagittarius serpentarius)* ist der einzige Vertreter seiner Familie und besitzt keine erkennbaren engen Verwandten. Es ist denkbar, daß er nicht zu den Greifvögeln gehört; er wird jedoch wegen seines adlerähnlichen Erscheinungsbildes und einiger Verhaltensweisen mit diesen zusammen eingeordnet. Er ist groß (etwa ein Meter hoch) und über die afrikanische Savanne schreitend verbringt er sein Leben zum Teil auf dem Boden. Seine Beute bezwingt der Vogel mit einem Tritt seiner langen Beine, kurzen, gedrungenen Zehen und nagelähnlichen Klauen.

Familie Falconidae

Eigentliche Falken Die echten Falken umfassen etwa 38 Arten der Gattung *Falco* sowie sieben Zwergfalken. Bei den größten handelt es sich um mächtige Vögel, die schnell fliegen können und häufig ihre Beute in der Luft packen oder töten. Ein im Sturzflug gemessener Wanderfalke *(F. peregrinus)* erreichte 180 Stundenkilometer. Er ist damit der schnellste Vogel und besitzt zudem die größte Verbreitung. Der Gerfalke *(F. rusticollis),* ein Bewohner der offenen arktischen Tundra, fängt Alpenschneehühner vom Boden weg. Kleinere Turmfalken bleiben gewöhnlich bei der Beutesuche in der Luft an einer Stelle stehen. Einige von ihnen leben gesellig und brüten in Kolonien. Dagegen brüten die meisten Falken in einzelnen Paaren. Die Zwergfalken der Gattung Polihierax, von denen einer in Afrika und einer in Südostasien lebt, fangen Kleinvögel und Insekten in der Luft.

Wespenfalken und andere Die Wespenfalken sind merkwürdige Falkoniden. Eine Art, der Rotkehl-Wespenfalke *(Daptrius americanus),* frißt Wespen und deren Nester und zusätzlich Waldfrüchte und Körner. Die übrigen sieben Arten sind Aasfresser. Im Gegensatz zu den echten Falken bauen die Wepsenfalken Nester. Ebenfalls nach Zentral- und Südamerika gehören die Waldfalken (Gattung *Micrastur),* fünf primitive, wenig bekannte Falken, die oberflächlich den Weihen und Habichten ähnlich sehen.

▲ Turmfalken der einen oder anderen Art findet man auf sämtlichen Kontinenten mit Ausnahme der Antarktis. Hier ist der nordamerikanische Vertreter abgebildet, der Buntfalke (oben links). Der Hauben-Karakara (unten links) gehört zu einer Gruppe von neun Arten, die nur in Zentral- und Südamerika leben. Sie sind hühnergroße Vögel, die viel Zeit auf dem Boden zubringen, dort kleine Tiere jagen oder Aas suchen. Die Flügel des Gauklers (rechts) sind, wie die eines modernen Segelflugzeugs, ungewöhnlich lang und schmal. Dadurch kann der Vogel auf der Suche nach Nahrung rasch große Teile seines Territoriums überfliegen. Er verbringt den größten Teil des Tages in der Luft. Bei den meisten anderen Greifvögeln hat der Schwanz die Funktion eines Steuerruders. Der außerordentlich kleine Schwanz des Gauklers zeigt allerdings, daß der Vogel die Kurven in einer ganz anderen Weise nehmen muß.

Mitch Reardon/Weldon Trannies

▲ Der afrikanische Sekretär unterscheidet sich von den meisten übrigen Greifvögeln dadurch, daß er nicht in der Luft, sondern auf dem Boden jagt. Er durchschreitet das offene Land und bezwingt seine Beute, die sich aus kleinen Grashüpfern bis zu Schlangen und kleinen Säugetieren zusammensetzt, mit kräftigen Stößen seines Schnabels, oder indem er mit dem Fuß darauftritt.

TERRITORIEN UND WANDERUNGEN

Greifvögel leben in der Regel territorial. In passenden Lebensräumen verteilen sich die Pärchen recht gleichmäßig — etwa ein Quadratkilometer für ein Turmfalken-Pärchen und einhundert für jedes Steinadler-Paar. Bei einigen Arten bleibt das Territorium erhalten, bei anderen wird es lediglich während der Brutsaison besetzt und verteidigt; die letztgenannten Arten bauen ihr Nest überall, wo sich ein vorübergehender Nahrungsüberfluß zeigt. Weist ein Territorium einen guten Nistplatz auf, wird es unter Umständen über Jahrhunderte von Greifvogelpaaren nacheinander besetzt. Der Rötelfalke *(Falco naumanii)* nistet typischerweise in Kolonien von etwa 20, jedoch auch bis zu 100 Paaren auf einer europäischen Kathedrale, einer alten Befestigung in Südasien oder, seltener, in der Nische eines Kliffs. Die Falken ernähren sich von Insektenschwärmen, und wie die anderen kolonialen Arten, jagen, ruhen und brüten sie gemeinsam.

Die meisten Greifvögel leben angeblich monogam, obwohl es neuere Hinweise darauf gibt, daß »Fremdgehen« (das Weibchen paart sich mit verschiedenen Männchen, doch nur der permanente Partner zieht die Jungen auf) recht verbreitet ist. Einige wenige Greifvögel, etwa die Weihen, sind polygam. Beinahe alle Greifvögel vollziehen eine Balz, die häufig mit vorgetäuschten Luftkämpfen verbunden ist. So taucht der männliche Weißkopf-Seeadler *(Haliaeetus leucocephalus)* in der Regel zu dem unter ihm fliegenden Weibchen hinab, das sich seinerseits auf den Rücken dreht und ihm die Beine entgegenstreckt. Irgendwann ergreift sie seine Füße, und das Paar taumelt in spektakulärer Weise der Erde entgegen. Es ist typisch, daß männliche Greifvögel ihren Weibchen Nahrung anbieten (Balzfütterung). Die Accipitriden (Familie *Accipitridae*), der Sekretär und die Caracaras bauen ein Nest. Falken nehmen das Nest einer anderen Art in Besitz oder verwenden eine Baumhöhlung oder eine Kliffkante.

Normalerweise kommt es während des Brutvorgangs zu einer eindeutigen Arbeitsteilung: Das Männchen geht jagen, und das Weibchen übernimmt den größten Teil des Ausbrütens und der Aufzucht. Während der ersten paar Wochen nach dem Schlüpfen reißt es dabei Nahrung herunter und bietet sie den Jungvögeln an. Anders als die meisten anderen Greifvögel würgen der Sekretär und die Wespenbussarde Nahrung aus dem Kropf hervor, um damit ihre Nestlinge zu füttern.

Bei kleinen Arten sind die Gelege meist größer; auch sind die Zeiträume für das Ausbrüten und die Aufzucht der Jungen kürzer als bei großwüchsigen Arten: Ein Turmfalke oder Falke legt etwa vier Eier, besitzt eine Brutdauer von vier Wochen, und die Jungen bleiben weitere fünf Wochen im Nest. Im Gegensatz dazu legt der Mönchsgeier *(Aegypius monachus)* nur ein einziges Ei, brütet es acht Wochen lang aus, und der Nestling hält sich 17 Wochen lang im Nest auf. Einige wenige Arten legen zwei Eier, ziehen jedoch nur ein Junges auf, denn das zuerst geschlüpfte Küken tötet das zweite. Kleinere Arten erreichen die Geschlechtsreife früher. So kann etwa ein Turmfalke bereits im ersten Lebensjahres brüten, ein Geier muß dagegen warten, bis er fünf Jahre alt ist.

Einige Arten wandern am Ende der Brutsaison ab. Die meisten ziehen bevorzugt über Land und konzentrieren sich entlang der Landbrücken wie des Isthmus von Panama. Zwischen September und November zieht über Panama in jedem Jahr ein gewaltiger Strom von Greifvögeln auf dem Weg von Nord- nach Südamerika, um dort den Winter zu verbringen: Es wurden zwei Millionen Vögel gezählt, in erster Linie zwei Arten, der Präriebussard *(Buteo swainsonii)* und der Breitflügelbussard *(B. platypterus)*, allerdings dürften noch wesentlich mehr unbemerkt durchreisen. Sie reisen bis zu 11000 Kilometer weit in einem Zeitraum von bis zu zwei Monaten. Andere Greifvögel bleiben wiederum ganzjährig in ihrem Brutgebiet, und wieder andere leben nomadisch; sie ziehen überall hin, wo Beute zu haben ist.

WASSERVÖGEL UND WEHRVÖGEL

FRANK S. TODD

Die als Wasser- oder Wildgeflügel bekannten Enten, Gänse und Schwäne gehören zu den schönsten Vögeln überhaupt. Sie gehören zur Familie Anatidae und werden daher oft als Anatiden bezeichnet. Alle Arten sind in ihrer Gestalt bemerkenswert ähnlich. Zwar befindet sich ihr Verbreitungszentrum auf der nördlichen Halbkugel, sie sind jedoch mit Ausnahme der Antarktis weltweit verbreitet. Gänse und Enten gehören zu den ersten domestizierten Vögeln und werden seit 4500 Jahren als Nahrungsquelle großgezogen. Alle als Haustiere gehaltenen Varianten stammen von der Stockente, Moschusente, Graugans und Schwanengans ab. Die nächsten lebenden Verwandten der Anatiden sind die südamerikanischen Wehrvögel; allerdings erinnern diese Tiere oberflächlich eher an Hühnervögel wie das Haushuhn.

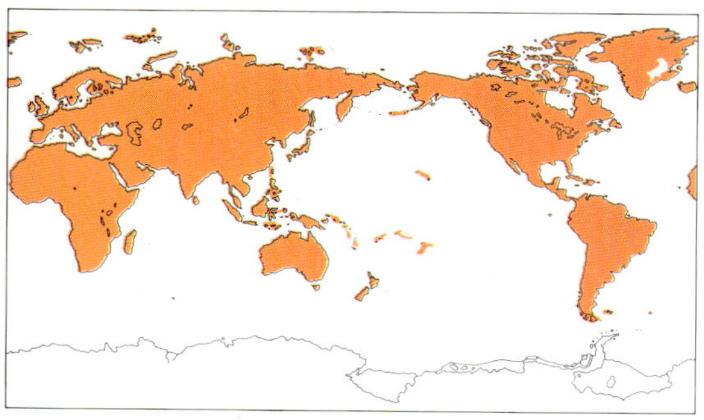

WIE SIE FLIEGEN, SCHWIMMEN UND NAHRUNG SUCHEN

Obwohl es flugunfähige Arten gibt, sind die meisten doch kräftige Flieger, und viele nördliche Formen sind richtige Zugvögel. Mit fortgesetzten Flügelschlägen können sie schneller als 110 Stundenkilometer fliegen, sind normalerweise jedoch erheblich langsamer. Topographische Hindernisse wie Gebirgszüge und Ozeane spielen bei der Eingrenzung ihrer Verbreitung keine wesentliche Rolle, da sie von den meisten Arten überflogen werden. So wurden Streifen-

◀ Der Kappensäger bewohnt die waldumstandenen Seen und Sümpfe Nordamerikas.

Ordnung Anseriformes
2 Familien, 45 Gattungen, 151 Arten

GRÖSSE
Kleinste Art
Weißbauch-Zwerggans *(Nettapus coromandelianus)*, Länge 30 bis 37 Zentimeter; Gewicht der Weibchen bis 255; Gewicht der Männchen bis 310 Gramm.
Größte Art
Trompeterschwan *(Olor (Cygnus) buccinator)*; Länge bis zu 150 Zentimeter; Flügelspanne bis zu 3 Meter; Gewicht 9,4 bis 11,9 Kilogramm.
ARTENSCHUTZ
Folgende Arten gelten als bedroht: Weißwangen-Tschaja *(Chauna chavaria)*, Kuba-Pfeifgans *(Dendrocygna arborea)*, Zwerg-Bläßgans *(Anser erythropus)*, Nene *(Branta snadvicensis)*, Rothalsgans *(B. ruficollis)*, Affengans *(Sticonetta naevosa)*, Gluckente *(Anas formosa)*, Auckland-Ente *(A. aucklandica)*, Zwergstockente *(A. wyvilliana)*, Laysanente *(A. laysanensis)*, Marmelente *(Marmaronetta angustirostris)*, Schuppensäger *(Mergus squamatus)*, Weißkopf-Ruderente *(Oxyura leucocephala)*, Weißflügel-Ente *(Cairina scutulata)*, Bernier-Ente *(Anas bernieri)*, Baer-Ente *(Athya baeri)*, Malegassen-Moorente *(A. innotata) und Dunkelsäger (P. heinrothi)*, Newell-Sturmtaucher *(P. newelli)*, Townsend-Sturmtaucher *(Mergus octosetaceus)*. Die Nelkenente *(Rhodonessa caryophyllacea)* und der Schopf-Kasarka *(Tadorna cristata)* sind vermutlich ausgestorben.

gänse *(Anser indicus)* in der Nähe des Mount Everest-Gipfels beim Flug in 8500 Meter Höhe beobachtet.

Mit ihren vergleichsweise kurzen Beinen und ausgeprägten Schwimmhäuten an den vorderen Zehen sind die meisten Wasservögel hervorragende Schwimmer. Ausnahmen hiervon bilden die hawaiianische Nene *(Branta sandvicensis)*, die australische Spaltfußgans *(Anseranas semipalmata)* und die Hühnergans *(Cereopsis novaehollandiae)*, die sich an eine mehr terrestrische Lebensweise angepaßt haben und deren Schwimmhäute kleiner sind. Die übliche Geschwindigkeit beim Schwimmen beträgt etwa drei bis fünf Kilometer in der Stunde, doch können die Vögel auf der Flucht auch schneller sein. Einige Arten kommen zum Ausruhen an Land, andere jedoch, wie die Meeres- und Ruderenten, schlafen generell auf dem Wasser.

Die meisten Wasservögel besitzen einen langen Hals und einen flachen, breiten, recht spatelförmigen Schnabel. Allerdings unterscheiden sich die sechs Arten der Säger durch einen langen, harten und schmalen Schnabel mit zahnähnlich gesägten Kanten, die ihnen helfen, schlüpfrige Fische zu packen. Grundsätzlich verweisen Unterschiede in der Schnabelform auf unterschiedliche Freßtechniken. Wasservögel ernähren sich sehr vielfältig: Einige bevorzugen Gras, Körner, Getreide und Wasserpflanzen, andere suchen nach Fischen, Mollusken, Krebsen und Insekten. Eine besondere Bedeutung haben die aquatischen Wirbellosen für viele Enten- und Gänseküken, auch wenn diese als Erwachsene überwiegend Pflanzen fressen. Für die Nahrungssuche gibt es drei wesentliche Methoden: Grasen, Fressen an der Wasseroberfläche und Tauchen. Die echten Gänse grasen, wie man weiß, und verbringen viel Zeit bei der Nahrungssuche am Ufer. Die ganz typische Methode ist die, an der Wasseroberfläche zu fressen. Dies betrifft nicht nur die am wenigsten sondern auch einige der am höchsten spezialiserten Wasservögel, etwa die Rosenohr-Ente *(Malcorhynchus membranaceus)*, die in erster Linie blau-grüne Algen aus dem Wasser herausfiltert. Schwimmenten sind primär Oberflächenfresser, die sich typischerweise Material von der Wasseroberfläche einverleiben, sich jedoch auch hochkant stellen, um Nahrung vom Grund aufzunehmen. Tauchenten tauchen nach ihrem Futter und verlassen die Sicherheit des Wassers nur selten, denn mit ihren weit hinten gelegenen Beinen können sie sich nur schwer an Land fortbewegen. Die meisten Arten tauchen selten tiefer als drei bis sechs Meter, obwohl es Ausnahmen gibt. So können die Eisente *(Clangula hyemalis)* und die Prachteiderente *(Somateria spectabilis)* mindestens 55 Meter tief tauchen. Meeresenten leben in erster Linie im Salzwasser. Über ihren Augen haben sie wirkungsvolle Salzdrüsen entwickelt, um die Ausscheidung überschüssigen Salzes zu erleichtern.

Mit Ausnahme der fischfressenden Säger verfügen alle Wasservögel über eine in hohem Maße zweckmäßige, empfindliche, fleischige Zunge, die mit zahlreichen kleinen, stacheligen Fortsätzen bedeckt ist. Die Zunge drückt gegen die Reihen von Hornlamellen, die die Kiefer bedecken und arbeitet so als ein wirkungsvoller Mechanismus, um die Nahrung zu sie-

▼ Eine Zusammenstellung von Wasservögeln. Der Weißwangen-Tschaja (unten links) gehört einer Gruppe von drei Arten an, die nur in Südamerika vorkommt. Diese Arten stehen in der isolierten Familie Anhimidae. Die übrigen Wasservögel gehören zu der weltweit verbreiteten Familie Anatidae: Oben rechts die westasiatische Rothalsgans. Ganz rechts die nordamerikanische Brautente, und unten rechts die Pracht-Eiderente, eine Bewohnerin der hohen Arktis.

ben. Die besonderen Töne, die beim Fressen ausgestoßen werden, kennt man als »Schnattern«, und mit Ausnahme der Flamingos (die nach Ansicht einiger Ornithologen eng verwandt sind) existiert keine weitere Vogelgruppe, die auf diese spezialisierte Weise Nahrung aufnimmt.

Alle Anatiden sind dicht befiedert; sie tragen kompakte, wasserdichte Federn und darunter einen dicken Mantel isolierender Daunen. Von allen bisher untersuchten Vögeln besitzt der Pfeifschwan *(Cygnus colombianus)* die größte Zahl an Federn — mehr als 25000 - die meisten davon an Kopf und Hals. Während eine Reihe von Arten nur matt und unscheinbar gefärbt ist, zeigen viele andere leuchtende Farben und Muster. Generell sind die Männchen stärker geschmückt und lebhafter gefärbt, bei einigen Vögeln wie der sibirischen Rothalsgans *(Branta ruficollis)* sind beide Geschlechter farbenprächtig. Während der jährlichen Flügelmauser werden die Schwungfedern gleichzeitig abgeworfen, so daß die Vögel drei bis vier Wochen lang nicht fliegen können. Eine schrittweise erfolgende Flügelmauser existiert nur bei der australischen Spaltfußgans (vermutlich auch bei der Kontinentalpopulation der südamerikanischen Rotkopfgans, *Chloephaga rubidiceps*), so daß die gefährliche Phase der Flugunfähigkeit vermieden wird. Bei vielen nördlichen Enten verwandeln die Erpel im Laufe des Sommers ihr farbenprächtiges Hochzeitskleid in ein den Weibchen ähnliches Tarnkleid.

Die stimmlichen Fähigkeiten der Wasservögel variieren in Ton, Intensität und Qualität ganz erheblich. Die meisten Leute kennen das typische Gequake der Enten, darüber hinaus können Wasservögel jedoch auch hupen, fauchen, trompeten, grunzen, bellen, quieken, gackern und gurren. In vielen Fällen haben die Geschlechter verschiedene Stimmen, die des Weibchens ist meist tiefer. Keine Art ist vollkommen stumm, nicht einmal der im Englischen »mute swan« genannte Höckerschwan. Zudem produziert eine Reihe von Arten mechanische Geräusche. Beispielsweise verfügen die Erpel der Schwarzkopf-Ruderente *(Oxyura jaymaicensis)* über spezialisierte Kehlsäcke, die sie aufblasen, und, indem sie mit dem Schnabel darauf schlagen, einen trommelnden Ton erzeugen.

PAARUNG UND NISTEN

Die Wasservögel sind für ihr hoch ritualisiertes Paarungsverhalten bekannt. Anders als bei den meisten Vögeln, die zur Befruchtung lediglich den Kontakt der Kloaken benötigen, besitzen die Männchen einen abgesetzten, aufrichtbaren Penis. Die Kopulation erfolgt normalerweise an der Wasseroberfläche; es gibt jedoch einige Ausnahmen. Die meisten Anatiden leben monogam; Polygamie ist auf wenige Arten beschränkt. Die Dauer einer Pärchenbindung ist unterschiedlich lang. Bei Schwänen und Gänsen hält sie ein Leben lang; bei der Moschusente *(Cairina moschata)*, einer polygamen Art der Neotropis, ist sie so gut wie nicht vorhanden. Viele nisten unter freiem Himmel, andere suchen die Sicherheit von Höhlungen. Die Technik des Nestbaus ist im allgemeinen etwas rückgebildet, denn Wasservögel tragen kein Nistmaterial heran, sondern verwenden nur das Material, das sie von ihrem Nistplatz aus erreichen können. Einige Arten, etwa die Schneegans *(Anser caeruslescens)* und die Eiderente *(Somateria molissima)*, nisten in Kolonien. Die ungewöhnlichste Art zu nisten findet man bei der südamerikanischen Kukucksente *(Heteronetta atricapilla)*, die ihre Eier in das Nest einer Wirtsart hineinlegt — dies können andere Enten, Möwen, Rallen, Ibisse, Reiher, Wasserhühner und sogar Schneckenweihen sein. Mit Ausnahme von einem dutzend Arten brütet allein das Weibchen. Der Zeitraum variiert, je nach Art; er beträgt bei Enten durchschnittlich vier Wochen. Die meisten Wasservögel rupfen sich an der Brust eine dicke Lage von Daunen aus und bedecken damit das Nest und die Eier. Sieht man von der australischen Lappenente *(Biziura lobata)* und der Spaltfußgans ab, deren Junge von ihren Eltern ernährt werden, müssen sich Wasservögel vom ersten Tag an selber versorgen.

S. Nielsen/Bruce Coleman Ltd

▲ Die Witwen-Pfeifgänse sind in Afrika und Südamerika weit verbreitet. Wie die meisten Pfeifgänse sind diese Vögel stets gesellig und verbringen den größten Teil des Tages in größeren oder kleineren Gruppen am Rande der Sümpfe, Seen oder Flüsse. Die Geschlechter wirken äußerlich gleich.

WASSERVÖGEL

Die Spaltfußgans

Die nordaustralische Spaltfußgans ist die ungewöhnlichste aller Wasservögel: Die schrittweise erfolgende Flügelmauser, lange, nur teilweise durch Schwimmhäute verbundene Zehen, polygame Fortpflanzung, Kopulation auf festem Boden und die Fütterung der Jungen durch die Eltern, all dies sind für Wasservögel keine typischen Eigenschaften. Dieser merkwürdige, ausschließlich herbivore Vogel verfügt über einen spezialisierten, stark gebogenen Schnabel, mit dem er während der Trockenzeit seine Nahrung aus dem hartgebackenen Lehmboden herausgräbt.

Pfeifgänse

Die acht Arten tropischer, langbeiniger Pfeifgänse sind für ihre schrillen Pfeifrufe bekannt, die sie häufig im Flug ausstoßen. Die meiste Zeit des Jahres über leben sie gesellig, die meisten zudem seßhaft; allerdings

▲ Der Schwarzschwan ist in den meisten Feuchtlandgebieten um Südaustralien häufig zu sehen, allerdings weicht er den Tropengebieten des Nordens aus. Neuere Untersuchungen brachten eine ungewöhnliche Flexibilität seines Brutverhaltens ans Licht. Er kann nisten, wann immer die Umstände günstig sind und manchmal auch mehrere Gelege in Folge aufziehen. Im Alter von 18 Monaten sind die Vögel bereit, sich fortzupflanzen. Trennungen, »Scheidungen« und verschiedene Formen von Polygamie sind bei jungen, brütenden Schwänen nicht selten, doch stabilisieren sich die Paarbindungen mit zunehmender Reife der Partner.

unternimmt wenigstens ein Teil der in gemäßigten Bereichen lebenden Arten Wanderungen. Anders als bei den meisten Anatidenarten betreiben die Pfeifgans-Pärchen eine gegenseitige Gefiederpflege, und die Bindung ist außerordentlich stark, möglicherweise sogar lebenslänglich. In einigen Gegenden werden diese Enten als Ernteschädlinge angesehen. Einer der am stärksten kosmopolitischen Vögel, die Gelbbrustpfeifgans *(Dendrocygna bicolor)*, lebt in Nord- und Südamerika, Afrika und Indien ohne erkennbare Unterschiede in Größe oder Farbe.

Schwäne

Die sieben Arten von Schwänen, der größten und majestätischsten Wasservögel, sind — mit Ausnahme Afrikas und der Antarktis — in allen Kontinenten heimisch. Die nördlichen Schwäne sind für ihre unglaublich lauten Stimmen bekannt, was sich beschreibend in ihren Trivialnamen niederschlägt wie etwa »Trompeter-», »Sing-» und »Pfeifschwan«. Die meisten Schwäne bauen riesige Nester. Dasjenige des nordamerikanischen Trompeterschwans wird häufig als schwimmendes Floß angelegt. Die Jungen werden von beiden Geschlechtern umsorgt. Einige Arten tragen ihre Jungen auf dem Rücken herum.

Echte Gänse

Bei den 14 Arten echter Gänse handelt es sich um hoch gesellige Vögel. Sie sind auf die Nordhalbkugel beschränkt, und die meisten brüten in arktischen oder subarktischen Breiten. Gänse können sehr alt werden; in Gefangenschaft erreichten einige ein Alter von beinahe 50 Jahren. Viele, wenn auch nicht alle, sind dunkel gefärbt. Einen Geschlechtsdimorphismus gibt es bei echten Gänsen nicht. Allerdings existiert bei der Schneegans *(Anser caerulescens)* eine abweichende, dunkle Form, die Blaugans, die früher als eigene Art angesehen wurde. Bei der geläufigen Kanadagans *(Branta canadensis)* gibt es nicht weniger als 12 Rassen unterschiedlicher Größe — vom Format kaum größer als eine kleine Ente bis zur Größe eines kleinen Schwans.

Hühnergänse und Halbgänse

Diese Vögel leben überwiegend in der südlichen Hemisphäre. Sie sind alle sehr kampffreudig, besonders während der Brutzeit, und viele größere Arten besitzen an der Biegung des Flügels harte, knöcherne Fortsätze, die sie sehr wirkungsvoll im Zweikampf einsetzen. Von den nördlichen Schwänen abgesehen ist der ausgewachsene Kelpgans-Ganter *(Chloephaga hybrida)* der einzige Wasservogel mit vollständig weißem Gefieder.

Die australische Hühnergans wurde seit jeher als eine aberrante Halbgans angesehen. Sie repräsentiert jedoch vermutlich ein Verbindungsglied zu den echten Gänsen der Nordhalbkugel.

Dampfschiffenten

Diese Vögel werden häufig mit den Hühnergänsen in

C.A. Henley

◀ Der aus Zentralasien stammende Höckerschwan erreichte bereits zur Zeit der Alten Griechen einen halbdomestizierten Status. Heute ist er auf sämtlichen Ziergewässern Europas häufig und hat dort eine nennenswerte, verwilderte Population entwickelt. In England gehören alle Höckerschwäne durch ein Gesetz, das auf das zwölfte Jahrhundert zurückgeht, der Krone. Heute gehen die Bestände in England zurück, da viele Vögel an Bleivergiftung sterben, die sie sich dadurch zuziehen, daß sie versehentlich die Bleigewichte fressen, die Angler fortgeworfen oder verloren haben. Eine Untersuchung aus jüngerer Zeit ergab eine Verteilung von 228 derartiger Gewichte pro Quadratmeter.

▼ Die Kanadagans entwickelte sich in Nordamerika. Sie wurde jedoch über die ganze Welt verbreitet, und heute leben selbst auf Neuseeland und in Großbritannien verwilderte Populationen.

Verbindung gebracht. Bis auf eine Art haben alle in Südamerika und die Falkland-Inseln lebenden Enten ihre Flugfähigkeit verloren. Sie können allerdings mit wild schlagenden Flügeln bis zu 18 oder 28 Stundenkilometer schnell über die Wasseroberfläche »dampfen«. Als exzellente Taucher ernähren sich die aggressiven Dampfschiffenten in erster Linie von Krustentieren und anderen Meeresorganismen.

Baumenten

Dies ist eine sehr variable Gruppe, deren Gewicht von kaum 230 Gramm bis zu 10 Kilogramm reicht. Wie ihr Name schon sagt, leben die Baumenten mehr in Bäumen als die übrigen Anatiden. Die meisten von ihnen sind Höhlenbrüter. Zu dieser Gruppe gehören die Zwerggänse *(Nettapus*-Arten) und die Sporengans *(Plectropterus gambensis)*. Die Männchen der amerikanischen Brautente *(Aix sponsa)* und der asiatischen Mandarinente *(A. galericulata)* zeigen derart komplexe Muster und leuchtende Farben, daß man sie zu den schönsten aller Vögel rechnet.

Schwimmenten

In dieser größten Gruppe, zu der einige der bekanntesten Enten gehören, besteht allein die Gattung Anas aus 38 Arten, darunter Stockenten, Pfeifenten, Spitzschwanzenten, Löffelenten und viele Krickenten. Die auch als Fluß- oder Teichenten bekannten Schwimmenten bewohnen gern die Süßwasserlebensräume, suchen aber auch das Salzwasser auf, besonders auf der

Stephen J. Krasemann/Bruce Coleman Ltd

▶ Von allen Schwimmenten ist die Stockente am weitesten verbreiteten. Sie ist auch die anpassungsfähigste und zahlreichste Art. Ursprünglich hatte die Stockente weite Teile der Nordhalbkugel besiedelt. Sie wurde jedoch vom Menschen an vielen anderen Orten eingeschleppt. Die Naturschützer beunruhigt dies insofern, als sich diese Art sehr leicht mit anderen, in anderen Teilen der Welt ansässigen Arten kreuzt und damit deren genetische Reinheit in Frage stellt. Sie ist der Vorfahr der Mastente.

Andy Purcell/Bruce Coleman Ltd

▼ Die Tafelente gehört zu einer weltweit verbreiteten Gruppe, die mit den Schwimmenten eng verwandt ist, die allerdings nach ihrer Nahrung taucht. Obwohl es vorkommt, daß sich Gruppen einiger Arten an geschützten Buchten oder Zuflüssen des Meeres sammeln, ziehen sie jedoch insgesamt das Süßwasser dem Salzwasser vor. Diese Art ist in weiten Teilen Europas und Asiens sehr häufig.

Richard T. Mills

Wanderung. Ein typisches, in beiden Geschlechtern der Anas-Arten vorkommendes Merkmal ist das irrisierende, metallische, spiegelähnliche Speculum auf den Armschwingen.

Die meisten Schwimmenten brüten noch im ersten Lebensjahr und produzieren relativ große Eigelege. In jedem Jahr wird ein neuer Partner begattet. Am besten bekannt ist die Stockente *(A. platyrhynchos)*, die zu den erfolgreichsten aller Vogelarten zählt. Keine Wildente ist toleranter gegenüber die vom Menschen ausgehende Bedrückung und Störung, und sie hat es geschafft, sich in der rasch wechselnden, vom Menschen beherrschten Welt gut anzupassen. Die Stockenten und ihre Verwandten sind weltweit verbreitet und besetzen sogar einige abgelegene Inseln.

Tauchenten

Die Tauchenten sind mit den Schwimmenten ziemlich eng verwandt, die meisten von ihnen sind jedoch hervorragende Taucher. Im Gegensatz zu den Schwimmenten, die von der Wasseroberfläche aus sofort in die Luft kommen, müssen die Tauchenten (ebenso wie die Eider- und Meeresenten) eine beträchtliche Strecke über die Wasseroberfläche laufen, ehe abheben können. Einige Arten, wie die Bergente *(Aythya marila)*, formieren sich zu riesigen Flößen, besonders auf dem Meer. Die größte Tauchente, die Vallisneria-Ente, bildet wegen ihres saftigen Fleisches das primäre Ziel der meisten nordamerikanischen Entenjäger. Leider hatten die Verbreitung der Landwirtschaft über weite Bereiche der mit Schlaglöchern übersäten Prärielandschaft sowie eine Dürrekatastrophe Ende der achtziger Jahre einen vernichtenden Einfluß auf diese großartige Ente und viele andere Anatidenarten, die in diesem Lebensraum brüten.

Eiderenten

Bei den vier Eiderenten-Arten handelt es sich um spezialisierte, tauchende Enten, allesamt Bewohner der Arktis und der Subarktis. Die bekannte Eiderenten-Daune ist dick und schwer und besitzt von allen natürlichen Stoffen die beste Wärmespeicherungsqualität. In einigen Gegenden, etwa auf Island, werden Eiderenten noch immer wegen ihrer Daunen gehalten. Obwohl das weibliche Gefieder eine braune Tarnfarbe besitzt, gehören die Erpel in ihrem Hochzeitsgefieder zu den attraktivsten Enten überhaupt. Drei Eiderenten-Arten sind von besonders schwerem Körperbau, dennoch sind sie starke Flieger. Sie verbringen viel Zeit auf dem Meer, häufig in rauher See, wo sie Wasserpflanzen und große Mengen von Mollusken, Seegurken, Krabben und anderen Krebstieren vertilgen.

Meeresenten

Zu den am stärksten angepaßten Tauchern unter der

Anatiden gehören die Trauerenten, Büffelkopfenten und Säger. Mit Ausnahme des seltenen brasilianischen Dunkelsägers *(Mergus octosetaceus)* bewohnen alle Meeresenten die arktischen und gemäßigten Regionen der Nordhalbkugel. Wenn auch etliche viel Zeit auf dem Meer zubringen, nisten die meisten im Hinterland in der Nähe des Süßwassers. Die köstliche Kragenente *(Histrionicus histrionicus)* nistet (häufig weit landeinwärts) an schnell fließenden Strömen, fühlt sich im Winter jedoch wieder von der See angezogen. Ihre schrillen Pfeifrufe sind oberhalb des dröhnenden Wassers deutlich zu hören. Eigenartig ist die Eisente, denn die Männchen wechseln ihr Gefieder dreimal im Jahr: Dem im Prinzip weißen Winterkleid folgt für den Frühling und Frühsommer (sie nistet hoch im Norden) ein elegantes braunes Gefieder mit weißen Anteilen, und im Laufe des Sommers nimmt das Tier nach der Sommersonnenwende ein düster gefärbtes Gefieder an. Die größte Säger-Art, *(Mergus merganser)*, ist in Großbritannien wegen ihrer Größe als »Gänsesäger« bekannt.

Ruderenten

Die pummeligen Ruderenten haben ihren Namen von ihren abgesetzten, steifen Schwänzen, die die Männchen häufig fröhlich in die Luft strecken. Diese Vögel sind dermaßen an eine aquatische, tauchende Lebensweise angepaßt, daß sie kaum laufen können. Während der Brutsaison nehmen bei den meisten Arten die Schnäbel der Erpel ein leuchtendes Blau an. Die Ruderenten sind im wesentlichen Vegetarier, allerdings ernährt sich die Lappenente, eine große australische Ruderente, von Fleisch. Sie ist zudem die einzige Ruderente ohne einen deutlichen Sexualdimorphismus im Gefieder. Das Männchen ist jedoch erheblich größer als das Weibchen.

WEHRVÖGEL

Die drei Arten neotropischer Wehrvögel erinnern oberflächlich überhaupt nicht an typische Wasservögel. Sie sind jedoch durch eine Reihe anatomischer Merkmale offensichtlich eng mit diesen verwandt. Wie die Spaltfußgänse wechseln auch sie ihre Schwungfedern in mehreren Schritten, so daß sie stets flugfähig bleiben. Ein unter den lebenden Vögeln einzigartiges Merkmal ist bei ihnen das Fehlen des Processus uncinatus, eines übergreifenden Rippenfortsatzes, der den Brustkorb wie eine Querstrebe verstärkt. Dieses Merkmal findet man sonst nur noch bei der Archaeopteryx, einem der frühesten bekannten Vogelfossilien. Zusätzlich fehlen den Wehrvögeln die Federareale. Die einzigen anderen Vögel, bei denen die Federn nach Zufall herauswachsen, sind die Ratiten, Pinguine und die afrikanischen Mausvögel.

Die schwer gebauten Wehrvögel sind mit ihren kleinen Köpfen und langen Beinen kräftige Flieger und können stundenlang segeln. Ihre außerordentlich langen Zehen weisen nur eine Spur von Schwimmhäuten auf, dennoch können sie ausgezeichnet schwimmen. Allerdings tauchen sie nicht. Die langen Zehen vergrößern die Oberfläche des Fußes, verteilen das Körpergewicht und ermöglichen ihnen so, über Schwimmpflanzen zu laufen. Der Schnabel sieht eindeutig aus wie der eines Hühnervogels, und jeder Flügel ist mit zwei langen, scharfen, knöchernen Sporen bewaffnet. Die größte Art, der Hornwehrvogel *(Anhima cornuta)* besitzt frontal ein eigenartiges »Horn«, das sich von der Stirn zum Schnabel herunterbiegt.

ZUR ARTERHALTUNG

Trotz des enormen Drucks, der von der anwachsenden menschlichen Bevölkerung ausgeht, ist es ermutigend festzustellen, daß sich die meisten Wasservogel-Arten halten können, wenigstens zur Zeit. Allerdings hat eine ausgedehnte Dürre, die in den späten achtziger und frühen neunziger Jahren in Nordamerika auftrat, die Bestände der Arten dort erheblich reduziert. Zudem bleibt der Verlust der Lebensräume zum Brüten und Überwintern eine große Sorge.

▼ Im Sommer bewohnen die Kragenenten die schnellfließenden Gebirgsströme Nordamerikas und Asiens. Die Wintermonate verbringen sie jedoch am Meer, wo sie sich in Buchten, Flußmündungen und Fjorden sammeln. Die Männchen gehörren zu den farbenprächtigsten Wasservögeln. Dagegen tragen die Weibchen nur ein überwiegend dunkles, schmuddeliges Braun.

Tim Fitzharris

Ordnung Galliformes
7 Familien, 76 Gattungen, 264 Arten

GRÖSSE
Kleinste Art
Afrikanische Zwergwachtel *(Coturnix chinensis)*, Länge 14 Zentimeter; Gewicht 43 bis 57 Gramm.
Größte Art
Pfau *(Oavo cristatus)*; Länge 2 bis 2,3 Meter; Gewicht 3,8 bis 5 Kilogramm.

ARTENSCHUTZ
Auf der ICBP-Liste der bedrohten Vögel stehen 68 Arten, darunter: Thermometerhuhn *(Leipoa ocellata)*, Rotkopfguan *(Ortalis erythroptera)*, Cauca-Guan *(Penelope perspicax)*, Wacholder-Frankolin *(Francolinus ochropectus)*, Elliotfasan *(Syrmaticus ellioti)*, Perlenfasan *(Rheinartia ocellata)*, Weißbrust-Perlhuhn *(Agelastes meleagrides)* und Pfauentruthuhn *(Agriocharis ocellata)*. *Die Hangwachtel (Ophrysia superciliosa)* ist vermutlich ausgestorben.

HÜHNERVÖGEL

MICHAEL R.W. RANDS

Die Galliformes oder Hühnervögel sind beinahe für jedermann ein Begriff, nicht unbedingt wegen ihrer ornithologischen Merkmale, sondern eher wegen ihrer Bedeutung in der Ernährung. »Hähnchen«, domestizierte Formen der zentralasiatischen Dschungelhühner, und in geringem Umfang Truthähne aus Nordamerika findet man auf den Tellern der ganzen Welt. Andere Hühnervögel sind den Jägern bekannt, besonders der Fasan und einige Arten von Rebhühnern, Schneehühnern und Wachteln. Wieder andere, wie die Pfauen, sind für ihre blendende Schönheit und kunstvollen Balzgesten bekannt. Ungeachtet einer starken Größenvariabilität handelt es sich bei den Galliformen typischerweise um gedrungene Vögel mit relativ kleinen Köpfen, plumpen Körpern und kurzen, breiten Flügeln. Sie fliegen schnell und normalerweise tief. Allein die Wachtel *(Coturnix coturnix)* ist ein echter Zugvogel, obwohl einige Arten keinen festen Standort haben und einige Bergbewohner mit den Jahreszeiten Vertikalwanderungen machen.

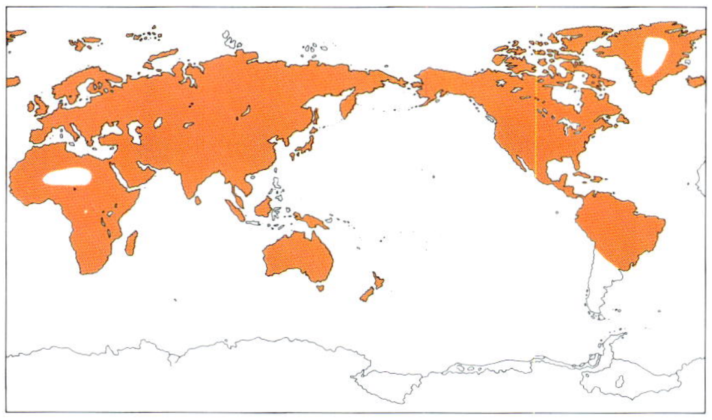

GROSSFUSSHÜHNER

Die Vertreter der Megapoden-Familie (= «Großfüße«) besitzen ein einzigartiges Nistverhalten. Sie legen ihre Eier nicht in normale Nester hinein, sondern in Höhlen oder Hügel. Anschließend beschränkt sich die Brutfürsorge der Eltern darauf, den Hügel in einer Weise zu behandeln, daß für die Eier stabile Temperaturen gewährleistet sind. Die Eier werden von der Wärme ausgebrütet, die entweder von der Sonne, von organischen Abbau von Pflanzenmaterial oder gar von vulkanischer Aktivität stammt. Wenn die Küken schlüpfen, sind sie augenblicklich fähig, für sich selbst zu sorgen. Von den 12 in Australasien und auf einigen pazifischen Inseln beheimateten Arten bewohnen die meisten den Regenwald und das Buschland des Monsunbereiches. Der am besten bekannte Vertreter der Familie allerdings, das südaustralische Thermometerhuhn *(Leipoa ocellata)* lebt in den halbtrockenen Eucalyptuswäldern, wo seine Zahlen schon merklich zurückgegangen sind. Alle Großfußhühner befinden sich in der Gefahr, vom Menschen genutzt zu werden. Die erwachsenen Vögel sind auffällig, leben überwiegend auf dem Boden, sie sind wohlschmeckend und leicht zu erlegen. Zudem sind ihre Eier groß, in hohem Maße nahrhaft und leicht zu finden. Berücksichtigt man außerdem den umfangreichen Abbau der Wälder, sind nicht weniger als acht Arten vom Aussterben bedroht.

Einige Arten legen Hügelnester an, deren größte

▶ Ein weibliches, legebereites Thermometerhuhn nähert sich, vom Männchen beobachtet, dem Hügel. Sollten die Bedingungen im Hügel ungünstig zum Legen sein, wird es vom Männchen vertrieben. Die Hügel werden ausschließlich von den Männchen erhalten und bleiben Jahr für Jahr in Gebrauch. Mehrere Weibchen legen während der Nistsaison in gewissen Abständen jeweils mehrere Eier in den Hügel. Insgesamt kann die Zahl der im Hügel brütenden Eier mehr als 30 betragen.

bei einer Höhe von über fünf Metern einen Durchmesser von mehr als elf Meter haben. Diese Nester bestehen aus Laub und Erde und werden Jahr für Jahr benutzt. Das Thermometerhuhn lebt streng territorial, und das Männchen erhält einen Hügel faulender Pflanzen das ganze Jahr über. Die Eier werden von September bis Januar in Höhlungen abgelegt, die das Männchen in der organischen Substanz gegraben hat. Anschließend verschließt dieses den Hügel wieder mit Sand und reguliert die Temperatur bei konstant 33 Grad Celsius, indem es die Tiefe des Sandes, je nach Erfordernis, verändert. Andere Arten, die auf Inseln leben, deren Boden durch vulkanische Aktivität aufgeheizt wird, legen ihre Eier in Höhlungen hinein, wo heiße Ströme und Dämpfe die Wärme zum Ausbrüten liefern. Sogar noch bemerkenswerter ist das nur auf der Insel Niuafo'ou im Tonga-Archipel lebende Pritchardhuhn *(Megapodius pritchardii)*, das seine Eier mit Hilfe vulkanischer Asche ausbrütet. Das im indonesischen Sulawesi lebende Hammerhuhn *(Macrocephalon maleo)* legt seine Eier im tropischen Regenwald in die Nähe heißer Quellen oder auf sonnenexponierte Strände. Das Sammeln dieser Eier pflegte von den Rajas (Königen) oder anderen örtlichen Machthabern überwacht zu werden. Die Nistgründe wurden verpachtet und die Zahl der Eier, die gesammelt werden durfte, festgelegt. Leider führte der Verlust dieser traditionellen Überwachung zu einer drastischen Überbeanspruchung der Bestände. Heute bemüht man sich um die Einrichtung von Nationalparks und anderer Schutzgebiete, wo das Hammerhuhn neben der ansässigen menschlichen Bevölkerung überleben kann.

HOKKOHÜHNER

Die Cracidae oder Craciden findet man in den Tropen und Subtropen der amerikanischen Kontinente, wo sie überwiegend auf den Bäumen leben. Bereits Minuten nach dem Schlüpfen zeigen die Küken einen bemerkenswerten Sinn dafür, in den Bäumen zu klettern und Schutz zu suchen. Und es ist nur eine Frage von Tagen, bis sie unter dem Blätterdach beinahe mit der Leichtigkeit der erwachsenen Tiere von Ast zu Ast flattern können. Die kleinsten sind die neun Guan-Arten der Gattung Ortalis, die als einzige nicht an den feuchten Wald gebunden sind und stattdessen das niedrige Walddickicht bevorzugen, wie es für die trockeneren Tropen typischer ist. Bei den eigentlichen Guans (22 Arten) handelt es sich um mittelgroße Craciden, die auch am stärksten an das Baumleben gebunden sind, während die Hokkos (13 Arten), die größten Vertreter der Familie, bis zur Hälfte des Tages auf dem Boden verbringen. Allgemein ist die Familie sehr stimmgewaltig. Ihre Vetreter sind für die Vielfalt ihrer Gesänge und Rufe bekannt, die durch den Wald hallen. Der englische Name der Hokkos, »Chachalaca«, stammt von ihrem lauten Ruf »Cha-cha-la-ca«. Bei einigen Arten, dies gilt besonders für die Guans, ist die Luftröhre dafür angepaßt, den Schrei im dichten Wald zu verstärken. Dies führt dazu, daß ihre Rufe weiter reichen als die aller anderen Vögel. Bei einigen Arten, besonders bei den Hokkos, kommt es zu ausgefeilter Balz und Paarungsfütterung, und zahlreiche Guans balzen (das gibt es nur in dieser Familie), indem sie beim Flug mit den Flügeln wirbeln oder trommeln.

TRUTHÜHNER

Es gibt zwei Arten von Truthühnern: Das Truthuhn (Meleagris galloparo), das in den südlichen Vereinigten Staaten und in Mexiko zu Hause ist sowie das Pfauentruthuhn *(Agriocharis ocellata)*, ein gefährdeter Verwandter, dessen Verbreitung auf die Reste der Tieflandregenwälder Mexikos, Guatemalas und Belizes beschränkt ist. Man vermutet, daß die mexikanischen Indianer die ersten waren, die das Truthuhn domestizierten, das anschließend im sechzehnten Jahrhundert von den Spaniern nach Europa eingeführt wurde. Truthühner sind große (die Männchen wiegen durchschnittlich acht Kilogramm, die Weibchen vier), waldbewohnende Vögel mit kräftigen Beinen, großen Sporen und beinahe vollständig nackten Köpfen und Hälsen. Um Weibchen zur Paarung anzulocken, sammeln sich die Männchen auf sogenannten »Balzarenen«. Hier führt jedes Männchen einen ausführlichen Balztanz vor, spreizt die Schwanzfedern, duckt sich nieder, rasselt mit seinen Schwungfedern und läßt seine Kopflappen anschwellen. In dieser Haltung stolzieren die Männchen umher und stoßen ihren »gobble gobble«-Ruf aus. Da Truthühner polygyn leben (ein Männchen paart sich mit verschie-

L.C. Marigo/Bruce Coleman Ltd

▲ Der Karunkelhokko wird überall in zoologischen Gärten und ähnlichen Einrichtungen gehalten. Man weiß jedoch nur wenig über sein Verhalten in der Wildnis. Die Hokkohühner leben in den Regenwäldern Zentral- und Südamerikas. Sie fressen überwiegend auf dem Boden und suchen zum Schlafen die Bäume auf.

Das Moorschneehuhn ist mit seinem völlig weißen Wintergefieder und befiederten Zehen hervorragend an tiefen Schnee und bittere Kälte angepaßt.

denen Weibchen), vollziehen die dominanten Männchen in einer Balzarena die meisten erfolgreichen Paarungen.

GEBIRGS- UND SCHNEEHÜHNER

Die gemäßigteren Zonen der Nordhalbkugel sind die Heimat der 17 Arten von Gebirgs- und Schneehühnern. Einige leben in Nadelwäldern, so etwa das Tannenhuhn *(Dendragapus canadensis)* und das Felsengebirgshuhn *(D. obscurus)* aus Nordamerika. Andere suchen offenere Lebensräume auf, so das Moorschneehuhn *(Lagopus lagopus)* der Morrgebiete und Berghänge Europas. In vielen nördlichen Gebieten bilden diese Hühnervögel für Beutegreifer die größte ganzjährig verfügbare Nahrung, und ihre eigenen Individuenzahlen bestimmen in entscheidender Weise die Populationsgröße einiger Greifvögel. Bei einigen kommt es zu regelmäßigen, zyklisch wiederkehrenden Veränderungen der Bestände, und diese wurden ausführlich untersucht. So zeigten Studien am roten Moorschneehuhn (einer britischen Unterart von *lagopus lagopus)* zum Beispiel, daß sich diese Zyklen in einigen Fällen durch Fluktuationen der Parasitenzahlen erklären ließen. Andere Untersuchungen zeigen Verhaltensunterschiede der Moorschneehühner: Aggressive Vögel besetzen große Territorien und begrenzen oder vermindern gar auf diese Weise das Wachstum der Population. Dagegen können passive Vögel ein Massenauftreten ertragen und erlauben der Population so, wieder zu wachsen. Trotz intensiver Forschung am Felsengebirgshuhn in Nordamerika und am roten Moorschneehuhn in Großbritannien ist der Mechanismus eines solchen Verhaltens noch nicht vollständig verstanden. Auch Menschen nehmen Einfluß auf Hühnervögel und deren Lebensräume: Der Wunsch, auf die Jagd zu gehen und dafür unnatürlich hohe Individuenzahlen zu halten, führt die Menschen dazu, Beutegreifer in Schach zu halten, zusätzliches Futter anzubieten und sogar große Zahlen künstlich erbrüteter Vögel freizulassen; alle diese Faktoren sind leicht imstande, die natürliche Populationsdynamik aus dem Gleichgewicht zu bringen.

Das soziale Fortpflanzungsverhalten ist außerordentlich vielgestaltig. So lebt zum Beispiel das Moorschneehuhn strikt territorial und bildet während der Brutzeit eine starke Paarbindung zwischen Männchen und Weibchen aus. Im Gegensatz dazu treffen sich die männlichen Beifußhühner *(Centrocercus urophasianus)* in großen Balzarenen, und jedes vollzieht eine bezaubernde Balz, um Weibchen für wenige Augenblicke anzulocken. Dabei kann das dominierende Männchen mit mehr als 75 Prozent der Weibchen in einem »Territorium« kopulieren, das die Größe zweier Individuen kaum übersteigt.

DIE WACHTELN DER NEUEN WELT

Es handelt sich typischerweise um plumpe, rundliche, kleine Wachteln, die häufig kräftig mit nach vorn weisenden Kämmen gekennzeichnet sind. Alle bisher untersuchten Arten leben während der Brutsaison vollständig monogam und territorial; außerhalb der Brutzeit sind sie gesellig und bilden Ketten oder Gruppen. Zu der Unterfamilie gehören drei Arten auf Bäumen lebender Wachteln, die die Bergwälder Mexikos und Zentralamerikas bewohnen, außerdem die Dendrortyx-Arten der trockenen mexikanischen Busch- und Waldlandschaften, die Bergwachtel *(Oreortyx picta)* aus den Wäldern der westlichen USA,

◀ Die Schopfwachtel ist im westlichen Nordamerika von Vancouver Island bis zur Spitze von Baja California verbreitet und häufig zu finden. Man hat sie auch in vielen anderen Teilen der Welt angesiedelt. Beide Geschlechter tragen den ungewöhnlichen Knoten auf dem Kopf. Davon abgesehen ist das Weibchen jedoch wesentlich matter und brauner gefärbt als das Männchen.

vier Grasland bewohnende, nordamerikanische Schopfwachteln, darunter die kalifornische Schopfwachtel *(Lophortyx californica,* von denen Jäger in jedem Jahr zwei Millionen Exemplare abschießen), vier Zahnwachteln und schließlich 14 Arten der Gattung *Odontophorus.* Letztere sind mittelgroße, an den Wald angepaßte Vögel Zentral- und Südamerikas, von denen in Kolumbien zwei Arten durch Abholzen der Wälder bedroht sind.

ALTWELT-WACHTELN UND FASANEN

In dieser Gruppe gibt es mehr als einhundert Arten, deren natürliches Verbreitungsgebiet sich von Afrika östlich nach Neuseeland und nach Norden durch den größten Teil Eurasiens erstreckt. Die Mehrheit der Arten findet man allerdings im tropischen Asien und Afrika südlich der Sahara. Einige wenige wurden nach Nordamerika eingeschleppt.

Bei den Wachteln der Alten Welt handelt es sich um kleine, rundliche Vögel mit kurzen Beinen und vergleichsweise spitz zulaufenden Flügeln. Die Gemeine Wachtel *(Coturnix coturnix)* ist der einzige Hühnervogel, der von seinen Brutgründen in Europa und Zentralasien zum Überwintern nach Afrika und Indien zieht. Zwei andere Arten, die Harlekin-Wachtel *(C. delegorguei)* und die Adansonwachtel *(Excalfactoria adansonii),* leben nomadisch und ziehen in großen Scharen in Gebiete, in denen es geregnet hat. Sie bewohnen die Graslandschaften und zeigen offenbar deutliche Schwankungen in der Größe ihrer Populationen.

Die Fasane bilden eine wesentlich unterschiedlichere Gruppe. Dazu gehören die sehr großen, bergbewohnenden Königshühner, die in den alpinen Zonen vom Kaukasus bis zur Mongolei leben; ferner die weitgehend unbekannten Keilschwanzhühner aus China, sieben Arten von Steinhühnern aus Europa und dem Mittleren Osten, die an das Leben in trockenen Regionen angepaßt sind: die größeren, überwiegend afrikanischen Frankoline, die asiatischen Frankoline, die wenig bekannte Gruppe südostasiatischer Arten, die den tropischen Regenwald bewohnen und schließlich die sogenannten »typischen« Fasane, ur-

▶ Der Ährenträgerpfau ist noch schöner als der vertraute blaue Pfau. Er läßt sich jedoch schwerer in Gefangenschaft halten und ist daher nicht ebenso gut bekannt. Dieser Vogel lebt in Südostasien.

C.A. Henley

▼ Ein männliches Bankivahuhn. Dieser Vogel, der Vorfahr des Haushuhns, lebte halb domestiziert vor mindestens 5000 Jahren im Industal. Seit dieser Zeit wurde es von Menschen an praktisch jeden Winkel der Erde gebracht und ist heute vermutlich der zahlreichste Vogel der Welt.

sprünglich Bewohner der natürlichen Grasflächen des nördlichen Asien und Europa. Am besten bekannt ist ohne Zweifel das Rebhuhn *(Perdix perdix)*. Es stammt aus Europa und Teilen der Sowjetunion, wurde jedoch erfolgreich nach Nordamerika eingeführt. Mit 20 Eiern besitzt es unter allen Vögeln das umfangreichste Gelege. Wo immer es vorkommt, ist es bei Jägern sehr begehrt. Und obwohl es sich in Europa anfangs gut an die zunehmende Landwirtschaft anpassen konnte, mußten seine Populationen nach Schätzungen dort 90 Prozent an Einbußen hinnehmen, besonders durch Einwirkung von Pestiziden.

Beinahe sämtliche Wachteln und Fasane leben monogam, und Paare mit ihrem unmittelbaren Nachwuchs bilden die grundlegende soziale Einheit, die Kette. Bei den vergleichsweise wenigen Arten, die im Wald leben, bleiben die erwachsenen Tiere das Jahr über in Paaren oder allein. Dagegen neigen die Ketten der Bewohner offener Lebensräume (Steinhühner, Gemeine Wachteln) während der Wintermonate zu verschmelzen.

ECHTE FASANE, PFAUEN UND KAMMHÜHNER

Mit Ausnahme der Satyrhühner handelt es sich bei allen Arten dieser Gruppe um bodenbewohnende Waldvögel, und mit der bemerkenswerten Ausnahme des Kongopfaus *(Afropavo congensis)* sind sie sämtlich in Asien zu Hause. Alle Männchen sind auffallend gefärbt und mit einer reichen Vielfalt lebhaft leuchtender Federn geschmückt, die sie bei ihrer ausführlichen Balz einsetzen. Der Perlenfasan *(Rheinartia ocellata)* besitzt unter allen Vögeln die längsten

Schwanzfedern. Zwar hat jede Art ihren eigenen, bemerkenswerten Paarungsablauf, am eindrucksvollsten dürfte jedoch der des Argusfasan *(Argusianus argus)* sein. Das Männchen reinigt einen als Tanzfläche vorgesehenen Gipfel im Wald. Von dort aus beginnt er bald nach dem ersten Tageslicht zu rufen, um Weibchen anzulocken. Taucht dann eine potentielle Partnerin auf, beginnt es, sie zu umtanzen. Dabei wirft er schlagartig seine Flügel hoch und entfaltet zwei enorme Fächer mit golddekorierten, dreidimensional wirkenden »Augen«. Die Balz gipfelt in einem Kopulationsversuch, worauf sich das Weibchen entfernt, um zu Nisten und eine Familie zu gründen. Das Männchen spielt dabei keine weitere Rolle. Die meisten Fasane leben entweder polygyn (ein Männchen paart sich mit verschiedenen Weibchen) oder gemischt. Bei einigen Arten, so beim Ringfasan *(Phasianus colchicus)*, verteidigen die Männchen eine Gruppe von Weibchen als Harem und gehen Bindungen mit ihnen ein, bis die Eier gelegt sind. Diese Art von Sozialsystem, die auch bei Kammhühnern vorkommt, gibt es bei Säugetieren häufig, ist bei Vögeln allerdings außerordentlich selten.

Die Fasane haben eine enge Verbindung zum Menschen. Ein ganze Reihe der schönsten Arten wurden von Liebhabern auf der ganzen Welt freigelassen (oder konnten entfliehen). So haben sich verwilderte Populationen des Goldfasans *(Chrysolophus pictus)* und des Diamantfasans *(C. amhersitae)* in Großbritannien niedergelassen.

Die drei Pfauenarten sind für ihre aus Schmuckfedern bestehende Schleppe berühmt, die sie während der Paarung anheben und fächerförmig ausbreiten. Dem Gemeinen Pfau *(Pavo cristatus)* gelang es mühelos, sich an das Leben mit dem Menschen anzupassen, nicht nur in ihrer indischen Heimat — männliche und weibliche Pfauen findet man auch überall in den europäischen Parks. Dagegen ist der Ährenträgerpfau *(P. muticus)* durch Bejagung und Zerstörung seiner Waldlebensräume in Südostasien bedroht. Der Kongopfau wurde erst 1936 von J.P. Chapin im zentral-

▶ Der Königsfasan bewohnt ausschließlich die Bergwälder Zentralchinas. Wie Marco Polo berichtete, verwendeten die Chinesen sein Gefieder (besonders die Schwanzfedern) über Jahrhunderte zur Dekoration, sowie bei feierlichen oder religiösen Anlässen.

▼ Die Tragopane bilden eine Gruppe von fünf Arten, die nur in den großen Höhenlagen des Himalaya, von Kaschmir bis nach Zentralchina, vorkommen. Sie leben in kalten, feuchten Wäldern und halten sich eher auf den Bäumen als auf dem Boden auf. Die Männchen zeichnen sich durch ihr prächtiges, rotes Gefieder aus. Dagegen sind die Weibchen nur dunkelbraun gefärbt. Auf dem Bild sieht man den nepalesischen Satyr-Tragopan.

▶ Das Geier-Perlhuhn bewohnt das trockene Buschland Ostafrikas. Dagegen findet man sechs weitere Perlhuhn-Arten in den meisten afrikanischen Lebensräumen, vom dichten Regenwald bis zur offenen Savanne. Bei den Perlhühnern unterscheiden sich die Geschlechter äußerlich kaum.

afrikanischen, äquatorialen Regenwald des Gebietes endeckt, das heute Ost-Zaire bildet.

Die engste Verbindung zwischen irgendeinem Vogel und dem Menschen findet man bei den Kammhühnern. Hühner werden überall gehalten, wo es Menschen gibt, selbst mitten im Meer. Das noch immer wild in Indien und Südostasien lebende Bankivahuhn *(Gallus gallus)* wurde vor mindestens 5000 Jahren domestiziert und versorgt seitdem beinahe jede menschliche Rasse mit Eiern und Fleisch.

PERLHÜHNER

Die sieben Perhuhn-Arten sind allesamt in Afrika zu Hause, überwiegend in halbtrockenen Lebensräumen, manchmal in Wäldern. Ihre Köpfe sind zum großen Teil nackt und pigmentiert; sie tragen Hautlappen und oben meist einen Kamm oder Helm. Die Unterschiede in Größe und Form dieser Verzierungen und das Ausmaß der nackten Haut hilft ihnen, wie man vermutet, in verschiedenen Klimaten ihre Gehirntemperatur zu regulieren. Alle Arten leben monogam, versammeln sich außerhalb der Brutzeit jedoch in Gruppen. Sie fressen wenig wählerisch vom Boden, ruhen jedoch, wo immer möglich, auf Bäumen. Am besten bekannt und am weitesten verbreitet (sowohl von Natur aus als auch als Resultat der Domestikation) ist das Helmperlhuhn *(Numida meleagris)*. Als einzige Art tritt es natürlicherweise außerhalb der Afrotropik auf, nämlich in Marokko und auf der arabischen Halbinsel. Außerhalb der Brutsaison versammeln sich bei Einbruch der Dunkelheit riesige Scharen von bis zu 2000 Vögeln an den Wasserlöchern.

DER HOATZIN

Der Hoatzin des tropischen Südamerika ist ein Vogel mit eindeutig prähistorischem Erscheinungsbild. Oberflächlich betrachtet sieht ein erwachsenes Tier wie ein verlängerter Fasan aus: mit langem Hals, langem Schwanz und einem langen, krausen, rotbraunen Kamm. Der Körper ist oben überwiegend braun und unten herum rostrot bis rötlich-gelb. Aus dem leuchtend blauen Gesicht sticht das rote Auge deutlich hervor. Er besitzt einen außerordentlich großen Kropf, der eine hoch spezialisierte Anpassung bildet, um die Nahrung zu zerkleinern — dabei handelt es sich um die Blätter, Knospen, Früchte und Blüten einiger weniger Baum- und Buscharten. Er brütet das ganze Jahr über. Schon wenige Tage nach dem Schlüpfen verlassen die Küken das Nest und können mit den Füßen und dem Schnabel und den speziell angepaßten Flügeln umherklettern, die zwei »Krallen« aufweisen. Mit dem Wachstum des Kükens verschwinden diese Krallen und den Erwachsenen fehlen sie ganz. Diese bemerkenswerte Art führte zu der Spekulation, daß sie das »fehlende Bindeglied« zwischen den Reptilien und Vögeln darstellen, besonders, wenn man bedenkt, daß die Krallen der Küken in ihrer Gestalt denen der Archaeopteryx, eines der frühesten bekannten Vogelfossilien, recht ähnlich sind.

D. & R. Sullivan/Bruce Coleman Ltd

Der Hoatzin lebt nur in den überfluteten Waldgebieten, die sich entlang der ruhig fließenden Ströme Amazoniens erstrecken. Einen großen Teil des Jahres überlebt er in Gruppen von 10 bis 20 oder mehr Individuen. Während der Regenzeit spalten sich jedoch kleinere Gruppen ab, um zu brüten.

KRANICHE UND IHRE VERWANDTEN

GEORGE W. ARCHIBALD

Bei den Gruiformes handelt es sich um überwiegend auf dem Boden lebende Vögel, deren Neigung zum Gehen und Schwimmen viel größer ist als zum Fliegen. Einige haben bedingt durch Isolation in einem Insel-Lebensraum ihre Flugfähigkeit verloren. Sie nisten üblicherweise auf dem Boden oder auf Plattformnestern in seichtem Wasser, und die Jungen sind sofort nach dem Schlüpfen aktiv. Bei der Balz geben die meisten von ihnen laute Rufe von sich, und bei vielen Arten agieren Männchen und Weibchen im Duett. So gibt es bei vielen ausführliche Hochzeitstänze. Ausgehend von einem am Boden lebenden, strandvogelähnlichen Vorfahren haben sich die 12 Familien der Gruiformes in eine Vielfalt von Nischen überall auf der Welt verbreitet.

Ordnung Gruiformes
12 Familien, 61 Gattungen, 220 Arten

GRÖSSE
Kleinste Art
Laufhühnchen 11,5 bis 19 Zentimeter.
Größte Art
Saruskranich *(Grus antigone)*; Länge 153 Zentimeter.
ARTENSCHUTZ
Auf der ICBP-Liste der bedrohten Vögel stehen 48 Arten, darunter: Trappenlaufhühnchen *(Pedionomus torquatus)*, Schwarzbrust-Laufhühnchen *(Turnix melanogaster)*, Mandschurenkranich *(Grus japonensis)*, Schreikranich *(G. americana)*, Neukaledonia-Ralle *(Tricholimnas lafresnayanus)*, Wachtelkönig *(Crex crex)*, Maskenralle *(Heliopais personata)*, Kagu *(Rhynochetos jubatus)*, Großtrappe *(Otis tarda)* und Barttrappe *(Houbaropsis bengalensis)*.

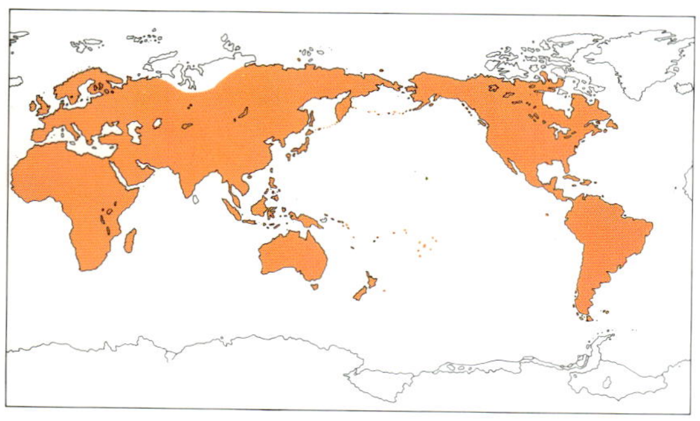

FLUGUNFÄHIGE VORFAHREN

Unter den frühen Gruiformes erreichten die gigantische Diatryma der nördlichen Kontinente und der südamerikanische Phocorhacos eine Höhe von 185 Zentimetern. Sie waren flugunfähig, besaßen jedoch kraftvolle Beine und hakenförmige Schnäbel. Der Schädel der Diatryma war nahezu so groß wie der eines Pferdes, und Phororhacos war vermutlich imstande, schnell laufende Säugetiere einzuholen. Ihre engsten noch lebenden Verwandten sind die Seriemas, die beiden Arten der langbeinigen und flugfähigen Vögel des südamerikanischen Graslandes. Möglicherweise können andere alte, flugunfähige Gruiformen als die Ahnen der Straußen gelten. Die Strandvögel der Ordnung Charadriiformes sind, wie man vermutet, die den Gruiformes am nächsten stehende Ordnung. Die älteste noch lebende Vogelart ist der nordamerikanische Kanadakranich *(Grus canadensis)*, dessen Knochen man aus zehn Millionen Jahre alten Ablagerungen kennt. Das Alter anderer heute ausgestorbener Kraniche, Rallen und Trappen reicht 40 bis 70 Millionen Jahre zurück.

KRANICHE

Zur Kranichfamilie (Gruidae), die man in Nordamerika, Europa, Asien, Afrika und Australien findet, gehören 15 Arten großer, watender Vögel. Kraniche sind sehr gut durch ihre lauten Rufe, auffälligen Paarungstänze, ihre Monogamie und die Sorge bekannt, die sie ihren Jungen entgegenbringen. Der afrikanische Kronenkranich *(Balearica pavonina)* ist vermutlich am engsten mit dem altertümlichen Bestand verbunden, aus dem die anderen 14 Arten hervorgingen. Innerhalb dieser letzteren Gruppe weicht der sibirische Nonnenkranich *(Grus leucogeranus)* insofern ab, als er eine flötenähnliche Stimme besitzt und, wenigstens in Gefangenschaft, erst brütet, wenn er fünf bis sieben Jahre alt ist. Im Gegensatz dazu äußern die anderen Kraniche heisere, trompetenähnliche Rufe und können schon im dritten Lebensjahr brüten.

Im Osten gelten die Kraniche als Symbole des Glücks und eines langen Lebens, und der attraktive Mandschurenkranich *(Grus japonensis)* spielt in der

▶ Der unverwechselbare Kamm und die Tatsache, daß diese Vögel häufig auf Bäumen schlafen, sind nur zwei der Merkmale, die den Kronenkranich von anderen Kranichen unterscheiden.

Stanley Breeden

▲ Der Saruskranich ist in vielen Gebieten Südostasiens unmittelbar vom Aussterben bedroht. Er wurde daher zum Objekt eines energisch durchgeführten Wiedereinbürgerungsprojekts in Thailand, auf den Philippinen und an anderen Orten.

► Von fallenden Schneeflocken eingehüllt, trompetet eine Gruppe von Mandschuren-Kranichen im Konzert. Eine in Hokkaido (Japan) überwinternde Population wurde zum »Nationaldenkmal« erklärt. Sie ist gerade dabei, ihren Bestand von einem Tiefstand im Jahre 1952 zu vergrößern. Damals lebten nur noch 33 Individuen.

dortigen Kunst eine bedeutende Rolle. Kraniche sind in der Tat langlebige Vögel — in Gefangenschaft starb ein männlicher Nonnenkranich im Alter von 83 Jahren. Er hatte noch in seinem achtundsiebzigsten Lebensjahr erfolgreich Junge großgezogen!

Ein Kranichpaar verteidigt ein großes Gebiet im Feucht- und Grasland als Brutterritorium. Eindringlinge werden mit den Trompetenduetten des verteidigenden Paares schlagartig konfrontiert. An einer abgelegenen Stelle wird im seichten Wasser ein Plattform-Nest errichtet, und es werden normalerweise zwei Eier hineingelegt. Beide Geschlechter helfen einander beim Ausbrüten und bei der Aufzucht der Jungen. Die Küken bleiben noch bis zum Beginn der folgenden Brutsaison bei ihren Eltern. Die Kraniche der nördlichen Kontinente wandern tausende von Kilometern zwischen ihren Brut- und Überwinterungsgründen. Die Jungvögel lernen die Reiseroute, während sie ihre Eltern auf der ersten Herbstwanderung begleiten.

Die Jagd auf den Nordkontinenten sowie — in jüngerer Zeit - Verfolgung durch Gift in Afrika haben zusammen mit der Zerstörung ihrer Feuchtgebiet- und Grasland-Lebensräume dafür gesorgt, daß diese großartigen Vögel mit ihren großen räumlichen Ansprüchen aus vielen Bereichen ihrer ehemaligen Verbreitungsgebiete verschwunden sind. Sieben Arten sind als gefährdet aufgelistet, und ohne sofortige Schutzmaßnahmen dürften bald einige andere Arten hinzukommen. Der seltenste ist der nordamerikanische Schreikranich *(Grus americana)*. 1941 war sein Bestand in der Wildnis auf nur 15 Exemplare zusammengeschrumpft, heute sind es etwa 150 Vögel. Zur Einrichtung eines Schutzprogrammes mußten Kanada (wo die Kraniche brüten) und die USA (wo sie überwintern) zusammenarbeiten. In ähnlicher Weise versuchen heute asiatische Nationen zu kooperieren, um fünf Arten gefährdeter, ziehender Kraniche zu helfen. In China, Deutschland, Japan, Thailand, den USA und der UdSSR wurden Zentren zur Zucht von Kranichen in Gefangenschaft eingerichtet. Es existieren Konzepte, unter Verwendung von in Gefangenschaft gehaltenen Saruskraniche *(Grus antigone)* in Thailand, Schreikraniche in den südöstlichen USA wieder einzuführen und die westliche Population der Nonnenkraniche zu stützen. Werden Kraniche in Gefangenschaft von den menschlichen Pflegern optisch und akustisch isoliert und stattdessen nur mit Hilfe von Handpuppen und durch als Kraniche verkleidete Personen versorgt, so schließen sie sich später problemlos wilden Kranichen an und pflanzen sich mit diesen fort.

Sind sie erst einmal geschützt, erweisen sich die meisten Kranicharten als bemerkenswert anpassungsfähig, wenn es darum geht, in unmittelbarer Nachbarschaft des Menschen zu überleben. Der größte Kranich, der Sarus des indischen Subkontinents, wird von den Hindus geschützt und gedeiht in dicht besiedelten Gebieten. Er brütet am Rande der Dorfteiche und sucht seine Nahrung auf den Äckern. Die Mongolen schützen den Jungfernkranich (Anthropoides virgo), und auf den riesigen Grasebenen nisten und fressen die Kraniche häufig in der Nähe der Siedlungen. Desgleichen ruhen die Kronenkraniche, wo sie geschützt sind, des Nachts auf Bäumen innerhalb der Ortschaften.

Die zahlreichste Art bildet der nordamerikanische Kanadakranich. In jedem März versammeln sich mehr als eine halbe Million Vögel an etwa 65 Kilometern des Platte River im Zentrum der USA, ehe sie nach Norden in ihre nördlichen Brutgründe weiterziehen. Tausende von Touristen reisen im Frühjahr nach Nebraska, um eines der größten Schauspiele der Tierwelt zu beobachten: Den Auftritt der Horden von Kanadakranichen.

RIESENRALLEN UND TROMPETERVÖGEL

Eng mit den Kranichen verwandt sind die Riesenrallen der Familie Aramidae und die Trompetervögel der Familie Psophiidae. Beide Familien gehören zur Neuen Welt. Unter den Riesenrallen gibt es nur eine einzige Art, den *Aramus guarauna*, die in den Tropen

Jeff Simon/Bruce Coleman Ltd

▲ Der Braunsichler frißt beinahe ausschließlich große Wasserschnecken, besonders die Apfelschnecken der Gattung Pomacea. Zwar bevorzugt er den baumbestandenen Sumpf, kommt jedoch zuweilen auch in Marschen- und Buschgebieten vor. Wegen seines nächtlichen, unheimlichen Klagens und Schreiens ist er in einigen Bereichen seiner Heimat im Volksmund als der »klagende Vogel« bekannt.

lebt. Mit ihrem langen, gebogenen Schnabel zieht sie Schnecken aus ihren Gehäusen.

Im Gegensatz zur wasserliebenden Riesenralle handelt es sich bei den drei Trompetervogel-Arten um Waldvögel mit weichen Federn und kurzen, etwas gebogenen Schnäbeln. Wie der Kronenkranich schlafen die Trompetervögel auf Bäumen, tragen samtweiche Federn auf dem Kopf und praktizieren Paarungstänze wie die Kraniche. Man findet die Trompetervögel jedoch ausschließlich in Südamerika, während der Kronenkranich in Afrika endemisch ist.

RALLEN

Die vielleicht am besten bekannte Familie der Gruiformes ist die der Rallidae, die 113 Arten von Rallen, Teichhühnern und Bleßhühnern umfaßt, obwohl 14 davon vermutlich bereits ausgestorben sind. Unter allen lebenden Vogelgruppen ist die Tendenz, die Flugfähigkeit zu verlieren, bei den Rallen am größten. Ein Viertel der auf Inseln endemischen Arten kann nicht fliegen, und die Einschleppung von Ratten, Schlangen und Hauskatzen brachte Verderben über sie. Einigen Arten hat die Zucht in Gefangenschaft geholfen, und da die Probleme mit den Beutegreifern und ihren Lebensräumen gelöst sind, war es möglich, sie wieder anzusiedeln.

Einer der größten und ungewöhnlichsten Vertreter der Familie ist der Takahe *(Notornis mantelli)*, ein flugunfähiger, lilafarbener Vogel aus dem Fjordland Neuseelands. Man kannte ihn zunächst von Fossilien, daher war die Entdeckung lebender Vögel eine große Überraschung. Allerdings reduzierte die Nahrungskonkurrenz und der Bejagungsdruck durch eingeschleppte Hirsche bzw. Wiesel den Takahe auf vielleicht weniger als 180 Exemplare. Daraufhin setzte man in Gefangenschaft gezüchtete Vögel aus; sie brüten heute auf Maud Island.

Obwohl viele Vertreter der Rallidae als bedroht gelten, sind andere wiederum bemerkenswert erfolgreich. In beinahe jedem größeren Feuchtgebiet aller Kontinente und vieler Inseln lebt eine Rallen-, Teichhuhn- oder Bleßhuhn-Art. Als der neuseeländische Weka *(Gallirallus australis)* auf andere, kleinere Inseln eingeführt wurde, fügte er der dortigen Pflanzenwelt ernsthaften Schaden zu, und durch räuberische Aktivitäten verursachte er den Untergang einer Sturmvogel-Art.

TRAPPEN

Die Familie Otidae umfaßt 22 Arten breitflügeliger Vögel mit langen Beinen und kurzen Zehen, Bewohner der altweltlich Wüsten, Grasebenen und Buschebenen. Die meisten sind in Afrika zu Hause, fünf Arten findet man in Eurasien und eine in Australien.

Das überwiegend braune Gefieder bietet ihnen eine Tarnfärbung, und aufgeschreckte Trappen kauern sich häufig nieder und sind dann schwer zu entdecken. Die Männchen sind normalerweise viel größer als die Weibchen und besitzen zudem aufwendig geschmückte Federn, die sie bei der Balz zeigen. Ihre Hochzeitsgesten sind bizarr — so blasen die Männchen einiger Arten einen Kehlsack auf und sträuben ihre langen, überwiegend weißen Nackenfedern. Um Weibchen anzulocken, vollführt die männliche Barttrappe *(Houbaropsis bengalensis)*, die in Indien und Südostasien lebt, in ihrem Brutterritorium hubschrauberähnliche Senkrechtflüge. Ein Männchen kopuliert mit zahlreichen Weibchen. Das Ausbrüten

◀ Zwei Rallen und eine Trappe. Oben links das Purpurhuhn aus Nord- und Südamerika; unten links die in Australasien weitverbreitete Weka-Ralle. Rechts die südafrikanische Gackeltrappe.

▼ Die Bestände des einst auf den Heufeldern Europas und Nordasiens häufigen Wachtelkönigs erlitten durch die landwirtschaftliche Mechanisierung und die Veränderungen im Heuanbau einen starken Rückgang. In Westeuropa ist er nur noch in Teilen Irlands häufig.

Richard T. Mills

und die Aufzucht der Jungen sind dann allein Sache der Henne. In einer Bodenmulde werden drei bis fünf gefleckte, dunkle Eier abgelegt.

Wenn auch der Verlust der Grasland-Nisträume durch die Landwirtschaft das wichtigste Problem für die Erhaltung der Trappen darstellt, bildet auch die Falknerei für verschiedene Arten eine Bedrohung. Die Falknerei besitzt in etlichen arabischen Kulturen eine hingebungsvolle Tradition, vermutlich wurden dadurch die Trappen in weiten Teilen des Mittleren Ostens ausgelöscht. In jüngerer Zeit reisten Gruppen von Falknern nach Indien, Pakistan und Ostasien, um ihren uralten Sport weiterhin auszuüben. In Saudi Arabien wurde in dem Bestreben, Trappen weiterhin für die Jagd verfügbar zu haben, ein ausgefeiltes Zuchtprogramm eingerichtet. Leider lassen sich diese Vögel in Gefangenschaft nur schwer züchten.

In Ungarn pflegen die Bauern, ehe sie ein Trappen-Nest unterpflügen, die Eier zu entnehmen und einem von der Regierung unterstützten Brut- und Aufzuchtzentrum auszuhändigen. Später im Sommer entläßt man die jungen Trappen aus den Aufzuchtgehegen, und sie schließen sich noch vor der Wanderung den dort ansässigen Wildvogelbeständen an.

UNGEWÖHNLICHE GRUIDEN

Binsenhühner

Bei den drei Binsenhuhn-Arten (Familie Heliornithidae) handelt es sich um aquatische Vögel der subtropischen und tropischen Region: Eine lebt in Afrika, eine in Südostasien und eine in Zentral- und Südamerika. Die Binsenhühner bieten generell das Erscheinungsbild eines Lappentauchers, besitzen jedoch eine

Rod Williams/Bruce Coleman Ltd

▲ Der Seriema und eine andere Art bilden zusammen die vollkommen südamerikanische Familie Cariamidae. Seriemas leben auf dem Boden von Savannen, trockenen Buschgebieten und Dornenwäldern und ernähren sich von verschiedenen kleinen Tieren, auch von Schlangen.

▼ Sonnenrallen suchen ihre Nahrung unauffällig an den Randbereichen der Waldflüsse Zentral- und Südamerikas. Die Geschlechter unterscheiden sich im Gefieder nicht.

ungewöhnliche Mischung von Merkmalen, die eine Verwandtschaft zu den Kormoranen, Schlangenhalsvögel, Enten, Bleßhühnern und Rallen vermuten lassen. Diese wenig bekannten, düster gefärbten Vögel bewegen sich zu Land und zu Wasser gleichermaßen lebhaft. Hart an den Ufern Seen und Flüssen hocken sie auf Zweigen über dem Wasser und erheben sich selten in die Luft. Bei Störungen flattern sie allerdings, wie es die Bleßhühner tun, quer über Wasser. Die Nester werden im Schilf oder auf niedrigen Zweigen über dem Wasser errichtet; dort legen die Vögel zwei bis sieben cremefarbene Eier hinein.

Sonnenrallen

Die einzige Sonnenrallen-Art in der Familie Eurypygidae, *Eurypyga helias,* bevorzugt wie die Binsenhühner die stark bewachsenen Zonen um die Flüsse und Teiche herum. Dieser nur ein Zentral- und Südamerika lebende Vogel hat die Größe einer Krickente und besitzt ein kompliziert gestreiftes, weich braunes, grau-schwarzes Gefieder, dazu einen graziösen Hals und einen leichten, graziösen Flug. Zum Paarungsverhalten gehören differenzierte Balzhandlungen: Von einer auffälligen Stelle eines Astes aus spreizt er steif Flügel und Schwanz und bildet dabei eine fortlaufende, fächerähnliche Wand attraktiv gestreifter Federn. Die Sonnenrallen errichten in den Bäumen klobige Nester aus Stöcken und Schlamm, und beide Geschlechter unterstützen einander beim Ausbrüten der zwei bis drei nahezu ovalen, gefleckten, braunen oder lilafarbenen Eier. Obwohl die Jungen sofort nach dem Schlüpfen aktiv sind, bleiben sie einige Wochen im Nest.

Kagu

Der Kagu *(Rhynochetos jubatus;* einziger Vertreter der Familie Rhynochetidae) lebt auf der Pazifikinsel Neu-Kaledonien. Man hält ihn für einen engen Verwandten der Sonnenralle. Er ist geringfügig größer als das Haushuhn, besitzt jedoch längere Beine. Er kann zwar nicht fliegen aber gleiten. Mit seiner blaßgrauen Farbe und einem umfangreichen Kamm ist der Kagu ein Vogel des Waldbodens. Wie bei den Kranichen treten auch die Kagu-Männchen und -Weibchen in einem lauten, ausführlichen Duett auf und zeigen eine bizarre Balz, im Verlaufe derer sie mit der Schwanz- oder Flügelspitze im Schnabel herumwirbeln. Sie bauen auf dem Boden ein Nest aus Stöcken und legen ein einziges Ei hinein. Beide Geschlechter ziehen die Jungen auf. Eier und Jungvögel werden häufig Opfer von eingeschleppten Katzen, Hunden, Schweinen und Ratten. Zudem wurden große Teile der waldbestandenen Lebensräume der Kagus von Menschen zerstört, die Landwirtschaft und den Abbau von Nickel über Tage betreiben. Heute überlebt diese Art nur in wenigen unzugänglichen Bergtälern.

DIE KLEINEN GRUIDEN

Stelzenrallen

Bei den drei Arten der madagassischen Stelzenrallen (Familie Mesitornithidae) handelt es sich um die altertümliche Gruppe einer isolierten Entwicklungslinie. Diese Vögel erinnern oberflächlich an große Drosseln, zeigen jedoch den Gang von Tauben und das Verhalten von Rallen. Sie leben am Waldboden

▲ Das Rotbrust-Laufhühnchen bewohnt die überwucherten Graslandschaften in Norden und Osten Australiens. Zum Süden seiner Verbreitungsgrenze hin wird es jedoch zunehmend seltener. Wie auch bei den anderen Laufhühnchen liegt die Verantwortung für das Ausbrüten und Aufziehen der Jungen allein beim Männchen.

und fliegen nur selten. Sie konstruieren ihr Zweignest auf einem niedrigen Ast, und zwei bis drei Eier werden hineingelegt. Es gibt bei ihnen Hinweise auf Polyandrie (das Weibchen kopuliert also in der Brutsaison mit mehr als einem Männchen). Sollten die Wälder auf Madagaskar weiterhin zerstört werden und ihr schlimmster Eierräuber, die Hausratte, weiterhin zunehmen, kann man davon ausgehen, daß die Zahl der Stelzenrallen ganz erheblich zurückgehen wird.

Kampfwachteln

Polyandrie und dreizehige Füße sind die hervorstechenden Merkmale der Kampfwachteln (Familie Turnicidae). Die 15 Arten sind im südlichen Asien, Afrika und Australien weit verbreitet. Obwohl diese landbewohnenden Vögel echte Gruiformes sind, zeigen sie einige Ähnlichkeiten mit den Flughühnern und Tauben. Die Weibchen sind größer und leuchtender gefärbt als die Männchen, und sie haben einen lauten, dröhnenden Ruf. Sie wechseln zwischen verschiedenen Männchen hin und her und vertreiben in aggressiver Weise andere Weibchen aus ihrem Brutterritorium. Das Bodennest wird von beiden Geschlechtern gemeinsam erbaut, jedoch wird das aus vier Eiern bestehende Gelege nur vom Männchen ausgebrütet. Die Brutdauer beträgt etwa 12 bis 13 Tage, und innerhalb der ersten beiden Wochen nach dem Schlüpfen können die Jungen schon fliegen. In einem Alter von nur drei bis fünf Monaten können junge Kampfwachteln bereits selber brüten.

Trappenlaufhühnchen

Das Trappenlaufhühnchen oder Steppenwanderer *(Pedionomus torquatus;* der einzige Vertreter der Familie Pedionomidae) bewohnt die offenen Graslandschaften und Ebenen Australiens. Er erinnert stark an seine Verwandten, die Kampfwachteln, allerdings rechtfertigen Merkmale wie eine bleibende hintere Zehe, die Eiform sowie paarige Halsschlagadern seinen eigenen Familienstatus. Der Vogel wirkt kompakt und ist etwa 16 Zentimeter groß. Das Weibchen unterscheidet sich vom Männchen durch die kastanienbraune Brust. Das Männchen erbrütet das Gelege, das aus vier Eiern besteht, und zieht die Jungen auf. Sie fliegen nur selten; wenn sie Angst haben, laufen sie lieber fort und verstecken sich.

GRÖSSE
Kleinste Art
Wiesen-Strandläufer *(Calidris minutilla)*, Länge 11 Zentimeter; Flügelspanne 33 Zentimeter; Gewicht 23 bis 37 Gramm.

Größte Art
Mantelmöwe *(Larus marinus)*; Länge 64 bis 78 Zentimeter; Flügelspanne 150 bis 163 Zentimeter; Gewicht 1,3 bis 18,7 Kilogramm.

ARTENSCHUTZ
Auf der ICBP-Liste der bedrohten Vögel werden 33 Arten aufgeführt, darunter: Chatham-Austernfischer *(Haematopus chathamensis)*, Steppenkiebitz *(Chettusia gregaria)*, Gelbfuß-Regenpfeifer *(Charadrius melodus)*, St.-Helena-Regenpfeifer *(C. sanctaehelenae)*, Kappen-Regenpfeifer *(Thinornis novaeseelandiae)*, Godavari- Rennvogel *(Cursorius bitorquatus)*, Eskimo-Brachvogel *(Numenius borealis)*, Dünnschnabel-Brachvogel *(N. tenuirostris)*, Kurzfuß-Wasserläufer *(Tringa guttifer)*, Südseeläufer *(Prosobonia cancellatus)*, Steppen-Schlammläufer *(Limnodromus semipalmatus)*, Lönnberg-Möwe *(Larus relictus)*, Kerguelen-Seeschwalbe *(Sterna virgata)*, Weißbart-Seeschwalbe *(S. albostriata)*, Schantung-Seeschwalbe *(S. bernsteini)* und Japanalk *(Synthiliboramphus wumizusume)*. *Der Schwarze Austernfischer (Haematopus meadewaldoi)* und der Schwarzbauch-Kiebitz *(Vanellus macropterus)* sind vermutlich ausgestorben.

WATVÖGEL UND STRANDVÖGEL

COLIN J.O. HARRISON

Die seichten Gewässer auf der Welt — Teiche, Pfützen und die Küsten von Seen, Flüssen und Meeren — waren offenbar immer schon reich an winzigen Lebewesen. Sie bilden daher wertvolle Lebensräume, und es entwickelte sich eine ganze Vogelordnung, die Watvögel oder Küstenvögel *(Charadriiformes)*, um diese zu nutzen. Diese Örtlichkeiten weisen allerdings einige grundlegende Einschränkungen auf: Die Vögel müssen ihrer Nahrung hinterherwaten oder - schwimmen. Zudem sind die seichten Gewässer schnellen Veränderungen gegenüber empfindlich: In heißen Gebieten trocknen sie aus, in kalten frieren sie zu, so daß die Vögel nötigenfalls imstande sein müssen, weit und schnell zu fliegen.

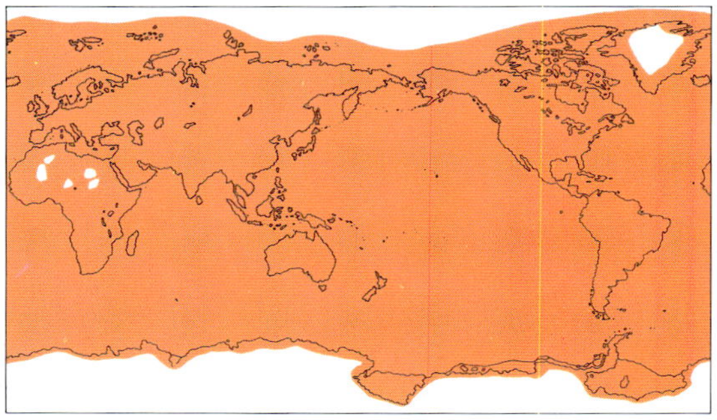

VÖGEL AN KÜSTEN UND UFERN

Diese Vogelordnung umfaßt diverse Gruppen und Untergruppen, die sich auseinanderentwickelten, um für sich verschiedene Ressourcen zu nutzen. Die typischen Watvögel sind vermutlich diejenigen an Flachwasser und Ufern. Zum Waten besitzen sie lange, schlanke Beine, was zum Fressen wiederum lange, schlanke Hälse und Schnäbel erforderlich macht, und ihre Flügel sind für den schnellen Flug lang und schmal. Arten, die sich vorzugsweise an Ästuaren und Meeresküsten aufhalten, sind meist etwas schwerer gebaut und auch die Spannweite, die Größe und Form ihrer Schnäbel ist größer, da die Beute, nach der sie stochern, schnappen oder die sie aufbrechen müssen, verschiedenartiger ausfällt.

Die Möwen, eine kleinere und einheitlichere Gruppe, sind in erster Linie Meeresvögel, obwohl einige wenige Arten auch ins Süßwasser gehen. Die Beine sind allgemein gedrungener, und die Zehen sind zum Schwimmen durch Schwimmhäute verbunden, so daß sie auch die Oberfläche tieferer Gewässer nutzen können. Ihr Schnabel ist generell dicker und an der Spitze etwas hakenförmig, denn sie sind sowohl Beutegreifer als auch Aasfresser. Auf der Suche nach Nahrung verbringen sie viel mehr Zeit in der Luft.

Bei den Seeschwalben, einer kleinen, vermutlich

▶ Der eurasische Brachvogel ist kein so ausgesprochener Zugvogel wie viele Watvögel. Er brütet auf Moorflächen und überwintert im Küstenbereich der Wattenmeere und Flußmündungen.

von den Möwen abstammende Gruppe, sind die Beine kürzer und die Füße kleiner. Dafür sind die Flügel lang und schmal, denn das Fliegen ist für sie wichtiger als das Laufen oder Schwimmen. Der lange Schwanz ist in der Regel gegabelt, was ihnen beim Flug eine rasche Manövrierfähigkeit bietet. Zudem verjüngt sich der Schnabel, denn es handelt sich überwiegend um meeresbewohnende Sturztaucher, die tiefere Wasserschichten nutzen als die Möwen.

Die Alken bilden schließlich die kleinste Hauptgruppe. Sie haben sich aufgemacht, die tieferen Meeresschichten zu nutzen, und da sie ihrer Nahrung unter Wasser hinterherschwimmen, nahmen sie eine pinguinähnliche Gestalt an. Der Körper ist kompakt, die mit Schwimmhäuten versehenen Beine sitzen ganz weit hinten, und die Flügel werden nicht nur zum Fliegen, sondern auch als Unterwasser-Flossen eingesetzt. Die Köpfe sind eher groß, die Schnäbel gedrungen und kräftig. Die Alken sind kleiner und im Körperbau weniger spezialisiert als die auf der Südhalbkugel lebenden Pinguine. Es scheint jedoch, als entwickelten sie sich in der Richtung, eine ähnliche Stellung wie diese in der Vogelwelt der nördlichen Hemisphäre einzunehmen.

WAT- ODER STRANDVÖGEL

Watvögel findet man generell an offenen Stellen. Viele von ihnen nisten gesellig. Nester werden häufig nur angedeutet oder fehlen ganz, und die Eier sind relativ groß. Letztere entlassen daunenbesetzte Jungvögel, die sofort nach dem Schlüpfen aktiv sein können. Die typischen Watvögel bilden mit 216 Arten den größten Teil dieser Ordnung.

Brachvögel, Strandläufer und Schnepfen

Die Familie Scolopacidae umfaßt 88 Arten. Sie neigen zu einem kryptisch gefärbten, braunen oder gräulichen, gestreiften Gefieder, können jedoch während des Brütens hellere orangefarbene oder schwarze Muster annehmen. Allen gemeinsam ist ein ähnlicher Grundbauplan — langer Körper, schmale Flügel und lange Beine — in der Größe variieren sie jedoch vom Isabell-Brachvogel *(Numenius madagascariensis)* mit etwa 66 Zentimetern bis zum Wiesenstrandläufer *(Calidris minutilla)* mit nur 11 bis 12 Zentimetern.

Es kommen auch Kuriositäten vor, so der kurze, spatelförmige Schnabel des Löffelstrandläufers *(Eurynorhynchus pygmaeus)*; die meisten Schnäbel sind jedoch schmal und unterscheiden sich nur in der Länge und Biegung. Hier reicht die Spanne vom langen, gebogenen Schnabel der Brachvögel, die im Schlamm tief in den Gängen der Würmer stochern, bis zum langen, geraden Schnabel der Pfuhlschnepfen, die den Schlamm unter Wasser untersuchen und bis zum kleinen, untersetzten Schnabel einiger Strandläufer. In der Nähe der Spitze verfügen diese Schnäbel über Nervenenden, wodurch die Vögel,

▲ Die Charadriiformes bilden eine vielgestaltige Gruppe. Der oben gezeigte Schwarzmantel-Scherenschnabel besitzt, wie andere Scherenschnäbel, einen stark asymmetrischen Schnabel. Bei der Nahrungssuche fliegt er unmittelbar über der Wasseroberfläche und zieht dabei den unteren Schnabel durchs Wasser. Der Schildkiebitz (Mitte unten) ist ein häufiger australischer Kiebitz. Dagegen zieht der Wander-Regenpfeifer (ganz links) regelmäßig vom Westen Alaskas und von Sibirien südwärts nach Australien. Zur Brutzeit entwickelt der Schnabel des männlichen Papageitauchers (ganz rechts) leuchtende Farben.

▶ Es ist für die Vertreter der Familie Scolopacidae typisch, daß sich die verschiedenen Arten auf ihren Überwinterungsgründen problemlos versammeln, besonders an den Hochwasser-Schlafplätzen. An diesem Ruheplatz im Nordwesten Australiens sind mindestens drei Arten abgebildet: Der Vogel, der seine Flügel streckt, ist eine Uferschnepfe. Bei den meisten anderen gleichgroßen Vögeln handelt es sich um Pfuhlschnepfen. Die kleineren Vögel mit kurzen, geraden Schnäbeln sind Anadyr-Knutte.

Brian Chudleigh

blind stochernd, ihre Nahrung fühlen können. Es hat den Anschein als seien die meisten Schnäbel daraufhin konstruiert, den Bereich der Organismen zu nutzen, der im Schlamm und Sand der Winterquartiere lebt. Auf reichhaltigen Schlammflächen fressen große Schwärme gemeinsam, und sie fliegen rasch und dicht durcheinander.

Beinahe alle diese Arten nisten auf der Nordhalbkugel; dabei nutzen viele den kurzen Sommer der arktischen Tundra, wenn Wasser den Dauerfrostboden überschwemmt. Die Brutgründe scheinen für die Schnabelformen der erwachsenen Vögel nicht gerade ideal zu sein, sie bieten jedoch Insekten im Überfluß, die bald die Nahrung der kurzschnäbligen Jungen bilden. Das offene Gelände, in dem viele Arten nisten, bietet sich für die Balz in der Luft an, die von den melodiösen Pfeifrufen begleitet werden, die für diese Vögel typisch sind. Das unterseits dunkle Brutgefieder einiger Arten mag dabei optisch von Vorteil sein. Die üblicherweise drei bis vier Eier werden häufig in nackten Mulden abgelegt, denn die Tiere tragen keinerlei Nistmaterial heran und verwenden nur, was gerade in der Nähe liegt. Die daunenbesetzten Jungen fressen, von Ausnahmen abgesehen, schon im frühesten Stadium selbständig. Die Bekassine und die Waldschnepfe besitzen die verhältnismäßig längsten Schnäbel und stochern damit tief im weichen Schlamm der Marschen im Landesinneren. Mit ihren großen, seitlich liegenden Augen, die beinahe Rundumsicht erlauben, halten sie Ausschau nach natürlichen Feinden, nicht nach Beute. Diese Arten versorgen ihre kurzschnäbligen Jungen mit Nahrung.

Die Brutsaison ist manchmal kurz. Anschließend wandern die Vögel südwärts an andere seichte Gewässer oder Küsten, wobei einige sogar bis nach Australasien ziehen. Haben sie auch während der Brutsaison Territorien, können sie zu anderer Zeit durchaus gesellig sein, dann halten sie mit lauten Rufen untereinander Kontakt.

In dieser Familie gibt es zahlreiche Untergruppen und Trivialnamen wie Regenbrachvogel, Rotschenkel, Grünschenkel, Gelbschenkel, Entenschnepfe, Wasserläufer, Waldschnepfe, Schlammläufer, Gischtläufer, Knutt, Sanderling sowie Kampfläufer, und viele von ihnen weisen besondere Anpassungen auf. So finden die beiden plump gebauten Steinwälzer (Areanaria-Arten) mit ihren gedrungenen Schnäbeln und kräftigen Hälsen ihre Nahrung, indem sie Steine und Algen umdrehen. Die anscheinend empfindlichen Wassertreter (Phalaoropus-Arten) picken, während sie schwimmen und sich um die Achse drehen, winzige Organismen von der Wasseroberfläche. Zwei Arten verbringen den Winter auf hoher See; die dritte, der Wilson-Wassertreter *(P. tricolor)* überwintert in der Nähe südamerikanischen Binnengewässer

Bei den Wassertretern und einigen anderen Watvogel-Familien wie den Blatthühnchen, Goldschnepfen, dem eurasischen Regenpfeifer und einigen Strandläufern ist das Weibchen größer als das Männchen, zudem leuchtender gefärbt und dominant. Es ist polyandrisch und überläßt es verschiedenen Männchen, sich der Gelege und anschließend der Jungen anzunehmen. Das andere Extrem beschreitet der Kampfläufer *(Philomachus pugnax)*: Dem brütenden Männchen wachsen ein großer, individuell gefärbter und gemusterter Kragen und Ohrbüschel. Diese werden in einer gemeinsamen Balzarena in ritualisierten Gesten gezeigt, und hier paaren sich die Weibchen mit den auffälligsten und eindrucksvollsten Männchen.

Austernfischer

Die Austernfischer der Familie Haematopodidae sind Vögel der Uferregionen, Ästuare und steinigen Flüsse. Sie sind schwerer gebaut, und der lange Schnabel besitzt eine stumpfe, seitlich abgeflachte Spitze, mit der sich Muscheln öffnen und Napfschnecken von den Felsen entfernen lassen. Sie nehmen jedoch auch andere Beute zu sich. Sie sind gescheckt oder schwarz, geräuschvoll und aggressiv. Ihre kleinen Jungen versorgen sie mit Nahrung.

Regenpfeifer

Auch die 66 Arten der Familie Charadriidae weisen ebenfalls kräftige, leuchtende Farbmuster auf. Sie besitzen kurze, stämmige Schnäbel und fressen sichtbare Beute nach dem Motto »Laufen und zuschnappen«. Sie sind auf relativ offene, nackte Lebensräume angewiesen, daher kommen in den Küstenstränden und an offenen Gewässern viele kleinere Arten vor. Die Gold- und Kiebitzregenpfeifer überwintern an den Küsten, nisten jedoch im Hochland der Tundra oder anderer karger Flächen des Nordens. Die kräftig gefärbten Kiebitze mit ihren breiteren Flügeln und die mit Kehllappen verzierten Charadrius-Arten sind Vögel der feuchteren Graslandschaften. Die Lebensräume der übrigen variieren von den Halbwüsten des australischen Binnenlandes bis zu den arktisch/alpinen Berggipfeln Eurasiens.

Während der Brutzeit leben sie territorial und vollführen derweil eine auffällige Luftbalz — besonders der eurasische Kiebitz *(Vanellus vanellus)* ist dafür bekannt, daß er in unberechenbarer Weise auf breiten Flügeln hinunterstürzt.

Unter allen Vögeln zeichnet sich allein der Schiefschnabel *(Anarhynchus frontalis)*, ein kleiner Regenpfeifer, durch einen seitlich nach rechts geboge-

Richard T. Mills

▲ Austernfischer der einen oder anderen Art trifft man entlang der Meeresküsten beinahe auf der ganzen Welt an. Bei einigen Arten ist das Gefieder völlig schwarz. Andere, wie dieser eurasische Austernfischer, sind breit gefleckt.

◀ Außerhalb der Brutsaison unterrscheidet sich der männliche Kampfläufer von seinem Weibchen (der Kampfschnepfe) nur wenig, sieht man davon ab, daß er wesentlich größer ist. Im Frühjahr legen die Männchen jedoch ein Kleid aus langen, losen Federn um den Hals und auf dem Scheitel an. Dieser Schmuck wird bei der Balz eingesetzt, und die Muster und Farben sind bei den Individuen überwiegend uneinheitlich. Die Farbe variiert von völlig weiß über eine Reihe von Rot- und Brauntönen bis hin zu schwarz. Die Federn können gestreift, gefleckt oder schlicht sein, und es gibt unter den Vögeln nicht zwei, die völlig gleich aussehen.

nen Schnabel aus. Es handelt sich offenbar um eine Anpassung an seine Angewohnheit, an Flußbetten Insekten unter Steinen hervorzuziehen.

Triele

Die Triele der Familie Burhinidae wirken wie sehr große, rundköpfige, großäugige Regenpfeifer der unbewachsenen, landeinwärts gelegenen Standorte und der steinigen Flußläufe. Sie besitzen eine Tarnfärbung und neigen dazu, bei Abenddämmerung und in der Nacht aktiv zu werden. Dann kann man ihre großen, starrenden Augen, die gescheckten Flügelmuster und lauten Klage- und Pfeifrufe bemerken. Die sieben kleinen Burhinus-Arten besitzen kurze, stumpfe Schnäbel, bei den beiden größeren Esacus-Arten sind diese bereits länger und massiver. Den größten Schnabel hat der Langschwanztriel *(E. magnirostris)* der östlichen und australasiatischen Küsten.

Reiherläufer

Der Reiherläufer entspricht einem sehr großen Regenpfeifer oder Triel, und sein massiver Schnabel ist so lang wie der Kopf. Es handelt sich um einen auffällig schwarzweiß gefiederten Strandvogel der Küsten und Inseln des Indischen Ozeans, der sich von Krabben ernährt. Er brütet in Kolonien auf sandigen Gebieten, indem er einen über 1,5 Meter langen Tunnel gräbt und ein weißes Ei hineinlegt. Die Jungen bleiben im Tunnel, während die Erwachsenen Nahrung heranschaffen und werden auch nach dem Verlassen des Nestes noch gefüttert. Die Erwachsenen fliegen langsam und niedrig, oft im Keil, und lassen dabei den Kopf auf den Schultern ruhen.

Die adaptive Radiation, die bei den Watvögeln diese verschiedenartigen Vogelgruppen hervorbrachte, führte auch zur Entwicklung stärker spezialisierter, kleiner Gruppen. Sie paßten sich in vielfältiger Weise an klimatische Bedingungen, an Wüsten, Gebirge, die Jagd in der Luft oder das Leben in den antarktischen Randbereichen an.

▲ Ein eurasischer Triel. Die Vertreter der Burhinidae kennt man in Europa als Triele, in Nordamerika als Dickfüße und in Afrika als Dikkops. Sie besitzen große, gelbe Augen und führen ein heimliches Leben. Ihre lauten Schreie stoßen sie normalerweise nachts aus. Verschiedene Arten findet man auch im Buschland.

▶ Das Verbreitungsgebiet des Reiherläufers ist auf die tropischen Küsten des Indischen Ozeans beschränkt. Hier lebt er an Sandstränden und Wattenflächen und frißt in erster Linie Krabben. Im Vergleich zu anderen Strandvögeln ist sein Brutverhalten ungewöhnlich, denn er brütet in Sanddünen in dichten Kolonien. Dabei gräbt der Vogel einen Gang und legt dort ein einziges, vollständig weißes Ei hinein. Die Jungen sind bei der Ernährung auf ihre Eltern angewiesen. Diese Abhängigkeit bleibt, wie bei den Austernfischern, auch dann noch eine Weile erhalten, wenn die Jungen bereits flügge sind.

Der Ibisschnabel
Die Verwandtschaftsverhältnisse des Ibisschnabels *(Ibidorhynchus struthersi)*, eines gedrungenen, grauen Vogels mit schwarzem Gesicht und Brustband, sind noch ungeklärt. Vorerst ordnet man ihn mit den Stelzenläufern und Austernfischern zusammen ein. Seine schweren, verkürzten Beine und der gebogene Schnabel bilden vermutlich Anpassungen an die Nahrungssuche in den steinigen Gebirgsflüssen, wo er nach Nahrung stochert. Er kommt nur in den südasiatischen Hochländern vor.

Goldschnepfen
Auf den tieferliegenden Feuchtgebieten existieren zwei Arten von Goldschnepfen (Gattung *Rostratula)*, deren Umkehrung der Geschlechterrollen bereits erwähnt wurde. Sie sind Vögel der tropischen Tieflandsümpfe; eine Art lebt in der Alten Welt, die andere in Südamerika. Sie besitzen leicht gebogene, lange Schnäbel und breite Flügel, ernähren sich von Insekten und Würmern und nisten innerhalb der Sümpfe. Es sind versteckt lebende, ruhige Vögel, die in der Abend- und Morgendämmerung aktiv werden. Aus diesem Grunde bekommt man von dem kompliziert gefärbten Gefieder, das die Tiere beim Fliegen und bei der Balz ausbreiten, nur wenig zu sehen.

Stelzenläufer und Säbelschnäbler
Die Stelzenläufer und Säbelschnäbler (Familie *Recurvirostridae)* sind in ihrer Verbreitung stärker kosmopolitisch und leben eher an offenen Gewässern. Sie sind schlank und langbeinig, und im Gegensatz zu den anderen Watvögeln tragen sie Schwimmhäute an den Füßen. Die geringste Verbreitung besitzt der Schlammstelzer *(Cladorhynchus leucocephalus)*; man findet ihn auf den Salzgewässern Südaustraliens. Er ist schwarz, kastanienbraun und weiß gefärbt. Seine Beine und der Schnabel sind lang und dünn, und in seichten Gewässern ernährt er sich überwiegend von Salzwasser-Garnelen. Der Vogel bindet sich nicht an einen bestimmten Standort, um den Regen an den Binnenseen zu nutzen. An günstigen Stellen bildet er in flachen Mulden in der Nähe des Wassers große Brutkolonien. Den Gemeinen Stelzenläufer *(Himantopus himantopus)* findet man auf jedem warmen Kontinent, dabei variieren die Formen in der Schwarzfärbung des Kopfes und des Halses. Der Hals ist lang, der Schnabel lang, dünn und gerade. Zudem sind die Beine so lang, daß er den Körper neigen muß, um den Boden zu erreichen. An Land wirkt der Vogel eigenartig. Sieht man ihn jedoch bis zum Bauch im Wasser waten und Nahrung von der Oberfläche fangen, erscheint er wieder normal. Es handelt sich um eine Art des Süßwassers, die in losen Kolonien brütet und im Wasser auf einem Grasbüschel ein haltbares Nest errichtet. Er besitzt einen jaulenden Ruf und fliegt mit den langen Beinen nach hinten gestreckt. An den Füßen befinden sich nur kleine Schwimmhäute.

▲ Der Schlammstelzer ist ein typischer Brutvogel der meisten ungastlichen, australischen Wüsten, und man fand bisher nur wenige Brutkolonien. In seinem Verhalten zeigt dieser Vogel einige bemerkenswerte Ähnlichkeiten zu den Flamingos: Wie diese lebt er sehr gesellig und bevorzugt trockene Salzseen. Auch er frißt überwiegend Garnelen, die er häufig schwimmend fängt. Zudem brütet er unregelmäßig in außerordentlich großen, dichten Kolonien.

▶ Wie andere Blatthühnchen bevorzugt das Kamm-Blatthühnchen tiefe, ständig Wasser führende Lagunen mit vielen Schwimmpflanzen. Diese Art findet man in Indonesien, auf Neu Guinea und in Australien. Andere Arten bewohnen die tropischen Feuchtgebiete der ganzen Welt. Zur Brutzeit leben die Vögel extrem territorial. Zu anderen Jahreszeiten dagegen scharen sie sich zu Gruppen zusammen.

Belinda Wright

Die Säbelschnäbler (Gattung *Recurvirostra*), von denen auf jedem warmen Erdteil eine Art zu Hause ist, besitzen ein geschecktes Gefieder. Die Farbe der Köpfe variiert von schwarzweiß bis zu kastanienbraun, gelbbraun oder vollständig weiß. Ihr außerordentlich langer, dünner Schnabel ist nach oben gebogen, und sie fressen im seichten Brackwasser, indem sie, auf der Suche nach winziger Beute, den Schnabel von einer Seite zur anderen fegen.

Blatthühnchen

Die Familie Jacanidae haben sich einen Schritt weiter in Richtung Wasservogel entwickelt. In den wärmeren Klimaten leben fünf rallenähnliche Arten mit abgerundeten Flügeln und scharfen Schnäbeln. Vier von ihnen tragen an der Stirn Hautplatten oder -lappen. Die großen Beine sind kräftig und tragen lange, gespreizte Zehen mit langen Krallen daran, die das Körpergewicht tragen, wenn der Vogel über Schwimmpflanzen oder Seerosenblätter läuft. Die Blatthühnchen leben auf ruhigen Binnengewässern. Das kärgliche Nest ruht auf Wasserpflanzen. Die Erwachsenen können ihre mit einem Kritzelmuster versehenen Eier oder daunigen Jungen ein kleines Stück weit transportieren, indem sie sie mit den geschlossenen Flügeln ergreifen.

Rennvögel und Brachschwalben

Die Wüstenwatvögel werden als »Rennvögel« in der Familie Glareolidae eingeordnet. Der kleine Krokodilwächter *(Pluvianus aegypticus)* ist eine merkwürdige Art, die Sandstreifen und Uferbänke von Flüssen bewohnt. Er ist kräftig gemustert und erinnert vom Habitus und der Ernährungsweise her an einen Regenpfeifer. Mit raschen Stößen vergräbt er zwei bis drei Eier im warmen Sand, um sie dort auszubrüten und kühlt sie dann mit Wasser aus seinen nassen Bauchfedern. Auch die Küken werden in derselben Weise gekühlt und gegebenfalls eingegraben, wenn Gefahr droht. Bei den acht Rennvögeln handelt es sich um größere Vögel mit langen Beinen und kurzen Zehen sowie kleinen, gebogenen Schnäbeln. Sie leben in den Trockengebieten und Wüstenrändern Afrikas, Arabiens und Indiens. Sie alle sind durch ihr Gefieder gut getarnt und können rasch laufen. Aufgeschreckte Vögel neigen dazu, sich niederzukauern. Sie können jedoch auch gut und über lange Entfernungen fliegen.

Höhenläufer

Die Grasländer der hohen Breiten und die tieferen südlichen Ebenen Südamerikas sind die Heimat der vier Höhenläufer-Arten (Familie *Thinocoridae*). Es sind merkwürdige, hühnervogelähnliche Watvögel, die an Fasane oder Wachteln erinnern. Sie sind plump, fleckig braun gefärbt und besitzen kurze, stämmige Beine und breite Schnäbel. Sie fliegen ähnlich wie Bekassinen und ernähren sich von Körnern und Pflanzen.

Seidenschnäbel

Am wenigsten watvogelähnlich erscheinen die beiden Seidenschnäbel (Chionis-Arten) der antarktischen Küsten. Wie große, weiße Tauben oder kleine Haushühner verfügen sie über kurze, starke Beine und können gut laufen. Ihr Flug erinnert an den einer Taube, ist jedoch recht träge. Sie gehen aufrecht, besitzen einen rundlichen Kopf und einen sehr gedrungenen, breiten Schnabel sowie um die Schnabelbasis und die Augen herum nackte Hautlappen. Sie sind Aasfresser, die die Brutkolonien von Pinguinen, Kormoranen und Robben heimsuchen und dann Eier, Kadaver und Exkremente zu sich nehmen.

MÖWEN UND MÖWENÄHNLICHE VÖGEL

Skuas

Die Skuas (Familie *Stercorariidae*) setzen sich aus sieben möwenähnlichen Arten zusammen, sind jedoch braun gefärbt und tragen weiße Flecken an den Flügeln. Die größten Arten (Gattung *Catharacta*) sind wie große, schwer gebaute, breitflügelige Möwen. Sie besitzen ein großes Verbeitungsgebiet und brüten an den Küsten der kalten Meere, drei Arten im Süden in antarktischen Regionen und eine im Nordatlantik. Sie treiben sich in der Nähe der Seevogel-Kolonien herum, stehlen Eier und Junge und töten schwache Vögel. Als schnelle und kraftvolle Flieger sind sie nicht nur Beutegreifer, sondern praktizieren auch Piraterie, indem sie andere Arten zwingen, die Nahrung auszuwürgen.

Die drei kleineren Arten der Gattung Stercorarius sind schlanker und längerflügelig, und die beiden mittleren Schwanzfedern sind bei erwachsenen Tieren verlängert, verjüngen sich oder sind an der Spitze abgerundet. Sie brüten in der arktischen Tundra, dringen jedoch zu anderen Zeiten weit über das Meer auf die Südhalbkugel vor. Sie fliegen schnell und sehr wendig und ergattern einen Großteil ihrer Nahrung, indem sie kleinere Vögel bedrängen und durch Angriffe in der Luft dazu zwingen, Fische auszuwürgen.

Möwen

Die Möwen der Familie Laridae sind als Gruppe leicht zu erkennen. Sie sind stabil gebaut, besitzen zum Laufen und Schwimmen kräftige Beine mit Schwimmhäuten daran und lange Flügel für ausgedehnte Flüge, wobei sie auch in der Luft Nahrung ergattern. Häufig bedienen sie sich des Auftriebs beim Gleiten und Segeln, denn sie jagen ihre Nahrung über dem Wasser ebenso wie über Land.

Von einigen dunklen Ausnahmen abgesehen ist das Gefieder überwiegend weiß, mit grauen oder schwarzen Bereichen über dem Rücken und den Flügeln. Die Musterung ist nur wenig auffällig, allerdings verfügen einige Arten über eine braune oder schwarze Haube, die in Verbindung mit einem roten oder gelben Schnabel eine Signalwirkung hat. Färbung und Muster sind in beiden Geschechtern ähnlich, und Jungvögel besitzen ein fleckig braunes Gefieder mit dunklem Schnabel und einem dunklen Streifen am Schwanz.

Der Schnabel ist bei den kleineren Arten des Binnenlandes, die in erster Linie Insekten fressen, kleiner. Bei den größeren Arten ist er kräftig und trägt eine zum Aufreißen geeignete Spitze (als Anpassung an das Fressen von toten Tieren, insbesondere Fischkadavern). Allerdings fressen Möwen auch kleine Meeresorganismen, die von den Gezeiten zurückgelassen wurden oder beliebige Kleintiere. Dagegen greifen die größeren Möwen auch junge oder kleinere Seevögel an und töten sie. (Sie sind möglicherweise für die Angewohnheit vieler kleiner Seevögel verantwortlich, in der Nacht zu nisten). Möwen besitzen die Neigung, gemeinsam zu nisten, zu ruhen und zu fressen, und wenn das Verhalten einzelner Tiere dar-

Jean-Paul Ferrero/Auscape International

▲ Der Weißgesicht-Scheidenschnabel bewohnt die Antarktis und verschiedene subantarktische Inseln.

▼ Ein Skua überfällt eine Kolonie von Eselspinguinen. Diese lebhaften, kräftigen und räuberischen Vögel nehmen auf vielen subantarktischen Inseln die Rolle der Greifvögel ein.

Francisco Erize/Bruce Coleman Ltd

Geoff Longford

▲ Bei den Möwen der ganzen Welt sind viele Rufe und Gesten in hohem Maße ritualisiert und unterscheiden sich von Art zu Art nur in Einzelheiten. Diese Tatsache läßt sich für die Aufklärung ihrer Verwandtschaftsbeziehungen nutzen. Diese Möwen stoßen gerade den sogenannten »langen Ruf« aus, den man bei vielen größeren Möwenarten findet. Die Dominikaner-Möwe lebt in Australien und auf Neuseeland, in Südafrika sowie im südlichen Südamerika.

auf hinweist, daß Nahrung gefunden wurde, reagieren sie rasch.

Die 48 Arten sind über die Küsten und Inseln der Welt sowie über die größeren Binnengewässer verstreut. Ihre Nahrung nehmen sie vom Land oder von der Wasseroberfläche auf; kleinere Arten jagen gelegentlich Insekten in der Luft. Als Aasfresser haben sie bereitwillig gelernt, die Abfälle menschlicher Aktivität für sich zu nutzen; also folgen sie Booten, suchen frisch gepflügtes Land ab und suchen auf Müllbergen ihre Nahrung zusammen.

Sie nisten normalerweise in Kolonien. Dabei wählen sie außerordentlich verschiedene Nistplätze aus, von Kliffkanten bis zu ebener Erde und von der chilenischen bis zu den Polarküsten. Eine Ausnahme bildet die Bonaparte-Möwe *(Larus philadelphia)*, denn sie nistet landeinwärts in Nadelbäumen. Das Nest einer Möwe besteht normalerweise aus einem haltbaren Korb aus zusammengetragenem Pflanzenmaterial und enthält meist zwei bis drei gefleckte Eier. Zwar werden die dunkel gefleckten, daunigen Jungen von den Eltern gefüttert, sie sind jedoch beweglich und laufen bei Gefahr fort, um sich zu verstecken, selbst wenn sie bereits Federn tragen. In den Nestern der Dreizehenmöwen (Rissa-Arten), die aus festgetretenen Walzen aus Schlamm und Pflanzen bestehen, die an kleinen Vorsprüngen abschüssiger Kliffe befestigt sind, sind die Jungen daran angepaßt, sich möglichst wenig zu bewegen.

Die Stimme der Möwen ist gewöhnlich rauh — heulende, gackernde oder kreischende Rufe — und in Kolonien geht es äußerst geräuschvoll zu.

Seeschwalben

Seeschwalben sind möwenähnliche Vögel. Sie sind jedoch stärker auf die Ernährungsweise als Sturztaucher spezialisiert. Das Gefieder ist im Prinzip blaßgrau und weiß mit schwarzen Anteilen an Scheitel oder Nacken; einige wenige Arten sind jedoch überwiegend braun oder schwarz. Sie Jungen sind am Rücken und an den Flügeln braun gefleckt. Die Flügel sind lang und schlank, der Schwanz ist deutlich gegabelt, der Schnabel kräftig, dünn und auslaufend und die mit Schwimmhäuten versehenen Beine recht klein und kurz.

Vielleicht am wenigsten abgewandelt sind die Chlidonias-Arten: Die beiden Trauerseeschwalben und die Weißbart-Seeschwalbe. Diese während der Brutzeit überwiegend schwarz oder grau gefärbten Vögel besitzen dünne Schnäbel und weniger gegabelte Schwänze. Sie sind Bewohner der Binnengewässer wärmerer Klimate und mühelose Flieger, die bei der Nahrungssuche häufig nur kurz den Schnabel ins Wasser eintauchen, um winzige Tiere von der Oberfläche wegzuschnappen. Zudem jagen sie Insekten über dem Land. Ihre Rufe klingen spitz, kurz und hoch. Ihre Nester legen sie in Kolonien auf Feuchtgebieten und Seen des Hinterlandes an, meist leicht gebaute Strukturen au treibenen Pflanzen, manchmal auch im Flachwasser. Die Erwachsenen bringen Nahrung heran; nach wenigen Tagen jedoch verlassen die aktiven, daunigen Jungvögel das Nest und verbergen sich in der nahen Vegetation. Im Anschluß an die Brutzeit wandern sie nicht, sondern zerstreuen sich und halten sich dabei meist an die Binnengewässer.

Die 34 Arten der Seeschwalben besitzen kompakte, stromlinienförmige Körper, einen schwereren Kopf mit einem dolchförmig auslaufenden Schnabel, lange, schmale Flügel und gegabelte Schwänze zum raschen Abfangen in der Luft und zum Manövrieren. Da die Vögel sich überwiegend auf den Flug verlassen, sind Beine und Füße vergleichsweise klein. Die meisten sind weiß gefärbt mit grauem Rücken und Flügeln, und zur Brutzeit tragen sie eine schwarze Kappe. Bei einigen wenigen sind die oberen Bereiche und der Kopf braun oder schwarz und die Stirn ist weiß. Die Inca-Seeschwalbe *(Larosterna inca)* unterscheidet sich durch seine tiefgraue Farbe sowie durch einen verlängerten, geschmackvoll gelockten Schnurrbart; zudem nistet er besondererweise in Felshöhlen. In der Größe variieren die Seeschwalben von der Raubseeschwalbe *(Sterna caspia)*, die mit 53 Zentimetern Länge das Format einer großen Möwe besitzt, bis zur 24 Zentimeter großen Zwergseeschwalbe *(S. albifrons)*. Sie fliegen niedrig über Ozeanen oder Binnengewässern dahin, erblicken schlagartig eine Beute, bleiben kurz in der Luft stehen und tauchen dann ihrer Beute nach, wobei sie beim Eintauchen häufig eine Spritzfahne erzeugen. Die Ruß-Seeschwalbe *(S. fuscata)* schnappt sich kleine Fische oder Tintenfische an oder oberhalb der Wasseroberfläche, wenn diese von größeren Fischen verfolgt werden und fischt auch in der Nacht.

Seeschwalben nisten gern gemeinsam. Sie graben mehrere Mulden aus, die nur dann ausgekleidet werden, wenn Material vorhanden ist, an Stränden, Sandbänken und niedrigen, spärlich bewachsenen Ufern. Selbst bei genügend Raum werden die Nester dicht an dicht angelegt, häufig nur einen Schnabelstoß auseinander, und es kommt häufig zu Streit. Balzende Männchen paradieren mit zurechtgestrichenem Gefieder um ihre Partner herum und halten dabei einen kleinen Fisch hoch in die Luft. Sie stoßen meist rauhe, einzelne Schreien mit höheren Alarmrufen aus. Die geräuschvollen Kolonien werden gegen Eindringlinge durch Angriffe aus der Luft erbittert verteidigt. An heißen, tropischen Stränden brütende Vögel beschatten mitunter ihre Nester, statt zu brüten und kehren mit durchnäßten Bauchfedern zurück, um Eier oder Küken abzukühlen.

Als kräftige Flieger verbringen die Seeschwalben viel Zeit in der Luft, und einige Arten ziehen über große Entfernungen. Die Küstenseeschwalbe *(S. paradisaea)* ist dafür bekannt, daß sie zweimal im Jahr die Welt von einem Polarmeer bis zum anderen durchmißt.

Eine Ausnahme unter diesen Arten bildet die Lachseeschwalbe *(Gelochelidon nilotica)*. Sie besitzt einen kürzeren, dicken Schnabel, einen weniger tief gegabelten Schwanz und längere Beine als andere Seeschwalben. Sie ist eine Bewohnerin der offenen Binnengewässer, Küstenlagunen, Ästuare und Salzmarschen. Sie neigt zur Jagd in der Luft, wobei sie niederschnellt, um Insekten vom Land oder kleine Fische, Krabben oder Frösche von der Wasseroberfläche zu schnappen. Sie kann jedoch auch zu Fuß jagen. Sie nistet in Kolonien auf kleinen, aus dem flachen Wasser herausragenden Inseln.

Die Noddi-Seeschwalben bestehen aus den drei schwarzbraunen Anous-Arten und dem blassen Blau-

▼ Ein Pärchen Küstenseeschwalben bei der Begrüßung. Diese Vögel bewahren sowohl gegenüber dem Partner als auch den Nistplätzen der vergangenen Jahre die Treue. Es gibt allerdings nur wenige Hinweise darauf, daß sie auch während der Winterwanderungen zusammenbleiben. Dagegen sammeln sich die Küstenseeschwalben, sobald sie ihre Brutgründe erreicht haben und noch Tage, ehe sie ihre Nistplätze wieder einnehmen, an den Ruheplätzen. Die Paarbindungen werden durch Paarungsflüge am Ruheplatz und oberhalb der Nistkolonie wieder aufgefrischt.

C.A. Henley

▲ Die Feenseeschwalbe brütet auf den ozeanischen Inseln des tropischen Pazifiks, des Indischen und des Atlantischen Ozeans. Anstatt ein Nest zu bauen, balanciert sie ihr einziges Ei auf irgendeinem Spalt an der Oberfläche eines starken Astes.

▶ Mit einem Gewicht von etwa fünf Kilogramm war der Riesenalk bei weitem der größte Alcide. Er konnte nicht fliegen und lebte nur in den kälteren Regionen des nördlichen Atlantiks. Er wurde von Seeleuten und Fischern ausgerottet, meist um Schiffe mit Proviant zu versorgen. Die letzten Vögel wurden 1844 auf Island umgebracht.

noddi *(Procelsterna cerulea)*; bei allen ist die Stirn weißlich. Der Schnabel ist schmal, die Flügel sind lang, der Schwanz breit und keilförmig mit einer stumpfen Gabel an der Spitze, und die Beine sind kurz. Als Seeschwalben der tropischen und subtropischen Meere sind sie Vögel der Küste und des Ozeans, die sich überwiegend in der Nähe der Inseln aufhalten und sich meist nicht sehr weit ausbreiten. Sie sind keine Sturztaucher, sondern Oberflächenjäger, die in der Luft stehen können, um kleine Fische oder Tintenfische von der Oberfläche oder in der Luft zu fangen, die versuchen, Beutegreifern unter Wasser zu entkommen. Dabei schlagen die Vögel mit einem seichten Sturz auf die Oberfläche oder schwimmen, um die Beute an der Oberfläche zu packen. Sie schwimmen gut und ruhen auch auf dem Wasser. Sie fressen in Gruppen, manchmal in großer Zahl, und den etwas wanderlustigeren Gemeinen Noddi *(A. stolidus)* findet man auf hoher See durchaus in riesigen Gruppen. Die Noddis nisten in Kolonien in Büschen oder Bäumen wie Mangroven, errichten unordentliche Plattformen aus Tang, Stöcken und anderem Abfall. In anderen Regionen nisten sie jedoch auch auf Kliffkanten oder gar zu ebener Erde. Mit ihrer weißen Stirn nicken sie sich gegenseitig zu, sie vollführen aber noch andere Gesten zu Land und in der Luft.

Der andere merkwürdige Typ unter den Seeschwalben ist die Feen-Seeschwalbe *(Gygis alba)*. Sie bewohnt die tropischen Küsten, wirkt klein und zerbrechlich und ist vollkommen weiß. Sie besitzt einen schlanken Schnabel und große, schwarze Augen. Sie frißt häufig in der Dämmerung und schnappt kleine Fische und Tintenfische an oder oberhalb der Wasseroberfläche, ähnlich wie es die Noddis tun. Anstatt ein Nest zu bauen, balanciert sie ihr einziges Ei auf einer kleinen, extrem unzugänglichen Fläche, etwa dem Ast eines Baumes, einem Felsgipfel oder einem ähnlich gefährlichen Ort. Das Küken besitzt kräftige Füße mit scharfen Krallen daran und muß sich sofort nach dem Schlüpfen festhalten, um am Nistplatz zu bleiben.

Scherenschnäbel

Die Scherenschnäbel (Gattung *Rhynchops*) wirken mit ihren schwarzen Flügeln und der Krone oberflächlich wie Seeschwalben. Es gibt drei Arten, von denen eine in Afrika, eine in Indien und eine auf den amerikanischen Kontinenten lebt. Sie leben stets sehr gesellig, fressen, ruhen und brüten in Gruppen. Bei der Nahrungssuche sind sie vollkommen auf das Fliegen angewiesen; zu anderen Zeiten ruhen sie auf Sandstreifen oder dem Gestein von Stränden oder Flüssen. Sie besitzen lange, sich verjüngende Flügel, kurze, gegabelte Schwänze sowie kurze Beine mit Schwimmhäuten an den Füßen. Der ungewöhnliche, lange Schnabel läuft spitz zu. Dabei ist der Unterkiefer seitlich zu einer flachen Klinge zusammengedrückt, die über den Oberkiefer hinausragt.

ALKEN

Die 22 Arten der Alken zeigen eine gewisse Einheitlichkeit. Sie sind mittelgroß bis klein und PLAIN-gefärbt. Dabei reicht die Farbe von schwarz oder oben dunkel und unten hell bis zu vollkommen schwarzen Arten, bei denen einige helle Flecken am Flügel oder an der Schulter aufweisen. Während der Brutzeit können sie am Schnabel und am Schlund lebhaf Farben annehmen, und bei einigen Arten kommt zu merkwürdigem Federschmuck auf dem Kopf. A lerdings fallen die Stimmen nicht aus dem Rahme es handelt sich meist um kurze, tiefe, heisere Rufe

Mit ihren recht großen Köpfen, dem dicken, wa

serdichten Gefieder auf dem kompakten Körper und ihrer Neigung, hoch im Wasser zu reiten, wirken sie kräftig und untersetzt, wenn sie an der Oberfläche treiben oder schwimmen. Unter Wasser wirken sie stromlinienförmiger und bewegen sich lebhaft. Dabei schwimmen sie mit kräftigen Schlägen ihrer vom Körper abgespreizten Flügel und steuern mit den Füßen. Die größeren Arten fressen in erster Linie Fische, die kleineren sind auf Plankton angewiesen. Die Flügel sind kurz, klein, kräftig und zum Schwimmen fest befiedert. Das Fliegen erfolgt meist niedrig und direkt über der Wasseroberfläche mit kontinuierlich und rasch schlagenden Flügeln. Da ihre Schwänze nur klein sind, strecken sie zum Steuern die Schwimmhäute ihrer Füße aus.

Die Lummen — größere Alken, die bis zu 46 Zentimeter lang werden — sind Bewohner der kälteren und arktischen Meere mit engen, sich verjüngenden Schnäbeln. Die Trottellumme *(Uria aalge)* und die Dickschnabel-Lumme *(U. lomvia)* versammeln sich sehr dicht an breiteren Felsvorsprüngen. Nester bauen sie nicht; vielleicht helfen die sehr vielfältigen Farben und Muster auf den Eiern dem Besitzer, sein einziges Ei wiederzufinden. Wie bei einigen anderen Alkenarten flattern die Jungen vom Felsvorsprung herab, noch ehe sie vollkommen flügge sind und gehen unter Begleitung ihrer Eltern aufs Meer hinaus. Die kleineren Teisten der Gattung Cepphus brüten in tiefen Spalten, legen dort zwei Eier, und die Jungen kommen erst heraus, wenn ihre Federentwicklung etwas weiter fortgeschritten ist.

Diese Alken und die Papageitaucher brüten im Norden sowohl des Atlantiks als auch des Pazifiks. Zwei der Papageitaucher (Fratercula-Arten) besitzen stämmige, breite Schnäbel, auf denen sich bei brütenden Vögeln vorübergehend leuchtende Schnabeldecken bilden, wodurch ein großer, papageienähnlicher Schnabel entsteht. Zudem wachsen an der Schnabelbasis und an den Augenlidern Hautlappen, die den Eindruck eines Clowngesichts vervollständigen. Beim Gelbschopflund *(Lunda cirrhata)* ist das Muster einfacher. Hier besteht der Schmuck aus großen, nach hinten gekämmten Büscheln oder blonden Daunen. Die Papageitaucher graben Höhlungen in die weicheren Erdkrumen von Kliffen und Inseln und sammeln auch Nistmaterial. Mit ihrem gesägten Schnabelrand können sie schlanke Fische aufeinanderpacken, die sie quer im Schnabel zu ihrem einzigen Jungen tragen.

Beim Nordatlantischen Tordalk *(Alca torda)* handelt es sich um eine Lumme mit einem weiten, stumpfen und seitlich abgeflachten Schnabel. Sein Verhalten ähnelt dem der Trottellumme. Ein naher Verwandter war der Riesenalk *(A. impennis)*, der in Kolonien auf niedrigen Inseln im Nordatlantik zu brüten pflegte. Da er nicht fliegen konnte, ließ er sich leicht töten, und 1844 wurde er schließlich ausgerottet.

Der kleinste atlantische Alk ist der Krabbentaucher *(Alle alle)*, ein winziger Vogel mit großem Kopf und klobigem Schnabel. Er überwintert auf See, wenn er nicht durch Stürme zur Küste getrieben wird und nistet in großen Schwärmen im Kliffgeröll arktischer Inseln. Er fliegt lebhafter als die größeren Arten.

Die beiden Arten der Gattung Brachyrhamphus sind kleiner und bleiben im allgemeinen näher an der Küste. Ihre Schnäbel sind klein und zierlich, klobig oder schlank. Sie zeichnen sich durch ein geflecktes, braunes Brutgefieder aus. Zum Nisten fliegen sie landeinwärts. Von beiden weiß man nur wenig, allerdings fand man heraus, daß der Kurzschnabelalk (B. brevirostre) im Gebirge oberhalb der Baumgrenze eine Nisthöhlung auf dem nackten Steinboden benutzt. Der Marmelalk (B. mamoratum) tritt zuweilen in riesigen Zahlen auf. Allerdings wurden nur weniger Nester bisher gefunden: Zwei auf der nackten Tundra und zwei im Wald auf hohen Ästen oder auf Pflanzenresten hoch in den Nadelbäumen, in einem Fall mehr als acht Kilometer landeinwärts. Der Jungvogel muß versuchen, bei seinem ersten Flug das Meer zu erreichen.

Dean Lee/Weldon Trannies

▲ Der Hornlund gehört zu den zahlreichsten Vögeln an den Küsten Alaskas. Er trägt seinen Namen nach dem kleinen, fleischigen Fortsatz, den der Vogel über jedem Auge trägt und willkürlich anheben oder senken kann.

Ordnung Columbiformes
2 Familien, 45 Gattungen, 320 Arten

GRÖSSE
Kleinste Art
Diamant-Täubchen *(Geopelia cuneata)*, Länge 190 bis 215 Millimeter; Schwanz 87 bis 107 Millimeter; Gewicht 23 bis 37 Gramm.
Größte Art
Krontaube *(Goura victoria)*; Länge 71 bis 80 Zentimeter; Schwanz 25 bis 30 Zentimeter; Gewicht 1,7 bis 3 Kilogramm.

ARTENSCHUTZ
Auf der ICBP-Liste der bedrohten Vögel werden 50 Arten aufgeführt, darunter: Rosentaube *(Nesoenas mayeri)*, Riesen-Fruchttaube *(Ducula goliath)*, Ockerbauchtaube *(Leptotila ochraceiventris)*, Aurora-Fruchttaube *(Ducula aurorae)*, Silbertaube *(Columba argentina)*, Kragentaube *(Caloenas nicobarica)*, Krontaube *(Goura victoria)*, Zahntaube *(Didunculus strigirostris)* und Rosenkopf-Fruchttaube *(Ptilinopus roseicapilla)*.

TAUBEN UND FLUGHÜHNER

FRANCIS H.J. CROME

Zu dieser Ordnung gehören zwei recht verschiedene Vogelfamilien, die vielleicht nicht einmal nah miteinander verwandt sind. Die Tauben der Familie Columbidae sind im Prinzip körner- und fruchtfressende, baumbewohnende Landvögel, die, von der hohen Arktis abgesehen, überall auf der Welt leben und in über 300 Arten eingeteilt werden. Die 16 Flughuhnarten der Familie Pteroclididae sind weniger bekannt. Es sind Wüstenbewohner Afrikas und Eurasiens. Unter den Wissenschaftlern wird häufig darüber diskutiert, ob sie überhaupt mit den Tauben verwandt sind. Einige halten sie für Watvögel (Charadriiformes), andere meinen, sie sollten in eine eigene Ordnung gestellt werden. Eine dritte, heute ausgestorbene Familie bestand aus der Dronte und zwei verwandten Arten von den Marcarenen-Inseln im Indischen Ozean.

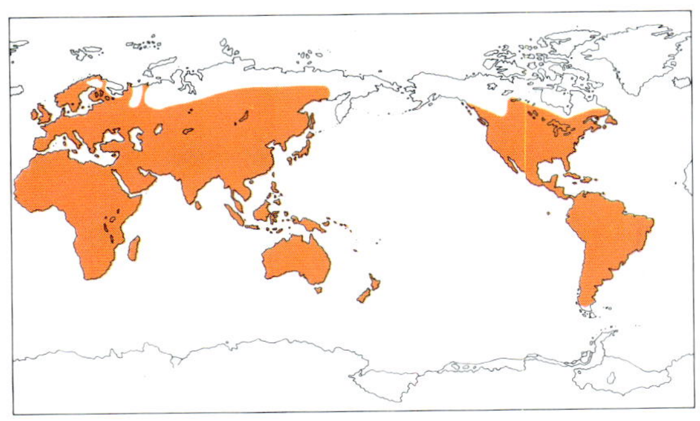

FLUGHÜHNER

Bei den Flughühnern handelt es sich um mittelgroße Vögel, die auf das Leben in den Wüsten und halbtrockenen Regionen Afrikas und Eurasiens spezialisiert sind. Sie besitzen ein mattes Gefieder aus gut tarnenden Braun-, Grau- oder Khaki-Tönen. Sie sind kompakt gebaut und stromlinienförmig. Ihre Köpfe sind klein, die Hälse kurz. Ihre Fußspitzen sind dicht mit Federn bedeckt. Männchen und Weibchen haben unterschiedliches Gefieder. Die Federn erwachsener Tiere entsprechen etwa denen von Tauben. Und wie die Tau-

▶ Die Kragentaube (links) sucht ihre Nahrung in Regenwäldern und Mangrovensümpfen auf dem Boden. Sie bewohnt Indonesien und Neu Guinea. Die Pracht-Fruchttaube (oben rechts) findet man auf Neu Guinea und im Nordosten Australiens. Das Spieß-Flughuhn (unten rechts) lebt in Südeuropa und Nordafrika.

M.P. Kahl/Auscape International

▲ Die Rotnasen-Grüntaube ist in weiten Teilen des afrikanischen Kontinents häufig. Zudem kommen eng verwandte Arten im tropischen Asien vor. Diese Tauben leben nur in den Bäumen und fressen überwiegend Früchte.

ben (und im Gegensatz zu den meisten übrigen Vögeln) können auch sie saugend trinken — wenn auch weniger vollkommen als diese, denn sie müssen zum Schlucken den Kopf anheben. Sie unterscheiden sich jedoch von den Tauben in mehreren wichtigen Punkten: Zum einen können sie keine Kropfmilch produzieren, besitzen ein Paar großer, funktionsfähiger Blinddärme (blind endende Röhren am Anfangspunkt des Dickdarms), zum anderen besitzen sie eine abweichende Syrinx (Stimmapparat) und verfügen schließlich über Bürzeldrüsen, mit dessen Fett sie ihre Federn einschmieren.

Sie sind sehr kräftige, schnelle Flieger. Das Nama-Flughuhn *(Pterocles namaque)* aus den südafrikanischen Wüsten kann im Horizontalflug schneller fliegen als ein Falke. Sie müssen regelmäßig trinken und müssen zuweilen über 60 Kilometer zum Wasser pendeln. Eine typische Art ist das Spießflughuhn (P. alchata) aus Nordafrika, Spanien, dem Mittleren Osten und Zentralasien westlich des Kaspischen Meeres. In der Türkei wurden an Wasserlöchern Ansammlungen von mindestens 50000 Tieren gezählt. Während der Brutzeit in den Monaten März bis Mai zerfallen sie in Paare und sammeln sich dann in Gruppen erst wieder im September, wenn die Jungen flügge geworden sind.

Flughühner nisten auf dem Boden, und die Jungen verlassen das Nest wenige Stunden nach dem Schlüpfen. Die Küken nutzen jede Gelegenheit, um sich von der heißen Sonne abzuschirmen und verbergen sich sogar beim Umherlaufen unter ihren Eltern. Um sich gegen Beutegreifer zu schützen, vergraben sie sich unter dem Schatten von Büschen bis zur Hälfte im Sand. Die Flughühner haben ein einzigartiges Verfahren, um ihre Jungen mit Wasser zu versorgen: Das Männchen fliegt zu einem Wasserloch und watet mit abgestellten Federn im Wasser. Dabei saugen die Federn in der Mitte Wasser auf. Dann kehrt das Männchen zu seiner Familie zurück, wo die Küken von seinen nassen Federn trinken.

TAUBEN

Etwa drei Viertel der 304 Taubenarten leben in tropischen und subtropischen Regionen. Im Englischen unterscheidet man den Begriff »pigeon« für die größeren und den Begriff »dove« für die kleineren, zarter gebauten Arten. Es sind mittelgroße bis kleine Vögel, die Körner und Früchte fressen. Die meisten leben auf Bäumen, doch fressen einige der häufigen Arten in großen Schwärmen auf dem Boden. Ihr Gefieder ist weich und dicht, und die Federn besitzen einen typischen dicken Schaft und eine flauschige Basis. Bürzeldrüsen fehlen ihnen oder sind sehr klein - stattdessen verfügen sie über besondere Dunen, die sich zu einem Puder zersetzen, der das Gefieder reinigt und gleitfähig macht. Die größte Spezialität dieser Familie ist ihre Fähigkeit, Kropfmilch abzugeben: Bei brütenden Vögeln vergrößern sich Drüsen im Kropf beider Geschlechter und scheiden eine dickmilchige Substanz aus, die an die Jungen verfüttert wird.

Die Geschlechter sehen meist ähnlich aus, allerdings unterscheidet sich das Gefieder von Männchen und Weibchen bei einigen Arten. Bei den Tauben gibt es eine typische Paarungs- und Werbebalz, etwa das Kopfsenken, außerdem spezielle Balzflüge. Ihre Rufe

Frithfoto/Australasian Nature Transparencies

▲ Die drei Arten von Krontauben oder Guras, die beinahe die Größe von Truthühnern erreichen, sind die größten Tauben. Sie leben auf dem Boden der Tiefland-Regenwälder Neu Guineas. Da sie häufig wegen ihres Fleisches gejagt werden, sind sie heute nur noch in abgelegenen Gebieten häufig. Die Männchen setzen ihre prächtigen Kronen bei der Balz ein, während derer sich die Vögel häufig verneigen. Die hier gezeigte Krontaube ist die kleinste der drei Arten und bewohnt den nörlichen Teil der Insel.

bestehen in der Regel aus angenehmen, gurrenden Tönen. Alle Arten bauen nur flüchtig aus wenigen Stöcken zusammengesetzte Nester in den Bäumen, am Boden oder als Felskanten. Es werden ein oder zwei schlichte, weiße Eier abgelegt, und die Küken werden von beiden Geschlechtern umsorgt. Sie verlassen das Nest, je nach Art, nach sieben bis 28 Tagen.

Die Gemeine Straßen- oder Felsentaube *(Columba livia)* hat sich an Landwirtschaft und Städte gut angepaßt. Ursprünglich stammt sie aus Eurasien und Nordafrika, wo sie in Kolonien auf Felskliffen nistete. Sie schaffte den Schritt von Felsen zu Gebäuden jedoch leicht und kommt heute beinahe überall in den Städten vor. Allerdings vermittelt diese graue Art in keiner Weise Vorstellung von der Vielfalt und dem Leuchten des Gefieders dieser Familie. So ist etwa die Schneetaube *(C. leuconota)* aus den Hochplateaus des Himalaya auffallend weiß, schwarz und grau, und die Warzenfruchttaube *(Alectroenas pulcherrima)* zeigt ein tiefes, metallisches Blau mit silbergrauem Vorderteil und einem roten Kopf mit nackten Hautlappen.

Die schönsten dürften jedoch die 47 Fruchttauben-Arten der Gattung Ptilinopus aus dem Indopazifik sein. Diese kleinen, gedrungenen Tauben sind mit leuchtendem Grün, strahlendem Rot und Orange sowie in Lila-, Pink-, Blau- und Goldtönen geschmückt. Sie leben hoch im Blätterdach des Regenwaldes, und einige Arten findet man nur auf veeinzelten Inseln des Pazifiks. Auf Fiji leben beispielsweise drei außerordentlich spezialisierte Arten: Die Orangetaube *(Ptilinopus victor)* ist leuchtend orange, die Goldtaube *(Ptilinopus luteovirens)* ist metallisch-grüngold und die Smaragdtaube *(Ptilinopus layardi)* grün mit leuchtenden Goldfransen an den Flügeln. Fruchttauben fressen ausschließlich die Früchte der Bäume des Regenwaldes und besitzen daher ein spezialisiertes Verdauungssystem — Merkmale, die sie übrigens mit den im gleichen Gebiet lebenden 36 Fruchttauben-Arten der Gattung Ducula teilen (Diese Arten sind etwas größer). Die meisten Vögel nehmen Steine auf, die im Kropf bleiben und dabei helfen, die Nahrung zu zerkleinern. Fruchttauben tun dies nicht, dagegen verfügen sie über einen dünnen Muskelmagen mit verhornten Noppen, der schonend das Fleisch von den Samen abstreift. Da die Samen unverletzt wieder ausgeschieden werden, kommt diesen Vögeln eine äußerst wichtige Verbreitungsfunktion für die Bäume des Regenwaldes zu.

Die Regenwälder Neu Guineas sind die Heimat einiger auffälliger Vögel wie der drei Arten von Krontauben der Gattung Goura. Mit der Größe kleiner Truthühner sind sie die größten Tauben. Sie zeichnen sich durch zarte Hauben und ein dezentes, lila-graues Gefieder aus. Ihre Nahrung suchen sie in kleinen Gruppen auf dem Waldboden, nisten jedoch, trotz ihrer Größe, in den Bäumen bis zu 15 Meter hoch. Anderenorts im Pazifik und im Indischen Ozean haben sich Tauben gut an das Leben auf Inseln angepaßt. Sie entwickelten viele unterschiedliche Arten und legen in ihrem Verbreitungsgebiet zwischen den Inseln lange Strecken zurück. Die schwarzweiße Kaiserfruchttaube *(Ducula spilorrhoa)* wandert im August von Neu Guinea nach Nord-Australien und brütet dort in riesigen Kolonien, zumeist auf den vor dem Großen Barriere-Riff gelegenen Inseln. Während ihres Aufenthaltes fliegen täglich Schwärme von einigen tausend Vögeln in die Regenwälder des Festlandes, um zu fressen. Im März jeden Jahres kehren sie nach Neu Guinea zurück.

In Asien und Afrika werden die Fruchttauben als Baumfrucht fressende Arten der tropischen Regenwälder von den treffend bezeichneten Grüntauben (Gattung *Treron*) vertreten. Diesen fehlt allerdings der spezialisierte Schlund, daher zermahlen sie die Samen der gefressenen Früchte. Anderenorts, in Eurasien und den amerikanischen Kontinenten, sind die verschiedenen Tauben weniger spezialisiert und auch weniger auffallend befiedert. Viele leben gesellig in kleinen bis zu großen Schwärmen.

In Deutschland beobachtete man Ansammlungen von bis zu 100000 Ringeltauben *(Columba palumbus)*, und die südamerikanische Ohrflecktaube brütet zu zehntausenden von Vögeln in gewaltigen Kolonien. Die Harlekintaube *(Phaps histrionica)* aus dem halbtrockenen Nord- und Zentralaustralien bricht zuweilen in großen Schwärmen von einigen tausend Vögeln ein. Die Entdecker des neunzehnten Jahrhunderts beschrieben das Geräusch dieser Schwärme als ohrenbetäubend, wie »das Grollen eines entfernten Donners«.

AUSGEROTTET

Nichts symbolisiert besser, wie der Mensch die Natur behandelt und wie notwendig Naturschutz ist, als die tragische Ausrottung der Dronte *(Raphus cucullatus)*. Sie wurde 1507 entdeckt und etwa 1680 ausgelöscht. Die Dronte von Mauritius war eine von drei Arten schwerer, flugunfähiger, aberranter Vögel, die die entlegenen Mascarenen-Inseln, östlich von Madagaskar im Indischen Ozean, bewohnten. Sie leiteten sich vermutlich von taubenähnlichen Vorfahren ab, die auf die Inseln geflogen waren.

Die merkwürdige Dronte war aschgrau mit einem Rotstich auf dem schwarzen Schnabel. Sie wog etwa 23 Kilogramm. Ihre Flügel waren zu nutzlosen Stummeln reduziert, und so war sie den Seefahrern hilflos und ohne die Möglichkeit der Flucht ausgeliefert, die sie zum Essen töteten, als Sport oder weil sie sie unsagbar häßlich fanden. Die auf diese Inseln eingeschleppten Schweine, Katzen, Ratten und Affen trugen zwar ihren Teil zur Ausrottung bei, im wesentlichen fiel die Dronte jedoch der Verfolgung durch den Menschen zum Opfer.

Die sehr ähnliche Réunion-Dronte *(R. solitarius)* von der Nachbarinsel Réunion wurde etwa 1750 in der gleichen Weise ausgelöscht. Allerdings schaffte es eine weitere Art, *Pezophaps solitaria*, möglicherweise bis ins Jahr 1800 zu überleben. Es gibt einige Berichte über das Verhalten und die Biologie dieser Arten und, in der Tat, einige Exemplare in Museen. Sie legten vermutlich in jedem Jahr ein Ei, lebten vegetarisch, setzten ihre Stummelflügel im Kampf ein und waren trotz ihrer Größe und Proportionen lebhafte Renner.

Wie die Dronte wurde auch die Wandertaube *(Ectopistes migratorius)* ausgerottet. Im Gegensatz zur Dronte war die Wandertaube jedoch über den größten Teil eines Kontinents verbreitet und unglaublich zahlreich, möglicherweise der zahlreichste Vogel der Welt. Als die ersten Weißen in Nordamerika eintrafen, mag es von der Art mindestens drei bis fünf Milliarden Exemplare gegeben haben.

Die Wandertauben unternahmen in ihrem riesigen Verbreitungsgebiet unregelmäßige Wanderzüge und waren daher nicht in jedem Jahr zahlreich. In guten Jahren erreichten diese Schwärme allerdings erstaunliche Ausmaße. So bedeckte ein 1871 über Wiskonsin beobachteter Schwarm 2000 Quadratkilometer und enthielt 136 Millionen Vögel. Im Jahre 1810 wurde ein einziger Schwarm mit zweieinviertel Milliarden Exemplaren in Kentucky gesehen, und in Ontario war 1866 eine Formation aus den USA nordwärts ziehender Vögel 480 Kilometer lang, 1,6 Kilometer breit und war erst nach 14 Stunden vorbeigezogen. Vermutlich waren Milliarden von Vögeln daran beteiligt.

Offenbar beschleunigte das Abholzen der Wälder den Rückgang dieser Art. Die Wandertaube wurde jedoch durch erbarmungslose Schlächterei ausgelöscht, ebenso wie man es mit dem Bison beinahe geschafft hätte. Die Vögel wurden zu Millionen geschossen, in Fallen gefangen und vergiftet. In einer einzigen Nistkolonie in Michigan wurden während der Brutsaison von 1874 allein 25000 Vögel täglich für den Verkauf umgebracht. Dies waren im Monat mehr als 700000! Auch der zahlreichste Vogel der Welt konnte eine so widerliche Schlächterei nicht endlos aushalten. In den achtziger Jahren des vergangenen Jahrhunderts stand die Art dicht vor dem Aussterben, und die letzte Wandertaube starb am ersten September 1914 im Zoo von Cincinnati. So verschwand eines der größten Schauspiele der Tierwelt, die zu betrachten dem modernen Menschen vergönnt gewesen war.

Die Dronten und die Wandertaube waren keineswegs die einzigen Arten dieser Ordnung, die dem Aussterben preisgegeben wurden. Die Mauritiusfruchttaube *(Alectroenas nitidissima)*, die Norfolktaube *(Gallicolumba norfolciensis)*, die Tannataube *(G. ferruginea)*, die Bonintaube *(Columba versicolor)* und die Silberbandtaube *(C. jouyi)* wurden alle ausgelöscht. Die kleine, wunderschöne Salomonentaube *(Microgoura meeki)* ist vermutlich ausgestorben, dazu viele andere Arten; vielleicht sind alle gefährdet, die auf den kleinen, pazifischen Inseln leben, wo man die Wälder abholzt. Für eine so friedliebende Vogelgruppe hatten die Tauben übel unter dem Menschen zu leiden.

◀ ▼ Zwei berüchtigte Fälle von Ausrottung: Die Wandertaube (oben) zog einmal in Schwärmen durch Nordamerika, die den Himmel verdunkelten. Die letzte starb 1914 im Zoo von Cincinnati. Die Dronte (rechts) lebte nur auf der Insel Mauritius im Indischen Ozean. Sie wurde jedoch von frühen Entdeckern noch vor 1680 ausgerottet.

PAPAGEIEN

JOSEPH FORSHAW

Vielleicht ist keine Vogelgruppe der breiten Öffentlichkeit stärker bekannt als die der Papageienvögel. In der Tat macht eine ihrer Arten — der Wellensittich aus dem australischen Binnenland — dem Goldfisch als beliebtestem Haustier der Welt den Rang streitig. Die Vorliebe, Papageien als Haustiere zu halten, wird bereits in der frühen Geschichte belegt: Halsbandsittiche wurden schon bei den alten Ägyptern gehalten, und vermutlich war es Alexander der Große, der zahme Papageien aus dem Fernen Osten nach Europa brachte. Heute hat der internationale Handel mit lebenden Papageien alarmierende Ausmaße erreicht, und es gibt kaum eine Groß- oder Kleinstadt ohne einen Zoohandel, in dem nicht Wellensittiche, Nymphensittiche oder Unzertrennliche verkauft werden.

Ordnung Psittaciformes
1 Familie, 78 Gattungen, 330 Arten

GRÖSSE
Kleinste Art
Braunstirn-Spechtpapagei *(Micropsitta pusio)* und verwandte Arten, Länge 85 Millimeter; Gewicht 10 bis 15 Gramm.
Größte Art
Hyazinth-Ara *(Anodorhynchus hyacinthinus);* Länge 1 Meter.

ARTENSCHUTZ
Auf der ICBP-Liste der bedrohten Vögel werden 71 Arten aufgeführt, darunter: Rubinlori *(Vini kuhlii),* Ultramarin-Lori *(V. ultramarina),* Molukken-Kakadu *(Cacatua moluccensis),* Goldschultersittich *(Psephotus chrysopterygius),* Goldbauchsittich *(Neophema chrysogaster),* Höhlensittich *(Geopsittacus occidentalis),* Mauritiussittich *(Psittacula eques),* Hyazinth-Ara *(Anodorhynchus hyacinthinus),* Spix-Ara *(Cyanopsitta spixii),* Kiefernsittich *(Rhynchopsitta pachyrhyncha),* Blaulatz-Sittich *(Pyrrhura cruentata),* Puertorico-Amazone *(Amazona vittata)* und Eulenpapagei *(Strigops habroptilus).* Der Paradies-Sittich *(Psephotus pulcherrimus)* und der Türkis-Ara *(Anodorhynchus glaucus)* sind vermutlich ausgestorben.

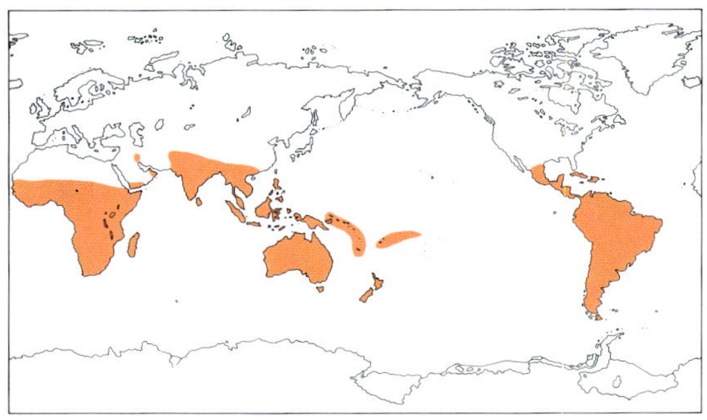

LEUCHTENDE VÖGEL MIT KRÄFTIGEM GEFIEDER

Die Papageien gehören zu der stark abgesetzten Ordnung einer alten Entwicklungslinie und unterscheiden sich stark von anderen Vogelgruppen. Einige Unterscheidungsmerkmale fallen sogar gelegentlichen Beobachtern gleich auf. Am auffälligsten ist der kurze, stumpfe Schnabel, dessen nach unten gebogener Oberkiefer genau über den breiten, nach oben gebogenen Unterkiefer faßt. Mit dieser einzigartigen Ausstattung können die Papageien die Körner und Nüsse zerquetschen, die die Nahrung der meisten Arten bilden.

Ein weiteres auffälliges Merkmal ist der typische Papageienfuß, bei dem zwei Zehen nach vorn und zwei nach hinten weisen. Papageien zeigen eine bemerkenswerte Geschicklichkeit, wenn sie mit den Füßen klettern oder Nahrung zum Schnabel führen. Der Schädel ist breit, ziemlich groß und verfügt über eine große

▼ Zwei australasiatische Papageien: Der Frauenlori (links) gehört zu den auffälligsten Papageien Neu Guineas, und der Rosella (rechts) ist in den offenen Eucalyptuswäldern in weiten Bereichen Ostaustraliens häufig anzutreffen.

▲ Ein Gelbbrust-Ara. Diese wunderschönen Vögel waren einst in den Wäldern großer Bereiche Südamerikas verbreitet. Da sie illegal als Käfigvögel gehandelt werden, ist ihr Bestand jedoch stark zurückgegangen. Sie sitzen gern auf hohen Palmen, die an den Wasserläufen wachsen. Es ist zu vermuten, daß die Pärchen ihr Leben lang zusammenbleiben. Selbst wenn diese Papageien sich in großen Schwärmen sammeln, bleiben die Pärchen dicht beieinander.

Hirnhöhe. Die extrem muskulöse Zunge ist dick und zum Greifen geeignet. Bei den Loris der Unterfamilie Loriinae befinden sich an seiner Spitze verlängerte Papillen, mit denen die Tiere Pollen und Nektar aus den Blüten holen.

Papageien sind für ihre meist leuchtenden Gefiederfarben bekannt. Es gibt unscheinbar oder düster gefärbte Papageien, wie etwa die beiden Coracopsis-Arten von Madagaskar; es sind jedoch nur wenige. Bei den meisten Arten dominiert die grüne Farbe. Sie bietet auch zwischen den Blättern des Regenwaldes, wo viele Arten leben, die geeignete Tarnung. Kräftige Markierungen, überwiegend rot, gelb und blau, findet man überwiegend auf Kopf und Flügeln, und bei vielen Arten ist auch der Steiß leuchtend gefärbt. Ungewöhnliche Gefiedermuster gibt es bei den auffälligen südamerikanischen Aras der Gattungen *Anodorhynchus* und *Cyanopsitta* sowie einigen *Vini*-Loris von den pazifischen Inseln. Diese sind beinahe oder vollkommen blau. Dagegen dominiert gelb im Gefieder des brasilianischen Goldsittichs *(Aratinga guarouba)* und der aus Australien stammenden Bergsittiche *(Polytelis anthopeplus)* und Strohsittiche *(Platycercus flaveolus)*. Einige Aras (Gattung Ara) sind beinahe vollständig rot, ebenso einige Loris aus dem indonesischen Archipel.

Die Geschlechter sehen meist gleich aus, wenngleich die Weibchen deutlich matter gefärbt sind. Nur beim Edelpapagei *(Eclectus roratus)* heben sich die leuchtend grünen Männchen deutlich von den überwiegend roten Weibchen ab.

VARIATIONEN EINES GRUNDMUSTERS

Trotz der Einheitlichkeit ihrer grundlegenden Eigenschaften gibt es Papageien in allen Farben und Größen. Die Schwänze können lang und spitz zulaufen, wie beim malaysischen Langschwanzsittich und dem Alexandrasittich *(Polytelis alexandrae)* aus Australien. Sie können jedoch auch kurz oder quadratisch wirken wie beim Kurzschwanzpapagei *(Graydidascalus brachyurus)* und einigen südamerikanischen Touit-Amazonen. Als Schmuckfedern wirken sie beim Papualori *(Charmosyna papou)* aus Neu Guinea oder den Prioniturus-Arten Indoniesiens und der Pilippinen. Die Flügel können schmal und spitz sein, wie beim Schwalbenlori *(Lathamus discolor)* und dem australischen Nymphensittich *(Nymphicus hollandicus)*, oder breit und abgerundet, wie bei den südamerikanischen Amazonas-Arten. Die Kakadus der Unterfamilie Cacatuinae besitzen vorstehende, aufstellbare Hauben auf dem Kopf; bei anderen Papageien findet man verlängerte Federn auf dem Scheitel oder im Genick.

Selbst der typische Schnabel ist Variationen in der Form unterworfen, die Anpassungen an unterschiedliche Ernährungsgewohnheiten aufzeigen. Der australische Nasenkakadu *(Cacatua tenuirostris)* kann mit seinem gebogenen, weniger verlängerten Oberkiefer Wurzeln und Knollen aus der Erde graben. Dagegen scheinen die ähnlich geformten Schnäbel des südamerikanischen Langschnabelsittichs *(Enicognathus leptorhynchus)* und des australischen Kappensittichs *(Purpureicephalus spurius)* sich ideal dafür zu eignen, Samen aus großen Nüssen herauszuziehen. Papageien, die sich in großem Umfang von Pollen, Nektar oder weichen Früchten ernähren, besitzen meist schmale, vorstehende Schnäbel.

VERBREITUNG UND LEBENSRÄUME

Die Papageien bewohnen überwiegend die südliche Halbkugel, und die meisten gibt es in den tropischen Regionen. Als der nordamerikanische Carolinasittich *(Conuropsis carolinensis)* zu Beginn dieses Jahrhunderts ausstarb, wurde der Himalayasittich im östlichen Afghanistan die Art mit der nördlichsten Verbreitung. Der am weitesten südlich lebende Papagei ist der Smaragdsittich, der noch Feuerland erreicht. Die Papageienarten sind in Südamerika und Australien am stärksten vertreten. Dabei kennt man 52 Arten aus

CYG/The Photo Library

▲ Die prächtig gefärbten Allfarb-Loris sind über den Norden und Osten Australiens verbreitet. Hier beobachtet man sie häufig bei der Nahrungssuche in den Gärten der Stadtränder. Zudem kommt diese Art in weiten Teilen Neu Guineas und auf vielen Inseln des Südwestpazifik vor. Die außerordentlich geselligen Allfarb-Loris suchen ihre Nahrung in Gruppen von etwa 50 Individuen. Bevor sie sich in der Nacht zur Ruhe begeben, sammeln sie sich jedoch zu tausenden.

▶ Der Rosenkopfsittich wohnt in den Bergwäldern von Bengalen bis nach Indochina. Er ist stellenweise recht häufig. Man trifft ihn in der Regel in kleinen Schwärmen oder Familiengruppen an, die sich erstaunlich schnell und lebhaft durch den Wald bewegen. Diese Vögel schlafen in Gruppen und ernähren sich von Samen, Nüssen und Blüten.

Australien und 71 aus Brasilien. In Südamerika sind die Typen jedoch recht einförmig. Es gibt Papageien in Asien, besonders auf dem indischen Subkontinent und in Afrika; allerdings findet man in diesen Gegenden überraschend wenige. Die am weitesten verbreitete Art ist der Halsbandsittich *(Psittacula krameri)*, der in Asien und Nordafrika vorkommt und in Teilen des Mittleren Ostens und Südostasiens eingeführt wurde. Die meisten Arten mit eingeschränktem Verbreitungsgebiet findet man nur auf vergleichsweise kleinen Inseln. Die südlich von Neuseeland gelegenen Antipoden haben eine Gesamtfläche von 21 Quadratkilometern und werden von zwei *Cyanoramphus*-Arten bewohnt. Einer davon, der Einfarbsittich *(C. unicolor)*, ist dort endemisch.

Besonders zahlreich sind Papageien im Regenwald des tropischen Tieflandes, obwohl viele Arten in Australien und Teilen Südamerikas auch offenes Land bevorzugen. Während einige Arten, besonders diejenigen, die nur im Regenwald leben, Eingriffe in ihren Lebensraum nur in geringem Maße tolerieren, haben sich andere an den menschlichen Einfluß erstaunlich gut angepaßt und sind in Parks, Gärten oder sogar auf Alleebäumen in der Stadt häufig zu sehen. In Australien ist der Rosakakadu *(Eolophus roseicapillus)* in vielen kleineren und größeren Städten häufig. In der Innenstadt Sao Paulos dagegen, der größten Stadt Brasiliens, lassen sich in den Parks kleine Gruppen von Tirika-

sittichen *(Brotogeris tirica)* zwischen riesigen Gebäuden beobachten.

In höher gelegenen Gebieten pflegen Papageien weniger häufig zu sein, und Arten, die dort leben, fehlen normalerweise im umgebenden Tiefland oder sind dort wenigstens selten.

Zu den eindeutigen Hochlandformen gehören der Mindanao-Lori *(Trichoglossus johnstoniae)* auf den Philippinen, der Chinasittich *(Psyittacula derbiana)* im Tibet und der Schoa-Papagei *(Poicephalus flavifrons)* in Äthiopien. Der vielleicht interessanteste Hochlandpapagei ist der Kea *(Nestor notabilis)* aus den südlichen Alpen Neuseelands. Dieser Art wurde viel Übles nachgesagt, da sie angeblich Schafe tötet.

BEKANNTE UND UNBEKANNTE ARTEN

Papageien lassen sich in der Natur nur schwer beobachten. Die meisten von ihnen sind überwiegend grün und leben im Blätterdach des Regenwaldes, daher beschränken sich Sichtungen dieser Vögel meist auf ein kurzes Auftauchen kreischender Schwärme, die hoch über dem Kopf vorbeihuschen. Im Gegensatz dazu fallen die Bewohner offener Landschaften oder Arten, die in der Nähe von Siedlungen häufig vorkommen, durchaus ins Auge, weshalb man über deren Verhalten viel mehr weiß. So ist zum Beispiel eine Menge über das Verhalten von Arten wie der Rosella *(Platycercus eximius)* und des Singsittichs *(Psephotus haematonotus)* in Australien, des Goldbug-Papageis *(Poicephalus meyeri)* in Afrika und des Mönchsittichs *(Myiopsitta monachus)* in Südamerika bekannt; über viele waldbewohnende Arten Neu Guineas, Zentralafrikas und Südamerikas weiß man dagegen so gut wie nichts.

Der australische Erdsittich *(Pezoporus wallicus)* ist überwiegend nachtaktiv. Man berichtet auch von einigen normalerweise tagaktiven Arten, die in hellen Mondnächten aktiv sind. Die Wanderzüge der Schwalbenloris und der Noephema-Arten über die südaustralische Bass-Straße erfolgen meist in der Nacht. Die Aktivitätszeiten der meisten Papageien sind für Tropenvögel typisch: Hohe Aktivität am Morgen und gegen Abend und niedrige Aktivität während der Hitze des Tages.

Zahlreiche Papageien leben gesellig. Paare und Familiengruppen vereinigen sich zu Schwärmen, die in trockenen Gegenden zu erheblicher Größe anwachsen können, wenn günstige Bedingungen das Brüten erlauben. Zu solchen Zeiten wird der Himmel des australischen Binnenlandes durch riesige Schwärme von Wühlerkakadus *(Cacatua pastinator)* und Wellensittichen verdunkelt.

Die meisten Papageien — dies gilt besonders für die kleineren — fliegen leicht und geradlinig. Andere zeigen einen typischen, wellenförmigen Flug, der dadurch zustandekommt, daß zwischen den Flügelschlägen kurze Gleitphasen eingelegt werden. Bei den größeren Arten ist das Flugverhalten unterschiedlich: Aras können sehr schnell fliegen und schlagen dabei nur leicht mit den Flügeln. Dagegen ist der Auftriebsflug der Probosciger- und Calyptorhynchus-Kakadus auffällig langsam und mühsam. Der Eulenpapagei *(Strigops ha-*

Morten Strange

◀ Die Unzertrennlichen schlafen — wie Fledermäuse — mit dem Kopf nach unten. Sie bilden eine Gruppe von zehn Arten, die am besten in Indonesien repräsentiert ist. Sie sind offenbar mit den afrikanischen Unzertrennlichen eng verwandt, und wie diese transportieren sie Nistmaterial zwischen den Federn ihres Rumpfes. Diese Art, das Blaukrönchen, ist in Malaysia sowie auf Borneo und Sumatra weit verbreitet.

▶ Der Borstenkopf (links) bewohnt die hügeligen Wälder auf Neu Guinea. Hier ist er zwar weit verbreitet, aber selten. Er ernährt sich von weichen Früchten und Nektar. Der Kopf ist vermutlich deswegen weitgehend unbefiedert, damit keine Federn durch klebrigen Saft oder Nektar beschmutzt werden. Der Fächerpapagei Amazoniens (rechts) trägt am Nacken einen auffälligen Kragen aus langen, bunten, aufrichtbaren Federn. Diesen lauten, auffälligen Papagei trifft man meist in kleinen Gruppen an.

broptilus) ist der einzige flugunfähige Papagei.

Die deutlich metallischen Rufe der meisten Papageien sind rauh und unmelodisch und basieren meist auf einer einzigen Silbe oder der Kombination von Silben. Die Abwechslung ergibt sich in erster Linie aus der zeitlichen Verteilung der Wiederholung. Bei größeren Arten findet man normalerweise heisere, tiefe Rufe; kleine Papageien geben eher höhere von sich. Die Nachahmungsfähigkeit in Gefangenschaft gehaltener Papageien ist wohlbekannt. Umso mehr überrascht, daß es keine überzeugenden Berichte von wilden Papageien gibt, die andere Arten imitieren.

NAHRUNG UND ERNÄHRUNGSWEISE

Die meisten Papageien fressen Samen und Früchte, die sie auf den Gipfeln der Bäume oder am Boden suchen. Die Loris der Unterfamilie Loriinae sind stark an die Bäume gebunden und fressen dort Pollen, Nektar und weiche Früchte. Häufig hat man in den Kröpfen und Mägen Insekten gefunden. Für einige australische Rußkakadus bilden holzbohrende Insektenlarven ein wichtiges Nahrungsobjekt. Noch immer stellt die Ernährungsweise der Zwergpapageien *(Micopsitta)*

Geheimnisse auf. Es scheint, daß sie von den Baumstämmen und Zweigen Flechten aufnehmen, sie wurden aber auch schon bei der Termitenjagd beobachtet.

Beim Fressen macht ein Papagei von seinem gebogenen Schnabel vollen Gebrauch. Wenn er zwischen den Blättern umherklettert, ergreift er häufig mit dem Schnabel einen Ast, um dort hinaufzusteigen. Viele Arten verwenden einen Fuß als »Hand«. Dabei führen sie damit die Nahrung zum Schnabel, holen gekonnt die Kerne aus den Samen heraus und lassen die Spelzen fallen.

WIE SIE BRÜTEN

Das Alter, in dem Papageien geschlechtsreif werden, variiert. Im Prinzip handelt es sich jedoch bei großen Arten um drei bis vier und bei kleinen um ein bis zwei Jahre. Soweit sich durch Beobachtungen feststellen läßt, leben die meisten Arten monogam, und die Mehrzahl bleibt über lange Zeit als Paar zusammen, möglicherweise ein Leben lang. Bemerkenswerte Ausnahmen bilden der polygame Kea und der Eulenpapagei, eine Art, die Balzarenen verwendet und deren Männchen sich mit großer Wahrscheinlichkeit aus dem Brutgeschäft und der Versorgung der Jungen heraushalten. Innerhalb der Schwärme lassen sich Paare und Familiengruppen in der Regel herausfinden. Die Balz ist unkompliziert. Am häufigsten kommt es hierbei zum Niederducken, Herabhängenlassen der Flügel, Flügelschlagen, Schwanzwedeln, Anheben der Füße und Erweiterung der Augenpupillen.

Papageien nisten in der Regel in Baumhöhlungen oder in Löchern, die in Termitenhügel gegraben wurden. Zuweilen nehmen sie auch Löcher in Böschungen oder in Felsspalten zwischen den Klippen an. Die australischen Erd- und Höhlensittiche sowie einige Populationen der *Cyanoramphus*-Arten von den Inseln Neuseelands nisten auf dem Boden, zumeist unter oder in Grasbüscheln. Südamerikanische Mönchssittiche sammeln Zweige und errichten in einem Baum ein riesiges, gemeinsames Nest, in dem jedes Paar seine eigene Brutkammer besitzt.

Die Eier werden normalerweise an jedem zweiten Tag abgelegt. Die Zahl im Gelege variiert von zwei bis zu vier oder fünf Eiern, bei kleinen Arten sogar bis zu acht. Das Ausbrüten beginnt sofort nach der Ablage des zweiten Eies oder kurz davor. Es mehren sich allerdings die Hinweise dafür, daß es hier individuelle Unterschiede gibt. Meist brütet das Weibchen allein. Die Brutdauer beträgt bei kleinen Papageien 17 bis 23 Tage, bei den großen Aras jedoch bis zu fünf Wochen.

Leo Meier/Weldon Trannies

◀ Nur wenige Szenen führen das typische Bild des trockenen, australischen Binnenlandes besser vor Augen als ein mit Nacktaugen-Kakadus besetzter Baum oder ein Riesenschwarm dieser Vögel, der sich mit rauschendem Flügelschlag und einem schrecklichen, rauhen Gekreische in die Luft erhebt. Diese Vögel sind extrem gesellig, und die Schwärme umfassen manchmal tausende von Individuen. Sie schlafen gemeinsam stets in der Nähe von Wasserlöchern. Diese Gewohnheit machten sich in früherer Zeit viele Entdecker zunutze, die in der Wüste den bei Abenddämmerung zusammenlaufenden Schwärmen folgten, um zum Wasser geführt zu werden.

Die frisch geschlüpften Küken sind blind und unbefiedert oder besitzen ein spärliches Daunenkleid, das bei den meisten Arten weiß ist.

Junge Papageien entwickeln sich langsam. Die der kleineren Arten bleiben etwa drei bis vier Wochen im Nest, bei den großen Aras können es drei bis vier Monate sein. Nachdem sie das Nest verlassen haben, werden die Jungvögel von ihren Eltern noch eine kurze Zeit gefüttert, während sie lernen, für sich selbst zu sorgen. Junge Rußkakadus werden von ihren Eltern noch vier Monate nach dem Verlassen des Nestes gefüttert.

Die Jungen erinnern im Prinzip an weibliche Vögel oder sind düsterer gefärbt als beide erwachsene Geschlechter. Es gibt Arten mit einem völlig abweichenden Jugendkleid; dazu gehören der australische Pennantsittich *(Platycerus elegans)* und einige Psittacula-Arten. Einen auffälligen Unterschied zwischen Erwachsenen und Jungtieren gibt es auch beim brasilianischen Kahlkopf-Papagei *(Gypopsitta vulturina)*: Bei ausgewachsenen Tieren ist der nackte Kopf mit unscheinbaren, spärlichen »Borsten« besetzt, bei Jungvögeln ist er dagegen mit blaßgrünen Federn gut bewachsen. Der Zeitraum, innerhalb dessen die Jungen das Gefieder der Erwachsenen annehmen, variiert stark zwischen den Arten. Es können darüber nach dem Verlassen des Nestes nur wenige Monate, aber auch drei bis vier Jahre vergehen.

DER SCHUTZ VON PAPAGEIEN

Zehn ausgestorbene Arten sind durch Meseumsexemplare vertreten. Andere kennt man dagegen aus subfossilem Material oder den Aufzeichnungen früher Forscher. Von diesen ausgestorbenen Arten ist vielleicht der Carolinasittich am bekanntesten. Der letzte lebende Vogel starb am 21. Februar 1918 im Zoo von Cincinnati. Selbst bei dieser Art wird man die Ursachen ihres Aussterbens niemals vollkommen verstehen. Allerdings ist dieser Verlust eine Warnung, der man Beachtung schenken sollte, wenn Papageien vor den ernsthaften Bedrohungen geschützt werden sollen, denen sie in praktisch allen Teilen ihrer Verbreitungsgebiete ausgesetzt sind. Die bei weitem schlimmste Bedrohung vieler Papageienarten liegt in der Zerstörung der Lebensräume, besonders in der weiträumigen Abholzung der Tropenwälder. Besondere Sorge bereiten Papageien, die an kleine Inseln gebunden sind, wo der Lebensraum begrenzt ist und nicht erweitert werden kann.

Vermutlich leiden die Papageien unter der Ausbeutung für den Handel mit lebenden Vögeln mehr als irgendeine andere Vogelgruppe. Die unmenschlichen Fangmethoden sind mit vielen unnötigen Opfern verbunden, und es gibt Anzeichen dafür, daß das Ausmaß dieser Fangaktivität die wilden Populationen bereits beeinträchtigt.

DER PAPAGEI, DER NICHT FLIEGEN KANN

Der neuseeländische Eulenpapagei oder Kakapo *(Strigops habroptilus)* ist unter beinahe jedem Aspekt seiner Biologie einzigartig. Er ist viel schwerer gebaut als andere Papageien. Er ist nachtaktiv. Und trotz gut entwickelter Flügel fehlt ihm der Kiel am Brustbein, an dem die Flugmuskeln festsitzen. Daher kann dieser Vogel nicht fliegen! Seine Ernährungsweise hinterläßt verräterische Spuren seiner Gegenwart, wo immer er auftaucht. Die Papageien kauen an den Blättern oder Stämmen, entziehen dabei die Säfte und hinterlassen dann noch an der Pflanze hängende, dichte Bälle aus einem mazerierten, faserigen Material, das anschließend von der Sonne weißgebleicht wird. Allerdings unterscheidet sich der Eulenpapagei von allen übrigen Papageien durch sein merkwürdiges Fortpflanzungsverhalten. Die Männchen balzen gemeinsam in einer Balzarena. Dabei »dröhnen« sie mit aufgeblasenen Luftsäcken des Kehlbereichs vor ausgegrabenen, schalenförmigen Einsenkungen des Bodens, sogenannten »Höfen« auf der Arena oder auf herkömmlichen Balzflächen. Die Weibchen antworten auf das Dröhnen und kommen zu den »Höfen«, wo die Paarung erfolgt. Das Männchen hilft beim Nestbau nicht, sondern überläßt dem Weibchen, eine Höhlung unter Felsen oder Baumwurzeln zu graben. Hier hinein legt es ein bis zwei, selten drei Eier, und dort zieht es auch allein die Jungen auf. Leider ist der Eulenpapagei heute ernsthaft gefährdet, weshalb Schutzmaßnahmen eingeleitet wurden.

Don Merton

▲ Ein balzender Eulenpapagei.

TURAKOS UND KUKUCKE

S. MARCHANT

Die Ordnung Cuculiformes besteht aus zwei recht unterschiedlichen Familien — den Turakos (Lärmvögel u.a.) der Familie Musophagidae und den Kukucken der Familie Cuculidae — die überwiegend wegen der Ähnlichkeit ihrer Eiklar-Proteine zusammengestellt werden. Wegen ihrer zahlreichen antomischen Unterschiede, der vollständig voneinander abweichenden Jugendentwicklung, verschiedener Mausertypen und der unterschiedlichen Gefiederläuse werden sie von einigen Ornithologen in zwei getrennte Ordnungen gestellt. Beide Gruppen blicken auf eine lange Entwicklungsgeschichte zurück; ihre Fossilien sind etwa 40 Millionen Jahre alt. Heute sind die Turakos auf das Afrika südlich der Sahara beschränkt. Dagegen sind die Kukucke praktisch kosmopolitisch, am besten jedoch in den Tropen und Subtropen vertreten.

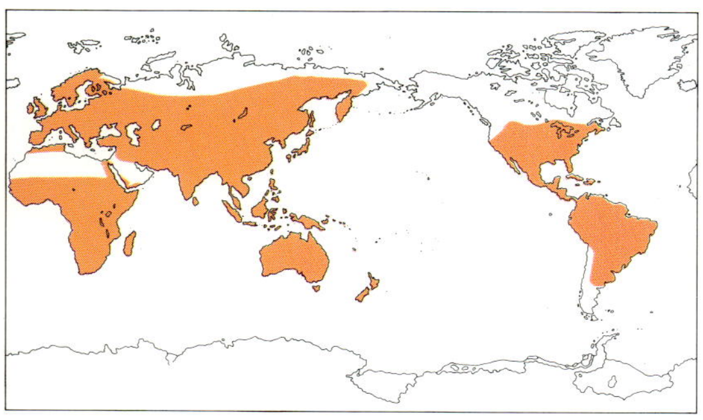

TURAKOS

Turakos sind recht langhalsige Vögel mit langen Schwänzen und kurzen, abgerundeten Flügeln. Mit Ausnahme einer Art besitzen alle einen aufrichtbaren, seitlich zusammengedrückten Kamm. Der Riesenturako ist der größte. Allerdings erreichen die anderen Arten, grob gerechnet, etwa dieselbe Größe: Etwa 45 Zentimeter Länge und ein Gewicht von 250 bis 350 Gramm. Ihre Füße sind semizygodactyl (die vierte, äußere Zehe steht rechtwinklig zur Hauptachse des Fußes und läßt sich nach hinten und nach vorn richten). Es handelt sich um gesellige, geräuschvolle Vögel, die in Gruppen von fünf bis zehn Individuen in Wald und Savanne leben. Sie fliegen (nicht sehr überzeugend) gleitend und flatternd von Baum zu Baum, laufen und springen jedoch leichtfüßig zwischen den Ästen eines Baumes umher. Sie verständigen sich untereinander mit rauhen, lauten, bellenden Rufen, die weithin zu hören sind und von anderen Tieren, wie Antilopen, vermutlich als Alarmsignale erkannt werden. In der Regel leben sie seßhaft oder wandern wenigstens nicht. Die Savanne wird von fünf Arten mit mattem, grauem, braunem oder weißem Gefieder bewohnt; dazu gehört etwa der Grau-Lärmvogel *(Corythaixoides concolor)*. Die übrigen Arten sind in leuchtende Grün-, Rot-, Lila- und Blautöne gekleidet, die durch besondere, im Tierreich offenbar einmalige Pigmente, etwa Turacin, zustandekommen. Diese leuchtend gefärbten Arten leben in der Regel im Wald. Turakos fressen überwiegend Früchte, Blätter, Knospen und Blüten, nehmen jedoch — besonders während des Brütens — auch Insekten zu sich. Ihre stets auf Bäumen gelegenen Nester bestehen aus einfachen, anfälligen aus Ästen errichteten Plattformen. Die Jungen schlüpfen in einem fortgeschrittenen Entwicklungszustand und besitzen ein dickes Daunenkleid. Die Augen sind bereits offen (oder kurz davor, sich zu öffnen). Die Jungen werden mit hervorgewürgter Nahrung gefüttert und klettern gewöhnlich lange, bevor sie fliegen können, aus dem Nest heraus.

▲ Der Weißohr-Turako besitzt ein eingeschränktes Verbreitungsgebiet in Äthiopien und Somalia, im Nordosten Afrikas. Er bevorzugt den dichten Busch und die Waldränder und ernährt sich in erster Linie von Früchten.

Ordnung Cuculiformes
2 Familien, ca. 40 Gattungen, ca. 150 Arten

GRÖSSE
Kleinste Art
Glanzkukuck *(Chrysococcyx malayanus)*, Länge 14 bis 15 Zentimeter; Gewicht etwa 30 Gramm.
Größte Art
Riesen-Turako *(Corythaeola cristata)*, Länge etwa 90 Zentimeter; Gewicht 1 bis 1,2 Kilogramm.

ARTENSCHUTZ
Auf der ICBP-Liste der bedrohten Vögel werden 12 Arten aufgeführt, darunter: Bannerman-Turako *(Tauraco bannermanni)*, Mangrove-Kukuck *(Coccyzus ferrugineus)*, Nacktstirn-Kukuck *(Phaenicophaeus pyrrhocephalus)*, Binden-Grundkukuck *(Neomorphus radiolosus)*, Kreuzsporn-Kukuck *(Centropus rectunguis)* und Ceylon-Kukuck *(C. chlororhynchus)*. Der Delalande-Coua *(Coua delalandei)* ist vermutlich ausgestorben.

Richard T. Mills

▲ Die Kukucke sind für ihr Verhalten, Eier in die Nester anderer Vogelarten zu legen, berüchtigt. Die nichtsahnenden Pflegeeltern ziehen das Junge auf. Allerdings ist dies durchaus nicht bei allen Kukucken der Fall, noch ist diese Vorgehensweise bei den Kukucken allein zu finden. Der europäische Kukuck benutzt eine weite Spanne von Wirtsvogelarten, um seine Eier in deren Nestern abzulegen, darunter Grasmücken, Zaunkönige und Pieper. Dies hier ist ein Jungvogel.

KUKUCKE

Für viele Menschen gilt der Name »Kukuck« als ein Symbol für den Sommer — ein recht schnittiger, langschwänziger, grauer Vogel mit langen, spitzen Flügeln, einem wohlbekannten Ruf und der Angewohnheit, seine Eier in die Nester anderer Arten zu legen, wo die Jungen die Eier und den Nachwuchs des Wirtsvogels aus dem Nest werfen. Dieses Bild basiert auf der Vorstellung einer einzigen Art, des Europäischen Kukucks *(Cuculus canorus)*, um den herum im Laufe der Jahrhunderte ein riesiges Gespinst von Mythen und Spekulation entstand. In Wirklichkeit sind von den etwa 130 Arten der Familie Cuculidae nur circa 50 wirklich Parasiten. Die Familie zerfällt in sechs sehr vielfältige Gruppen, die mehr aufgrund ihrer Fortpflanzungsweise und geographischen Verbreitung unterschieden werden als wegen anatomischer Merkmale, obwohl alle zygodactyle Füße besitzen (mit zwei nach vorn und zwei nach hinten weisenden Zehen).

Echte Kukucke Die Vertreter der Unterfamilie Cuculinae führen die gleiche parasitische Lebensweise wie der Europäische Kukuck und sind auf die Alte Welt beschränkt. Es sind zumeist düstere, schwarzweiße oder schwarze Vögel mit langen, spitzen Flügeln und mehr oder weniger ausgeprägten Geschlechterunterschieden. Die kleineren Kukucke der Tropen und der Südhalbkugel können jedoch durchaus leuchtend gefärbt sein — so etwa der grün und gold gefärbte afrikanische Smaragdkukuck *(Chrysococcyx cupreus)*. Kukucke leben offenbar grundsätzlich einzeln, denn die Männchen sind mit ihren dauernden Anfällen lauter, auffallender und monotoner Rufe häufig recht auffällig und geräuschvoll, sogar in der Nacht. Dagegen wirken die Weibchen weniger aufdringlich und verfügen über verschiedene, sogar gedämpfte, Rufe. Vermutlich bilden wenige Paare, wenn überhaupt, zum Brüten einfache Paare. Sie leben vermutlich ohne feste Bindungen, denn das Territorium des Männchens überschneidet sich mit dem mehrerer Weibchen. Man findet die Arten in einer Vielfalt von Lebensräumen, vom offenen Moorgebiet Nordwesteuropas bis zum tropischen Regenwald. Die meisten Arten (wenigstens die außerhalb der Tropen) sind richtige Zugvögel. Behaarte Raupen bilden einen großen Teil ihrer Nahrung.

Allen Behauptungen zum Trotz legen diese Kukucke ihre Eier tatsächlich in das Nest anderer Vögel, wie unwahrscheinlich oder unmöglich dies auch erscheinen mag, wenn das Nest des Wirtsvogels klein und abgeschlossen ist. Ehe es sein eigenes Ei legt, entfernt das Kukuck-Weibchen in der Regel ein Ei des Wirtsvogels. Der junge Kukuck schlüpft meist früher und wirft innerhalb von drei bis vier Tagen nach dem Schlüpfen die noch nicht geschlüpften Eier oder Jungen des Wirtsvogels aus dem Nest. Einige große Arten jedoch, so der Fratzenkukuck *(Scythrops norge hollandiae)*, legen im Wirtsnest häufig mehrere Eie ab. Hier werfen die Jungkukucke die anderen Junge nicht hinaus, sondern lassen sie verhungern, inden sie im Nest eine überlegene Nahrungskonkurrenz bilden. Häufig imitieren die Kukuckseier die der Wirtsvögel, besonders wenn die Wirte ein offenes, becherförmiges Nest bauen. Innerhalb einer Kukuck-Ar können verschiedene Weibchen darauf spezialisier sein, jeweils eine andere Wirtsvogelart zu parasitieren.

Nester bauende Kukucke Die Unterfamilie Phaencophaeinae umfaßt die Malkohas des tropische Asien, recht große, langschwänzige Vögel mit nackten, leuchtend gefärbten Gesichtern. Außerdem ge hören zu ihr große, echsenfressende Kukucke de Gattung Saurothera und verschiedene andere karibsche Arten. Schließlich zählen auch die Regenkukucke der Neuen Welt dazu.

Madenkukucke Die Anis und Guirakukucke de Unterfamilie Crotophaginae bilden eine kleine, ne weltliche Gruppe geselliger, kurzflügeliger und lan schwänziger Kukucke, die gemeinsam brüten un Gruppenterriorien besitzen. Sie haben typischerwei tiefe, seitlich zusammengedrückte Schnäbel.

Lauf-, Renn- und Erdkukucke Dies sind Vertreter der Unterfamilie Neomorphinae, Bewohner der amerikanischen Kontinente. Eine Gattung *(Carpococcyx)* lebt in Asien. Es sind bodenbewohnende Vögel, von denen einige selten fliegen und trockene Gebiete bewohnen. Der Vierflügelkukuck *(Tapera naevia)*, der Rotschopfkukuck *(Dromococcyx phasianellus)* und der Pfauenkukuck *(D. pavoninus)* leben, wie die meisten echten Kukucke, parasitisch, sind jedoch wegen ihrer Ähnlichkeit mit den Rennkukucken hier aufgeführt.

Seidenkukucke Zur Unterfamilie Couinae gehören zehn nicht-parasitische, auf Madagaskar beschränkte Arten; eine davon ist heute vermutlich ausgestorben. Es sind taubengroße, langbeinige Vögel. Einige sind leuchtend gefärbt und tragen am Kopf nackte Hautpartien.

Spornkukucke Bei den Spornkukucken der Unterfamlilie Centropodinae handelt es sich um Bodenbewohner mit langen, geraden Hinterkrallen. Sie bauen Kuppelnester, legen weiße Eier und sind auf die Alte Welt beschränkt. Sie machen sich durch ihre permanenten, monotonen Schreie bemerkbar, die im lokalen afrikanischen Volksgut als Gebet um Regen oder als Dank für schönes Wetter interpretiert werden. Die meisten Arten führen ein heimliches Leben.

R. Drummond

▲ Der Fasan-Kukuck ist in den verwilderten Graslandschaften auf Neu Guinea sowie im Norden und Osten Australiens zu Hause.

▲ ▶ Zwei ungewöhnliche Kukucke. Der Fratzen-Kukuck (oben) unterscheidet sich von den übrigen Kukucken dadurch, daß er überwiegend Früchte frißt. Er brütet im Osten und Norden Australiens und verbringt den Winter in Indonesien und auf Neu Guinea. Die Originalvorlage für die berühmte Zeichentrickfigur, der Rennkukuck (Roadrunner, rechts), bewohnt die Wüsten des amerikanischen Südwestens. Wie sein Name vermuten läßt, lebt er auf dem Boden und jagt dort Echsen, Schlangen und andere kleine Tiere.

Ordnung Strigiformes
2 Familien, 24 Gattungen,
ca. 162 Arten

GRÖSSE
Kleinste Art
Zwergkauz *(Glaucidium minutissimum)*, Länge 12 bis 14 Zentimeter; Gewicht unter 50 Gramm.
Größte Art
Europäischer Uhu *(Bubo bubo)*, Länge 66 bis 71 Zentimeter; Gewicht 1,6 bis 4 Kilogramm.

ARTENSCHUTZ
Auf der ICBP-Liste der bedrohten Vögel werden 21 Arten aufgeführt, darunter: Prigogine-Eule *(Phodilus prigoginei)*, Riesen-Fischuhu *(Ketupa blakistoni)* und Rotrücken-Fischeule *(Scotopelia ussheri)*. Die Everett-Eule *(Otus alfredi)* und die Malegassen-Eule *(Tyto soumagnei)* sind vermutlich ausgestorben.

EULEN, SCHWALME UND ZIEGENMELKER

PENNY OLSEN

Sowohl die Strigiformes (Eulen) als auch die Caprimulgiformes (Schwalme, Ziegenmelker und Verwandte) sind wohldefinierte Gruppen, und ihre Vertreter sind sogar für ornithologisch Ungeübte sofort zu erkennen. Die beiden Ordnungen haben viele Merkmale gemeinsam und sind, wie man vermutet, entfernt miteinander verwandt. Beide sind im Dämmerlicht und nachts aktiv. Ihr weiches Gefieder erstreckt sich typischerweise auf die Farben und Muster abgestorbener Blätter und fleckiger Baumrinde; besonders vollkommen trifft dies auf die Schwalme und Ziegenmelker zu. Durch regloses Verharren und ihre Körperhaltung verstärken sie die Tarnwirkung noch. Ein Schwalm, der die Federn anlegt, den Schnabel nach oben richtet und die Augen zu einem Schlitz zusammenzieht, ist von einem abgebrochenen Ast nicht mehr zu unterscheiden. Auf dem Boden kauernde Ziegenmelker sind so gut getarnt, daß Fotos von ihnen zu Suchbildern werden. Auch die Eulen legen bei leichten Störungen das Gefieder an, fallen jedoch durch ihre längeren Beine und größeren Augen mehr auf. Sie schlafen an stärker verborgenen Plätzen und lassen sich eher aufstöbern als viele Caprimulgiformen.

Verbreitung der Eulen

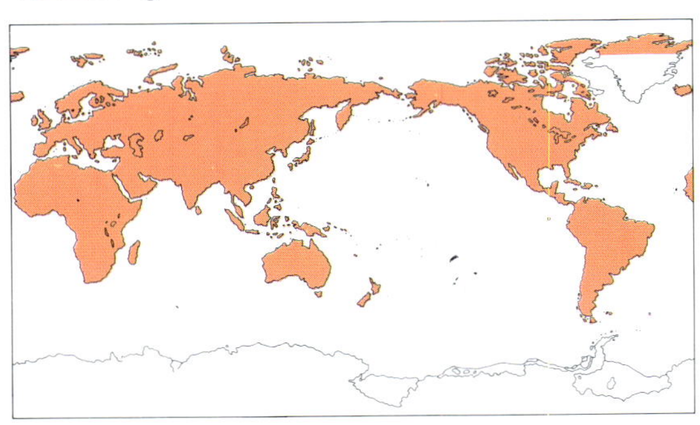

▼ Viele Nachtvögel, wie dieser Urutau, verraten sich durch ihre Augen, die das Licht einer starken Taschenlampe reflektieren.

M.P.L. Fogden/Bruce Coleman Ltd

ANS DÄMMERLICHT ANGEPASST

Diese Vögel sind häufiger zu hören als zu sehen. Ihre unverwechselbaren Rufe, häufig als aufregend, fremdartig oder seltsam schön beschrieben, hallen oft weit über das Land. Ihre Rufe und die geheimnisvolle, nächtliche Lebensweise bildeten die Grundlage eines umfangreichen Aberglaubens, sei es, daß man sie für schreiende Geister hielt oder daß man früher vermutete, die Ziegenmelker würden (daher ihr Name) den Ziegen die Milch stehlen. In der Tat huschen sie um Ziegen und anderes Vieh herum, um die Insekten zu fangen, die von diesen angezogen werden. Das Leben im Dämmerlicht führte zu einigen bemerkenswerten Anpassungen der Sinnesorgane: Mit großen Augen können sie bei wenig Licht gut sehen. Sie orientieren sich in völliger Dunkelheit durch Echoortung (Fettschwalme) und jagen mit Hilfe eines extrem feinen Gehörs (Schleiereulen).

Sie alle besitzen relativ große Köpfe. Die meisten Arten haben große Augen. Bei den Eulen sind sie nach vorn gerichtet, um die Sehkraft mit Hilfe beider Augen zu verstärken; bei den Caprimulgiformen sitzen sie mehr seitlich. Ihre Augen sind darauf spezialisiert, bei wenig Licht zu sehen; daher enthalten sie mehr Stäbchen (lichtempfindliche Zellen) als diurnale (tagaktive) Vögel. Dennoch sind die meisten Arten offenbar auf eine minimale Beleuchtung angewiesen, ehe sie auf die Jagd gehen können. Obwohl die meisten Arten gewöhnlich bei wenig Licht jagen, können sie auch tagsüber gut sehen, und einige jagen zuweilen sogar am Tage (beispielsweise die Schleiereule *(Tyto alba)*, der Kaninchenkauz *(Athene cunnicularia)* und der Kläfferkauz *(Ninox connivens)*. Die Sperbereule *(Surnia ulula)* ist überwiegend tagaktiv.

Die relativ kleinäugigen, bemerkenswerten Schleiereulen (Gattung *Tyto*) verfügen über das erstaun

◀ Bei vielen Eulen verlassen die Jungen das Nest lange, ehe sie fliegen können. Ihre Eltern füttern sie anschließend noch über Wochen oder — in einigen Fällen - über Monate. Diese jungen Sägekäuze haben bereits das unverwechselbare Jugendgefieder angelegt, sind jedoch noch nicht unabhängig. Der Sägekauz trägt seinen Namen daher, daß seine Rufe klingen wie die Geräusche, die beim Schärfen einer Säge entstehen. Er bewohnt die dichten Nadelwälder Nordamerikas.

ichste Gehör. Sie sind imstande, ihre Beute, nur vom Gehör geleitet, in absoluter Dunkelheit zu fangen. Bei ihnen und einigen anderen Eulen haben sich Gesichtsmasken gebildet, um Geräusche aufzufangen, und bei einigen sind die Ohröffnungen asymmetrisch. Entweder ist die äußere Befiederung oder der Schädel selbst modifiziert, so daß die Töne ein Ohr geringfügig vor dem anderen erreichen. Durch Drehen des Kopfes kann eine Eule die Quelle auch sehr leiser Geräusche, etwa eine an Körnern kauende Maus, außerordentlich exakt lokalisieren. Auch die Fettschwalme verfügen über eine bemerkenswerte Anpassung, um ich in der Nacht zurechtzufinden. Sie nisten und ruhen gruppenweise, tief in Höhlen.

Die meisten Arten besitzen ein weiches, loses Gefieder. Die Enden der Schwungfedern an Flügeln und Schwanz sind ausgefranst, so daß sie bei der Jagd geräuschlos fliegen. Ausnahmen bilden die afrikanischen Fischeulen der Gattung Scotopelia und die Fettschwalme. Als Fischjäger beziehungsweise Fruchtsammler besteht für sie vermutlich keine Notwendigkeit, geräuschlos zu fliegen, daher sind die Federn bei beiden fester.

Beide Gruppen unterscheiden sich am auffälligsten durch ihre Schnäbel und Füße. Die Eulen besitzen einen scharfen, gebogenen Schnabel sowie kräftige Beine und Füße mit scharfen, gebogenen Fängen, die ihrer räuberischen Lebensweise Rechnung tragen. Bei den Ziegenmelkern und ihren Verwandten ist der Schnabel eher breit und flach. Zudem findet man bei ihnen einen gewaltigen Schlund und kleine, schwache Füße und Beine. Bei beiden Ordnungen sind die Zehen umkehrbar, so daß die Vögel mit zwei nach vorn und zwei nach hinten weisenden Zehen auf Ästen sitzen können. Die Schleiereulen und die Caprimulgiformen besitzen an der Kralle ihrer Mitttelzehe eine gesägte Kante, die ihnen vermutlich bei der Pflege des Gefieders hilft.

EULEN

Gegenwärtig werden die Eulen in zwei Familien unterteilt. Allen gemeinsam sind lange, breite Flügel.

Schleiereulen

Bei den Vertretern der Familie Tytonidae handelt es sich um mittelgroße Eulen mit herzförmigen Gesichtern. Ihre inneren Zehen sind ebenso lang wie die mittleren. Ihre Beine sind lang und unbefiedert. Heute werden die Fratzeneulen (Gattung *Phodilius*) in diese Familie gestellt, jedoch ähneln sie den Schleiereulen der Gattung Tyto wohl nur oberflächlich.

Eigentliche Eulen

Zur Familie Strigidae gehören kleine bis große Eulen mit rundlichen Köpfen, großen Augen und stämmigen, manchmal befiederten Beinen. Ihre innere Zehe ist kürzer als die mittlere. Einige weisen leichte Anzeichen einer Maske auf, andere sind teilweise maskiert, und wieder andere besitzen eine vollständige, runde Maske. Bei einigen Arten findet man zwei Büschel aufrichtbarer Federn oder »Ohren«, die sie bei Erregung aufrichten können und die möglicherweise dabei helfen, die Umrisse des Vogels mit seiner Umgebung optisch verschmelzen zu lassen. Die Mähneneule *(Jubula lettii)* aus Westafrika und dem Kongo verfügt über umfangreiche Scheitel- und Nackenfedern.

Bei den meisten Eulenarten ist das Weibchen größer als das Männchen, zuweilen sogar erheblich größer: Die Weibchen der tasmanischen Neuhollandeule *(Tyto novaehollandiae)* wiegen durchschnittlich 965 Gramm, Männchen jedoch kaum 525 Gramm.

SCHÄDEL EINER SCHLEIEREULE

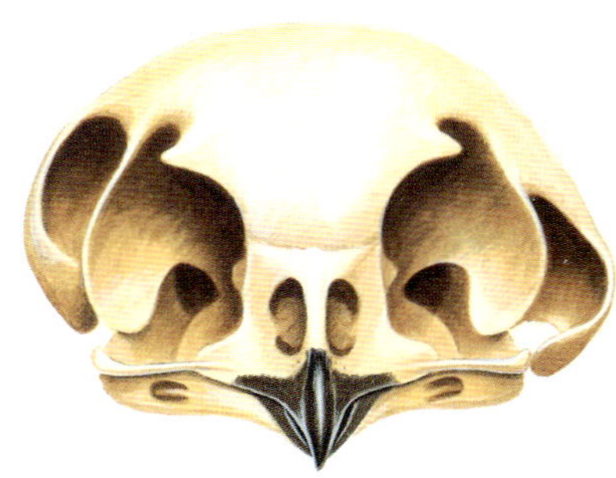

▲ Bei Schleiereulen sind die Ohren ungleich groß und asymmetrisch geformt. Dies verstärkt den »Stereo«-Effekt — den leichten Zeitunterschied, mit dem ein Geräusch die beiden Ohre erreicht — und ermöglicht eine außerordentlich genaue Lokalisierung der Beute.

Ordnung Caprimulgiformes 5 Familien, ca. 24 Gattungen, ca. 102 Arten

GRÖSSE
Kleinste Art
Dornbusch-Nachtschwalbe *(Caprimulgus donaldsoni)*, Länge 19 Zentimeter; Gewicht 21 bis 36 Gramm.
Größte Art
Papuaschwalm *(Podargus papuensis)*; Länge 50 bis 60 Zentimeter; Gewicht 300 bis 570 Gramm.
ARTENSCHUTZ
Folgende Arten gelten als bedroht: Dulit-Froschmaul *(Batrachostomus harterti)*, Teufels-Nachtschwalbe *(Eurostopodus diabolicus)*, Puerto-Rico-Nachtschwalbe *(Caprimulgus noctitherus)*, Pelzeln-Nachtschwalbe *(C. candicans)*, Vaurien-Nachtschwalbe *(C. centralasicus)*, Salvadori-Nachtschwalbe *(C. pulchellus)*, Scheren-Nachtschwalbe *(Macropsalis creagra)* und Sichelschwingen-Nachtschwalbe *(Eleothreptus anomalus)*. Der Langschwanz-Schwalk *(Nyctibius aethereus)*, der Weißflügel-Schwalk *(N. leucopterus)* und der Tropfen-Schwalk *(N. bracteatus)* sind sehr selten. Die Jamaica-Nachtschwalbe *(Siphonornis americanus)* ist vermutlich ausgestorben.

ZIEGENMELKER UND VERWANDTE

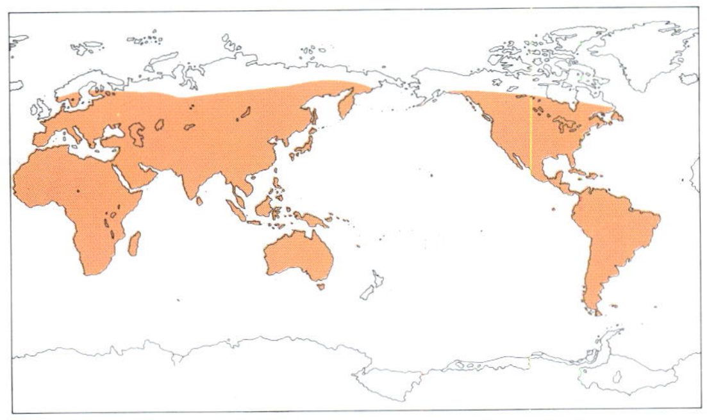

Die Caprimulgiformes werden in fünf Familien unterteilt.

Der Fettschwalm
Der Fettschwalm *(Steatornis caripensis)* ist der einzige Vetreter der Familie Steatornithidae. Er besitzt einen fächerförmigen Schwanz, lange, breite Flügel, ist dunkelbraun gefärbt und trägt dazu weiße Flecken sowie schwarze Streifen. Erwachsene Tiere sind etwa 30 Zentimeter lang. Mit den übrigen Caprimulgiformen hat er einen kräftigen, an der Spitze gebogenen Schnabel, einen weiten, von Borsten umgebenen Schlund und große Augen gemeinsam.

Eulenschwalme
Die Vetreter der Familie Podargidae sind die größten Caprimulgiformen. Sie wurden als extrem groteske Vögel beschrieben, denn sie haben einen großen, flachen, zottigen Kopf, der in einen schlankeren Körper übergeht und somit im Gesamteindruck dominiert. Der massive Schnabel wird von großen, büschelweise angeordneten Gesichtsborsten umrahmt, ist etwa so breit wie lang und zudem stark verknöchert.

Tagschläfer
Die Tagschläfer der Familie Nyctibiidae erinnern in ihrem Farbmuster und der Gewohnheit, auf Bäumen zu schlafen, an die Eulenschwalme. Allerdings vereinigen Merkmale wie der breite, schwach verknöcherte Schnabel, der von relativ wenigen Borsten gesäumt wird und die Gewohnheit, in der Luft zu jagen, sie mit den Ziegenmelkern.

Höhlenschwalme
Diese Vögel (Familie Aegothelidae) liegen in ihrem Erscheinungsbild irgendwo zwischen einem Ziegenmelker und einer Eule. Ihre engsten Verwandten sind jedoch die Eulenschwalme. Ihr breiter, flacher Schnabel liegt beinahe vollkommen unter Borsten verborgen. Ihre Füße sind geringfügig kräftiger als die der übrigen Caprimulgiformes und ihre Beine länger, vermutlich weil sie häufiger umherlaufen.

Ziegenmelker (Nachtschwalben)
Die Ziegenmelker (Familie Caprimulgidae) bilden eine große Gruppe, die etwa die Hälfte der Arten der Caprimulgiformes umfaßt. Sie besitzen lange, spitze Flügel, der Schlund ist weit, der Schnabel gedrungen, und bei Bedrohung zeigen sie ihr leuchtend (meist rosa) gefärbtes Maul. Ihre schwachen Beine und Füße sind stark rückgebildet und werden selten gebraucht. Zwar bilden die Ziegenmelker eine recht einheitliche Erscheinung, aber zu den Abweichungen von der Grundform gehören die Fahnennachtschwalben *(Macrodipteryx vexillaria und M. longipennis)*, die ihre außerordentlich langen Schwanzfedern bei der Paarung einsetzen, außerdem die Schleppennachtschwalbe *(Caprimulgus climacurus)* mit ihrem langen, abgestuften Schwanz. Alle drei leben in Afrika. In Nordamerika werden die Vertreter der Unterfamilie Chordeilinae als Nachtfalken bezeichnet.

▶ Den Tag verschlafen die Eulenschwalme meist in den Bäumen. Dabei nehmen sie eine eindeutige, mehr oder weniger aufrechte Position am Ast ein. In dieser Haltung ähneln sie in verblüffender Weise einem abgebrochenen Ast. Allerdings ist der Eulenschwalm ein geselliger Vogel, und manchmal schmiegen sich Paare oder sogar Familien zusammen auf einem Ast.

◀ Ein Baumschwalm besteht beinahe nur aus Augen und Gefieder. Dieses Exemplar ruht sich am Eingang seiner Nisthöhle aus. Baumschwalme sind in den Wäldern Australiens häufig, und verschiedene andere Arten kommen auf Neu Guinea vor. Diese Vögel schlafen und nisten - für Caprimulgiden ungewöhnlich — in Baumhöhlen. Nach der ersten Paarung bleiben die Partner ihr Leben lang zusammen, schlafen jedoch getrennt.

VERBREITUNG UND LEBENSRÄUME

Eulen sind kosmopolitisch verbreitet. Sie leben auf allen Kontinenten mit Ausnahme der Antarktis und fehlen auch auf einigen ozeanischen Inseln. Die Gattungen *Strix* und *Otus* sind weit verbreitet, letztere überwiegend in den Tropen. Sie fehlen jedoch in den Gebieten Australiens und Papua-Neu Guineas und werden dort von der Gattung *Ninox* vertreten. Einige Arten, so die Schleiereule und die Sumpfohreule *(Asio flammeus)* gehören zu den am weitesten verbreiteten Vögeln überhaupt. Im Gegensatz dazu findet man die Palaueule *(Pyrroglaux podargina)* ausschließlich auf den Palau-Inseln des westlichen Pazifik. Zerstörung der Lebensräume und eingeschleppte Tiere haben ihren Teil dazu beigetragen, einige dieser Inseleulen an den Rand des Aussterbens zu bringen.

Die Mehrheit der Eulenarten bewohnt Wälder und Waldränder. Nur wenige Arten ziehen baumlose Lebensräume vor. Dies gilt für die Schnee-Eule *(Nyctea scandiaca)* der arktischen Tundra und den Elfenkauz *(Micrathene whitneyi)* der südwestlichen Wüsten der USA. Einige langbeinige Arten leben auf dem Boden flacher Graslandschaften (so die Graseule *(Tyto capensis)*, die in Afrika und in Indien bis nach Australien lebt). Andere bewohnen Feuchtgebiete (die Kapohreule *(Asio capensis)* aus Afrika) oder leben zwischen Felsen. Verschiedene Arten lassen sich in den meisten Lebensräumen antreffen, von Tundra und Wüste bis zum Regenwald und Sumpfgebiet, von der Wildnis bis zur Vorstadt. So bewohnt der Virginia-Uhu *(Bubo virginiatus)* die meisten Lebensräume Nordamerikas. Einige stellen speziellere Anforderungen an ihren Lebensraum als andere: So lebt die Sperbereule in den nördlichen Nadelwäldern (Taiga) Nordamerikas und Eurasiens; die Weißkehleule *(Otus aalbogularis)* findet man in den Nebelwäldern der Anden, und die peruanische Buscheule *(O. roboratus)* bevorzugt Lebensräume mit Mesquiten und großen Kakteen in den Trockengebieten Perus.

Die Ziegenmelker und ihre Verwandten besitzen eine ähnliche Verbeitung wie die Eulen, werden jedoch nicht in so hohen Breiten oder auf sovielen kleinen Inseln gefunden. Auch fehlen sie auf den neuseeländischen Inseln. Der Fettschwalm kommt nur in der Neotropis vor (von Guyana bis Peru und Ecuador sowie auf Trinidad). Er ist auf passende Höhlen angewiesen, von denen aus er seine Nahrung sucht. Die meisten befinden sich in den Bergen, in Trinidad werden jedoch auch Höhlen an den Felsküsten bewohnt. Die Tagschläfer lieben die offenen, baumbestandenen kultivierten Gebiete wie etwa Kaffeeplantagen im tropischen Zentral- und Südamerika. Die Schwalme

▶ Die größte Eule Australiens, der Riesenkauz, schläft tagsüber auf einem Baum. Dabei sucht er sich meist Stellen aus, die nach allen Seiten offen, jedoch von einem Blätterdach bedeckt sind. Dieses Exemplar ruht in der Nähe seines Jungen. Der Riesenkauz ernährt sich vornehmlich von Beutelratten. Hier hält der Vogel die Reste seiner letzten Nachtmahlzeit, deren Schwanz noch herabhängt, über den folgenden Tag in seinen Fängen umschlossen. Häufig verzehrt er einen solchen Rest als eine Art Bettfrühstück am nächsten Abend, ehe er wieder auf die Jagd geht.

Geoff Longford

bewohnen die Bäume an Wäldern und Waldrändern: Die Batrachostomus-Arten kommen von Indien bis nach Malaysia vor und die Podargus-Arten auf Neu Guinea, den Salomon-Inseln und Australien. Den Eulenschwalm *(P. strigoides)* findet man überall in Australien in den meisten Lebensräumen. Er meidet jedoch den dichten Regenwald und die baumlose Wüste. Höhlenschwalme leben in den Regenwäldern oder offenen Baumlandschaften Neu Guineas, Australiens und Neu Kaledoniens. Die Ziegenmelker sind in den wärmeren Teilen der Welt weithin verbreitet und weisen eine Vielfalt von bevorzugten Lebensräumen auf. So findet man etwa in Afrika in nahezu jedem Lebensraum eine andere Caprimulgus-Art.

ERNÄHRUNG UND FORTPFLANZUNG

Eulen stürzen sich von einem hoch gelegenen Standort aus auf Säugetiere (je nach Größe der Eule von Mäusen bis zu Hasen) oder Insekten auf dem Boden hinab. Sie schnappen auch Insekten von Blättern. Größere Arten packen Säuger, die auf Bäumen leben, kleinere Arten jagen dagegen Insekten in der Luft. Sie können die Beute mit den Füßen ergreifen, beugen sich dann hinunter und töten sie mit wenigen Bissen. Kleinere Beutetiere werden häufig nach Art der Papageien mit einem Fuß zum Schnabel geführt und unzerkleinert verschlungen. Größere Beute halten sie mit den Füßen fest und zerlegen sie mit dem Schnabel. Ein- oder zweimal am Tag würgt eine Eule ein sogenanntes »Gewölle« hervor, in dem sich das Fell, die meisten Knochen, die chitinösen Reste der Insekten und andere unverdauliche Teile der Beute befinden.

Die Caprimulgiformen produzieren solch ein Gewölle nicht. Der Fettschwalm schwebt in der Luft und pflückt dabei eine Vielfalt von Früchten und Samen, die er mit den Augen und dem Geruchssinn ausfindig macht. Eulenschwalme stoßen von einem Sitzplatz herab und fangen mit ihrem massiven, breiten Schnabel flugunfähige Beute. Ehe sie ihre Beute unzerkleinert verschlingen, klopfen sie sie weich. Höhlenschwalme fressen Insekten und Frösche von Boden und fangen Termiten, Nachtfalter und andere Insekten von der Luft aus. Die besten Flieger sind die schnellen Ziegenmelker und Nachtfalken, die sich fliegende Insekten normalerweise ins geöffnete Maul hineintreiben.

Da man diese Vögel häufiger hören als sehen kann, verwundert es nicht, daß viele von ihnen nach den Rufen benannt sind, die sie produzieren. Alle Eulen rufen, besonders wenn die Brutsaison naht. Sie verfügen über eine Vielfalt kreischender, schreiender und bellender Rufe, die für einzelne Arten jeweils typisch sind. Verschiedene Eulen singen zudem recht musikalisch. Einige Eulen der Gattung *Otus* singen im

Duett; dabei ergänzen Männchen und Weibchen einander, indem sie verschiedene Teile des Gesanges übernehmen. Auch bei den Caprimulgiformen findet man eine Vielfalt weitreichender Rufe: Ein niedriges Trommeln bei Eulenschwalmen, Schwirren bei den Höhlenschwalmen. Dazu kommen noch weitere schreiende und kreischende Geräusche. Einige jedoch, wie der nordamerikanische Whip-poor-will *(Caprimulgus vociferus)*, erzeugen ein recht melodiöses Pfeifen. Eine afrikanische Art schließlich, die Pfeifnachtschwalbe *(C. pectoralis)*, singt eine Melodie, die dem Lied »O Herr, erlöse uns« gleicht.

Eulen nisten in Baum- oder Felshöhlen, aber auch in alten Gebäuden oder dem alten Nest einer Krähe oder eines Greifvogels. Der Kaninchenkauz übernimmt den Bau von Taschenratten, Uhus graben zuweilen eine Nisthöhle in die Seite eines Ameisenbaus, und die Schnee-Eule nistet auf offenem Boden in einer Mulde, die sie ein wenig auspolstert. Der Kaktuskauz benutzt die Kammer, die ein Specht in einen Kaktus meißelte. Einige Caprimulgiformen bauen Nester. Das Nest eines Fettschwalms besteht aus stabiliserenden, ausgewürgten Früchten. Es wird in den Winkeln der Höhe gebaut und in jeder Brutsaison erweitert. Eulenschwalme und Froschmäuler bauen ein lockeres Nest aus Zweigen auf einem horizontalen Ast *(Podargus*-Arten) oder verwenden zusätzlich zu Flechten und Spinnweben eine Lage ihrer eigenen Daunen *(Batrachostomus*-Arten). Höhlenschwalme nisten in hohlen Bäumen oder in einer Böschung; Tagschläfer nutzen Einsenkungen auf Ästen; die Ziegenmelker und Nachtfalken nisten schließlich schlicht auf nacktem Boden.

Viele Arten lassen — vermutlich wegen ihrer nächtlichen Lebensweise — eine ausführliche Balz vermissen. Während der Paarung wird das Weibchen vom Männchen gefüttert. Dem männlichen Flaggenflügel wachsen während der Brutsaison die Handschwingen, daß sie bis zu 35 Zentimeter über die anderen Federn hinausragen. Sie werden bei einer langsamen Luftbalz eingesetzt. Nach der Balz beißt der Vogel sie ab.

Einige Eulenarten produzieren in jedem Jahr im Verlaufe einer regelmäßigen Brutzeit ein Gelege ähnlicher Größe (bei den *Ninox*-Arten sind es beispielsweise zwei bis drei Eier). Bei anderen wechseln der Brutbeginn und die Größe des Geleges, je nach den jahreszeitlichen Umständen, ganz erheblich. Gibt es Lemminge im Überfluß, legt die Schnee-Eule bis zu 14 Eier im Jahr; ist die Beute jedoch knapp, sind es nur zwei bis vier. Die Brutdauer beträgt, je nach Art, zwischen vier und fünf Wochen, und auch die Jungen müssen noch einige Wochen lang bebrütet werden. Das Männchen sucht nach Nahrung, und das Weibchen brütet; dann bieten beide Eltern den Jungen Nahrung an. Häufig verlassen die Nestlinge das Nest noch während sie Daunen tragen, und bei einigen Arten bleibt die Familie monatelang zusammen.

Die Caprimulgiformen produzieren kleine Gelege mit bis zu vier Eiern. Wegen der Gefährdung durch Nesträuber haben einige am Boden nistende Schwalme kurze Brutzeiten (in der Nordhemisphäre sind es 17 bis 18 Tage, in Australien allerdings mehr), und die Jungen sind zum Teil frühreif — innerhalb von Stunden können sie bereits unsicher gehen. Bis zur Wanderung bleiben sie bei ihren Eltern. Bei den Fettschwalmen werden die Jungen 120 Tage lang mit emporgewürgten, fettigen Früchten gefüttert, bis sie nahezu die Größe der Erwachsenen besitzen. Über lange Zeit wurden sie wegen ihres Fettes von den südamerikanischen Indianern gesammelt, die es zum Kochen und für ihre Lampen benutzten.

Die Eulen und Caprimulgiformen leben typischerweise einzeln. Eine Ausnahme bilden nur die geselligen Fettschwalme. In beiden Ordnungen gibt es standortfeste Arten, Teilzieher oder richtig wandernde Arten. So ziehen etwa einige europäische Populationen der Otus-Eulen den Winter über nach Afrika. Die meisten Ziegenmelker-Arten der gemäßigten Breiten verbringen den Winter in den Tropen, und unter den tropischen Arten gibt es einige Teil- oder Vollzieher. Im Gegensatz dazu weicht die Winternachtschwalbe *(Phalaenoptilus nuttallii)* dem nordamerikanischen Winter nicht aus, sondern krallt sich seitlich an einer Felsspalte fest. Ihre Kreislauf- und Atmungsfunktionen sinken auf beinahe unmeßbare Werte, und ihre Körpertemperatur fällt von etwa 41 Grad Celsius auf circa 19 Grad. Sie gehört zu den wenigen, regelmäßig überwinternden Vögeln.

▼ Der Bartkauz bewohnt die ausgedehnten, subarktischen Koniferenwälder der Nordhalbkugel. Er gehört zwar zu den größten Eulen, jedoch besteht seine Masse überwiegend aus Federn, und er wiegt tatsächlich weniger als die Hälfte von Eulen mehr oder weniger gleicher Größe. Er übernimmt zum Nisten die verlassenen Nester anderer Greifvögel. Dabei baut er niemals etwas hinzu, sondern ordnet das Material höchstens einmal neu.

Jeff Foott/Auscape International

SEGLER UND KOLIBRIS

CHARLES T. COLLINS

Ordnung Apodiformes
3 Familien, ca. 137 Gattungen, ca. 404 Arten

GRÖSSE
Kleinste Art
Bienenelfe *(Mellisuga helenae)*, Länge 6,4 Zentimeter; Gewicht 2,5 Gramm.
Größte Art
Weißnackensegler *(Streptoprocne semicollaris)*; Länge 25,4 Zentimeter; Gewicht 212 Gramm.

ARTENSCHUTZ
Auf der ICBP-Liste der bedrohten Vögel werden 38 Arten aufgeführt, darunter: Mauritius-Salangane *(Aerodramus elaphra)*, Tahiti-Salangane *(A. leucophaeus)*, Guineasegler *(Apus sladeniae)*, Lilli-Kolobri *(Lepidopyga lilliae)*, Braunbauch-Amazilie *(Amazilia castaneiventris)*, Weißschwanz-Eupherusa *(Eupherusa poliocerca)*, Purpurrücken-Kolibri *(Aglaeactis aliciae)*, Juan-Fernandez-Kolibri *(Sephanoides fernandensis)*, Schuppen-Schneehöschen *(Haplophaedia lugens)*, Bienenelfe *(Mellisuga helenae)* und Berlepsch-Elfe *(Acestrura berlepschi)*.

Segler, Baumsegler und Kolibris werden meist als drei Familien (Apodidae, Hemiprocnidae und Trochilidae) in der Ordnung Apodiformes zusammengestellt. Sie haben einige anatomische Merkmale gemeinsam, besonders die relative Länge der Flügelknochen, die mit ihren raschen Flügelschlägen und ihrem Flugverhalten zusammenhängt. Die Verbindung zwischen den Seglern und den Baumseglern scheint klar zu sein. Dagegen wurde die Einbeziehung der recht unähnlichen Kolibris in diese Ordnung häufig angegriffen. In der Tat liegt ein möglicher gemeinsamer Ursprung lange zurück.

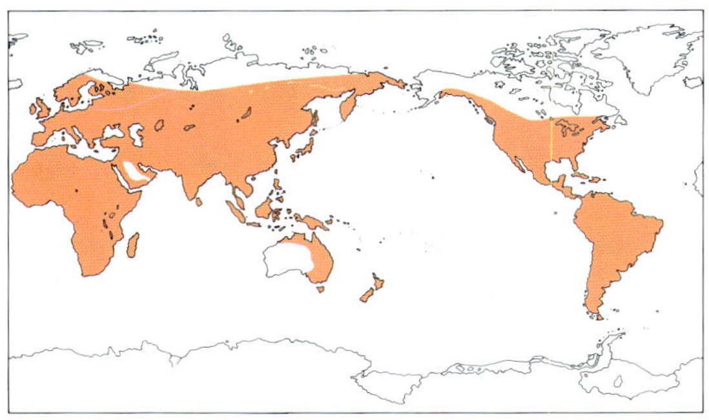

SEGLER

Mit ihren schmalen, nach hinten gekehrten Flügeln haben die Segler den wohlverdienten Ruf, zu den am schnellsten fliegenden Vögeln zu gehören. Die Spanne ihrer Größe reicht von der philippinischen Zwergsalangane *(Collocalia troglodytes)* und dem Däumlingssegler *(Micropanyptila furcata)* aus Venezuela, die weniger als sechs Gramm wiegen, bis zum mexikanischen Weißnackensegler und dem Purpursegler (Hirundapus celebensis) von den Philippinen, die beide 200 Grammm schwer werden. Alle sind überwiegend dunkelbraun oder rußfarben mit einigen grauen oder weißen Bereichen. Ihre kurzen Beine tragen kräftige Krallen. Alle Segler verfolgen und fangen ihre Nahrung — meist Insekten — im Flug und bleiben auch tagsüber in der Luft, so daß sie nur zur Nacht auf ihren Ruheplätzen sitzen. Zuweilen enthält der Nahrungsball oder Bolus, den sie ihren Jungen bringen, in erster Linie schwärmende Insekten wie Termiten, Eintagsfliegen oder Blattläuse, aber auch geflügelte Ameisen, Wespen und Bienen. Zu anderen Zeiten lassen sich in einem einzigen Bolus bis zu 60 verschiedene Insekten- und Spinnenarten sowie einige hundert einzelne Beutetiere finden.

Obwohl die etwa 80 Arten von Seglern in den Tropen am zahlreichsten sind, besitzen sie doch eine weite Verbreitung und kommen sogar in Skandinavien, Sibirien und Alaska vor. Sowohl der Mauersegler *(Apus apus)* und der Alpensegler *(A. melba)*, die beide aus Europa stammen, als auch der sibirische Stachelschwanzsegler *(Hirundapus caudacutus)* und der Schornsteinsegler *(Chaetura pelagica)* des östlichen Nordamerika unternehmen lange Wanderzüge,

▶ Der Schwarzsegler aus dem Westen Nordamerikas nistet in Felsspalten in Kliffen, häufig hinter Wasserfällen.

◀ Ein weiblicher Allen-Kolibri füttert seine Brut. Wie bei den meisten Kolibris, bleiben Nestbau, Brüten und Aufzucht der Jungen vollständig dem Weibchen überlassen. Die Gelege umfassen normalerweise zwei Eier, und in jeder Saison werden zwei oder drei Gelege aufgezogen. Diesen Kolibri findet man häufig in den Küstenbereichen Kaliforniens. Hier nistet er oft in Stadtparks und Gärten.

oft über Meeresteile hinweg, zu ihren südlich gelegenen Überwinterungsplätzen. Selbst in ihren Brutgebieten verbringen einige Segler die Nacht regelmäßig in der Luft.

Viele Segler setzen beim Nestbau Sekrete ihrer Speicheldrüsen ein. (Die Vertreter der neuweltlichen Unterfamilie Cypseloidinae tun dies allerdings nicht. Ihre aus Moosen, Farnen und anderen Pflanzen bestehenden Nester werden in der Nähe von oder hinter Wasserfällen angelegt.) In der Brutsaison vergrößern sich die Speicheldrüsen und produzieren ein klebriges Material, das von Vertretern der Gattung *Chaetura* dazu verwendet wird, kleine Zweige zu einem Nest zusammenzukleben und dieses außerdem an der senkrechten Wand einer Baumhöhlung zu befestigen. Dabei brechen die Vögel im Flug abgestorbene Zweige von den Baumspitzen. Bei einigen kleineren, höhlenbewohnenden Seglern Südostasiens, die als Salanganen bekannt sind, ist der Gebrauch des Speichels zum Nestbau besonders weit entwickelt. Hier bildet der Speichel die Hauptmasse des Nestes. Er wird zuweilen mit Pflanzenmaterial oder Federn vermischt (schwarze Nester) oder bildet das gesamte Nest allein (weiße Nester). Diese Nester werden von Leuten gesammelt, die auf wackligen Bambusgerüsten oder Leitern aus Kletterpflanzen zu den hohen Decken der Höhlen hinaufklettern, wo tausende dieser Salanganen nisten. Obwohl die weißen Nester als Bestandteil einer Vogelnest-Suppe als die wertvollsten angesehen werden, sammelt man sowohl die weißen als auch die schwarzen, so daß die Nester in diesem Teil der Welt zu einem größeren Wirtschaftsfaktor wurden. Um die Vögel zu schützen und die Quelle nicht versiegen zu lassen, wird das Sammeln der Nester überwacht. Gelegentlich nisten Salanganen, wie auch andere Segler-Arten, in unmittelbarer Nähe des Menschen und nehmen als Nistplätze Gebäude und Brücken an. Schornsteinsegler nisten heute häufiger in Schornsteinen als in hohlen Bäumen.

Forscher fanden heraus, daß einige Segler-Arten und deren Junge kurze Schlechtwetter-Perioden dadurch überleben können, daß sie ihre Körpertemperatur senken und in eine Art Starrezustand verfallen. Vereinzelten Berichten zufolge könnte beim Schornsteinsegler sogar ein echter Winterschlaf existieren; dies erfordert jedoch noch nähere Untersuchungen.

Einige Höhlen-Salanganen (Gattung *Aerodramus)* sind imstande, weit hinten in Höhlen, machmal über einen Kilometer von jedem Licht entfernt, in völliger Dunkelheit zu nisten und zu schlafen. Diese Vögel produzieren eine Reihe hörbarer Klick-Geräusche, und anhand der zurückkehrenden Echos orientieren sie sich in der Höhle und finden ihr eigenes Nest oder ihren Ruheplatz. (Der einzige andere Vogel, der von der Echoortung Gebrauch macht, ist der Fettschwalm *(Steatornis caripensis)* aus dem nördlichen Südamerika und Trinidad.) Salangenen, die über die Möglichkeit der Echolokation nicht verfügen, nisten in der Zone des Dämmerlichts und nahe des Höhleneingangs, wo das Licht für die optische Orientierung beim Flug noch ausreicht.

Beide Geschlechter helfen einander beim Nestbau, Brüten und der Versorgung der Jungen. Das Ausbrüten nimmt 19 bis 23 Tage in Anspruch, und die Jungen bleiben weitere sechs bis acht Wochen im Nest. Arten, die in Kolonien nisten, äußern ihre gemeinsame Aktivität in Gruppenflügen und akustischen Signalen. Ihre Rufe sind recht unterschiedlich, von einem kurzen, scharfen Piepen bis zu langgezogenen, brummenden Schreien.

BAUMSEGLER

Die vier Arten der Baumsegler (Gattung *Hemiprocne)* sind vom indischen Subkontinent ostwärts über Malaysia bis zu den Philippinen verbreitet. Bei allen findet man Federkämme an der Stirn, in verschiedenem Maße gegabelte Schwänze und leuchtendere Farben. Sie sind bei weitem seltener in der Luft als die Segler, sitzen häufig auf hervorragenden Baumwipfeln und unternehmen von dort aus auf der Jagd nach fliegenden Insekten graziöse Flüge. Baumsegler sind nirgendwo so zahlreich und weit verbreitet wie die eigentlichen Segler und führen mehr das Leben von Einzelgängern. Ihr winziges Nest besteht aus einem kleinen Becher, den sie aus Flechten und anderen Pflanzen bauen und der gerade groß genug ist, das einzige Ei aufzunehmen. Es wird an einem kleinen, seitlichen Zweig befestigt. Der brütende Vogel sitzt breitbeinig über dem Nest und stützt sich dabei auf den darunterliegenden Zweig. Da sich die Nester der Baumsegler normalerweise hoch in den äußeren Zweigen großer Bäume befinden, müssen noch viele Aspekte ihrer Brutbiologie geklärt werden.

▼ Ein männlicher und ein weiblicher Schwarzkinn-Kolibri treffen einander kurz an derselben Blüte. Bei den meisten Kolibris gibt es keine Paarbindung, und die Geschlechter kommen nur zufällig oder bei der eigentlichen Paarung zusammen.

Bob & Clara Calhoun/Bruce Coleman Ltd

KOLIBRIS

Die Kolibris sind für ihre geringe Größe, leuchtenden irisierenden Farben und ihren Schwebeflug bekannt. Diese vielgestaltige, neuweltliche Familie umfaßt 320 Arten in 112 Gattungen. Am häufigsten sind diese Vögel in den warmen Tropengbieten Zentral- und Südamerikas, allerdings findet man auch einige von Alaska bis Feuerland und von den Regenwäldern des Tieflandes bis zum Hochplateau der Anden. Das Durchschnittsgewicht dieser winzigen Vögel beträgt zwischen 3,5 und neun Gramm. Vermutlich ist die Bienenelfe mit etwa 2,5 Gramm die kleinste lebende Vogelart. Einige sind jedoch größer; so wiegt der Riesenkolibri *(Patagona gigas)* beinahe 20 Gramm.

Die Schnabelform verweist deutlich auf den Blütentyp, den eine jede Art nach Nektar und Insekten absucht. Kolibris verfolgen bei der Nahrungssuche zwei wesentliche Strategien: die territoriale (hier werden die Nektarquellen der Blüten lebhaft verteidigt und die Suche in einem größeren Gebiet, in dem reiche, aber weiter verstreute Nektarquellen regelmäßig aufgesucht werden. Um den Nektar besser aufnehmen zu können, sind die Zungen der Kolibris an de Spitze bürstenförmig. Allerdings bieten Insekten eine notwendige Proteinquelle und bilden daher einen Hauptanteil ihrer Nahrung.

Der extrem schnelle Flügelschlag (22 bis 7 Schläge pro Sekunde), verbunden mit einer Drehung des äußeren Handteils und einem aktiven Aufwärtsschlag des Flügels, erlaubt den Kolibris, bei der Nahrungssuche geschickt vor den Blüten zu schweben Zudem vollziehen sie bei Verfolgungsjagden im Territorium kunstvolle Flüge, und einige Arten verfügen über eine ausgedehnte Luftbalz. Auch folgen sie i

längeren Flügen den Blüten, die, jahreszeitlich bedingt, an verschiedenen Orten auftreten, und einige Arten ziehen über mehrere tausend Kilometer von ihren Nistgründen in den gemäßigten Zonen bis zu ihren Überwinterungsplätzen in den Tropen. Bei seiner Wanderung zieht der Rubinkehl-Kolibri 1000 Kilometer weit über den Golf von Mexiko.

Die Brutsaison ist bei den meisten Arten an den örtlichen Blüh-Zyklus gebunden; allerdings vermeiden die Vögel dabei Zeiten mit umfangreichem Niederschlag. Bei den meisten Arten bleibt der Nestbau und das Brüten dem Weibchen überlassen. Die Nester sind meist unauffällige, aus Pflanzen zusammengesetzte Becher, die mit Spinnweben zusammengehalten und gelegentlich mit Moosen oder Flechten verziert werden. Dagegen sind klobigere, manchmal an der Unterseite von Blättern befestigte Nester typisch für die Eremiten-Arten und einige Höhlennister.

▲ Ein Kolibri saugt Nektar aus einer Blüte. Diese Vögel sind auf den ständigen Zugang zu Blüten angewiesen, um ihren anspruchsvollen Stoffwechsel aufrechtzuhalten. Die Stoffwechselrate ist die weitaus höchste unter allen Vögeln. Zwischen vielen Kolibris und ihren Nahrungsblüten hat sich eine komplizierte Beziehung entwickelt. Einige Blüten sind von der Bestäubung durch Kolibris abhängig.

Ordnung Coliiformes
1 Familie, 2 Gattungen, 6 Arten

GRÖSSE
Kopf-Rumpflänge 10 Zentimeter; Schwanz 20 bis 24 Zentimeter; Gewicht 45 bis 55 Gramm.

ARTENSCHUTZ
Diese Arten sind offenbar nicht bedroht.

Ordnung Trogoniformes
1 Familie, ca. 8 Gattungen, ca. 37 Arten

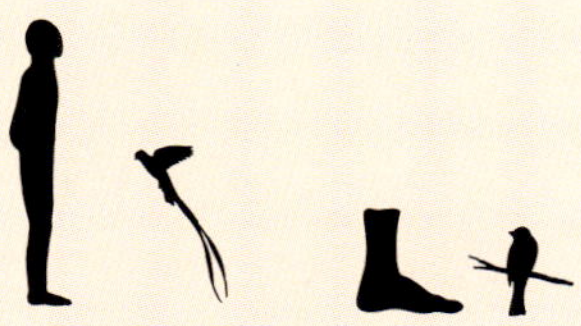

GRÖSSE
Kleinste Art
Schwarzkehl-Trogon *(Trogon rufus)*, Länge 23 Zentimeter.
Größte Art
Quetzal *(Pharomachrus mocinno)*; Körperlänge 33 Zentimeter; Schwanz 70 Zentimeter.

ARTENSCHUTZ
Der Quetzal *(Pharomachrus mocinno)*, der Haarbüschel-Trogon *(Eupilotis neoxenus)* und der Baird-Trogon *(Trogon bairdii)* stehen auf der ICBP-Liste der bedrohten Vögel.

MAUSVÖGEL UND TROGONE

G.R. CUNNINGHAM-VAN SOMEREN

Bei den Mausvögeln (Ordnung Coliiformes) handelt es sich um dunkel gefärbte, kleine afrikanische Vögel. Ihren Namen, »Mausvogel«, haben sie von der merkwürdigen Art, zwischen Büschen zu kriechen und zu klettern und sich verkehrt herum, mit dem Schwanz nach oben, festzuklammern. Unter den Trogonen (Ordnung Trogoniformes) ist vermutlich der prächtige Quetzal *(Pharomachrus mocinno)* am bekanntesten. Allerdings ist das Gefieder aller dieser Tropenwaldbewohner leuchtend gefärbt.

MAUSVÖGEL

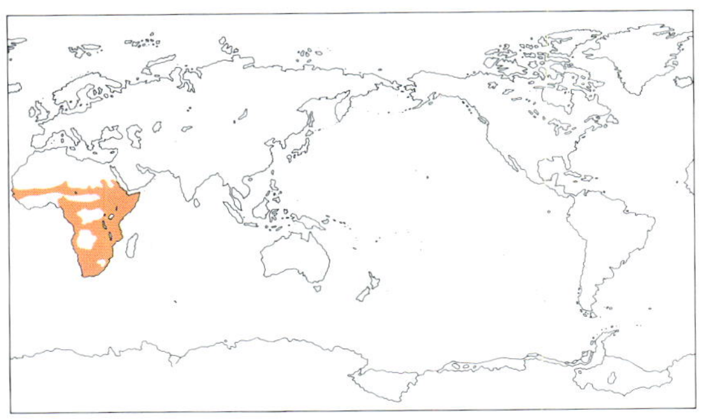

Die Mausvögel sind über ganz Afrika südlich der Sahara verbreitet. Die Arten bewohnen eine weite Spanne von Landschaften, vom nahezu trockenen Buschland bis zum Waldrand (jedoch nicht in den Wald hinein) und Höhenlagen bis zu 2000 Meter. Einige haben sich in Gärten und kleinen Ländereien niedergelassen, wo sie zu Recht als Haustiere gelten. Mausvögel sind Vegetarier. Ihre Nahrung setzt sich aus Blättern, Knospen, wilden oder angebauten Früchten und sogar Sämlingen zusammen.

Das Nest befindet sich gut versteckt in einem Busch. Es ist recht grob gebaut, besitzt jedoch eine weich gepolsterte Mulde. Die (normalerweis vier bis

▶ Mausvögel gibt es nur in Afrika. Zwar bieten sie oberflächlich ein unscheinbares Erscheinungsbild, besitzen jedoch eine Reihe merkwürdiger Eigenschaften. Wie die anderen Arten, sitzt auch der Braunflügel-Mausvogel stets in typischer Haltung, mit den Füßen mehr oder weniger auf Schulterhöhe, auf den Pflanzen. Ihre Federn besitzen sehr lange Ausläufer, die zu dem Eindruck eines ungewöhnlich flauschigen Gefieders beitragen.

sechs) Eier werden in täglichen Abständen gelegt. Dabei beginnt die Brutzeit mit dem ersten Ei, so daß man stets Nestlinge verschiedener Größe findet. Unmittelbar nach dem Schlüpfen sind die Jungen noch nackt; jedoch wachsen ihnen bald Daunen und dann Federn. Es kommt vor, daß ältere Nestlinge bei Störungen oder übermäßiger Sonnenbestrahlung das Nest verlassen, um sich zu verbergen. Allerdings befinden sie sich dann in Gefahr, von ihren eigenen Eltern verschlungen zu werden. Beide Eltern teilen sich den Nestbau, das Brüten und das Füttern der Jungen mit ausgewürgter Nahrung. Eine Familie kann über einen langen Zeitraum zusammenbleiben oder sich mit anderen zu Gruppen vereinigen. Dabei geht der Anführer von einem Busch zum nächsten, und die übrigen folgen ihm. Sie fliegen häufig leicht und geradlinig und bleiben dabei untereinander mit pfeifenden Rufen in Kontakt. Beim Ausruhen oder Schlafen bildet die Familie oder Gruppe einen planlosen Klumpen: Einige Vögel klammern sich an die Vegetation, andere an den Rücken der unterhalb sitzenden Artgenossen. Ihre Beine und Füße sind eigenartig gelenkig.

Mausvögel vertragen weder Regen noch Kälte gut; selbst aneinandergeschmiegt fallen sie dann in Starre. Sie trinken selten. Allerdings wurden Gruppen häufig beim Staubbad beobachtet und wie sie sich mit ausgebreiteten Flügeln und Schwänzen sonnten.

TROGONE

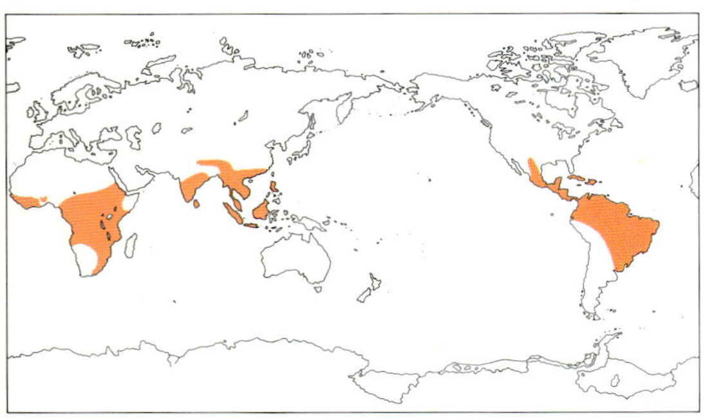

Die Trogone sind pantropische Vögel Zentralamerikas, der Westindischen Inseln, Afrikas und Asiens. Es sind Waldbewohner, über die man nicht sehr viel weiß, und über Einzelheiten ihrer Klassifizierung wird unter Taxonomen noch gestritten. In der Regel sind Kopf, Brust und Rücken metallisch grün und zeigen dabei blaue und gelbe Reflexionen. Der Bauch kann karminfarben, rot oder rosa sein, orange oder gelb. Die Weibchen wirken meist matter als die Männchen, und die asiatischen Arten sind weniger farbenprächtig. Der lange Schwanz ist leicht abgestuft und trägt meist weiße oder schwarze Streifen. Die zentralamerikanischen Quetzals (Gattung *Pharomachrus*) sind für ihre langen, herabhängenden, oberen Schwanzdecken gut bekannt. Die Vögel besitzen im unteren Bereich befiederte Beine und heterodactyle Zehen (die Zehen 1 und 2 weisen nach hinten, die Zehen 3 und 4 nach vorn).

Trogone leben verborgen und territorial. Ruhig suchen sie die Umgebung von ihren Sitzplätzen aus nach Beuteobjekten ab, besonders nach Insekten. In langsamem, wellenförmigem Flug schnappen sie eine Raupe von einem Blatt oder Zweig und kehren dann zu ihrem Sitzplatz zurück. Zuweilen fressen die Vögel kleine Echsen, und einige südamerikanische Arten fressen auch Früchte. Mit Rufen lockt das Männchen eine Partnerin zu einem geeigneten Nistplatz. Einige Weibchen antworten, andere bleiben stumm. Bei jedem Ton wird der Schwanz nach unten gedrückt. Sie nisten in einer Baumhöhle, und einige graben selber Löcher in abgestorbene Bäume. Bei den bisher untersuchten Arten werden zwei oder drei runde, glänzende Eier gelegt. Nach dem Schlüpfen sind die Jungen nackt und hilflos, entwickeln jedoch bald Daunen. Beide Eltern teilen sich das Ausbrüten und die Führung der Nestlinge und Jungvögel. Die Männchen sammeln sich zuweilen, um einander durch die Bäume zu scheuchen. Ihre empfindliche Haut reißt sehr leicht, und die weichen Federn fallen aus.

▶ ▼ Der Nationalvogel Guatemalas, der prächtige Quetzal (rechts), wurde von den Azteken als heilig verehrt. Einen solchen Vogel zu töten war ein Kapitalverbrechen. Diesen Schutz verlor der Vogel, nachdem Cortes das Aztekenreich verwüstet hatte, und seine Bestände gingen seitdem ständig zurück. Er bewohnt die Nebelwälder oberhalb von 1300 Meter. Der auffälligste Geschlechterunterschied besteht darin, daß den Weibchen die langen Schwanzfedern fehlen. Der Veilchen-Trogon (unten) bewohnt die Randgebiete und Lichtungen der Regenwälder von Mexiko bis nach Amazonien.

Ordnung Coraciiformes
9 Familien, ca. 47 Gattungen, ca. 206 Arten

GRÖSSE
Kleinste Art
Gelbflanken-Todi *(Todus mexicanus)* und verwandte Arten, Länge 10 Zentimeter; Gewicht 5 bis 6 Gramm.
Größte Art
Kaffern-Hornrabe *(Bucorvus caffer)* und der verwandte Sudan-Hornrabe *(B. abyssinicus)*; Länge 80 Zentimeter; Gewicht 3 bis 4 Kilogramm.

ARTENSCHUTZ
Auf der ICBP-Liste der bedrohten Vögel werden 20 Arten aufgeführt, darunter: Herkules-Eisvogel *(Alcedo hercules)*, Timorliest *(Halcyon australasia)*, Boroboraliest *(H. ruficollaris)*, Tuamotuliest *(H. gambieri)*, Marquesasliest *(H. godeffroyi)*, Bartliest *(Acterioides bougainvillei)*, Binden-Erdracke *(Brachypteracias leptosomus)*, Langschwanz-Erdracke *(Uratelornis chimaera)*, Nepal-Hornvogel *(Aceros nipalensis)*, Runzel-Hornvogel *(A. corrugatus)*, Sunda-Jahrvogel *(A. subruficollis)*, Sumba-Hornvogel *(Rhyticeros everetti)*, Mindanao-Liest *(Halcyon hombroni)*, Biakliest *(Tanysiptera riedelii)*, Kielschnabel-Motmot *(Electron carinatum)*, Schuppen- Erdracke *(Brachypteracias squamiger)* und Lätzchen-Erdracke *(Atelornis crossleyi)*.

EISVÖGEL UND VERWANDTE

JOSEPH FORSHAW UND ALAN KEMP

Eisvögel, Todis, Sägeracken, Spinte, Racken, Nashornvögel, Wiedehopfe und Baumhopfe sind allesamt durch Einzelheiten ihrer Anatomie oder ihres Verhaltens untereinander verbunden. An ihren kleinen Füßen sind die drei nach vorn weisenden Zehen grundsätzlich miteinander verwachsen. Zudem sind der Mittelohrknochen und die Eiproteine ähnlich. Bei vielen Arten handelt es sich um leuchtend gefärbte Vögel, die Nisthöhlen in Erdwälle oder faulende Bäume graben.

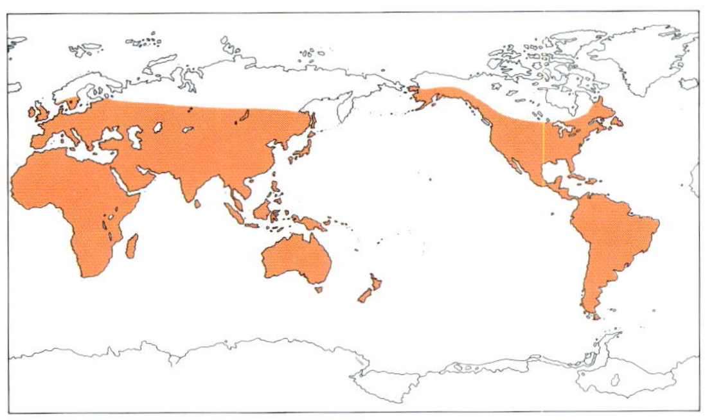

EISVÖGEL

Die auffälligsten Unterscheidungsmerkmale der Eisvögel (Familie Alcedinidae) sind der Schnabel und die Füße. Die Zehen an den außerordentlich kurzen Beinen sind syndactyl. Dabei sind die dritte und die vierte Zehe über den größten Teil ihrer Länge miteinander verbunden, die zweite und dritte dagegen an der Basis. Bei einigen Arten ist die zweite Zehe stark reduziert oder fehlt ganz. Ein »typischer« Eisvogel-Schnabel ist vergleichsweise groß, kräftig, meist lang und gerade und besitzt ein spitz zulaufendes oder leicht gebogenes Ende.

Zwei vorherrschende Schnabelformen entsprechen den beiden wesentlichen ökologischen Gruppierungen der Eisvögel: Bei den Unterfamilien Cerylinae und Alcedininae dient der seitlich zusammengedrückte, spitze Schnabel dazu, nach der Beute — überwiegend Fische — zu schlagen und sie zu packen. Dagegen ist der ziemlich breite, an der Spitze gebogene Schnabel in der Unterfamilie Daceloninae eher dazu geeignet, die Beute festzuhalten und zu zerquetschen. Einige Arten besitzen eine Schnabelform, die zwischen diesen Extremen liegt, und die Schnäbel weniger anderer Arten sind wiederum an spezielle Jagdtechniken angepaßt. Wie sein Name schon sagt, besitzt der Hakenliest *(Melidora macrorhina)* aus Neu Guinea einen breiten Schnabel mit stark gebogener Spitze. Er ist offenbar daran angepaßt, im Boden grabend seine Beute zu erreichen. Dagegen verwendet der ebenfalls aus Neu Guinea stammende Froschschnabel *(Clytoceyx rex)* seinen kurzen, breiten und extrem kräftigen Schnabel, um im feuchten Boden nach Regenwürmern zu suchen.

Eisvögel gibt es in verschiedenen Größen, vom australischen Jägerliest *(Dacelo novaeguineae)* oder vom afrikanischen Riesenfischer *(Ceryle maxima)*, die mehr als 40 Zentimeter lang und 400 Gramm schwer werden, bis zum zentralafrikanischen Braunkopf-Zwergfischer *(Corythornis lecontei)*, der nur zehn Zentimeter lang wird und wenig über zehn Gramm wiegt. Ihr Gefieder ist meist leuchtend gefärbt, etwa in Blau-, Grün-, Lila- und Rot- oder Brauntönen, die oft weiße Flecken oder dunkle Markierungen enthalten. Dazu kommt häufig ein metallischer Schimmer. Die Flügel sind in der Regel kurz und rundlich, während die Schwanzform variiert: von ganz kurzen Schwänzen, wie bei den *Ceyx-Arten*, bis zu sehr langen bei den *Tanysiptera*-Eisvögeln.

Eisvögel sind über die ganze Welt verbreitet, mit Ausnahme der höchsten Breiten und abgelegener Inseln. Am zahlreichsten findet man sie in Südostasien und auf Neu Guinea, jedoch sind sie auch im tropischen Afrika stark vertreten. Am weitesten nördlich leben sommerbrütende Zugvögel wie der Eurasische Eisvogel *(Alcedo atthis)* in Süd-Skandinavien und West-Rußland, sowie der Gürtelfischer *(Ceryle alcyon)* Alaskas und Zentral-Kanadas. Die südliche Verbreitungsgrenze liegt bei Feuerland; hier befinden sich die südlichsten Sommernistplätze des Rotbrustfischers *(C. torquata)*. Der Eurasische Eisvogel ist die am weitesten verbreitete Art; sein Gebiet reicht von West-Irland bis zu den Salomon-Inseln. Die meisten Arten mit stark eingeschränkter Verbreitung leben nur auf kleinen Inseln oder Inselgruppen.

Eisvögel bewohnen eine Vielfalt von Lebensräumen an Gewässern und Wäldern; allerdings meiden sie offene Gebiete, in denen zu wenige Bäume stehen. Fischfressende Eisvögel zeigen eine Vorliebe für bestimmte Lebensräume. So leben einige bevorzugt in

Tom & Pam Gardner

◀ Die Eisvögel der Gattung *Tanysiptera* sind sehr eng mit den Halcyon-Eisvögeln verwandt. Sie zeichnen sich jedoch durch verlängerte mittlere Schwanzfedern aus. Alle acht Arten bewohnen die Region Neu Guineas. Der hier gezeigte Paradiesliest wandert jedoch über die Torres-Straße, um im äußersten Nordosten Australiens zu brüten. Er nistet in Termitenhügeln an Bäumen, häufig dicht am Boden.

◀ ▼ Drei Eisvögel der Alten Welt: Links der Braunliest. Er bewohnt das südliche Asien vom Irak bis zu den Philippinen. Rechts der Kookaburra Neu Guineas, und unten der Hauben-Zwergfischer aus Afrika und Madagaskar.

▼ Der Vielfarben-Todi ist in den Wäldern häufig, besonders entlang der Flüsse und Ströme. Alle fünf Todi-Arten leben ausschließlich auf den Westindischen Inseln.

D. & M. Zimmerman/Vireo

Ufergebieten, besonders in den Mangroven, währen andere sich von großen, offenen Wasserstraßen ang zogen fühlen. Der von vielen »nicht fischenden« Ei vögeln favorisierte Lebensraum ist der tropische R genwald des Tieflandes.

Einige Bewohner der höheren Breiten, dies gilt b sonders für die Arten der Nordhalbkugel, unterne men regelmäßige, jahreszeitliche Wanderungen. D nordamerikanische Gürtelfischer, der Eisvogel Eur pas und West-Rußlands und der australische Götze liest *(Halcyon sancta)* gehören zu den Zugvögeln, d ren jahreszeitliche Abflug- und Ankunftszeiten g bekannt sind. Man kennt kontinentale Population des Eurasischen Eisvogels, die zwischen ihren Bru und Überwinterungsgebieten 1500 Kilometer z rücklegen.

Da sich die am besten bekannte Art, der Eurasisc Eisvogel, überwiegend von Fischen ernährt, die von überhängenden Zweigen aus in Teichen od Flüssen erbeutet, ist die Vorstellung verbreitet, di sei bei anderen Arten ebenso. In Wirklichkeit sind d meisten Arten unspezialisierte Beutegreifer, die ei Vielfalt von Wirbellosen und kleine Wirbeltiere vo Boden oder aus dem Wasser fangen. Ihre üblic »Abwarte«-Technik spielt sich folgendermaßen a Von einem günstigen Sitzplatz aus überwachen s ruhig die Oberfläche. Dann stürzen oder tauchen s hinunter, um die Beute zu packen und bringen sie den Ausgangspunkt zurück. Ohne den Griff i Schnabel zu lockern, wird die Beute durch wiederh tes Schlagen gegen einen Zweig bewegungsunfähig gemacht. Nicht verdaute Nahrung wird in gepreßter Form ausgewürgt.

Bei der Verteidigung des Territoriums und bei der Balz schreien sie laut und vollführen auffällige Flüge hoch über den Baumwipfeln. Die normale Fortpflanzungseinheit ist ein monogames Paar, das entweder allein oder in losen Kolonien brütet; allerdings gibt es auch Arten, die kooperativ nisten und dabei sogar Helfer am Nest beteiligen. In Australien findet man beim Haubenliest *(Decelo leachii)* und beim Jägerliest alle Spielarten des Brütens, und es kommt vor, daß mehr als ein Weibchen in demselben Nest liegt.

Die Nester befinden sich in natürlichen Baumhöhlen oder werden von den Vögeln in Erdwällen, Termitenhügeln oder faulenden Baumstümpfen selbst angelegt. Beide Geschlechter graben die Höhlung aus. Dabei lockern sie die Erde oder das faulende Holz mit dem Schnabel und stoßen das freigewordene Material mit den Füßen hinaus. Am Ende des Ganges liegt eine größere Kammer, in die hinein die Eier auf den nackten Boden gelegt werden. Während des Brutvorganges wird die Höhle mit Exkrementen, ausgewürgten Pellets und Nahrungsresten verunreinigt, so daß ein typischer, abstoßender Geruch entsteht. Die Küken kleiner, fischfressender Arten wie des Eurasischen Eisvogels sind nach dem Flüggewerden beinahe selbständig. Dagegen sind die Jungen der größeren, waldbewohnenden Eisvögel noch bis zu acht Wochen nach dem Verlassen des Nestes auf ihre Eltern angewiesen.

TODIS

Todis sind sehr kleine, stämmige Vögel mit einem vergleichsweise breiten Kopf, einem recht langen, abgeflachten Schnabel und einem kurzen, leicht abgerundeten Schwanz. Ihr auffälliges Gefieder ist an der Rückenpartie leuchtend grün und enthält einen leuchtenden, roten Kehlfleck. Die Geschlechter sehen gleich aus, allerdings sind Jungvögel wesentlich matter gefärbt als die Erwachsenen, und bei ihnen ist der rote Kehlfleck nur andeutungsweise oder gar nicht vorhanden. Die Arten unterscheiden sich überwiegend durch abweichende Farben an den Flanken sowie durch das Auftreten oder Fehlen bläulicher Flecken unter den Ohren.

Alle fünf Arten gehören zur Gattung *Todus* und sind auf die Westindischen Inseln beschränkt. Nur auf Hispaniola leben zwei Arten: Der Schmalschnabeltodi *(T. angustirostris)* in den feuchten Bergwäldern und der Breitschnabeltodi *(T. subulatus)* im niedriger gelegenen Buschland oder Trockenwald. Auf anderen Inseln toleriert die einzelne Art eine größere Spanne von Lebensräumen. Die Todis sind über weite Strecken ihres Verbreitungsgebietes nach wie vor häufig und scheinen mit den beiden Hauptgefahren, die so viele Inselvögel in Mitleidenschaft ziehen, gut fertiggeworden zu sein: dem Verlust des Lebensraumes und dem Einschleppen von Beutegreifern oder Nahrungskonkurrenten.

Typischerweise fangen sie Insekten von der Unterseite eines Blattes im bogenförmigen Flug von einem Sitzplatz zum nächsten. Der abgeflachte Schnabel eignet sich offenbar nicht nur für diese Technik gut, denn es werden auch Insekten im Fluge gefangen. Das Nest befindet sich in einem Gang, den die Vögel in einen Erdwall hineingraben, und die zwei bis drei weißen Eier werden in einer seichten Mulde am Boden einer vergrößerten Kammer abgelegt, die sich am Ende des Ganges befindet. Beide Geschlechter bebrüten die Eier, und die Jungen werden von beiden Eltern gefüttert. An einigen Nestern wurden weitere erwachsene Vögel beobachtet, die bei der Fütterung des Nachwuchses assistierten.

D. Wechsler/Vireo

▲ Trotz seines farbigen Gefieders ist der Zimtbrust-Motmot ein unauffälliger Bewohner des dichten Regenwaldes, den man häufiger hört als sieht. Er wartet ruhig ab und fängt seine Beute auf dem Boden oder in der Nähe des Bodens mit kurzen Anflügen. Den größten Teil der Beute bringt er zu seinem Sitzplatz zurück, wo sie überwältigt und verschluckt wird. Motmots haben die eigenartige Gewohnheit, ihren Schwanz wie ein Pendel von einer Seite zur anderen zu schwingen.

SÄGERACKEN

Die Verbreitung der zehn Arten der Familie Momotidae ist auf das tropische Kontinental-Amerika beschränkt; sie reicht von Nord-Mexiko bis nach Nord-Argentinien. Es handelt sich um Bewohner der Waldgebiete im Tiefland und an den Gebirgsausläufern. Eine bemerkenswerte Ausnahme bildet der Blaukehlmotmot, der nur in den Nebel- und Mischwäldern des zentralamerikanischen Hochlands lebt.

Motomots sind robuste Vögel. Ihr unverwechselbares Erscheinungsbild rührt zum einen vom breiten

Hilary Fry

▲ In typischer Spint-Haltung hält ein Schwarzbrust-Spint Ausschau nach Beute. Diese Art ist im Hochland Ostafrikas häufig.

Kopf mit einem relativ langen, kräftigen Schnabel, zum anderen von den vergleichsweise langen Beinen und zum dritten bei den meisten Arten von einem scharf abgestuften Schwanz mit verlängerten Mittelfedern. In der Körpergröße herrscht eine deutliche Spanne. Sie reicht vom 19 Zentimeter langen Zwergmotmot bis zum Blauscheitelmotmot, der insgesamt 53 Zentimeter groß wird. Das Gefieder zeigt eine Mischung aus grün und rotbraun, und bei den meisten Arten findet man auffällige Muster an Kopf und Gesicht in schwarzen und leuchtenden Blauschattierungen. Der gedrungene, leicht nach unten gebogene Schnabel kann rundlich oder seitlich zusammengedrückt, aber auch extrem breit und flach sein. Und bei allen Arten — mit Ausnahme des Zwergmotmots — sind die Schnittkanten gesägt.

Was die Sägeracken am meisten charakterisiert, ist ihr Schwanz. Bei einigen Arten sind nämlich die verlängerten Mittelfedern über einen Teil ihrer Fahne beraubt. Sie enden jedoch in vollständig entwickelten, spatelförmigen Enden, die wie Flaggen wirken. Den neugewachsenen Federn fehlen diese nackten Schäfte noch; vermutlich sitzen die Fahnen nur lose an und fallen bei der Gefiederpflege, oder wenn der Vogel sich an der Vegetation reibt, leicht ab. Die Schwänze der Weibchen sind geringfügig kürzer als die der Männchen, davon abgesehen sind die Geschlechter einander ähnlich. Die Jungvögel unterscheiden sich kaum von den Erwachsenen, allerdings sind ihre Markierungen an Kopf und Gesicht meist matter gefärbt.

Sägeracken erheben sich von günstigen Standorten aus in die Luft, um ihre Beute auf dem Boden, zwischen dem Blattwerk, von der Oberfläche eines Astes oder Baumstamms oder in der Luft zu fangen. In der Regel wird die gefangene Beute zum Ausgangspunkt zurückgebracht und wiederholt gegen den Zweig geschlagen, ehe der Vogel sie verspeist. Sägeracken wurden schon mit anderen Vögel zusammen dabei beobachtet, wie sie auf der Fährte räuberischer Ameisen die Insekten fingen, die den marodierenden Kolonnen auswichen.

Die Nester bestehen aus Gängen, die von den Vögeln in Erdwällen ausgegraben werden, und einige Arten nisten in Kolonien von wenigen bis zu über 40 Paaren. Die Eier werden in einer vergrößerten Kammer am Ende des Ganges abgelegt, und beide Geschlechter teilen sich das Brutgeschäft über etwa 20 Tage. Die Küken werden auch von beiden Eltern gefüttert; sie verlassen das Nest ungefähr 30 Tage nach dem Schlüpfen. Zwar sind die Sägeracken über große Teile ihres Verbreitungsgebietes noch immer zahlreich; angesichts der Tatsache, daß ihre Waldgebiete fortgesetzt vernichtet werden, ist ihre Zukunft jedoch eher unsicher.

SPINTE

Die Spinte sind besonders schöne Vögel, sowohl was ihre Erscheinung betrifft als auch ihr Verhalten. Ihr schlankes Profil wird von einem schmalen, spitzen Schnabel und einem vergleichsweise langen Schwanz betont, dessen Mittelfedern bei vielen Arten verlängert sind. Leuchtend grün gefärbte Rückenpartien bilden das auffälligste Merkmal der meisten Arten; zudem besitzen sie abgesetzte Kopf- oder Gesichtsmuster. Drei auffälige Arten, der Scharlachspint (*Merops nubicus*), der Karminspint (*M. nubicoides*) und der Rosenspint (*M. malimbicus*) heben sich eindeutig durch ihr überwiegend rotes Gefieder, in dem Grüntöne nur wenig oder gar nicht vorkommen, von den übrigen Arten ab. Bei allen Arten sind die Geschlechter einander ähnlich oder unterscheiden sich nur wenig, und die Jungvögel sind grundsätzlich matter gefärbt als die Erwachsenen. Die Größe der ausgewachsenen Vögel variiert von 18 bis 32 Zentimeter.

▶ Der Schwalbenschwanz-Spint ist in den baumbestandenen Busch- und Savannengebieten weiter Bereiche Afrikas häufig. Da er bei weitem weniger gesellig lebt als einige Spinte, trifft man ihn normalerweise in Paaren oder kleinen Gruppen an. Spinte fressen fliegende Insekten, wie Bienen und Schmetterlinge. Sie fangen ihre Beute im virtuosen Spurt von hochglegenen Zweigen aus.

◀ Der Blauscheitel-Motmot (ganz links) ist der am weitesten verbreitete Vertreter dieser kleinen, amerikanischen Vogelfamilie. In Brasilien ist er örtlich als »Huhu« bekannt, eine Wiedergabe seines häufigsten Rufes. Der Regenbogen-Spint (links) ist der einzige australische Vertreter seiner Familie. Er ist jedoch über weite Teile des Kontinents verbreitet und häufig. Die meisten Populationen dieses sehr geselligen Vogels ziehen.

Da sie sich auf das Erbeuten stechender Insekten spezialisiert haben, entwickelten die Spinte ein wirkungsvolles Verfahren, um den Giftstachel ihrer Beute unschädlich zu machen. Dabei wird das gefangene Insekt wiederholt gegen den Sitzplatz geschlagen und anschließend rasch gegen den Ast gerieben, während der Vogel seinen Schnabel dicht zupreßt, um den Stachel und das Gift herauszudrücken. Bienen, Wespen, Ameisen und deren Verwandte bilden die wesentlichen Nahrungsobjekte der meisten Arten. Die Insekten werden beinahe immer in der Luft gefangen. Als spezialisierte Insektenfresser stehen die Spinte in der Gefahr, den Auswirkungen von Pestiziden zu erliegen, obwohl heute noch keine Art vom Aussterben bedroht ist.

Die 27 Arten findet man nur in der Alten Welt; am häufigsten sind sie im nördlichen und tropischen Afrika. Die meisten leben in offenen, leicht bewaldeten Gebieten, zudem häufig in der Nähe von Fließgewässern. Der Zug großer Zahlen des europäischen Bienenfressers *(Merops apiaster)* und des Blauwangen-Spints *(M. persicus)*, die entlang ihrer Wanderwege durch den Mittleren Osten und die Arabische Halbinsel zwischen ihren Brutgebieten ind Europa und Asien und den afrikanischen Überwinterungsplätzen ziehen, ist ein auffälliges, jahreszeitliches Ereignis. Es kommt auch innerhalb Afrikas zu intrakontinentalen Wanderungen. Spinte sind auch in Südostasien häufig. Hier gibt es nicht nur jahreszeitlich stattfindende Wanderungen über kürzere Entfernungen, sondern auch regelmäßige Züge über lange Distanzen — so etwa beim Regenbogenspint, der im Frühjahr zum Brüten bis nach Australien fliegt.

Die Spinte graben Höhlennester in Erdwällen oder in flachem, sandigem Boden. Dabei werden die Nester einzeln (wie bei den *Nyctyornis*-Arten), in Gruppen von zwei oder drei (wie beim Schwarzkopfspint, *Merops breweri)* oder in losen Ansammlungen mehr oder weniger regelmäßig entlang eines Erdwalls angeordnet. In großen Kolonien findet man tausend Höhlen oder mehr. Das Ausbrüten der Eier und die Fütterung der Jungen wird von beiden Eltern vorgenommen. Die Küken verlassen das Nest 24 bis 30 Tage nach dem Schlüpfen. Bei einigen Arten gilt als gesichert, daß zusätzliche erwachsene Vögel als Helfer am Nest fungieren, bei anderen wird dies nur vermutet. Man hat festgestellt, daß Helfer am Nest den Anteil der Vögel, die flügge werden, erheblich heraufsetzen können.

RACKEN

Die Racken tragen ihren englischen Namen (»Rollers«) aufgrund der Drehungen, die einige der zwölf Arten aus der Familie Coraciidae während der Balz oder während ihrer Territorialflüge vollziehen. Bei typischen Racken handelt es sich um recht große, stämmige Vögel mit einer Länge von 25 bis 37 Zentimetern. Sie besitzen kräftige Schnäbel und vergleichsweise kurze Beine. Ihr quadratisch geformter Schwanz ist relativ kurz. Allerdings tragen einige afrikanische Arten zu Bändern verlängerte Federn. Die Schnabelformen entsprechen unterschiedlichen Techniken des Nahrungserwerbs: Die acht *Coracias*-Arten fangen ihre Beute zum großen Teil am Boden; ihre vorstehenden Schnäbel sind enger und seitlich zusammengedrückt. Die vier *Eurystomus*-Arten fangen Insekten in der Luft, und ihre kurzen, abgeflachten Schnäbel sind an der Basis sehr breit. Die *Coracias*-Vertreter besitzen schwärzliche Schnäbel, bei den *Eurystomus*-Arten sind sie dagegen leuchtend gelb oder rot. Sie weisen ein leuchtend gefärbtes Gefieder auf, in dem Blau-Schattierungen vorherrschen, und die Jungvögel ähneln den Erwachsenen, sind nur deutlich matter gefärbt.

Die Blauracke *(Coracias garrulus)* ist ein regelmäßiger Zieher zwischen den Kontinenten, der in Afrika überwintert und dazu seine eurasischen Brutgründe verläßt. Racken findet man in besonders großer Zahl in Afrika. Hier fallen sowohl einheimische als auch überwinternde Arten in offenen oder leicht bewaldeten Gebieten auf. Ihre Verbreitung dehnt sich nach Südostasien aus, wo allerdings merklich weniger Arten leben. Und nur eine Art ist schließlich auch in Australasien zu Hause, der Dollarvogel *(Eurystomus orientalis)*, dessen australische Populationen nordwärts ziehen, um auf Neu Guinea zu überwintern.

Ihre heiseren Rufe, ihr leuchtendes Gefieder und ihre häufig gezeigten Flugkünste machen die Racken zu sehr auffälligen Vögeln. Zu Beginn der Brutzeit sind sie besonders aktiv und stimmfreudig und stürzen sich in der Nähe ihrer Nester häufig auf Eindringlinge, auch auf Menschen, aus der Luft herab. Die *Coracias*-Racken lassen sich von günstig gelegenen Beobachtungsplätzen aus auf den Boden fallen, um große Insekten oder kleine Wirbeltiere zu fangen. Dagegen schwingen sich die *Eurystomus*-Arten von hoch gelegenen Zweigen auf und fangen Insekten in der Luft.

Die Nester werden in Baumhöhlungen oder in Gängen angelegt, die die Vögel in Erdwälle hineingraben, manchmal jedoch auch in Spalten unter dem Dachvorsprung eines Hauses oder in Wänden aus Lehmziegeln. Die Eier werden von beiden Geschlechtern 17 bis 20 Tage lang ausgebrütet und die Jungen im Nest bis zu 30 Tage lang gefüttert.

In vielen Teilen Europas kam es bei der Blauracke zu einem dramatischen Rückgang ihrer Bestände. Dies ist vermutlich auf den Verlust ihrer bewaldeten

▲ Die Gabelracke gehört zu den auffälligsten afrikanischen Vögeln. Man findet sie meist paarweise im offenen Gelände, wo sie häufig hoch oben auf einem toten Baum sitzen.

▶ Wie ihr Name bereits andeutet, lebt die Schuppen-Erdracke weitgehend auf dem Boden. Man findet sie im dichten Regenwald. Über ihr Verhalten oder ihre Lebensweise ist jedoch nur sehr wenig bekannt. Die gesamte Familie der Erdracken ist auf Madagaskar beschränkt, und sämtliche Arten sind durch die Zerstörung ihrer Lebensräume stark bedroht.

Belinda Wright

▲ Die Hindu-Racke sitzt auf Telefonkabeln oder Zaunpfählen. Von dort aus läßt sie sich in gewissen Abständen, wie ein Fallschirm, herabgleiten, um nach Beute auf dem Boden zu schnappen. Dieser Vogel fängt auch Fische von der Wasseroberfläche oder taucht sogar nach diesen wie ein Eisvogel. Die Racken sind für ihre atemberaubende Luftbalz bekannt, an der häufig beide Geschlechter teilnehmen.

Lebensräume und den Einsatz chemischer Pestizide zurückzuführen. Zwei Arten, die Azur-Racke *(Eurystomus azureus)* und die Celebes-Racke *(Coracias temminckii)* haben in Südostasien eine sehr eingeschränkte Verbreitung und sind daher gegen Eingriffe in ihre Lebensräume besonders empfindlich.

ERDRACKEN

Diese Gruppe hoschspezialisierter, am Boden lebender Erdracken findet man ausschließlich auf Madagaskar. Es handelt sich bei den fünf Arten um gedrungene Vögel, deren Länge zwischen 25 und 40 Zentimeter variiert. Sie lassen sich von den übrigen Racken sofort durch ihre langen, kräftigen Beine unterscheiden, die offenbar eine Anpassung an das Leben am Boden darstellen. Auch die Färbung des Gefieders variiert; bei den meisten Arten findet man jedoch typischerweise feine Streifen- oder Fleckenmuster. Vier Arten bewohnen die östlichen Regenwälder Madagaskars, wo es ihre Vorliebe für abgelegene, schattige Areale und ihre verborgene Lebensweise schwierig machen, sie zu entdecken. Daher weiß man von ihnen noch immer wenig. Im Gegensatz dazu bewohnt die Langschwanz-Erdracke *(Uratelornis chimaera)* die trockenen Wälder im Südwesten und ist in Gebieten mit ungestörten Lebensräumen noch häufig. Sie alle fressen Insekten, die sie geräuschlos im heruntergefallenen Laub suchen, und von einigen Arten weiß man, daß sie bei Dämmerung bis in die Nacht hinein auf Nahrungssuche gehen. Die Vögel graben sich im Boden Höhlennester; über ihr Brutverhalten ist jedoch wenig bekannt.

DER KUROL

Der Kurol *(Leptosomus discolor)* ist in seiner Verbreitung auf Madagaskar und die Komoren beschränkt. Er ist mit 50 Zentimetern Länge und einem Gewicht von bis zu 240 Gramm ein ziemlich großer Vogel. In der Gefiederfarbe gibt es zwischen den Geschlechtern deutliche Unterschiede: Beim erwachsenen Männchen ist die Rückenpartie grau-schwarz mit ausgeprägtem, metallisch-grünem Schimmer und einem malvenroten Ton; dagegen sind die Unterseite und der vorstehende Stirnkamm aschgrau. Das erwachsene Weibchen ist nahezu überall tief rotbraun und besitzt zudem breite, schwarze Streifen und Flecken. Die Jungvögel ähneln dem erwachsenen Weibchen.

Der Kurol ist in Wäldern und Gebieten mit leichtem Baumbestand grundsätzlich häufig. Zur Brutsaison trifft man ihn normalerweise einzeln oder in Paaren an, zur übrigen Zeit des Jahres jedoch in Gruppen bis zu einem Dutzend Individuen. Die Vögel sind zutraulich und erlauben einem meist, nahe heranzukommen. Besonders auffällig sind sie, wenn sie laut schreiend über den Baumwipfeln hin und herfliegen. Zwischen den Zweigen von Bäumen und Büschen fangen sie große Insekten und kleine Reptilien, besonders Chamäleons. Das Nest befindet sich in hohlen Ästen oder Baumstämmen, und es werden vier weiße Eier hineingelegt.

DER WIEDEHOPF

Die unverseschselbaren Merkmale des Wiedehopfs *(Upupa epops),* des einzigen Vertreters der Familie

Guy Robbrecht/Bruce Coleman Ltd

Upupidae, sind sein langer, aufstellbarer Kamm und ein langer, abwärts gebogener Schnabel. Die Färbung des Gefieders ist mattrosa bis tief zimtfarben oder rotbraun und wird durch schwarzweiß gebänderte Flügel und einen ebenso gemusterten Schwanz aufgelockert. Der erwachsene Vogel wiegt etwa 55 Gramm und ist etwa 28 Zentimeter groß.

Der Wiedehopf ist in Afrika, Eurasien und Südostasien weithin verbreitet und bewohnt eine Vielfalt leicht bewaldeter Lebensräume, in denen er für die Nahrungssuche offenen Boden und freiliegendes, abgefallenes Laub vorfindet. Bei der Nahrungssuche stochert er meist mit dem langen Schnabel in der weichen Erde, unter Pflanzenresten oder im Kot nach Insekten und deren Larven — selbst auf Viehweiden und in gut bewässerten Gärten. Während der Brutsaison trifft man ihn normalerweise einzeln oder paarweise an, zu anderen Zeiten jedoch in Familienverbänden oder losen Gruppen aus bis zu zehn Individuen. In den nördlichen Teilen seines Verbreitungsgebietes unternimmt der Wiedehopf Wanderungen, anderenorts ist er ein Teilzieher oder standorttreu. Die meisten Zieher aus Europa überwintern vermutlich in Afrika südlich der Sahara, wo sie sich im Feld von den dort ansässigen Artgenossen nicht unterscheiden lassen. Die Populationen der zentral- und ostsibirischen Gebiete suchen ihre Überwinterungsgründe im südlichen Asien auf.

Wiedehopfe nisten in hohlen Ästen oder Baumstämmen, in Gängen auf dem Boden, in Spalten an den Wänden von Gebäuden und unter Umständen in Nistkästen. Einige Nistplätze werden von ihnen in jedem Jahr aufs Neue benutzt. Nur das Weibchen brütet, etwa 15 bis 20 Tage lang, die Eier aus. Die frisch geschlüpften Küken werden zunächst vom Weibchen gewärmt und gefüttert; später werden sie von beiden Eltern umsorgt. Mit zunehmendem Wachstum der Küken füllt sich die Nesthöhle mit Exkrementen und Nahrungsresten und wird etwa 28 Tage nach dem Schlüpfen von der Brut verlassen. Obwohl die Art im größten Teil ihres Verbreitungsgebietes noch häufig ist, kam es in Europa während des größten Teils dieses Jahrhunderts zu einem stetigen Rückgang des Bestandes.

BAUMHOPFE

Die acht Arten der Baumhopfe (Familie Phoeniculidae) ist in Afrika südlich der Sahara endemisch. Es sind kleine bis mittelgroße, baumbewohnende Vögel mit langen Schwänzen und relativ langen, spitzen Schnäbeln. Letztere sind bei einigen Arten stark nach unten gebogen. Das schwarze Gefieder weist in der Regel einen deutlichen, irisierenden Schimmer metallisch-grüner, blauer oder violetter Farbe auf, und stets befinden sich auf Flügeln und Schwanz weiße Streifen oder Flecken. Bei einigen Arten ist zudem der Kopf weiß oder braun. Die Schnäbel und Schwänze der Weibchen sind meist kürzer als die der Männchen, und die Jungvögel weisen eine deutlich mattere Färbung auf als die Erwachsenen.

Der Waldhopf *(Phoeniculus castaniceps)* und der größere Weißmaskenhopf *(P. bollei)* bevorzugen den Primär- und Sekundärwald, wo sie sich in den höheren Zweigen und Baumebenen aufhalten. Andere Arten bewohnen in erster Linie die Savanne, offene Waldgebiete und trockene Areale mit Dornengestrüpp. Sie alle sind lebhafte Vögel, die sehr geschickt zwischen den Blättern oder an Baumstämmen entlang klettern und dabei mit ihren langen Schnäbeln ständig in Spalten oder unter der Rinde stochern, um Insekten und deren Larven aufzuspüren. Wie bei den Baumsteigern und Spechten wird der Schwanz als Stütze eingesetzt, und häufig hängt ein Vogel kopfabwärts, um seine Beute zu erreichen. Die größeren Arten neigen zu einem geselligen Leben. Sie sind laut und fallen besonders dann auf, wenn sie beim Flug von einem Baum zum nächsten die weißen Markierungen auf ihren Flügeln und Schwänzen entblößen.

Waldhopfe nisten in hohlen Ästen oder Baumstämmen, häufig auch in Höhlen, die von Bartvögeln oder Spechten geschaffen wurden. Der Gemeine Baumhopf *(P. purpureus)* brütet in Zusammenarbeit mit anderen Artgenossen; dabei wurden bis zu zehn Helfer an einem Nest gezählt. Zumeist handelt es sich bei den Helfern um den Nachwuchs des nistenden Paares aus dem Jahr zuvor. Nur das Weibchen brütet die Eier aus, etwa 18 Tage lang. Die Jungen werden im Alter von 28 bis 30 Tagen flügge. Das Nistverhalten der übrigen Arten ist überwiegend unbekannt.

NASHORNVÖGEL

Die Nashornvögel gehören zu einer der am leichtesten zu erkennenden Vogelfamilie, den Bucerotidae. Auffallend sind an ihnen die langen, abwärts gebogenen Schnäbel, die häufig oben einen hervorragenden Aufsatz tragen, ihre lauten Rufe sowie ihre langen Augenwimpern. Von zwei Arten abgesehen, versiegeln sie den Eingang ihrer Nisthöhle bis auf einen schmalen, senkrechten Spalt. Das eingekerkerte Weibchen und die Jungen werden während der Brutzeit von dem Männchen mit Nahrung versorgt. Die Nashornvögel sind auf die altweltlichen Gebiete Afrikas (unterhalb der Sahara) sowie Asiens (östlich der Philippinen und Neu Guineas) beschränkt. Die Tukane, von denen einige einen vergleichsweise größeren und bunteren Schnabel als die Nashornvögel besitzen, vertreten diese in der Neuen Welt.

W.S. Paton/Bruce Coleman Ltd

◀ Der weit über Afrika verbreitete Steppen-Baumhopf ist laut, gesellig und lebt in kleinen Gruppen. Die Vögel ziehen durch dichte und offene Wälder und folgen einander von Baum zu Baum. Der Baumhopf ernährt sich überwiegend von Insekten, die er mit seinem gebogenen Schnabel in den Rindenspalten aufspürt. Er klettert lebhaft über große Äste und Zweige und klammert sich häufig an den Stamm. Dabei setzt er seinen Schwanz, wie ein Specht, als Stütze ein.

Der große Schnabel der Nashornvögel wird vielfältig eingesetzt, etwa zum Fressen, Kämpfen, zur Gefiederpflege und zum Versiegeln der Nisthöhle. Der Kopf wird von starken Nackenmuskeln gestützt, und zudem sorgen die ersten beiden miteinander verwachsenen Halswirbel für Stabilität; ein unter Vögeln einmaliges Phänomen. Der Schnabelaufsatz ist bei Arten wie dem Kaffernhornraben *(Bucorvus caffer)* und dem Rotschnabeltoko *(Tockus erythrorhynchus)* kaum entwickelt. Seine Funktion scheint bei den übrigen Arten darin zu liegen, eine Verstärkungsleiste über dem Scheitelpunkt des Schnabels zu bilden. Bei zahlreichen Arten ist er jedoch sekundär verän-

◀ (Gegenüber:) Ein Wiedehopf kehrt an sein Nest zurück. Dieser Vogel ist in den wärmeren Gebieten Europas, Afrikas und Asiens weit verbreitet. Er nistet in Baumhöhlen, zwischen Felsen oder tief in Erdwällen. Das Weibchen brütet allein, während das Männchen Nahrung herbeischafft. Sind die Jungen geschlüpft, hilft es dem Partner, Nahrung ans Nest zu bringen. In der Regel fängt dabei jedoch ausschließlich das Männchen. Es überreicht das Futter dem Weibchen, das es seinerseits an die Jungen weiterreicht.

◀ Ein Gelbschnabel-Toko. Bis auf eine sind alle 14 Arten der Gattung Tockus auf Afrika beschränkt. Sie unterscheiden sich von den meisten übrigen Nashornvögeln dadurch, daß sie ihre Nahrung am Boden suchen. Zudem fressen sie vornehmlich Insekten anstelle von Früchten.

dert: Beim Keulen-Hornvogel bildet er einen hohlen Resonanzkörper. Beim Runzelhornvogel *(Aceros corrugatus)* und dem Furchenjahrvogel *(A. undulatus)* verleiht er dem Vogel einen besonderen Umriß. Eine extreme Ausformung besitzt der Schildschnabel *(Rhinoplax vigil)*: Hier bildet der Schnabel einen Block soliden Elfenbeins, und der Schädel nimmt auf diese Weise elf Prozent des Körpergewichts ein.

Das Gefieder der Nashornvögel besteht aus schwarzen, weißen, grauen oder braunen Arealen mit sehr wenigen Spezialbildungen, sieht man von einem lockeren Helm beim Kurzschopf-Hornvogel *(Anorrhinus galeritus)* oder langen Schwanzfedern, wie beim Schildschnabel, einmal ab. Allerdings sind der Schnabel, die Gesichtshaut und die Augen häufig leuchtend rot, gelb, blau und grün gefärbt. Zudem entwickelt die Kehlhaut zuweilen Kehllappen, wie beim Goldhelm-Hornvogel *(Ceratogyma elata)*, einen aufblasbaren Sack, wie bei den Furchenjahrvögeln oder den Hornraben der Gattung Bucorvus, oder es sind der gesamte Kopf und Hals entblößt, wie beim Schildschnabel.

Bei allen Arten gibt der Entwicklungszustand des Schnabels und des Schnabelaufsatzes Hinweise auf das Alter und das Geschlecht eines Tieres, die bei vielen Arten durch Unterschiede in der Gefiederfarbe, der nackten Gesichtshaut oder der Augen noch ergänzt werden. Die Männchen sind geringfügig größer als die Weibchen, und die Form des bei diesen stärker hervortretenden Schnabelaufsatzes ist häufig ein Bestimmungsmerkmal für die Art. Dies gilt zum Beispiel für den Rhinozerosvogel *(Buceros rhinoceros)*. Eine jede Art verfügt auch über laute, kennzeichnende Rufe, die in ihrer Umgebung zu den auffälligsten zählen. Die Geräuschpalette erstreckt sich von dem Gackern des Jackson-Tokos *(Tockus deckeni)* oder dem Dröhnen des afrikanischen Sudan-Hornraben *(Bucorvus abyssinicus)* bis zum Brüllen der großen in-

▶ Der größte Nashornvogel, der Kaffern-Nashornvogel, bewohnt das offene Gelände in kleinen Familiengruppen, die täglich die Grenzen wohldefinierter Territorien abschreiten. Während sie durch häufige, laute, tiefe, dröhnende Geräusche untereinander Kontakt halten, verteilen sich die Vögel und suchen systematisch das Gras nach Beute ab. Sie fressen verschiedene, am Boden lebende Tiere, darunter große Insekten, Schlangen und Frösche.

Mitch Reardon/Weldon Trannies

dischen Doppelhornvögel *(Buceros bicornis)* oder dem Pfeifen und wahnsinnigen Gelächter des Schildschnabels auf Malaysia. Verschiedene Arten nehmen beim Rufen auffällige Körperhaltungen ein. Die meisten größeren Arten fliegen recht geräuschvoll, da ihnen steife Unterflügeldecken fehlen und die Luft daher zwischen der Basis ihrer Schwungfedern hindurchrauscht.

Die 45 Arten bewohnen Lebensräume, die von der trockenen Steppe bis zum dichten, tropischen Regenwald reichen. Bis auf eine leben alle zwölf Arten, die Savannen und Steppen bewohnen, in Afrika; die Ausnahme ist der Keilschwanz-Toko *(Meniceros birostris)* aus Indien. Unter diesen Arten findet man innerhalb der Familie auch die Größenextreme: von 150 Gramm bis zu vier Kilogramm. Die meisten Nashornvögel leben seßhaft in festen Paaren in Territorien, die sie verteidigen und deren Größe von zehn Hektar bis zu 100 Quadratkilometer variiert. Allerdings sind die Bewohner trockener Lebensräume häufig gezwungen, während der Trockenzeiten örtlich begrenzt umzuziehen; bei einigen führt dies zu regelmäßigen Wanderungen. Auch die Bewohner des Regenwaldes decken auf der Suche nach früchtetragenden Bäumen große Gebiete ab. Dies gilt besonders für die Vertreter der Gattung *Aceros* wie etwa für den Furchenjahrvogel, der täglich das offene Meer zwischen den Inseln überquert. Eine Reihe von Arten lebt in Gruppen, die gemeinsam ein Gruppenterritorium verteidigen, und bei denen die meisten Individuen dem dominanten Paar beim Brüten helfen.

Nashornvögel nisten in natürlichen Höhlen von Bäumen oder Felswänden, und bei den meisten Arten verschließt das Weibchen die Eingangsöfffnung bis auf einen schmalen, senkrechten Spalt, indem es zum Versiegeln Schlamm, Exkremente oder Nahrungsreste verwendet. Bei einigen Arten, etwa beim Doppelhornvogel, hilft das Männchen, Schlamm herbeizuschaffen und die Öffnung von außen zu versiegeln. Bei anderen Arten schlucken die Männchen den Schlamm, bilden davon Kügelchen in ihrem Schlund und würgen diese für das Weibchen wieder aus. Bei den Arten, deren Weibchen noch vor Beenden des Nistzyklus die Höhle verlassen, wird der Eingang auch von den halberwachsenen Küken wieder verschlossen.

Bei allen Arten versorgt das Männchen seine Partnerin (und später auch die Küken) mit Nahrung. Bei kooperativ nistenden Arten helfen dabei auch die Mitglieder der Gruppe. Die kleinen, insektenfressenden Arten tragen die Nahrung einzeln mit der Schnabelspitze; die fleischfressenden, bodenbewohnenden Nashornvögel bringen verschiedene kleine Tiere in einem Bolus heran. Dagegen sammeln zahlreiche waldbewohnende Arten größere Mengen an Früchten in ihrem Schlund, die sie am Nest einzeln auswürgen und den Insassen überreichen.

Kleine Nashornvögel legen bis zu sechs Eier und besitzen eine Brutdauer von etwa 25 Tagen. Das Weibchen verläßt das Nest, wenn das älteste Küken etwa 25 Tage alt ist, und die Nestlingszeit dauert insgesamt circa 45 Tage. Dagegen legen große Arten nur zwei Eier, brüten etwa 45 Tage lang und lassen das Küken allein, sobald es einen Monat alt ist, obwohl die Nestlingszeit sich bis zu 80 Tagen ausdehnen kann. Bei den meisten waldbewohnenden Arten bleibt das Weibchen im Nest, bis das Küken flügge ist; es ist also vier oder fünf Monate lang eingesperrt. Im Nest unterziehen sich die Weibchen der meisten Arten einer Mauser.

ALAN KEMP

▲ Der indische Doppelhornvogel ernährt sich vorzugsweise von Früchten, insbesondere Feigen, die er in der Regel zwischen den Blättern abpflückt. Es kommt jedoch auch vor, daß er sich auf den Boden hinabläßt, um heruntergefallene Früchte aufzusammeln. Häufig findet man diesen Nashornvogel in kleinen Gruppen, die gemeinsam schlafen. Er sucht gewohnheitsmäßig nach einem festen Tagesplan verschiedene früchtetragende Bäume auf.

Ordnung Piciformes
6 Familien, 65 Gattungen, 378 Arten

GRÖSSE
Kleinste Art
Malaien-Mausspecht *(Sasia abnormis)* und Schuppen-Zwergspecht, Länge 77 Millimeter; Gewicht 7 Gramm.
Größte Art
Goldkehl-Tukan *(Ramphastos ambiguus)* und Weißbrust-Tukan *(R. tucanus)*; Länge 61 Zentimeter; Gewicht 500 Gramm.

ARTENSCHUTZ
Folgende Arten werden in der ICBP-Liste der bedrohten Vögel aufgeführt: Dreizehen-Glanzvogel *(Jacamaralcyon tridactyla)*, Weißmantel-Bartvogel *(Capito hypoleucus)*, Tukan-Bratvogel *(Semnornis ramphastinus)*, Java-Bartvogel *(Megalaima javensis)*, Makawa-Bartvogel *(Pogoniulus makawai)*, Gelbfuß-Honiganzeiger *(Melignomon eisentrauti)*, Gelbbrauen-Arassari *(Aulacorhynchus huallagae)*, Kuba-Specht *(Colaptes fernandinae)*, Kokarden-Specht *(Picoides borealis)*, Wellenohr-Specht *(Dryocopus galeatus)*, Elfenbein-Specht *(Campephilus principalis)*, Halsband-Specht *(Picus rabieri)* und Okinawa-Specht *(Sapheopipo noguchii)*.
Der Kaiser-Specht *(Campephilus imperialis)* ist vermutlich ausgestorben.

SPECHTE UND BARTVÖGEL

LESTER L. SHORT

Die Ordnung Piciformes umfaßt sechs Familien von Höhlennistern: Glanzvögel (Familie Galbulidae), Faulvögel (Bucconidae), Bartvögel (Capitonidae), Tukane (Ramphastidae), Honiganzeiger (Indicatoridae) und Spechte (Picidae). Trotz ihres unterschiedlichen Aussehens haben sie gewisse anatomische Merkmale gemeinsam: So besitzen sie etwa zygodactyle Füße (mit zwei nach vorn und zwei nach hinten weisenden Zehen) und damit verbundene Sehnen, die sie beugen. Zudem fehlen ihnen (mit Ausnahme der Galbulidae) Daunenfedern, und sie legen weiße Eier. Die meisten Arten leben in den Tropen. Die meisten von ihnen sind farbig, einige sogar grellbunt gefärbt.

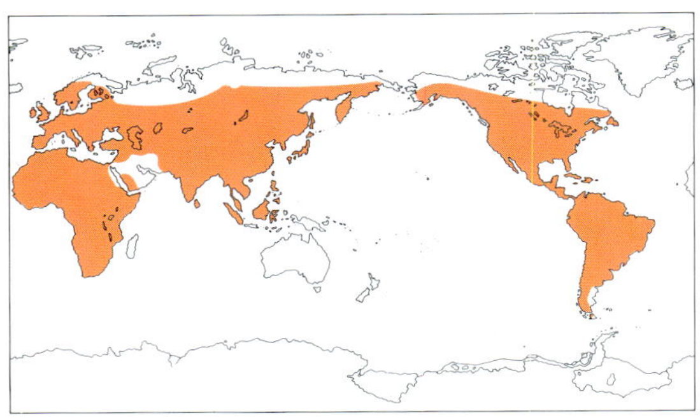

SCHNÄBEL FÜR BESONDERE AUFGABEN

Mit mehr als der Hälfte der 378 Arten bilden die wohlbekannten Spechte die größte Familie. Sie sind — mit Ausnahme einiger ozeanischer Inseln, Australasiens, Madagaskars, der Antarktis und Grönlands — über die ganze Welt verbreitet. Spechte und Bartvögel schaffen sich zum Schlafen und Nisten Höhlen, die später häufig von den Höhlennistern anderer Familien und Ordnungen benutzt werden. Daher sind zahlreiche andere Vögel auf sie angewiesen.

Da die Ernährungsweise außerordentlich variiert, ist dies auch bei den Schnabelformen der Fall. Die Glanzvögel fressen Insekten und besitzen längliche, spitze Schnäbel. Auch die Faulvögel sind Insektenfresser; ihre Schnäbel sind jedoch groß und häufig hakenförmig gekrümmt. Die grundsätzlich fruchtfressenden Bartvögel verfügen über recht große, manchmal gekerbte Schnäbel. Die Schnäbel der Tukane, die sich in erster Linie von Früchten ernähren, sind bemerkenswert groß und farbenprächtig und erinnern irgendwie an die der Nashornvögel. Die Spechte besitzen einen einmaligen Schnabel: Er ist kräftig, läuft vorn spitz zu und verfügt häufig über eine meißelförmige Spitze. Mit ihren kräftigen Schwanzfedern stützen sie sich gegen die Baumrinde, in der sie herumsuchen, stochern und Insekten freilegen. Die Honigan-

▶ Ein Violettnacken-Glanzvogel. Die Glanzvögel sind ausschließlich über Amerika verbreitet, während die Spinte in der Alten Welt leben. Obwohl beide Gruppen nicht miteinander verwandt sind, zeigen sie einige bemerkenswerte Parallelen in Ernährungsweise, Erscheinungsbild und Verhalten.

◀ Der Harlekin-Bartvogel (ganz links) bewohnt in Gruppen die ostafrikanischen Buschlandschaften und nistet in Termitenhügeln. Der Rotschwanz-Glanzvogel (links) gehört zu den am weitesten verbreiteten Vertretern seiner Familie. Er lebt auf Rodungen, Ackerflächen und an Waldrändern von Mexiko bis nach Nord-Argentinien.

zeiger setzen ihre kurzen, vergleichsweise unspezialisierten Schnäbel dazu ein, Insekten zu fressen, insbesondere jedoch das Wachs aus Bienenstöcken oder Ausscheidungen gewisser Insekten zu sich zu nehmen. Eine afrikanische Art »führt« Menschen regelrecht an Orte, an denen sich Bienenstöcke befinden, und gaben damit der Familie den Namen.

GLANZVÖGEL

Der männliche Rotschwanz-Glanzvogel *(Galbula ruficauda;* Länge: 25 Zentimeter) besitzt einen langen Schnabel, einen langen Schwanz und ist metallgrün gefärbt. Unterseits ist er grundsätzlich rost- oder kastanienbraun und besitzt eine weiße Kehle. Zudem sind die mittleren Schwanzfedern verlängert. Das Weibchen sieht ähnlich aus, ist jedoch am Bauch und an der Kehle gelbbraun. Außerhalb der Brutzeit lebt jeder Vogel für sich. Dann allerdings höhlen die Vögel in einem Termitenhügel oder einem Erdwall einen Tunnel aus, und es werden zwei bis vier Eier abgelegt. Etwa drei Wochen Wochen lang werden sie tagsüber von beiden Eltern bebrütet; nachts brütet das Weibchen jedoch allein. Die Jungen schlüpfen mit weißlichen Daunenfedern. Sie werden mit Insekten versorgt, besonders mit Schmetterlingen, die die Eltern von einem Beobachtungsplatz aus fangen. Die Jungvögel geben trillernde Rufe von sich, einen schwachen Abglanz dessen, wozu die Erwachsenen fähig sind. Wenn die Jungen die Höhle etwa 24 Tage nach dem Schlüpfen verlassen, sehen sie ihren Eltern, jeweils nach Geschlecht betrachtet, schon sehr ähnlich. Diese Art ist weniger an den Wald gebunden als die meisten anderen Vetreter dieser nur in Amerika lebenden Familie, und man findet sie sogar in grasbewachsenen Gebieten, auf denen nur vereinzelt Bäume wachsen. Möglicherweise erklärt dies ihr sehr umfangreiches Verbreitungsgebiet, das von Mexiko bis nach Argentinien reicht.

Nach Ansicht einiger Ornithologen sind die Glanz- und Faulvögel nicht unmittelbar mit den übrigen vier Familien der Piciformes verwandt.

FAULVÖGEL

Wie die Glanzvögel starten auch die Faulvögel von Beobachtungsplätzen aus, um Insekten zu fangen. Im Gegensatz zu der farbenprächtigen Erscheinung der Glanzvögel, die wie riesige Kolobris aussehen, handelt es sich bei den Faulvögeln um Tiere mit gedrungenem Schnabel, kurzem Hals, einem großen Kopf und gedämpften Farben. Die meisten von ihnen sind Einzelgänger. Dagegen leben die Trapisten (Gattung *Monasa)* gesellig und helfen einander sogar beim Brüten. Der Mohrentrapist *(M. atra)* gräbt ein Tunnelnest in den Boden und deckt anschließend den Zugang mit einer Lage von Ästen ab, unter der ein waagerechter »Tunnel« zu der eigentlichen Nistkammer führt. In gemeinschaftlich brütenden Gruppen äußern die Erwachsenen in lauten Chören »Churry-churrah«-Rufe, die von den in der Nachbarschaft lebenden Gruppen beantwortet werden. Der aus dem nördlichen Südamerika stammende Schwalben-Faulvogel *(Chelidoptera tenebrosa),* ein kleinschnäbeliger, überwiegend schwarzer Vogel (mit weißem Bürzel und rotbraunem Bauch) streicht wiederholt über längere Strecken durch den Himmel, um Insekten zu fangen. Er ist stark an das Leben in der Luft gebun-

Belinda Wright

▲ Der Kupferschmied ist nicht viel größer als ein Haussperling. Dieser farbenprächtige Vogel lebt auf Bäumen und holt sich den größten Teil seiner Insektennahrung aus der Rinde. Seinen Namen hat der Kupferschmied von seinen monotonen, metallischen Rufen.

den. Er gräbt sein Nest gerade in den Waldboden hinein, und legt keine Abdeckung mit Zweigen oder Blättern um den Eingang herum an.

BARTVÖGEL

Die Tropenwälder Asiens, Afrikas und Amerikas sowie (in Afrika jedenfalls) die trockenen, buschbestandenen Gebiete bilden die Heimat der prächtig gefärbten und gemusterten Bartvögel. Sie verfügen grundsätzlich über schwere Schnäbel, die bei einigen Arten jederseits eine Kerbe tragen und mit denen sie in Früchte, wie etwa Feigen, hineinbeißen. Sie hämmern Höhlungen in tote Bäume hinein, obwohl ihr breiter, keineswegs spitzer Schnabel dafür auf den ersten Blick völlig ungeeignet erscheint. Eine rote Kappe, weiße Gesichtsstreifen, ein olivgrüner Rücken und eine orangefarbene Kehle zeichnen den männlichen Olivrücken-Bartvogel *(Capito aurovirens)* aus. Die Art wird 19 Zentimeter lang und lebt am Fuße der Anden von Kolumbien bis Bolivien. Die Weibchen sind dunkler gefärbt und besitzen einen weißen Scheitel. Beim Brüteen stoßen sie wiederholt krächzende Laute aus; sie sind jedoch überwiegend unauffällig.

Am unterschiedlichsten sind die afrikanischen Bartvögel. Ihre Bandbreite reicht von den hoch sozialen (bei denen 50 oder mehr Paare in einem einzigen toten Baum nisten), matt braun oder oliv gefärbten Arten bis zu den in Gruppen lebenden, vielfarbigen Arten der Gattung *Lybius,* die zudem im Duett auftreten, sowie bis zu den winzigen (nur sieben bis acht Zentimeter langen) Bartvögeln der Gattung *Pogoniulus.* Ungewöhnlich unter ihnen sind die am Boden lebenden Bartvögel, die in Löchern nisten, die sie gerade in den Boden oder in Termitenhügel hineingraben. Der knallig bunte Flammenkopf-Bartvogel *(Trachyphonus erythrocephalus;* Länge: 20 Zentimeter) ist mit schwarzen, gelben, weißen und roten Flecken und Streifen markiert. Die Vögel nisten in Gruppen und heben Höhlen in Erdwällen oder Termitenhügeln aus. Eine Gruppe von fünf bis acht Individuen singt das ganze Jahr über regelmäßig zusammen und gibt dabei eine melodische Reihe von Tönen von sich,

▶ Ein Goldstirn-Faulvogel. Diese mit einem ungwöhnlich losen, flauschigen Gefieder ausgestatteten Vögel sind unauffällige Einzelgänger, die in den mittleren Baumbereichen der südamerikanischen Regenwälder leben.

die wie »red-'n-yell-oh« klingen. Allerdings besetzt das dominierende Paar die am höchsten gelegenen Sitzplätze in der Gruppe, gestikuliert mit Kopf und Schwanz und unterstützt den Chor im eigenen Duett. Der lange, orange-rote Schnabel läuft spitz zu. Mit seiner Hilfe packt dieser Bartvogel Insekten, Früchte und sogar Jungvögel, die er in den äthiopischen Buschländern südlich von Tansania antrifft.

Die Bartvögel des tropischen Asien sind meist größer als die afrikanischen oder die des tropischen Amerika. Sie besitzen große Schnäbel und Köpfe, sowie kurze Schwänze. Die zahlreichen Arten sind zumeist grün gefärbt und weisen zudem geschlechtsspezifische, komplizierte Muster aus Rot- , Blau-, Gelb- und Schwarztönen an Kopf und Kehle auf. Die meisten gehören der Gattung Megalaima an. Es sind einzeln lebende Arten (allerdings schließen sie sich zuweilen mit anderen Bartvögeln, auch solchen anderer Arten, zusammen, um gemeinsam die Früchte eines Baumes zu verzehren), und sie sind recht stimmfreudig: Einen großen Teil des Jahres über hört man ihre schallenden, sich ständig wiederholenden »towp«-, »chook-» oder »pop«-Rufe. Der Kupferschmied *(M. haemacephala)* ist wegen seiner schallenden, sich oft wiederholenden Rufe so benannt. Er gehört zu einigen Arten, die man wegen ihres monotonen, unaufhörlichen Gesanges als »Vögel mit Hirnhautentzündung« bezeichnet. Die Paare graben eine Nisthöhle in einen toten Baumstamm oder Ast, häufig an der geneigten Unterseite, wo sie ihre Eier hineinlegen und die Jungen aufziehen.

TUKANE

Man könnte die komisch wirkenden Tukane des tropischen Amerika mit ihren riesigen Schnäbeln als »bessere Bartvögel« bezeichnen. Selbstverständlich heben sie sich jedoch von diesen durch ihre Größe, die rauhe Zungenoberfläche, den farbenfroh gemusterten und oft gesägten Schnabel und letztlich durch ihr Unvermögen, eine eigene Nisthöhle zu graben, ab. Die meisten sind am Körper schwarz, blau, grün, braun, gelb oder rot. Dabei tragen sie am Schnabel leuchtend gefärbte Streifen oder Flecken und besitzen zudem häufig um die Augen herum hell gefärbte Hautpartien. Sie ernähren sich geschickt von Früchten und legen dabei lange Entfernungen zwischen den Freßbäumen zurück. Allerdings holen sie sich auch unbewachte Eier oder Jungvögel aus den Nestern. Im Fluge erscheinen sie wenig graziös und fallen sofort ins Auge. Auf einem Ast hockend, werden sie jedoch — wie die Papageien - erstaunlich unauffällig, wenn sie nicht gerade rufen oder balzen.

Der Halsband-Arassari *(Pteroglossus torquatus;* Länge: 41 Zentimeter) bewohnt in Paaren und Gruppen das Gebiet von Mexiko bis zum Norden Südamerikas. Ein Viertel seiner Gesamtlänge bildet sein gesägter, gelb und schwarz gefärbter Schnabel. Der Körper ist oberhalb grünlich gefärbt, der Kopf schwarz. Um den Nacken herum legt sich ein rotbraunes Band, und um die Augen herum befindet sich nackte, rote Haut. Auf der Unterseite ist der Vogel gelb und trägt zwei rote, in ihrem Zentrum schwarze Bänder. Verglichen mit größeren Tukanen sind diese Arassaris schnelle Flieger. Sie ernähren sich in erster Linie von Früchten, ziehen durch die Wälder und lassen dabei immer wieder ihr »Ku-sik« erschallen. Sie schlafen in alten Spechthöhlen, die sie von Zeit zu Zeit wechseln und in denen sie auch brüten.

◀ ▼ Der in Südamerika weitverbreitete Regenbogen-Tukan (links) lebt in kleinen Gruppen in den Baumwipfeln. Der Goldspecht (unten) gehört zu den häufigsten nordamerikanischen Spechten. Er verbringt viel Zeit zu ebener Erde, wo er vorzugsweise nach Ameisen sucht.

HONIGANZEIGER

Die überwiegend in Afrika verbreiteten Honiganzeiger sind von dunkel-olivgrüner bis gräulicher Farbe. Die meisten Arten besitzen stummelige oder spitze Schnäbel mit erhaben liegenden Nasenlöchern, eine sehr dicke Haut und die Fähigkeit, Bienenstöcke zu lokalisieren. Ein regelrechtes Hinleiten findet man allerdings nur bei dem 20 Zentimeter langen Schwarzkehl-Honiganzeiger *(Indicator indicator).* Mit einer Reihe von Rufen und Fluggesten verleitet er die Einheimischen, ihm zu einer Honigquelle zu folgen. Die Vögel können jedoch auch von sich aus einige Bienenstöcke orten und dort eindringen, um sich an dem Bienenwachs gütlich zu tun. Das Männchen, mit schwarzer Kehle und goldenen Schultern, vollführt einen sich ständig wiederholenden Gesang, der andere Männchen fernhält und diverse weißkehlige Weibchen anlockt, mit denen es sich paart. Das Weibchen kann in einem Jahr mehrere Gelege erzeugen — dabei verwendet es die Nester von etwa 60 verschiedenen Wirtsarten, deren Nester in Höhlen liegen oder wenigstens abgedeckt sind. Pro Nest wird ein Ei deponiert. Meist entfernt oder zerstört es bei der Ablage ein Ei des Wirtsvogels. Und wenn ein junger Honiganzeiger schlüpft, trägt er am Schnabel einen vorstehenden Haken, mit dem er immer wieder nach den Jungen des Wirtsvogels schlägt, bis sie tot sind. Sobald der aggressive Jungvogel, nunmehr in deutlich gelbbraunem Gefieder, das Nest seines Wirtes verlassen hat, sucht er in Baumhöhlungen (verlassenen Bienenstöcken) nach Wachs und entwickelt bald die Fähigkeit zu »leiten«.

SPECHTE

Spechte sind darauf spezialisiert, an der Baumrinde zu haften und darunter nach Nahrung zu suchen. Sie legen mehrere Ruhehöhlen und eine Nisthöhle an, zuweilen sogar in lebendem Holz. Sie besitzen einen versteiften Schwanz, einen Schnabel mit meißelartiger Spitze, einen mit Knochen und Muskeln gefederten Schädel und kräftige, mit langen Krallen besetzte Zehen. Mit dieser Ausstattung können sie überall in Amerika, Eurasien und Afrika leben, wo es Bäume gibt. Die kleineren Arten, wie der überwiegend schwarzweiße, nordamerikanische Dunenspecht *(Picoides pubescens;* Länge: 14,5 Zentimeter) und der eurasische Buntspecht *(P. major;* Länge: 21 Zentimeter) sind zur Freude vieler Menschen häufige Gäste an Futterhäusern.

Die weichschwänzigen Wendehälse (Gattung *Jynx)* aus Afrika und Eurasien sind die einzigen Vertreter der Spechtfamilie, die keine Nester aushöhlen. Stattdessen verwenden sie natürliche Höhlen oder alte Nisthöhlen von Spechten und Bartvögeln. Die Weichschwanz- und Hüpfspechte der Gattungen *Picumnus, Sasia* und *Nesoctites)* aus den Tropen Amerikas, Afrikas und Asiens setzen ihre kurzen, weichen Schwänze nicht als Stütze beim »Zimmern« ein, sondern kommunizieren, indem sie mit dem Schnabel trommeln. Zudem bauen sie auch ihre eigenen Nisthöhlen. Zu den anderen ungewöhnlichen Spechten gehören einige Goldspechte (Gattung *Colaptes).* Sie leben in offenem Gelände, gehen anstatt zu hüpfen und nisten in Löchern, die sie am Boden oder in Termitenhügeln ausheben. Einige Melanerpes-Arten, in erster Linie der amerikanische Eichelspecht *(M. formicivorus),* leben sozial und nisten mit gegenseitiger Unterstützung. Zudem sammeln die Vögel dieser Art Eicheln in winzigen Löchern spezieller Speicherbäume und verteidigen diese energisch. So haben sie genug Nahrung in den mageren Winterzeiten. Die nordamerikanischen Saftlecker (Gattung *Sphyrapicus)* legen in den Stämmen gewisser Bäume Reihen kleiner Löcher an und fressen regelmäßig von dem austretenden Saft und von den Insekten, die durch den Saft angelockt werden. Einige Saftlecker und Goldspechte sind die einzigen Vetreter der Ordnung Piciformes, die größere Wanderungen unternehmen.

Zu den großen Spechten gehört der Helmspecht *(Dryocopus pileatus;* Länge: 42 Zentimeter). Er ist in den Wäldern Nordamerikas weit verbreitet, obwohl sein Bestand früher einmal zurückgegangen war. Er scheint sich heute anzupassen und nistet zum Beispiel selbst in Bäumen, die in Sichtweite der New Yorker Wolkenkratzer stehen. Sein schwarzer Körper ist weiß markiert. Das Männchen besitzt einen Scheitel, einen Kamm und einen »Schnurrbart« von jeweils roter Farbe, während das Weibchen, dessen Schnabel überdies kürzer ist, nur am Kamm rote Farbe aufweist. Die Glieder eines Paares suchen ihre Nahrung zumeist allein in einem großen Territorium, graben in faulenden Bäumen und liegenden Stämmen nach Ameisen, die ihre Hauptnahrung bilden, die sie mit ihrer verlängerten, am Rande geriffelten und sehr klebrigen Zunge herausziehen. Mit lauten »Wuk«-Rufen erhalten sie ihr Territorium, das von beiden das ganze Jahr über gegen das jeweils gleiche Geschlecht verteidigt wird. Jedes Geschlecht benutzt abwechselnd verschiedene Ruhehöhlen. In jedem Jahr höhlen beide ein neues Nest aus, das sich normalerweise in einem teilweise verfaulten, noch lebenden Baum in einer Höhe von mindestens zehn Metern über dem Boden befindet. Das Männchen brütet in der Nacht, und am Tage wechseln beide Geschlechter einander ab, bis die 18tägige Brutdauer vorbei ist. Die Erwachsenen füttern die Jungen beinahe stündlich, indem sie große Mengen von Ameisen, sowie deren Larven und Eier hervorwürgen. Die Jungen verlassen das Nest im Alter von etwa vier Wochen, werden jedoch von den Eltern noch mindestens zwei Monate lang gefüttert.

Donald D. Burgess/Ardea London Ltd

▲ Trotz seiner Größe (er hat etwa die Größe einer Krähe) und seines leuchtend roten Kammes ist der Helmspecht meist ruhig und unauffällig. Man findet ihn in den Nadelwäldern Nordamerikas.

ZUNGE EINES SPECHTES

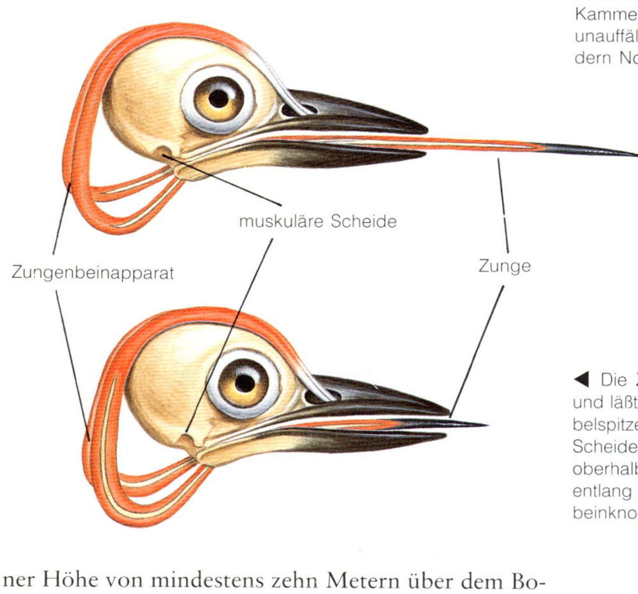

◀ Die Zunge eines Spechtes ist sehr lang und läßt sich ein gutes Stück vor die Schnabelspitze vorstrecken. Sie sitzt in einer Scheide des rechten Nasenlochs, verläuft oberhalb des Schädels und am Hinterkopf entlang und verankert sich in den Zungenbeinknochen des Kiefers.

◀ (Gegenüber) Ein weiblicher Buntspecht verläßt sein Nest in einer Baumhöhle mit einem Kot-Pellet im Schnabel. Wie bei vielen Nestlingen wird das Exkrement in einer gelatinösen Hülle ausgeschieden, so daß es sich leicht von den Eltern entfernen läßt. Bei den Spechten wird diese Hülle, wenn der Kot auf den Boden des Nisthöhle fällt, rasch mit einer Schicht von Holzmehl bedeckt.

Ordnung Passeriformes, Unterordnung Eurylaimi, Familie Eurylaimidae, 8, Gattungen, 14 Arten, Familie Philepittidae, 2 Gattungen, 4 Arten, Familie Pittidae, 1 Gattung, 23 Arten, Familie Acanthisittidae, 2 Gattungen, 3 Arten

Von links: Breitmaul, Lappenpitta, Pitta, Maori-Schlüpfer.

GRÖSSE
Breitmäuler *(Eurylaimidae)* Länge 13 bis 18 Zentimeter. Lappenpittas *(Philepittidae)* Länge 15 Zentimeter.
Pittas *(Pittidae)* Länge 15 bis 25 Zentimeter. Maori-Schlüpfer *(Acanthisittidae)* Länge 8 bis 10 Zentimeter.

ARTENSCHUTZ
Folgende Arten werden in der ICBP-Liste der bedrohten Vögel aufgeführt: Blaukehl-Breitrachen *(Pseudocalyptomena graueri)*, Schneider-Pitta *(Pitta schneideri)*, Luzon-Pitta *(P. kochi)*, Elliot-Pitta *(P. ellioti)*, Goldkehl-Pitta *(P. gurneyi)*, Nymphen-Pitta *(P. nympha)*, Mohren-Pitta *(P. superba)*, Blaubauchpitta *(P. steerii)*, Salomonen-Pitta *(P. anerythra)*, Kurzschnabel-Nektarjala *(Neodrepanis hypoxantha)* und Neuseeland-Schlüpfer *(Xenicus longipes)*.

BREITMÄULER UND PITTAS

H. ELLIOTT McCLURE

Unter den mindestens 5000 Arten von Passerinen (Singvögeln), die — je nach Ansicht des betreffenden Ornithologen — in 50 bis 74 Familien aufgegliedert werden, gelten die Breitmäuler als die primitivsten. Sie befinden sich gerade über der Grenzlinie zwischen den Passerinen und den Nicht-Passerinen. Aufgrund der ähnlichen Muskulatur ihrer Syrinx (ihres Stimmapparates) werden die Pittas mit zwei Familien (Philepittidae und Acanthisittidae), die primitive Arten enthalten, ganz grob nebeneinander eingeordnet. Allerdings sind diese Gruppen geographisch und ökologisch weit voneinander entfernt.

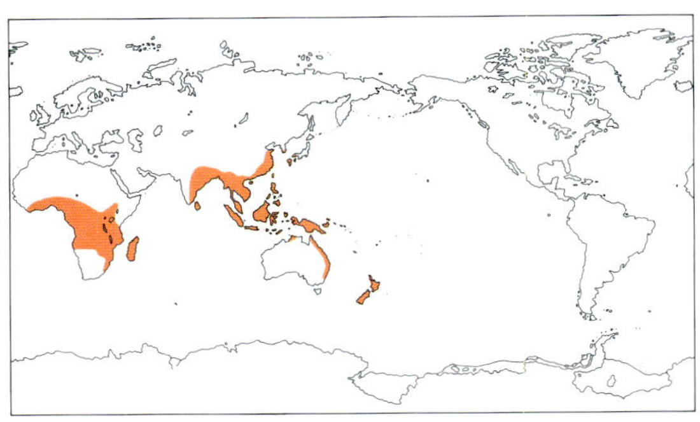

BREITMÄULER

Die 14 Arten der Familie Eurylaimidae sind mit ihrem auffälligen Gefieder außerordentlich farbenprächtig. Bei einigen kommen rote, grüne oder gelbe Augen vor. Es sind stämmige Vögel mit breiten Köpfen, breiten, abgeflachten Schnäbeln und kurzen Beinen: An ihren Füßen weisen drei Zehen nach vorn und eine nach hinten. Von den übrigen Passerinen unterscheiden sie sich durch das Vorhandensein von 15 Halswirbeln anstelle von 14. Zudem können zwei der Vorderzehen an der Basis teilweise vereint sein.

▼ Zwei farbenprächtige Vögel der südostasiatischen Regenwälder: Der Streifen- Pitta (links) sucht in dem abgefallenen Laub des Waldbodens nach Nahrung, während der Smaragd-Breitrachen (rechts) in den mittleren Höhen der Bäume Insekten jagt.

Die elf »typischen Breitmäuler« besitzen in jedem Flügel elf Handschwingen; bei den übrigen Passerinen sind es dagegen nur neun oder zehn.

Bei den drei Smithornis-Arten handelt es sich um kleine, dunkel gefärbte Bewohner der zentralafrikanischen Wälder. Auf ihren Balzflügen stellen sie einige farbige Körperareale zur Schau. Sie rufen laut und jagen — wie Fliegenschnäpper — Insekten in der Luft. Die vierte afrikanische Art kennt man lediglich aus wenigen Exemplaren, die aus den Wäldern in der Umgebung des Tanganyika-Sees stammen.

Alle übrigen Arten leben in Indien oder Südostasien. Obwohl die meisten von ihnen Insektenfresser sind, die wie plumpe Fliegenschnäpper fliegende Insekten im tieferen Blätterdach oder vom Boden wegfangen, erbeuten sie auch kleine Echsen und Frösche. Die Nahrung der prächtig gefärbten Smaragd-Breitrachen (Gattung *Calyptomena)* besteht überwiegend aus weichen Früchten und Knospen. Die meisten Arten leben offenbar gesellig und ziehen in kleinen Gruppen (möglicherweise Familiengruppen) durch den Wald. In Malaysia wurde der Papageibreitrachen *(Psarisomus dalhousiae)* in Gruppen von etwa 20 Tieren beobachtet. Darüber hinaus befanden sich ganze Scharen in der Nähe, die sich aus über hundert Vögeln aus sieben oder acht Arten zusammensetzen. Die Riesenbreitrachen *(Corydon sumatranus)* schließen sich diesen Scharen ebenfalls an. Man hat beobachtet, wie diese Vögel ruhig auf ihren Zweigen saßen und nach Insekten Ausschau hielten, als der Schwarm vorüberzog. Dann flogen sie los, um sich der Schar anzuschließen.

Die Nester der Breitmäuler sind Meisterwerke der Tarnkunst. Das Nest ist in der Regel an dem Arm einer Schlingpflanze befestigt, der im Freien hängt, häufig über einem Fluß. Es wirkt wie ein Haufen pflanzlicher Reste, die sich bei Hochwasser an einer Liane verfangen haben. Dieser Eindruck wird weiterhin dadurch verstärkt, daß Fasern oder Pflanzenreste vom Nest herabhängen und sich Flechten und Spinnweben daran befinden. Der Zugang zur Nisthöhle befindet sich an der Seite, und es kann sich daran eine kurze Überdachung befinden. Der Kellenschnabel *(Cymbirhynchus macrorhynchus)*, eine verbreitete malaysische Art mit auffälligem Gefieder, nistet über den Flüssen im dichten Wald, aber auch an Bächen entlang, die durch landwirtschaftlich genutztes Gebiet führen.

LAPPENPITTAS

Die Familie Philepittidae umfaßt vier kaum bekannte Arten, die nur auf Madagaskar vorkommen. Sie sind einzelgängerische Bewohner des dichten Unterholzes im Wald. Ihr Körperbau ist klein, aber stämmig, der Schwanz kurz, die Beine sind lang, und der an der Basis verbreiterte Schnabel ist kürzer als der Kopf. Der Seidenjala *(Philepitta castanea)* aus den Tieflandwäldern des östlichen Madagaskar weist einen Geschlechtsdimorphismus auf (die Geschlechter sehen unterschiedlich aus): Während das Weibchen grünlich-oliv gefärbt ist, besitzt das Männchen schwarze Körperfedern mit gelber Spitze, die, wenn das Gelb sich abgenutzt hat, ein samtiges Schwarz zurücklassen. Zudem trägt es über jedem Auge ein langen, grünlichen Hautlappen. Die Vögel ernähren sich offenbar von kleinen Früchten. Sie errichten ein klobiges Nest, das von den Zweigen der mittleren oder tieferen Baumebenen herabhängt und über einen Seitenzugang mit einer kleinen Überdachung verfügt. Das normale Gelege besteht aus drei weißlich-länglichen Eiern. über die Brutdauer und das Nistverhalten scheint jedoch nichts bekannt zu sein.

Der Gelbbauchjala *(P. schlegeli)*, der ebenfalls den Wald bewohnt, allerdings im Westen Madagaskars, ist stärker gelb gefärbt, und das Männchen besitzt einen schwarzen Kopf, sowie schwarze Hautlappen. Die Verhaltensweisen dieser Art entsprechen vermutlich denen des Seidenjala. Sie scheint jedoch aktiver und weniger an das Unterholz gebunden zu sein.

Den Kurzschnabel-Nektarjala *(Neodrepanis hypoxantha)* kennt man nur von wenigen Exemplaren aus dem Osten Madagaskars. Dagegen findet man den Langschnabel-Nektarjala *(N. coruscans)* in großen Teilen der Insel. Er ist ein winziger, Baumläuferähnlicher Vogel von nur zehn Zentimeter Länge, der in Rindenhöhlungen nach Insekten sucht und mit seinem langen, nach unten gebogenen Schnabel auch in Blüten stochert. Das Männchen ist oben irisierend blau und unten gelb gefärbt und trägt über jedem Auge einen großen Hautlappen. Dem Weibchen fehlen diese Lappen; es sieht oben dunkelgrün und unten gelblich aus.

Morten Strange/Flying Colours

▲ Der Halsband-Breitrachen bewohnt den Waldrand in den Tiefländern von Burma bis nach Malaysia. Bei den Breitmäulern lassen sich die Geschlechter zwar unterscheiden, weichen jedoch im Aussehen nicht stark voneinander ab.

▲ Trotz ihres leuchtenden Gefieders fallen die Pittas am schattigen Boden des Regenwaldes kaum auf. Ihre Nahrung suchen sie schweigend, und sie schreien meist nur beim Brüten. Diese Vögel schlafen auf Bäumen. Hier bringt ein Lärm-Pitta Nahrung für seine Jungen herbei.

PITTAS

Diese wunderschönen Vögel erinnern an Drosseln (sie werden in der Tat manchmal »Prachtdrosseln« genannt), unterscheiden sich von diesen jedoch durch die Muskulatur ihres Syrinx und den Bau ihres Tarsus (Bein). Die 23, sämtlich zur Gattung Pitta gehörenden Arten sind von Afrika bis zu den Solomon-Inseln und von Japan über Südostasien bis nach Neu Guinea und Australien verbreitet. Der geographische Ursprung dieser Arten liegt vermutlich in der indomalayischen Region; wo etwa 20 Arten leben. Es handelt sich um mittelgroße, insektenfressende Vögel, die den Waldboden bewohnen und bei Störungen lieber laufen oder rennen, anstatt zu fliegen. Allerdings gibt es unter ihnen ziehende Arten, die in der Nacht lange Strecken zurücklegen. Nistverhalten und Ernährungsweise sind bei den meisten Arten ähnlich. Allerdings macht die deutliche, lebendige Färbung, die man bei den verschiedenen Arten findet, sie zu einigen der leuchtendsten Vögel überhaupt. Die Farben der Weibchen sind meist gedeckter als die de Männchen.

Ihre großen, klobigen Nester, die sie auf dem Boden oder inmitten niedriger Vegetation errichten wirken wie Haufen pflanzlicher Reste. Sie besitze eine geräumige Brutkammer und einen Seiteneingang, zu dem sich der Vogel beim Brüten ausrichtet Dabei verschmilzt das Farbmuster auf dem Kop farblich mit den Pflanzenresten darum herum, so da der Eindruck entsteht, ein Eingang sei gar nicht vor handen. Beide Eltern kümmern sich um die Eier un die Jungen. Alle Arten verfügen über melodisch Doppelpfiffe, die man meist am frühen Morgen un am Abend hören kann.

Der Angolapitta (*P. angolensis*) brütet in Tansani und südlich bis in den Transvaal. Außerhalb de Brutzeit zieht er nordwärts in das Kongo-Becke nach Uganda und nach Kenia. Der Grünbrust-Pitt (*P. reichenowi*) ist ein seltener Waldbewohner Äquatorialafrikas. Er brütet von Juni bis in den Novembe hinein und ist standorttreu. In Australien findet man den Lärmpitta *(P. versicolor)*, einen schneckenfressenden Waldbewohner, der von Oktober bis Januar brütet, von Cape York bis nach Neu Süd-Wales. Der Regenbogenpitta *(P. iris)* bevorzugt das Buschgebiet und die Mangrovensümpfe an der Küste. Er brütet von Januar bis März und zieht, wie man annimmt, nicht. Der Rotbauchpitta *(P. erythrogaster)* aus Neu Guinea, Java, Malaysia und den Philippinen zieht im Oktober in den Nordosten Australiens. Er hält sich gern im dichten Gebüsch auf und brütet von Oktober bis Dezember.

Der Blauflügelpitta *(P. brachyura/moluccensis;* die Taxonomen sind sich nicht einig, ob es sich um eine oder um zwei Arten handelt) besitzt von allen Arten die größte Verbreitung. Man findet ihn von Indien und Sri Lanka östlich über Südostasien bis nach Neu Guinea und Australien, aber auch nördlich über Südchina und nach Osten bis nach Taiwan, Korea und Südwest-Japan. Bei Teilen der Populationen handelt es sich um Zugvögel. Der Blauflügelpitta brütet seine Eier etwa 18 Tage lang aus, und die Küken sind in weiteren 18 bis 20 Tagen flügge. Es wird, was vermutlich in dieser Familie normal ist, nur eine Brut im Jahr aufgezogen.

MAORISCHLÜPFER

Bei den drei heute lebenden Arten der Familie Acanthisittidae (oder Xenicidae) handelt es sich vermutlich um Überlebende einer lang zurückliegenden Besiedlung Neuseelands. Ihr Syrinx ist primitiv gebaut. Auch die Gesangs- und Flugkünste sind nur schwach entwickelt. Vier Arten waren bereits weit verbreitet, ehe Menschen mit ihren Tieren die Inseln erreichten. Der Grenadier *(Acanthisitta chloris)* und der Neuseeland-Schlüpfer *(Xenicus longipes)* waren ursprünglich sowohl auf der Nord- als auch auf der Südinsel Neuseelands häufig. Allerdings wurde der Neuseeland-Schlüpfer in den letzten Jahren nur noch von einem einzigen Fundort auf der Nordinsel gemeldet und ist auch auf der Südinsel selten geworden. Der auf die Südinsel beschränkte Felsschlüpfer *(X. gliviventris)* wurde zuerst 1867 beschrieben. Er ist ein Bewohner des gebirgigen und subalpinen Buschlands, wo er über lange Zeit auf dem Boden nach Insekten sucht. Sowohl die Neuseeland-Schlüpfer als auch die Felsschlüpfer wippen, wenn sie sich nach einem kurzen Flug niederlassen. Der Stephen-Schlüpfer *(X. lyalli)*, den man 1984 auf dieser Insel entdeckt hatte, wurde von der Katze des Leuchtturmwärters rasch ausgelöscht.

Der Grenadier sucht, wie ein Baumläufer, die Baumstämme nach Insekten ab, Man findet ihn häufig an den Strandwäldern beider Inseln, von Meereshöhe bis zu einer Höhe von 350 Metern. Er brütet von August bis Januar und errichtet dazu lose gewobene Nester aus Moos und Pflanzenresten mit einem Seiteneingang in Baumhöhlen, hinter loser Baumrinde oder zuweilen an geschützten Stellen auch auf dem Boden. Nachdem die Jungen flügge geworden sind, bleibt die Familie noch mehrere Wochen zusammen. Das Nistverhalten des Neuseeland-Schlüpfers ist etwa ähnlich; er baut seine Nester jedoch in niedrigen Büschen von August bis Dezember. Wie sein Name schon sagt, nistet der Felsschlüpfer zwischen den Felsen an exponierten Orten. Die Brutzeit erstreckt sich von September bis Dezember.

◀ Ein weiblicher Grenadier besucht sein in einer Baumhöhle gelegenes Nest. Die Maori-Schlüpfer bilden eine isolierte Gruppe, die offenbar keine engen Verwandten besitzt. Ungewöhnlich für Passerinen ist, daß hier die Weibchen die Männchen erheblich an Größe übertreffen. Allerdings findet man bei letzteren ein stärker leuchtendes Gefieder.

TÖPFERVÖGEL UND VERWANDTE

EDWIN O. WILLIS

Zu den häufigsten Vögeln Süd- und Zentralamerikas gehören die Furnarii — mehr als 222 rostbraun gefärbte Arten von Töpfervögeln (Familie Furnariidae), 49 an Baumstämmen kletternde Baumsteigerarten (Dendrocolaptidae), 30 verborgen lebende Arten von Bürzelstelzern (Rhinocryptidae), sowie 242 leuchtend gemusterte Ameisenvögel (Formicariidae). In jedem Jahrzehnt kommen einige neue Arten dazu.

Ordnung Passeriformes, Unterordnung Furnarii, Familie Furnariidae, 34 Gattungen, ca. 222 Arten, Familie Dendrocolaptidae, 13 Gattungen, 49 Arten, Familie Formicariidae, 52 Gattungen, 42 Arten, Familie Rhinocryptidae, 12 Gattungen, 30 Arten

Von links: Töpfervogel, Baumsteiger, Bürzelstelzer.

GRÖSSE
Töpfervögel *(Furnariidae)* Länge 9 bis 27 Zentimeter. Baumsteiger *(Dendrocolaptidae)* Länge 14 bis 35,5 Zentimeter. Ameisenvögel *(Formicariidae)* Länge 8 bis 35,5 Zentimeter. Bürzelstelzer *(Rhinocryptidae)* Länge 11,5 bis 25,4 Zentimeter.

ARTENSCHUTZ
Auf der ICBP-Liste der bedrohten Vögel werden 54 Arten aufgeführt, darunter: Bart-Baumsteiger *(Xiphocolaptes falcirostris)*, Weißbauch-Uferwipper *(Cinclodes palliatus)*, Stumpfschnabel-Uferwipper *(C. aricomae)*, Apurimac-Schlüpfer *(Synallaxis courseni)*, Alagoa-Blattspäher *(Philydor novaesi)*, Rotkopf-Baumspäher *(Automolus erythrocephalus)*, Sick-Ameisenfänger *(Terenura sicki)*, Fleckenmantel-Feuerauge *(Pyriglena atra)*, Palambla-Ameisenvogel *(Myrmeciza griseiceps)*, Riesen-Ameisenpitta *(Grallaria gigantea)*, Halbmond-Stelzling *(Grallaricula lineifrons)*, Schwarzkopf-Mückenfresser *(Conopophaga roberti)* und Stresemann-Tapaculo *(Merulaxis stresemanni)*.

BEWOHNER DER WALDUNGEN UND WÄLDER

Der Rosttöpfer *(Furnarius rufus)* und einige seiner Verwandten gehören zu den vertrauten Vögeln, die in der Nähe von Häusern leben, auf Rasenflächen auf die Pirsch gehen und laute Gesangsduette von sich geben. Der Bindenwollrücken *(Thamnophilus doliatus)* nistet zuweilen in buschbewachsenen Hinterhöfen. Allerdings leben die meisten Furnarii im dichten Schatten verborgen überall dort, wo der Mensch die Tropen durch Autos, Rinder, Zuckerrohr oder Kokain noch nicht verändert hat.

Diese Vögel lieben das dichte Blattwerk und sammeln ihre Beute von Blättern, Baumstämmen und Laub im Unterholz. Da sie eher gehen als fliegen, sind besonders dicht stehende Blätter mit ihren reichen Vorräten an Insekten und Spinnen besonders vorteilhaft. Dagegen sind die Ameisenvögel und einige Baumsteiger weniger an das dichte Blätterwerk gebunden, denn sie können nach ihrer Beute ausfliegen. Einige wenige Arten, etwa der Eichelhäher-ähnliche Batará *(Batara cinerea)* der südlichen Regionen, bereichern ihren üblichen Speiseplan mit kleinen Fröschen und Schlangen sowie den Eiern und Jungen anderer Vogelarten.

▶ Das Nest des Rosttöpfers ähnelt im Aussehen weitgehend einem altmodischen Lehmofen. Diese Nester sind an den Straßenzäunen der südamerikanischen Graslandschaften ein vetrauter Anblick.

Gunter Ziesler/Bruce Coleman Ltd

TÖPFER

Die Töpfer erhielten ihren Namen dadurch, daß Rosttöpfer und einige seiner Verwandten ein Schlammnest bauen. Es entspricht etwa einem traditionellen Töpferofen, besitzt links oder rechts einen Eingang, und die Nistkammer befindet sich in der jeweils anderen Hälfte. Die meisten anderen Arten konstruieren ofenförmige Nester aus Zweigen oder Moos. Allerdings gibt es Arten mit schalenförmigen Nestern, die sie in Gängen, Spalten oder sogar im dichten Blattwerk verbergen. Beim Anumbi *(Anumbius anumbi)* arbeitet alljährlich jede Familiengruppe mehrere Wochen gemeinsam an zwei oder drei Nestern, die den Umfang von Schubkarrenladungen haben, in denen sie, geschützt vor den kalten, südlichen Nächten, ruhen können. Im Frühjahr verwendet das erwachsene Paar eines dieser Nester zum Brüten.

Der Rotstirn-Bündelnister *(Phacellodomus rufifrons)* errichtet aus Zweigen Familien-Appartement an den herunterhängenden Ästen von Bäumen der Savanne. Der Rohrschlüpfer *(Phleocryptes melanops)* klebt in den Feuchtgebieten nasse Blätter zusammen und baut so ein kartonähnliches Töpfernest. Geschlossene Nester sind schwer zu bauen. Sie schützen den Vogel jedoch gegen Sonne, Kälte und natürliche Feinde. Der enge Eingang eines solchen Nestes stellt die Vögel vor keinerlei Probleme, da sie daran gewöhnt sind, an engen Stellen zu gehen und zu kriechen, wo sie ihre Nahrung suchen. Dagegen bieten die aus Ästen errichteten Nester keine Sicherheit gegen den Vierflügelkukuck, dessen Junge die Wirtsvögel arglos ausbrüten und aufziehen. Einige Nester ziehen hartnäckige Nesträuber an, besonders den Orange-Trupial *(Icterus icterus)*, der die Nester der Bündelnister einfach übernimmt.

Die ungewöhnlichen Namen einiger Töpfer sind auf deren Verhalten oder Morphologie zurückzuführen. Der Campos-Erdhacker *(Geositta poecilopter*a*)* stellt seinen kurzen Schwanz auf und nieder, wenn er über die frisch abgebrannten, brasilianischen Savannen geht und gräbt sich Nisthöhlen in den Gängen von Gürteltieren. Die Cincloides-Arten werden als Uferwipper bezeichnet, da sie beim Landen de

Schwanz nach oben stoßen. Der Sechsfedern-Schlüpfer *(Sylviorthorhynchus desmursii)* besitzt Schwanzfilamente, die mehr als doppelt so lang sind wie sein Körper, und der Breitschwanzschlüpfer *(Thripophaga macroura)* besitzt eine gelbe Schleppe. Die Blatt- und Baumspäher *(viele Phylidor, Automolus- und Thripadectes-Arten)* klettern oder graben sich in dichte Epiphyten oder in totes Laub hinein und verlassen sich dabei auf die Alarmrufe wachsamerer Arten, falls Gefahr droht. Die Laubwender der *Sclerurus*-Arten stöbern in Blättern auf dem Waldboden herum. Der Bach-Stachelschwanz *(Lochmias nematura)* wendet das Laub an klaren Bächen, um Insekten freizulegen. Einige Exemplare, die an den Abwasserkanälen oberhalb von Rio de Janeiro leben, verleihen der gesamten Art den örtlich gebrauchten Namen »Präsident des Schmutzes«. Zu den Kleiber-ähnlichen Vögeln, die in der Rinde stochern, gehören die waldbewohnenden *Xenops*-Arten, der Riesensteigschnabel *(Megaxenops parnaguae)* aus den Trockenwäldern Nordost-Brasiliens, sowie der Spechttöpfer *(Pygarrhichas albogularis)* aus den offenen Wäldern Patagoniens.

Über das Fortpflanzungsverhalten dieser Vögel ist nur wenig bekannt. Beide Geschlechter bauen zusammen ein Nest, brüten einige wenige weißliche oder bläuliche Eier 15 bis 22 Tage lang aus und ziehen die Nestlinge in einem Zeitraum von 13 bis 29 Tagen auf. Die bereits flügge gewordenen Tiere werden über einen unbekannten Zeitraum noch gefüttert und bleiben bis zu einem Jahr mit den Eltern zusammen. Ein ausgewachsenes Panama-Schopfohr *(Pseudocolaptes lawrencei)*, der von Alexander Skutch im Nebelwald von Costa Rica beobachtet wurde, besorgte den Nestbau, das Brüten und die Aufzucht seiner Jungen ganz allein.

BAUMSTEIGER

Bis in die dreißiger Jahre hinein umfaßte die Familie Dendrocolaptidae sowohl die Baumsteiger als auch die Töpfervögel. Bei ersteren handelt es sich eigentlich um Töpfervögel mit kräftigen Zehen und an der Spitze gebogenen Schwänzen, die sie beim Klettern an den Baumstämmen einsetzen. Die Rufe beider Gruppen sind ähnlich — langgezogenes Geschnatter oder spitze Schreie — allerdings singen nur wenige Töpfervögel im Duett. Die Baumsteiger werden in Lateinamerika häufig mit Spechten verwechselt. Sie lassen sich jedoch leicht an ihren normal gebauten Füßen unterscheiden (bei den Spechten weisen zwei Zehen nach vorn und zwei nach hinten); zudem besitzen sie ein braunes oder blaß gemustertes Gefieder. Im Gegensatz zu den Töpfervögeln gedeihen die Baumsteiger am besten in äquatorialen Wäldern mit großen Baumstämmen.

Am stärksten unterscheiden sich die Arten an ihren Schnäbeln und am Verhalten. Die Sensenschnäbel *(Campylorhamphus-Arten)* stochern mit ihren halbkreisförmig gebogenen Schnäbeln in kleinen Löchern. Der Langschnabel-Baumsteiger *(Nasica longirostris)* der Flußufer Amazoniens durchsucht mit seinem langen, geraden Schnabel die Epiphyten nach Nahrung, die auf waagerechten Ästen wachsen. Die Schnäbel der *Drymornis*- und *Xiphocolaptes*-Arten sind kräftig und leicht abwärts gebogen und werden dazu eingesetzt, zwischen dem abgefallenen Laub, verfaulten Baumstämmen und Epiphyten, die an senkrechten Stämmen wachsen, zu stöbern. Bei den *Xiphorhynchus*- oder *Lepidocolaptes*-Arten sind die Schnäbel weniger kräftig und zum Teil ebenfalls gebogen. Der Rindenpicker *(Glyphorynchus spirurus)* hebelt Insekten von Rindenstücken herunter. Mit Hilfe winziger, gerade gewachsener Schnäbel picken die *Sittasomus*- und *Deconychura*-Arten kleine Insekten von den Baumstämmen oder fangen sie in kurzem Flug. Die kräftigeren, geraden Schnäbel der *Dendrocincla-, Dendrocolaptes-* und *Hylexetastes*-Arten zeigen, daß ihre Besitzer abwarten und dann zu Boden oder in weit entfernte Bäume fliegen, besonders wenn räuberische Ameisen Beute aufstöbern. Der Zimtkehl-Baumsteiger *(Dendrexetastes rufigula)* setzt seinen Schnabel an den Zweigspitzen ein, wo er entweder Wespennester auseinandernimmt oder wie ein Blattspäher an den Blattunterseiten nach Nahrung sucht. Dabei kommt es vor, daß die an der Oberfläche fressenden den größeren aber langsameren Arten, die auf Ameisen warten, zuvorkommen oder sie sogar verjagen.

Die Baumsteiger nisten in natürlichen Baumhöhlen, gelegentlich auch in größeren Höhlen, die von Spechten stammen, und polstern die Nester ein wenig

Luiz Claudio Marigo

▲ Obwohl sie mit den Baumläufern der übrigen Welt nicht verwandt sind, zeigen die südamerikanischen Baumsteiger einen ähnlichen Habitus und bewegen sich auch in vergleichbarer Weise an den Baumstämmen. Wie Spechte setzen sie ihre versteiften Schwanzfedern als eine Stütze ein, um sich an Baumstämmen festzuklammern. Hier sieht man den Rindenpicker.

A. Greensmith/Ardea London Ltd

▲ In seinem allgemeinen Erscheinungsbild und Verhalten entspricht der Anden-Tapaculo einem Zaunkönig. Er hält sich gern im dichten Unterholz und Gebüsch auf und kriecht dort häufig mit über dem Rücken erhobenem Schwanz wie eine Maus umher. Er ist sehr schwer zu beobachten, besitzt jedoch einen lauten, durchdringenden Gesang.

▼ Ameisenvögel haben ihren Namen daher, daß sie den Kolonnen räuberischer Ameisen durch den Wald folgen. Hier hockt ein Weißbart-Ameisenvogel in typischer Haltung am Ast. So kann er jederzeit nach Insekten schnappen, die von den räuberischen Ameisen vom Boden aufgescheucht werden.

aus. Beide Geschlechter erbrüten in einem Zeitraum von 15 bis 21 Tagen ein bis drei weiße Eier und versorgen die Jungen im Nest noch 19 bis 24 Tage lang, sowie anschließend über einen weiteren Monat. Allerdings gibt es bei *Dendrocincla*-Arten und anderen Fällen, in denen die Weibchen alleine arbeiten.

Unter den Baumsteigern, die den Ameisen folgen, haben sich verschiedene Verhaltensweisen entwickelt. Große, dominante *Hylexetastes*-Individuen bilden Paare und lassen sich von ihrem einzigen Jungen etwa ein Jahr lang begleiten. Bei den mittelgroßen *Dendrocolaptes*-Arten greifen die Weibchen ihre verängstigten Partner an, wenn ihnen die Nahrung von größeren oder schnelleren Vögeln, etwa Ameisenvögeln, weggeschnappt wurde. Dagegen halten die kleinen Dendrocincla-Männchen von ihren Weibchen Abstand; sei es, weil die Weibchen stets auf der Hut vor Beutegreifern sind und die Gefahr für Paare besonders hoch einschätzen, oder sei es, daß sie für die Männchen nicht genügend Nahrungsraum haben, wenn übermächtige Nahrungskonkurrenten in der Nähe sind. Eine extreme Isolierungs-Situation findet man bei dem einzeln und zurückgezogen lebenden Tyrannen-Baumsteiger *(Dendrocincla tyrannina)* der äquatorialen Anden, wo Ameisenkolonien selten sind und sich die Beutegreifer in den kalten, moosigen Wäldern gut verbergen können.

BÜRZELSTELZER

Die alternative Bezeichnung für Bürzelstelzer, »Tapaculo«, entstammt entweder dem (sehr gewagten) spanischen Wort für »aufgerichteter Schwanz« oder dem wiederholt ausgestoßenen »Tap-a-cu« des chilenischen Weißkehl-Tapaculo *(Scelorchilus albicollis)*.

D. Wechsler/Vireo

AMEISENVÖGEL

Die Ameisenvögel haben ihren Namen daher, daß die Vertreter einiger Arten sich unmittelbar oberhalb der Kiefer und Stachel wandernder, räuberischer Ameisen an senkrechten Stämmen festklammern und nach fliehenden Insekten und anderen Beutetieren spurten. Sie werden unter Umständen von Baumsteigern, Tangaren, Erdkukucken und einer zusammengewürfelten Schar anderer Tiere begleitet, darunter auch Echsen. Es kommt vor, daß mehrere Ameisenvogel-Arten über einem Ameisenschwarm in Nahrungskonkurrenz treten. Dabei übernehmen die größeren Arten das Zentrum und drängen die kleineren an die Peripherie. Im Ausgleich können die meisten kleinen Arten in einiger Entfernung von den Ameisen oder bei kleineren Schwärmen genug Nahrung finden. Die größten Arten, die nur bei sehr großen Schwärmen genug zu essen finden, sind außerordentlich selten geworden und sind vom Aussterben bedroht. Der Weißbart-Ameisenvogel *(Pithys albifrons)*, eine schnelle Art aus dem Gebiet Amazoniens, hat sich darauf spezialisiert, rasch zwischen größere Vögel zu fliegen, um so einen erkämpften Bissen zu ergattern. Er muß jedoch lange Strecken zurücklegen, um eine Ameisenkolonie mit wenigen, großen Vögeln zu finden, und jedes Individuum benötigt ein Gebiet mit einem Durchmesser von etwa drei Kilometern. Derart spezialisierte Vögel verschwinden einfach, ebenso wie die großen Arten, die den Ameisenkolonien folgen, wenn nur kleine Waldgebiete geschützt werden.

Die nackten, leuchtend blauen oder roten Gesichter mehrerer Arten imitieren offenbar die Augen waldbewohnender Katzen und sind daher zur Abschreckung von Beutegreifern oder Nahrungskonkurrenten geeignet. Die Musterungen sind häufig leuchtend schwarz und weiß oder rostbraun. Allerdings sind sie bei vielen Arten auch grau oder schwarz, und die Weibchen zeigen ein weniger leuchtendes Braun. Weiße oder gelbbraune Flecken, Flügelecken und Schwanzspitzen, die normalerweise nicht sichtbar sind, werden bei Territorialkämpfen ausgespreizt. Die Weißbart-Ameisenwürger *(Biatas nigropectus)* sind wie Halsband-Blattspäher *(Philydor fuscus)* gefärbt, mit denen sie sich auch zusammenfinden, vermutlich um der Gefahr der Isolierung für den Fall zu entgehen, daß ein Habicht angreift. Die meisten Ameisenvögel fliegen nur über kurze Distanzen in den unteren Waldbereiche. Keinen von ihnen trifft man im hellen Sonnenlicht an, und häufig leben im Amazonasgebiet verschiedene Arten auf unterschiedlichen Seiten großer Flüsse.

Die Ameisendrosseln (Gattungen *Chamaeza* und *Formicarius)* gehen auf dem Waldboden wie Bantamhühner und wiegen bei jedem Schritt ihre kurzen nach oben weisenden Schwänze. Sie folgen Wanderameisen nur selten. Ihre merkwürdigen Pfiffe und die in Höhlen abgelegten, weißen Eier erinnern an die von Bürzelstelzern. Ameisenpittas *(Pittasoma, Grallaria, Hylopezus, Myrmothera* und die kleinen *Grallaricula*-Arten) besitzen einen großen Kopf, stummelige Schwänze und ein geflecktes Gefieder. Sie hüpfen auf niedrig gelegenen Schlingpflanzen oder auf dem Waldboden umher und äußern dabei eulenähnliche Rufe, besonders in den Anden. Die Nester bestehen lediglich aus niedrigen Plattformen und enthalte zwei grünliche Eier. Nur die beiden *Pittasoma*-Arten, die man westlich der Nordanden antrifft, »hüpfen« regelmäßig wie die Känguruhs um Ameisenschwärme herum.

Bei den acht Mückenfresser-Arten (Gattung *Conopophaga)* handelt es sich um kleine, kurzschwänzige, braune und schwarze Vögel, deren Männchen hinter dem Auge häufig ein weißes Federbüschel aufweisen. Sie schnappen nach Insekten in der Nähe oder flattern kurz hinunter, um sie vom Waldboden oder aus der niedrigen Vegetation zu sammeln. Die Nester bilden klobige Becher und enthalten zwei gesprenkelte, bräunliche Eier.

Die anderen Ameisenvögel, darunter die meisten auf Ameisen spezialisierten Arten, gehören zu den häufigsten Vögeln, die man in den Tieflandwäldern Amazoniens und jenseits der Anden antreffen kann. An gewissen Orten Perus leben mehr als 40 Arten. Allerdings überleben in den abgeholzten Zonen mit Sekundärwachstum nur wenige von ihnen. Die meisten hüpfen oder gehen auf dem Waldboden entlang. Die meisten spurten jedoch in den mittleren Baumlagen über kurze Distanzen nach ihrer Beute, während wiederum einige Arten wie Grasmücken in den Zonen unterhalb der Baumkronen leben. Im Gegensatz zu den im dichten Blätterwald kriechenden Töpfervögeln sind sie auf mäßig dicht stehende Blätter spezialisiert.

Ameisenschlüpfer *(Myrmotherula* und andere Gattungen) sind kleine, kurzschwänzige, grasmückenähnliche Vögel. In Amazonien besitzen unterschiedliche Arten verschiedene Nischen: Meist lebt eine am Boden, mindestens drei in den unteren Stockwerken (davon stöbert wenigstens eine im abgefallenen Laub herum, eine andere im Pflanzendickicht), eine oder mehr leben im Blätterdach und wieder andere an Flüssen oder Waldrändern. Häufig schließen sie sich im Unterholz Gruppen an, die aus bis zu 50 verschiedenen Vogelarten zusammengesetzt sind, darunter Baumsteiger und Töpfervögel. Im jeder Gruppe gibt es wohl mindestens einen der etwas größeren Würgerlinge *(Dysithamnus),* sowie verschiedene Wollrücken und Ameisenwürger *(Thamnophilus, Taraba* und *Sakesphorus),* die etwa Spatzen- bis Eichelhähergröße haben. Allerdings leben diese häufig im Dickicht für sich. Manchmal gesellen sich diesen Gruppen auch Ameisenvögel im weiteren Sinne bei, so etwa die langschwänzigen, im Pflanzengewirr lebenden Ameisenfänger *(Cercomacra)* oder die kurzschwänzigen Myrmeciza-Arten, die im Unterholz nach Nahrung suchen.

Die Gesänge der Ameisenvögel setzen sich grundsätzlich aus einer Reihe von Pfiffen zusammen, wobei rauhe Töne den Feinden gelten und sanfte der Familie. Bei einigen Arten antwortet das Weibchen seinem Partner mit einem abweichenden Gesang. Bei der Balz und vor der Kopulation wird das Weibchen vom Männchen gefüttert. Beide bauen das Nest, das die Form einer Mulde oder seltener eines geschlossenen Töpfernestes besitzt. Zur Nacht brütet das Weibchen allein; davon abgesehen werden die beiden (es sind selten mehr) gefleckten, weißlichen Eier von beiden Eltern 15 bis 20 Tage lang ausgebrütet. Die Nestlinge werden 9 bis 18 Tage umsorgt, die flügge gewordenen Jungtiere etwa noch einen Monat lang. Die selbständigen Jungvögel bleiben anschließend zwischen einem Monat und einem Jahr lang mit den Eltern zusammen.

Luiz Claudio Marigo

▲ Der Rotaugen-Ameinsvogel, ein kaum bekannter Bewohner des Unterholzes im Wald, besitzt ein Verbreitungsgebiet östlich der Anden von Kolumbien bis nach Bolivien.

TYRANNEN UND VERWANDTE

SCOTT M. LANYON

Ordnung Passeriformes, Unterordnung Tyranni, 5 Familien, 160 Gattungen, 514 Arten

GRÖSSE
Kleinste Art
Stummelschwanz-Zwergtyrann *(Myiornis ecaudatus),* Länge 6 Zentimeter; Gewicht 5 Gramm.
Größte Art
Kurzlappen-Schirmvogel *(Cephalopterus ornatus),* Länge 45 Zentimeter; Gewicht 400 Gramm.

ARTENSCHUTZ
Auf der ICBP-Liste der bedrohten Vögel werden 33 Arten aufgeführt, darunter: Gabelschwanz-Zuser *(Phibalura flavirostris),* Grauflügel-Zuser *(Tijuca condita),* Mönchszuser *(Ampelion stresemanni),* Ridgway-Kotinga *(Cotinga ridgwayi),* Langlappen-Schirmvogel *(Cephalopterus penduliger),* Zimt-Piprites *(Piprites pileatus),* Weißschwanz-Tyrann *(Agriornis albicauda (andicola)),* Wimpel-Tyrann *(Yetapa risoria),* Graubrust-Tyrann *(Empidonax griseipectus),* Roststirn-Laubtyrann *(Phylloscartes roquetti),* Braunrücken-Spateltyrann *(Idioptilon kaempferi),* Graubrust-Tachuri *(Anairetes alpinus),* Olivbürzel-Tachuri *(Serpophaga araguayae)* und Graubrust-Pflanzenmäher *(Phytotoma raimondii).*

Die Vertreter der Unterordnung Tyranni sind auf beide amerikanische Kontinente beschränkt, wo sie, weit verstreut, in praktisch allen Lebensräumen, Höhen- und Breitenlagen vorkommen. In dieser Gruppe herrschen große Unterschiede in der Körpergröße, Gefiederfärbung und im Verhalten, und die außerordentliche Vielfalt sowohl innerhalb als auch zwischen den Familien macht es schwer, allgemeine Aussagen zu treffen. Tatsächlich herrscht bei Wissenschaftlern zum Teil Unsicherheit darüber, zu welcher Familie einige Arten gehören. Diese unterschiedlichen Vögel sind wegen der besonderen Anordnung der Muskeln ihres Syrinx oder Stimmapparates in dieser Unterordnung zusammengefaßt.

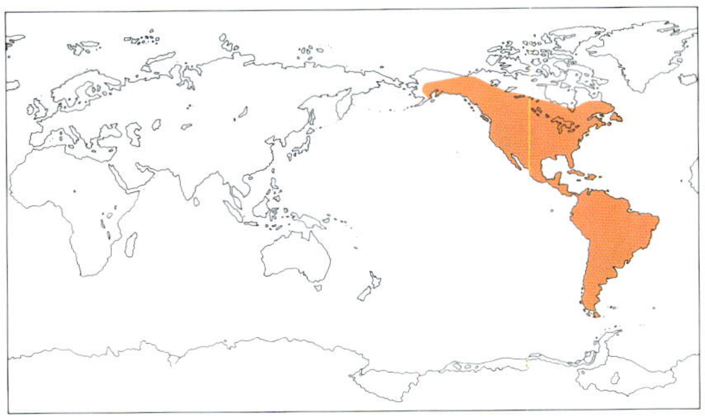

TYRANNEN

Die Familie Tyrannidae trifft man überall in Nord-, Zentral- und Südamerika an. Dazu gehören nicht nur die eigentlichen Tyrannen, sondern auch Vögel, die man unter dem Namen Phoeben, Fliegenstecher, Breitschnabel und Fliegenjäger kennt. Die Geschlechter sehen gleich aus. Meist zeigt das Gefieder eine Mischung aus grün, braun, gelb und weiß. Bei den meisten Arten kommt es für die Dauer der Brutsaison zu einer starken Paarbindung, und beide Geschlechter helfen einander bei der Aufzucht der Jungen. Unter den nahezu 400 Arten in 114 Gattungen, die bisher identifiziert wurden, findet man die größte Vielfalt in den Tropen der Neuen Welt. Jede Art nutzt ihre Umgebung in einer geringfügig abweichenden Weise. Diese Aufteilung der Ressourcen kann so komplex sein, daß einige Vogelgesellschaften Südamerikas mehr als 60 Tyrannenarten aufweisen.

Unterschiedliche Nahrungspräferenzen sind ein Grund dafür, daß mehrere Arten zusammen leben können. Es ist leicht vorstellbar, daß früchte- und insektenfressende Tyrannen oder direkte Nahrungskonkurrenz nebeneinander leben können. Allerdings

▶ Der Scheren-Tyrann ist ein häufiger und auffälliger Bewohner der offenen Gebiete, die sich zwischen der Mitte und dem Süden der USA bis nach Panama erstrecken. Diese geräuschvolle und aggressive Art bedrängt häufig Habichte und andere, wesentlich größere Vögel.

ernährt sich die Mehrheit der Tyrannen von Insekten. Wie können so viele ähnliche Arten sich von demselben Nahrungstyp ernähren und doch zusammen vorkommen? Die Antwort liegt darin, daß jede Art eine leicht abweichende Kombination von Beutegröße, Lebensraum, Vegetationstyp und Ausgangspunkten für die Nahrungssuche und Fangtechnik einsetzt. Nach Ansicht der Wissenschaftler besteht in dieser Fähigkeit, die verfügbaren Ressourcen fein aufzuteilen, in Verbindung mit der Tatsache, daß die Tropen der Neuen Welt den Vögeln reichhaltige und verschiedenartige Ressourcen anbieten, die Ursache der Entstehung der umfangreichsten Passerinen-Familie. (Ihre altweltlichen Gegenstücke sind die Sänger der Familie Muscicapidae.)

SCHNURRVÖGEL

Die Schnurrvögel sind kleine, leuchtend gefärbte Fruchtfresser mit kurzen Schwänzen und kurzen, breiten Schnäbeln. Es gibt 57 Arten, die 19 Gattungen der Familie Pipridae zugerechnet werden und deren Vertreter nur in den Tieflandwäldern Süd- und Zentralamerikas leben. Die Weibchen der verschiedenen Arten sehen bemerkenswert ähnlich aus; sie tragen meist ein grünes oder olivgrünes Gefieder. Dagegen sind die Männchen grundsätzlich leuchtend gefärbt, meist mit leuchtenden Blau-, Rot- oder Gelbtönen auf einem schwarzen Hintergrund.

Der hohe Grad an unterschiedlichen Farbausprägungen zwischen den Geschlechtern weist auf ein komplexes Sozialverhalten hin. Die Männchen sammeln sich an seit langer Zeit überlieferten Plätzen im Wald, die man als »Balzarena« bezeichnet, um Weibchen anzulocken. Bei einigen Arten säubern die Männchen ihre Tanzarena auf dem Waldboden; bei

Luiz Claudio Marigo

▲ Im Verlaufe seiner merkwürdigen Balz bürstet der männliche Fadenpipra (links) die Kehle seines Weibchens rasch mit den drahtähnlichen Spitzen seiner Schwanzfedern. Der Bentevi (Mitte) gehört zu den auffälligeren Tyrannen des tropischen Amerika. Er sitzt häufig auf den Zaunpfosten und Telefonleitungen an der Straße. Lediglich der männliche Cayenne-Klippenvogel (rechts) besitzt leuchtende Farben. Das Weibchen wirkt dagegen schlicht und grau. Die Männchen versammeln sich in Balzarenen und stellen sich wie Hähne zur Schau. Die Weibchen nähern sich dieses Gruppen, um sich zu paaren. Anschließend ziehen sie sich zurück, und bauen ihre Nester in Felslücken.

◀ Schnurrvögel sind für ihre ungewöhnliche Gruppenbalz und ihr komplexes Paarungsverhalten bekannt. Viele Arten sind jedoch noch nicht untersucht. Bei dieser Art, dem Helmpipra, handelt es sich um einen wenig bekannten Bewohner der zentral- und südbrasilianischen Hochebenen.

▶ Die Pflanzenmäher bilden eine Familie von drei nur in Südamerika lebenden Arten und gehören zu den wenigen, ausschließlich vegetarischen Passerinen. Sie bewohnen offenes Gelände und erinnern im Aussehen und Verhalten generell an Finken. Im Bild ein Rotschwanz-Pflanzenmäher.

J. Dunning/Vireo

anderen erzeugen die Männchen Tanzzweige, indem sie die Blätter von den Zweigen rupfen. Die Weibchen werden durch Rufe an diese Orte gelockt. Trifft ein Weibchen ein, beginnen die dort ansässigen Männchen mit ihrer ausführlichen Balz, bei der sie ihr leuchtendes Gefieder zur Schau stellen. Die Balz verläuft innerhalb einer Art immer gleich. Dabei kommt es zu Rufen, Flügelschlägen, kurzen Flügen und Hopsern, Seitenschritten und raschen Schwanzbewegungen. Ist ein Weibchen paarungsbereit, kopuliert das Männchen im Anschluß an die Balz. In der Balz und der Paarung erschöpft sich bereits das Ausmaß der Pärchenbindung bei den Schnurrvögeln. Das Weibchen, das zuvor bereits ein Nest gebaut hat, legt die Eier, brütet und zieht die Jungen ohne weitere Hilfe des Männchens auf. Bei der Gattung *Chiroxiphia* erfordert die Balz eine Zusammenarbeit unter mehreren Männchen, und nur eines von diesen hat die Chance, mit dem Weibchen zu kopulieren.

SCHMUCKVÖGEL

Die Vertreter der Familie Cotingidae (61 Arten in 25 Gattungen) sind früchtefressende Vögel mit einem Gewicht von 50 bis 100 Gramm. Ihre Verbreitung ist auf Zentral- und Südamerika beschränkt. Sie treten in niedrigen Dichten auf und bewohnen meist die »oberen Stockwerke« im Geäst. Aus diesen beiden Bemerkungen zeigt sich unmittelbar, daß Schmuckvögel nur sehr unzureichend untersucht sind. Bei einige Gattungen (so etwa bei Lipaugus) ist das Gefieder in beiden Geschlechtern ähnlich dem von Fliegenschnäppern: Die Geschlechter sehen gleich aus und besitzen ein düster gefärbtes, grün-braunes Gefieder. Bei den meisten anderen Gattungen sind die Männchen dagegen leuchtend gefärbt, und nur das Weibchen trägt die Tarnfärbung. Offenbar ist ein komplexes Sozialverhalten in dieser Familie nicht ungewöhnlich; allerdings wurden nur die Klippenvögel (Gattung *Rupicola)* gut untersucht. Es gibt sogar Hinweise darauf, daß, wie bei der Schnurrvogelgattung *Chiroxiphia,* die Balz einiger Schmuckvögel die Zusammenarbeit mehrerer Männchen erfordert.

Wenn sich Vögel in ihrer Ernährung auf Früchte spezialisieren, wie es bei den Schmuckvögeln der Fall ist, bestehen für Pflanze und Vogel vielfältige Möglichkeiten, eine starke, gegenseitige Abhängigkeit zu entwickeln. So ernährt sich beispielsweise der Mönchszuser *(Ampelion stresemanni)* der peruanischen Anden beinahe ausschließlich von Mistelfrüchten. Nach einer Mahlzeit würgt er die Samen wieder aus. Diese bleiben auf Zweigen liegen, keimen und wachsen dort heran. Die Mistel ist für die Verbreitung ihrer Samen eindeutig von dem Schmuckvogel abhängig, da es in dieser Höhenstufe keine anderen Früchtefresser gibt. Ohne den Schmuckvogel würden die Samen einfach nutzlos zu Boden fallen.

FLAMMENKÖPFE

Beim Flammenkopf *(Oxyruncus cristatus)* mit seiner merkwürdigen Schnabelform handelt es sich um einen früchtefressenden Bewohner der Baumwipfel, über den vergleichsweise wenig bekannt ist. Sein Verbreitungsgebiet erstreckt sich vermutlich zwischen Costa Rica und Süd-Brasilien; er wurde jedoch nur an wenigen Stellen gefunden. Es konnte bisher nicht eindeutig bestimmt werden, ob die Flammenköpfe den Fliegenschnäppern oder den Schmuckvögeln näher stehen. Die Wissenschaftler können lediglich feststellen, daß diese Art der Überlebende einer sehr alten Linie innerhalb der Tyranni ist.

PFLANZENMÄHER

Die drei Arten von Pflanzenmähern in der Gattung *Phytotoma* bewohnen ausschließlich die trockenen Lebensräume im Süden Südamerikas. Dieses Arten zeichnen sich dadurch aus, daß sie als einzige unter den Passerinen den Hauptteil ihrer Nahrung mit Blättern und fleischigen Sprossen bestreiten. Mit den gesägten Kanten ihrer Schnäbel können sie Blätter und Sprosse in kleine, eßbare Stücke zerlegen. Biochemischen Untersuchungen zufolge stehen sie verwandtschaftlich den Schmuckvögeln am nächsten.

LEIERSCHWÄNZE UND DICKICHTVÖGEL

G. T. SMITH

Die Leierschwänze und Dickichtvögel sind die Überlebenden einer lange zurückliegenden, vielfältigen Auffächerung australischer Singvögel. Daher besitzen diese beiden Familien trotz ihrer Unterschiedlichkeit zueinander die stärkste Verwandtschaft. Sämtliche Arten leben auf dem Boden, besitzen nur ein schwaches Flugvermögen und leben in dichter Vegetation. Trotz ihrer Größenunterschiede weisen sie etliche ökologische Ähnlichkeiten auf, da sie sich an jeweils ähnliche Lebensräume angepaßt haben.

Ordnung Passeriformes, Unterordnung Oscines, Familie Menuridae, 1 Gattung, 2 Arten, Familie Atrichornithidae, 1 Gattung, 2 Arten

GRÖSSE
Kleinste Art
Rostbauch-Dickichtvogel *(Atrichornis rufescens)*, Länge 16 bis 18 Zentimeter; Gewicht 30 Gramm.
Größte Art
Graurücken-Leierschwanz *(Menura novaehollandiae)*, Länge 80 bis 100 Zentimeter, Schwanz 50 bis 60 Zentimeter; Gewicht bis 1,2 Kilogramm.

ARTENSCHUTZ
Der Rostbauch-Dickichtvogel *(Atrichornis rufescens)* und der Braunbauch-Dickichtvogel *(A. clamosus)* stehen auf der ICBP-Liste der bedrohten Vögel.

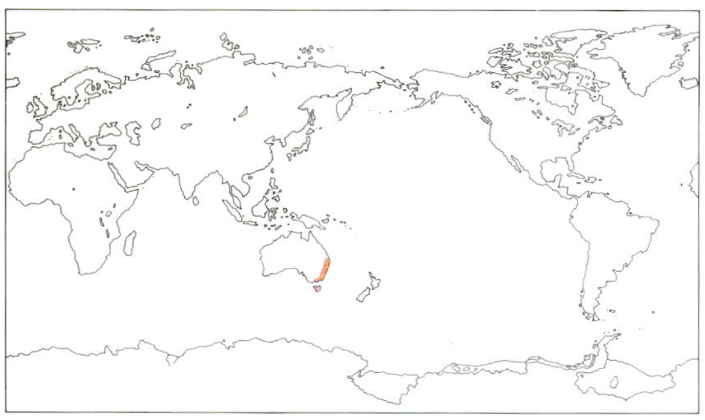

LEIERSCHWÄNZE

Der Graurücken-Leierschwanz *(Menura novaehollandiae)* bewohnt einen schmalen Gürtel im Osten Australiens vom südöstlichen Queensland bis nach Süd-Victoria. Im Jahre 1934 wurde er nach Tasmanien eingeschleppt. Sein Lebensraum ist der feuchte Eucalyptuswald und der gemäßigte Regenwald. Dagegen ist das Verbreitungsgebiet des Braunrücken-Leierschwanzes *(M. alberti)* auf einen kleinen Gürtel subtropischer Regenwälder im südlichen Queensland und im nördlichen Neu-Südwales begrenzt.

Die Leierschwänze besitzen etwa die Größe eines Fasans, ein braunes bis rotbraunes Gefieder, lange, kräftige Beine, kurze, abgerundete Flügel, sowie einen langen Schwanz, der modifizierte Federn trägt: Beim Graurücken-Leierschwanz sind die beiden Außenfedern in der Art einer griechischen Lyra geformt, daher der Name. In ihrem dichtbewachsenen Lebensraum leben sie versteckt und sind schwer zu beobachten. Bei Gefahr erweist sich, daß sie schnelle und wendige Läufer sind. Sie sitzen selten in den Bäumen, es sei denn zum Schlafen. Beim Aufstieg springen sie von Ast zu Ast, und am Morgen gleiten sie von den Bäumen wieder hinunter. Ihre Nahrung besteht bevorzugt aus Wirbellosen, die sie ausgraben, aus faulendem Holz freilegen oder unter Steinen hervorholen, die sie mit ihren kräftigen Füßen umdrehen.

Ihr auffälligstes Merkmal ist ihr lauter Territorial-

◀ Der Graurücken-Leierschwanz ist der größte unter den Singvögeln (Passerinen). Er ernährt sich von Insekten und anderen Wirbellosen, die auf dem Waldboden leben. Dabei durchsucht er das abgefallene Laub mit systematischen, harkenden Bewegungen seiner großklauigen Füße. Kleinere Vögel, wie der Gelbkehl-Sericornis, entwickeln zu diesem ein Verhältnis wie »Hunde, die Brocken von ihrer Herren Tische fressen«. Sie fressen die beim Harken aufgescheuchten kleineren Insekten, die der große Vogel übersieht oder ignoriert.

▶ Der Braunbauch-Dickichtvogel heißt auf Englisch »Noisy scrub-bird«. Er ist unter Vogelbeobachtern dafür berüchtigt, sich im dichten Unterwuchs so geschickt zu verbergen, daß man von ihm nicht eine Spur sieht, geschweige denn ihn beobachten könnte. Zudem erzeugt er ohrenbetäubende Rufe.

▼ Der Rostbauch-Dickichtvogel ist dem Braunbauch-Dickichtvogel im Verhalten und Aussehen recht ähnlich. Dazu kommt, daß er kaum fliegen kann. Er lebt nahe am Boden im dichten Unterwuchs und schlüpft wie eine Maus durch die Blätter. Bei der Balz hebt das Männchen seinen Schwanz an, läßt die Flügel hängen, plustert seine Brustfedern auf und gibt einen außerordentlich durchdringenden Gesang von sich. Der Dickichtvogel stellt weitgehend kompromißlose Ansprüche an seinen Lebensraum, und es gibt nur wenige zusammenhängende Populationen. Daher liegt die Gesamtzahl der noch lebenden Individuen wohl nicht über 1000, und die Art ist extrem gefährdet.

gesang, von dem vermutlich 80 Prozent Imitationen anderer Vogelarten sind. Manchmal ahmen sie sogar bellende Hunde nach. Bei den Graurücken-Leierschwänzen errichten die männlichen, geschlechtsreifen Tiere ein Territorium von 2,5 bis 3,5 Hektar. Die Territorien der Weibchen befinden sich entweder innerhalb dieser Gebiete oder überlappen sich mit diesen wenigstens. Die Männchen verteidigen ihre Territorien, besonders während der Brutsaison im Winter. Sie scheuchen die Eindringlinge, singen oder setzen sich auf Erdhügel, die sie an vielen Stellen ihres Territoriums errichtet haben (beim Braunrücken-Leierschwanz sind es gut getarnte Plattformen aus Schlingpflanzen und heruntergefallenen Ästen) und nehmen dort Imponierhaltungen ein. Dieses Gehabe ist recht auffällig: Der Schwanz wird aufgefächert, nach vorn über den Kopf geworfen und vibriert, während der Vogel tanzt und singt.

Das Männchen paart sich mit einer Reihe von Weibchen, die von seiner Balz angelockt wurden. Anschließend erbaut das Weibchen ein gewölbtes Nest, meist niedriger als zwei Meter über dem Boden, bebrütet 47 Tage lang das einzige Ei und versorgt den Jungvogel, bis er im Alter von etwa 50 Tagen das Nest verläßt. Ungefähr weitere acht Monate, nachdem er flügge geworden ist, bleibt er bei seiner Mutter. Nach der Brutzeit werden die Vögel beweglicher und ziehen in kleinen Gruppen durch den Wald.

DICKICHTVÖGEL

Der Braunbauch-Dickichtvogel *(Atrichornis clamosus)* hat nur an einem kleinen Standort an der Südküste Westaustraliens überlebt (sieht man von einer kleinen Population ab, die man mit Erfolg in ein nahe gelegenes Gebiet übersiedeln konnte). Seine Lebensräume liegen im Grenzgebiet von Sümpfen und Wäldern sowie in feuchten Rinnsalen. Das Verbreitungsgebiet des Rostbauch-Dickichtvogels *(A. rufescens)* erstreckt sich unzusammenhängend an der Ostküste Australiens und in der Gegend um die Grenze zwischen Queensland und Neu-Südwales. Hier lebt der Vogel im feuchten, gemäßigten Wald und im subtropischen Regenwald.

Beide Arten bevorzugen dichtbewachsene Gebiete; daher sind Dickichtvögel nur selten zu sehen. Es sind kleine, stämmig gebaute, braune Vögel mit langen Beinen und langem Schwanz sowie kurzen, abgerundeten Flügeln. Wenn sie überhaupt einmal fliegen, dann nur wenige Meter weit. Der auffälligste Aspekt ihres Verhaltens besteht in den lauten Territorialgesängen der Männchen (bei den Weibchen gibt es nur Alarmtöne). Der Rostbauch-Dickichtvogel beherrscht zudem die Fähigkeit, andere Arten nachzuahmen, und der Braunbauch-Dickichtvogel besitzt einen zusätzlichen, leiseren Gesang, in dem modifizierte Abschnitte anderer Vogelgesänge vorkommen. Die Männchen der Braunbauch-Dickichtvögel haben Territorien von fünf bis zehn Hektar Größe; darin befinden sich die Nistterritorien der Weibchen. Abgesehen von einer kürzeren Gesamtdauer ist ihr Nistverhalten dem der Leierschwänze ähnlich. Der Braunbauch-Dickichtvogel brütet im Frühling und im Sommer. Beide Arten erhalten ihre Territorien das ganze Jahr über.

LERCHEN UND STELZEN

P. A. CLANCEY

Die Vertreter dieser beiden Familien, der Alaudidae und der Motacillidae, sind kleine, am Boden lebende Vögel mit weltweiter Verbreitung. Sie fehlen nur in den extremen Breiten und auf ozeanischen Inseln. Die Lerchen sind natürlich wegen des wunderschönen Gesangs bekannt, den man bei einigen Arten findet. Auch einige Pieper (die zu derselben Familie gehören wie die Stelzen) äußern im Flug eingängige, musikalische Rufe und erinnern auch oberflächlich an Lerchen.

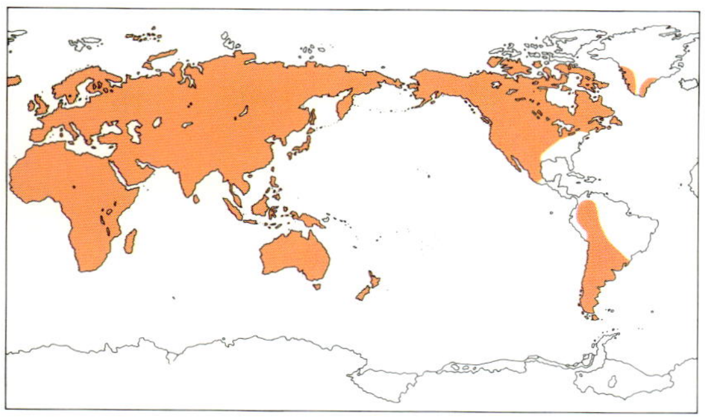

LERCHEN

Obwohl viele andere Arten während ihrer Gesangsflüge gut singen, sind nicht alle Lerchen so stimmgewaltig wie die dafür berühmte Feldlerche Eurasiens *(Alauda arvensis)*. Einige singen von Baumstämmen, Masten oder sogar Ameisenhügeln aus, und andere produzieren bei der Balz klappende oder flatternde Geräusche mit den Flügeln. Wegen ihrer Beliebtheit wurde die Feldlerche auf Vancouver Island an der kanadischen Pazifikküste eingeführt (von hier breitete sie sich auf die nahe gelegenen San Juan- Inseln des Staates Washington aus). Auch nach Neuseeland und Australien, wo bereits die Horsfield- Lerche *(Mirafra javanica)* lebte, wurde sie gebracht.

Die Familie der Lerchen (Alaudidae) konzentriert sich im wesentlichen in den gemäßigten Regionen der Alten Welt, wo die Vögel bevorzugt offene Lebensräume bewohnen. Sie umfaßt etwa 79 Arten; die meisten davon leben in Afrika. Die zahlreichste Art ist die Ohrenlerche *(Eremophila alpestris)*. Sie besitzt auch die weiteste Verbreitung und besetzt die vielfältigsten Lebensräume, von der arktischen Tundra bis zum gemäßigten Grasland und selbst die Wüste. Andere Arten stellen an die Wahl ihrer Lebensräume höhere Ansprüche.

Die typischen Lerchen sind grundsätzlich im oberen Körperbereich, an den Flügeln und dem Schwanz

Ordnung Passeriformes, Unterordnung Oscines, Familie Alaudidae, ca. 15 Gattungen, ca. 79 Arten, Familie Motacillidae, ca. 5 Gattungen, ca. 60 Arten

GRÖSSE
Lerchen *(Alaudidae)* Länge 11 bis 19 Zentimeter; Gewicht 13 bis 45 Gramm. Stelzen *(Motacillidae)* Länge 14 bis 17 Zentimeter; Gewicht 13 bis 32 Gramm.

ARTENSCHUTZ
Folgende Arten werden in der ICBP-Liste der bedrohten Vögel aufgeführt: Ash-Lerche *(Mirafra ashi)*, Degodi-Lerche *(M. degodiensis)*, Somali- Spronlerche *(Heteromirafra archeri)*, Spronlerche *(H. ruddi)*, Sidamo- Spornlerche *(H. Sidamoensis)*, Raza-Lerche *(Alauda razae)*, Gelbbrust-Pieper *(Hemimacronyx chloris)*, Finkenlerche *(Spizocorys fringillaris)*, Chaco-Pieper *(Anthus chacoensis)*, Sokoke-Pieper *(A. sokokensis)* und Ockerbrust-Pieper *(A. nattereri)*.

◀ Ein Feldlerchen-Pärchen zieht in einer Saison bis zu vier Gelegen auf. Die von diesem Vogel gefütterte Brut gehört wahrscheinlich zu den ersten der Brutsaison: Wie bei vielen anderen gut untersuchten Vögeln variiert die Durchschnittsgröße eines Geleges nicht nur geographisch, sondern auch innerhalb der Brutsaison. Dabei nimmt die Zahl der Eier von etwa drei zu Beginn des Frühlings bis zu vier im Laufe des Sommers zu.

▶ Die schlank und graziös gebauten Bachstelzen wippen ständig mit ihren Schwänzen auf und nieder. Die Gebirgsstelze findet man selten weit vom Wasser entfernt. Sie bevorzugt schnell fließende Bergströme und rasch ziehende Flüsse.

Laurie Campbell/NHPA

braun gestreift und unterseits weiß oder gelbbraun. Auf der Brust befinden sich meist dunkelbraune Streifen. Einige tragen auf dem Kopf einen kleinen Kamm, und bei anderen ist der Schwanz seitlich weiß gemustert. Bei den meisten ist der Schnabel schlank und leicht abwärts gebogen, bei anderen wiederum kräftig entwickelt. Beine und Zehen sind lang. Bei Bewohnern der Graslandschaften ist die Kralle der hinteren Zehe verlängert. Zudem hüpfen die Lerchen nicht, um sich auf dem Boden fortzubewegen, sondern sie schreiten.

Lerchen fressen Insekten und andere Wirbellose, aber auch Samen und Getreide. Sie bauen einfache, becherförmige Nester auf dem Boden, die manchmal vollständig offenliegen, manchmal jedoch von einem Grasbüschel oder einem niedrig wachsenden Busch überdeckt sind. In der Wüste schützt sich das brütende Weibchen zuweilen durch eine Teilüberdachung vor der Sonnenhitze. Bei vielen Lerchen findet man Gefiederfarben, die zur Farbe des Untergrundes, auf dem sie brüten, passen. Dies führt zur Ausbildung verschiedener Unterarten oder Rassen innerhalb einer Art. Bei der Ohrenlerche existieren beispielsweise zahlreiche, unterschiedlich gefärbte Formen. Sie brüten an so verschiedenen Orten wie Franz Josef-Land und Novaya Zemlya in Norden Eurasiens, im Süden Mexikos und den Savannen Kolumbiens.

Die Eremopterix-Arten

Die Vertreter der Eremopterix-Arten sind nur klein. Die Geschlechter unterscheiden sich deutlich voneinander, und ihr Lebensraum ist in erster Linie die Halbwüste. Eine Art findet man nur in Indien, Pakistan und Sri Lanka; alle übrigen leben in Afrika. Die Vielfalt ihrer Farbmuster übertrifft die der echten Lerchen. Ihre kurzen Schnäbel sind konisch geformt und finkenähnlich. Wie die übrigen Lerchen leben sie außerhalb der Brutzeit gesellig; und wenn die Nahrung in ihrem kärglichen Lebensraum knapp wird, ziehen sie an einen anderen Ort.

STELZEN UND PIEPER

Zu den etwa 60 Arten der Familie Motacillidae gehören kleine, schlank gebaute, zum Teil langschwänzige Vögel. Sie sind überwiegend Bodennister und beinahe vollständig auf Insekten spezialisiert.

Stelzen

Die typischen Stelzen sind charakteristische Vögel, die man an Fließgewässern, an Flußufern oder im feuchten Grasland antrifft. Vier Arten sind im südlichen und östlichen Afrika, sowie auf Madagaskar zu Hause (diese Arten sind standorttreu). Dagegen sind die in den nördlichen Ländern brütenden Stelzen richtige Zugvögel. Unter diesen nördlichen Formen nehmen die Männchen ein Brutkleid an, so daß es, obwohl die Stelzen grundsätzlich in elf Arten unterteilt werden, zu einer erheblichen Rassenbildung kommt. Besonders deutlich zeigt sich dieser Gefiederwechsel bei der Schafstelze *(Motacilla flava)*, von der man 17 Unterarten kennt. Nur diese Art brütet in Nordamerika, im Nordwesten Kanadas und in Alaska. Zusammen mit der Zitronenstelze *(M. citreola)* bewohnt diese Art die Steppen- und Weidegebiete Eurasiens, wo sie zwischen dem grasenden Vieh ihre Nahrung suchen. Von den übrigen *Motacilla*-Arten sind vier weiß gefärbt oder gescheckt. Die nur in Afrika lebende *M. capensis* und ihr madagassisches Gegenstück, *M. flaviventris*, sind optisch weniger ansprechend, und zwei langschwänzige Arten *(M. cinerea und M. clara)* findet man nur in Flußgebieten.

Die osteurasische Baumstelze *(Dendronanthus indicus)*, eine atypische Art, bewohnt ausschließlich die Waldgebiete ihrer Brutgründe.

Pieper

Die *Macronyx*-Arten repräsentieren die größten und farbenprächtigsten Pieper. Alle sieben Arten leben in Afrika, wo sie sich in den östlichen und südlichen Savannen konzentrieren. Die größten von ihnen sind die beiden gelbkehligen Arten *M. croceus* und *M. fuelleborni*, sowie der Großsporn-Pieper *(M. capensis)*, dessen Kehle orange gefärbt ist. *M. ameliae* und *M. grimwoodi*, die eine pinkfarbene Kehle besitzen, sind etwas kleiner. Bei den letzten beiden kleinen und gelbkehligen Arten handelt es sich um *M. flavicollis*, die die äthiopischen Hochländer bewohnt, sowie um die ostafrikanische *M. aurantiigula*. Diese Vögel zeigen eine interessante entwicklungsgeschichtliche Parallele zu den amerikanischen Wiesenstärlingen.

In Afrika findet man als Bindeglieder zwischen den dekorativen *Macronyx*-Arten Afrikas und den dunkel gefärbten Piepern der Gattung *Anthus* den Goldpieper *(Tmetothylacus tenellus)* neben einer Handvoll anormaler Formen wie dem Gelbbrustpieper *(Hemimacronyx chloris)* aus dem Drakensberg-Gebirge Südafrikas und dem Zitronenpieper *(H. sharpei)*, der die hoch gelegenen Grasländer Kenias bewohnt.

Die *Anthus*-Pieper sind lerchenähnliche Bewohner des offenen und gebirgigen Landes. Sie sind grundsätzlich oben bräunlich gefärbt, unscheinbar oder nur mäßig gestreift und zeigen unterseits ein helles, gelbbraunes Gefieder. Dabei sind Brust und Seiten normalerweise dunkelbraun gestreift. Bei vielen Arten tragen die äußeren Schwanzfedern breite, weiße Markierungen. Da jedoch die Unterschiede zwischen den Arten nur gering sind und sich das Gefieder durch Ausbleichen und Abnutzung verändert, kann die Bestimmung im Feld extrem schwierig sein. Die nördlich wohnenden Pieper sind regelmäßige Zieher, aber selbst bei den tropischen Arten kommt es nach Ablauf der Brutzeit zu Wanderungen, wenn, jahreszeitlich bedingt, das Futter örtlich knapp wird. Die Anthus-Pieper haben ihren Ursprung vermutlich in den gemäßigten Regionen der Alten Welt. Von hier aus konnten sie sich stark ausbreiten: 14 Arten sind im Prinzip paläarktisch (eurasisch), 13 leben nur in Afrika, vier ausschließlich in Indo-Malaysia und Australasien. Acht leben in Zentral- und Südamerika und zwei in Nordamerika. Die vergleichsweise geringe Verbreitung auf dem nordamerikanischen Kontinent läßt sich zur Zeit noch nicht erklären.

◀ Ein europäischer Wiesenpieper. Zwar bieten die Pieper nur ein durchschnittliches Erscheinungsbild, gehören jedoch zu den am weitesten verbreiteten Singvögeln überhaupt. Ihre größte Vielfalt besitzt die Gruppe in Eurasien, doch findet man die eine oder andere Form in praktisch jeder offenen Landschaft, abgesehen von der Antarktis. Eine Art bewohnt sogar die abgelegene, ungastliche Insel Süd Georgiens.

Ordnung Passeriformes, Unterordnung Oscines, Familie Hirundinidae, ca. 20 Gattungen, ca. 82 Arten

GRÖSSE
Länge 12 bis 25 Zentimeter; Gewicht 10 bis 45 Gramm.

ARTENSCHUTZ
Folgende Arten werden in der ICBP-Liste der bedrohten Vögel aufgeführt: Sirintara-Schwalbe *(Pseudochelidon sirintarae)*, Bahama-Schwalbe *(Tachycineta cyaneoviridis)*, Benson-Schwalbe *(Hirundo megaensis)*, Rote Klippenschwalbe *(H. perdita)*.

SCHWALBEN

P. A. CLANCEY

Die Familie Hirundinidae umfaßt etwa 82 Schwalben. Sie sind Insektenfresser, die ihre Beute in der Luft verzehren. Von einigen Inseln abgesehen, findet man sie in allen gemäßigten und tropischen Zonen der Welt. Zudem gehören der Familie zwei Arten von Trugschwalben an.

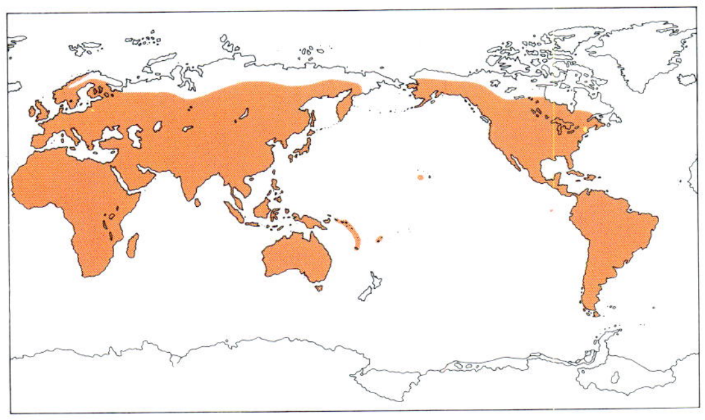

SCHWALBEN

Das Gefieder der typischen Schwalben (Gattung *Hirundo)* ist oben herum schimmernd blauschwarz, sowie am Flügel und am Schwanz dunkel gefärbt. Letzterer kann oberhalb der Spitze weiß gesprenkelt sein. Die äußeren Schwanzfedern wachsen bei erwachsenen Tieren zu schmalen Fäden aus, und bei vielen Arten findet man rotbraune Flecken an Stirn oder Kehle. Andere besitzen einen quadratischen Schwanz, denen die langen Außenfedern der *Hirundo*-Arten fehlen. Die Kopfspitze und der untere Rücken sind gold- oder rotbraun gefärbt, und die Unterseite ist, etwa bei den *Cecropis*- und *Petrochelidon*-Arten, gestreift. Die Felsen- oder Steinschwalben, die heute der Gattung *Hirundo* zugeordnet werden (sie gehörten früher zu *Ptyonoprogne)* sind dunkel gefärbte Bewohner der Trocken- und sogar Wüstengebiete der Alten Welt. Die Mehlschwalbe *(Delichon urbica)* und ihre Verwandten, die asiatische Kaschmir-Schwalbe *(D. dasypus)* und die Nepal-Schwalbe *(D. nepalensis)*, sind über Europa und Asien verbreitet. Ihr Rücken ist schimmernd blauschwarz. Zudem sind ihre kurzen Beine und Füße mit

▶ Die Rauchschwalbe errichtet ihr Nest normalerweise in einem vom Menschen konstruierten Bauwerk, etwa einer Brücke, einem Schuppen oder einer Scheune. Sie bevorzugt jedoch eindeutig solche Gebäude, in denen Rinder oder anderes Vieh gehalten werden. Nur selten findet man ihre Nester an ursprünglichen Stellen wie an Felskliffen. Dieser Vogel brütet in weiten Bereichen der Nordhalbkugel und überwintert in Südamerika, Afrika, Indien und Südostasien.

Richard T. Mills

◀ Uferschwalben leben stets gesellig und nisten in Kolonien. Dazu graben sie Gänge in sandigen Uferbänken oder im Sandstein. Diesen Nistplätzen halten sie die Treue und kehren in jedem Jahr dorthin zurück, doch wird alljährlich meist ein neuer Gang angelegt. Diese Art ist über Nordamerika und Eurasien weit verbreitet. Nur die europäischen Bestände erlitten während der Zeit von 1960 bis 1990 erhebliche Einbußen. So ging die Zahl einer schottischen Kolonie von 900 Paaren im Jahre 1982 zwei Jahre später auf weniger als 200 Paare zurück. Diesen Rückgang verbindet man mit einer Reihe verheerender Trockenperioden, von denen die Gebiete unmittelbar südlich der Sahara, von Erithräa westlich über den Sudan bis ins Sahel-Gebiet, heimgesucht worden waren. Hier verbringen die meisten dieser Vögel den Winter.

Federn bedeckt und sind so gegen die niedrigen Temperaturen geschützt, denen sie oft ausgesetzt sind. Zu den weiteren Schwalben gehören die kräftig gebauten, schimmernden amerikanischen Arten der Gattung *Progne,* sowie die kleinen, dunklen Uferschwalben (Gattung *Riparia).*

Diese Vögel fressen Insekten, die sie im Flug fangen, und wo Insekten vorübergehend im Überfluß auftauchen, sammeln sich die Vögel auch. Man findet sie auch Seite an Seite mit Mauerseglern, wenn sich Insekten vor einem Sturm am Boden sammeln. Es sind meist ruhige Vögel, die kurze zwitschernde, trällernde Laute in der Luft oder auf einem nackten Zweig sitzend ausstoßen. Die meisten von ihnen sind ausgesprochene Zugvögel, besonders die *Hirundo-, Delichon-, Riparia-* und einige andere Arten, von denen einige nach Norden ziehen, um in hohen Breiten zu brüten. Selbst die tropischen Arten weisen jahreszeitlich bedingte Wanderungen auf, so etwa die Maskarenenschwalbe *(Phedina borbonica),* die, nachdem sie auf Madagaskar gebrütet hat, nach Ostafrika weiterzieht. Die in den Afrotropen lebenden *Psalidoprocne*-Arten sind meist standorttreu.

Die meisten Schwalben konstruieren stabile Nester, die die Gestalt von Schüsseln, Untertassen und sogar von Glaskolben haben. Sie werden aus Schlammkügelchen und Stroh gebaut. Die Eier ruhen in einer Mulde aus dünnen Gräsern, Haaren und gewundenen Federn. Die Vertreter der Riparia-Arten nisten in Kolonien. Dazu graben sie Tunnel in senkrechte Sandufer und bauen am Ende des Ganges ein Nest mit Gräsern und Federn.

TRUGSCHWALBEN

Bei beiden Arten handelt es sich um ungewöhnliche Vögel mit roten Schnäbeln und kurzen Schwänzen. Die Gemeine Trugschwalbe *(Pseudochelidon eurystomina)* ist in Afrika, an den Flüssen Zaires, zu Hause. Die Vögel legen ihre Brutzeit so, daß sie mit dem Niedrigwasser eines der großen Flüsse zusammenfällt, so daß sie (in Kolonien) an den frei liegenden Sandbänken ihre Nisthöhlen anlegen können. Die Sirintara-Schwalbe *(P. sirintarae)* wurde erst im Jahre 1968 in Thailand entdeckt und beschrieben. Man kennt ihre Nistgründe noch nicht. Sie befinden sich jedoch vermutlich am Mekong-Fluß.

STACHELBÜRZLER

P. A. CLANCEY

Die Stachelbürzler tragen ihren Namen wegen eines Bausches aus hartkieligen, aber nur lose befestigten Bürzelfedern. Die Familie Campephagidae ist auf die afrikanischen Tropen südlich der Sahara begrenzt. Man findet ihre Vertreter jedoch auch von Afghanistan und dem Himalaya, östlich über Asien bis nach Japan, sowie südlich bis nach Südostasien, Australien und zu den Pazifischen Inseln.

Ordnung Passeriformes, Unterordnung Oscines, Familie Campephagidae, 9 Gattungen, ca. 27 Arten

GRÖSSE
Kleinste Art
Westafrikanischer Lappen-Raupenfresser *(Campephaga lobata)*, Länge 18 Zentimeter; Gewicht 20 Gramm.
Größte Art
Grundraupenfänger *(Pteropodocys maxima)*, Länge 28 Zentimeter; Gewicht 111 Gramm.

ARTENSCHUTZ
Folgende Arten werden als bedrohte Vögel aufgeführt: Schiefer-Raupenfänger *(Coracina schistacea)*, Mauritius-Raupenfänger *(C. typica)*, Newton-Raupenfänger *(C. newtoni)*, Glanz-Raupenfänger *(C. coerulescens)*, Sula-Raupenfänger *(C. sula)*, Binden-Raupenfänger *(C. ostenta)*, und Westafrikanischer Lappen-Raupenfresser *(Campephaga lobata)*.

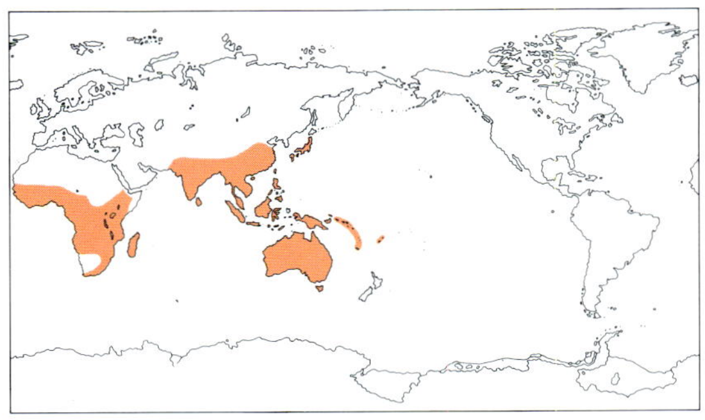

GRAUE BAUMBEWOHNER

Bei den Raupenfressern der Gattung *Coracina* handelt es sich um mittelgroße, graue oder schwärzlich-weiß gefärbte und grundsätzlich gestreifte Vögel. Männchen und Weibchen sind in ihrem Erscheinungsbild ähnlich. Sie besitzen einen relativ schweren Schnabel mit einer breiten Basis und einer hakenförmigen Spitze. Die Beine sind nur kurz. Die Mehrzahl der 43 Arten dieser Gattung und ihrer unmittelbaren Verwandten konzentriert sich in Südostasien und Australien. Einige Arten weisen eine erstaunliche Formenvielfalt auf. So sind vom Mönchsraupenfänger *(C. tenuirostris)* nicht weniger als 33 Unterarten bekannt. In der vollständig afrikanischen Gattung *Campephaga,* die aus fünf Arten besteht, sehen die Erwachsenen deutlich verschieden aus: Die Männchen sind in ein anziehendes Blauschwarz gekleidet, und einige besitzen leuchtend gelbe, orangefarbene oder tiefrote Flecken auf den Flügeln. Die Weibchen sind dagegen dunkel olivbraun gefärbt, gelb gestreift und unterhalb weißlich.

Die Stachelbürzler führen ein verborgenes Leben. Unter dem deckenden Blattwerk suchen sie nach Insekten und Früchten. Allerdings gibt es einige auffälligere *Coracina*-Arten, die man außerhalb der Brutzeit in kleinen Gruppen antreffen kann. Die Nester werden in der Regel hoch in den Bäumen angelegt und optisch kunstvoll dem Moos und den Flechten auf den Ästen angeglichen, so daß sie schwer zu entdecken sind.

Die Lalagen (Gattung *Lalage*) erreichen noch Australien und die Pazifischen Inseln. Allerdings sind die 13 Arten überwiegend über den Kontinent und die Inselwelt Südostasiens verbreitet. Ihr Gefieder ist schwärzlich-grau und weiß mit einem Hauch rostbrauner Farbe.

Die Raupenschmätzer *(Hemipus)* und *Tephrodornis*-Arten sind eng mit den Lalagen verwandt und umfassen vier stämmig gebaute Arten. Sie sind grau, schwarz und weiß gefärbt oder gescheckt und bewohnen die Wälder Südostasiens und Indonesiens.

Die zehn Arten der Mennigvögel (Gattung *Pericrocotus*) sind an das östliche Verbreitungsgebiet der Familie gebunden, das sich vom Amur-Fluß an der sowjetisch-chinesischen Grenze und den japanischen Inseln östlich nach Afghanistan und Indien, sowie südlich zu den indonesischen Inseln erstreckt. Bei zahlreichen Arten fallen die Männchen durch leuchtend rote, orange und gelbe Farben auf. Es gibt allerdings auch dunkel gefärbte Arten, und stets sind die Weibchen weniger farbenprächtig als die Männchen. Offenbar weicht die Lebensweise dieser Gruppe ein wenig von derjenigen der Raupenfresser ab.

◀ Der Gelbaugen-Raupenfänger bewohnt das Gebiet Ostaustraliens und Neu Guineas. Er ist ein nomadischer Bewohner des Regenwaldes, der sich überwiegend von Früchten ernährt.

BÜLBÜLS UND FEENVÖGEL

P. A. CLANCEY

Diese Vögel sind im Prinzip Einzelgänger, die nur dann in Gruppen auftreten, wenn genügend Nahrung vorhanden ist. Die farbenfrohen, anziehenden Feenvögel der Familie Irenidae findet man neben den Bülbüls in den Waldgebieten des südlichen Asien.

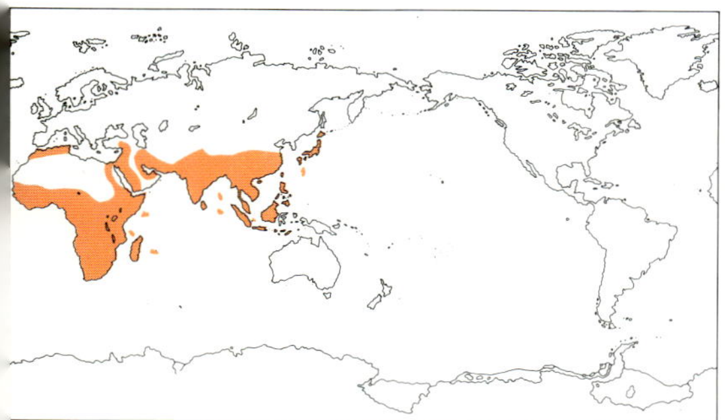

BÜLBÜLS

Die Bülbüls leben überwiegend in den Tropen der Neuen Welt. Zu der Familie Pycnonotidae gehören 15 Gattungen mit etwa 120 Arten, die in Afrika und vom Mittleren Osten über Japan südlich bis nach Indonesien verbreitet sind. Bezeichnenderweise kommen sie nicht bis nach Neu Guinea oder Australien. (Allerdings wurde der Rotohr-Bülbül *(Pycnonotus jocosus)* erfolgreich in Sydney und Melbourne angesiedelt, ebenso in Florida in den USA.) Die Bülbüls sind klein bis mittelgroß, düster in oliv und braun gefärbt und unterseits häufig weißlich oder gelb. Einige besitzen auffällige gelbe oder rote Unterschwanzdecken. Vielen von ihnen wachsen Kämme oder haarähnliche Fadenfedern an der Nackenseite des Kopfes. Der vergleichsweise kräftige Schnabel ist häufig in der Nähe der Spitze gekerbt. Beine und Zehen sind kräftig entwickelt.

Die meisten Bülbüls fressen Insekten und Früchte. Wenn bestimmte, bevorzugte Bäume Früchte tragen, versammeln sich einige Arten durchaus in größeren Zahlen. Sonst jedoch bleiben sie für sich und verbergen sich in der Vegetation, besonders in den Baumkronen hoch gelegener Wälder. Andere wiederum nutzen die unteren Stockwerke und leben teilweise auf dem Boden. Dies betrifft besonders die mäßig geselligen Phyllastrephus-Arten der afrikanischen Tropen. Einige machen sich in Gärten und Stadtgebieten bemerkbar.

Ihre Nester bauen die Bülbüls aus dem gerade vorhandenen Pflanzenmaterial auf Bäumen, in Büschen

Ordnung Passeriformes, Unterordnung Oscines, Familie Pycnonotidae, 15 Gattungen, ca. 120 Arten, Familie Irenidae, 3 Gattungen, 14 Arten

GRÖSSE
Bülbüls *(Pycnonotidae)*
Kleinste Art Schlankbülbül *(Phyllastrephus debilis)*, Länge 14 Zentimeter; Gewicht 13 bis 16,5 Gramm.
Größte Art Graukehl-Nicator *(Nicator gularis)*, Länge 23 Zentimeter; Gewicht 63 Gramm. Feenvögel, Blattvögel und Aegithinas *(Irenidae)*
Kleinste Art Schwarzflügel-Aegithina *(Aegithina tiphia)*, Länge 12 Zentimeter; Gewicht 10 Gramm.
Größte Art Türkis-Irene *(Irena puella)*, Länge 27 Zentimeter; Gewicht 70 Gramm.

ARTENSCHUTZ
Folgende Arten werden in der ICBP-Liste der bedrohten Vögel aufgeführt: Blaubrillen-Bülbül *(Pycnonotus nieuwenhuisii)*, Prigogine-Bülbül *(Chlorocichla prigoginei)*, Flecken-Bülbül *(Phyllastrephus leucolepis)*, Appert-Bülbül *(P. apperti)*, Sianaka-Bülbül *(P. tenebrosus)*, Grauscheitel-Bülbül *(P. cinereiceps)*, Olivrücken-Bülbül *(Criniger olivaceus)*, Schieferkopf-Bülbül *(Hypsipetes siquijorensis)* und Mauritius-Bülbül *(H. olivaceus)*.

◀ Der Rotbauch-Bülbül (ganz links) ist ein häufiger Bewohner der Parks und Gärten Südostasiens. Seine fröhlichen Rufe sind wenig differenziert. Dagegen kann der Goldstirn-Blattvogel (links) die Rufe anderer Vogelarten perfekt imitieren.

Morten Strange

▲ Ein Augenstreif-Bülbül zwitschert sein fröhliches, selbstzufriedenes Lied, das so typisch für seine Familie ist. Diesen Vogel trifft man häufig in den Tieflandwäldern und Rodungen weiter Bereiche Südostasiens. Wenn es Nacht wird, sammeln sich die Vögel zum Schlafen in Schwärmen.

und Ranken an gut getarnten Stellen. Ihre Rufe bestehen im Prinzip aus klirrenden Lauten. Oft antworten sie einander von verschiedenen Punkten des Waldes aus. Beim Brüten geben die Vögel kurze, trällernde oder manchmal trillernde Lieder von sich, so etwa der Schlichtbülbül *(Andropadus importunus)*, der Süd- und Ostafrika bewohnt.

Die meisten Arten sind an ihren Standort gebunden. Von einigen Bewohnern der höheren, nördlichen Breiten weiß man jedoch, daß sie nach der Brutsaison Wanderungen durchführen. Die am weitesten verbreitete Gattung der Familie ist *Pycnonotus*, deren Vertreter einen Kamm und bunte Unterschwanzdecken besitzen. Der Graubülbül *(P. barbatus)* erreicht Nordwest-Afrika und die Ostküsten des Mittelmeeres.

Die waldbewohnenden *Andropadus*-Arten der afrikanischen Tropen und ihre unmittelbaren Verwandten sind zum Verwechseln ähnlich, und es bleibt noch zu klären, ob die systematische Unterscheidung dieser Formen zu Recht besteht. Unter diesen afrikanischen Bülbüls gibt es außerordentlich ungewöhnliche Formen, etwa den Goldbülbül *(Calyptocichla serina)*, den Weißschwanz-Bülbül *(Baeopogon indicator)* und den Sjöstedt-Bülbül *(B. clamans)*. Die beiden letztgenannten Arten imitieren in ihrer Erscheinung die Honiganzeiger, größere Vögel der Gattung *Indicator*, Familie Indicatoridae, die einen für Beutegreifer üblen Geschmack besitzen.

Den Hauptanteil der Arten findet man in den äquatorialen Regenwäldern Afrikas sowie in der vergleichbaren Vegetation Südostasiens, der Philippinen und der indonesischen Inseln. Die Verbreitung der asiatischen Gattung Hypsipetes reicht außerordentlich weit, denn einige Arten erreichen die Inseln des westlichen Indischen Ozeans wie die Seychellen, Mauritius, Réunion, Madagaskar und selbst die Komoren. Allerdings schafften sie es nicht, auf dem afrikanischen Kontinent Fuß zu fassen.

FEENVÖGEL, BLATTVÖGEL UND AEGITHINAS

Die Familie Irenidae bildet eine im wesentlichen indomalaysische Gruppe farbenprächtiger, baumbewohnender Vögel. Ihr Verbreitungsgebiet erstreckt sich vom Himalaya, dem Indischen Subkontinent und Sri Lanka ostwärts nach Südchina, sowie südlich bis zu den Philippinen und nach Indonesien. Die meisten Arten ziehen nicht, bei einigen wurden jedoch im Anschluß an die Brutsaison Wanderungen beobachtet.

Feenvögel

Die beiden Irenen *(Irena puella* und *I. cyanogaster)* bilden die größten Vertreter der Familie Irenidae. Es sind auffällige Vögel, deren Männchen an den oberen Körperbereichen ultramarinblau und an den unteren schwarz schimmern. Die Weibchen sind in ein düsteres Grünblau gehüllt und weisen schwarze Zügel auf (das Gebiet zwischen den Augen und der Schnabelbasis). Alle haben rote Augen. Der Schnabel ist vergleichsweise stumpf und besitzt ein gebogenes Culmen (die Oberkante von der Schnabelspitze bis zur Stirn). Zudem ist der Oberkiefer kurz vor der Spitze gekerbt. Die Irenen ernähren sich von den Früchten der Waldbäume und Büsche, sowie von Blütennektar und kleinen Wirbellosen. Dabei stöbern sie in Gruppen aus bis zu acht Individuen im Blätterdach der Monsunwälder. Nahrungskonkurrenten gegenüber sind sie wesentlich weniger aggressiv als ihre kleineren Verwandten, die Blattvögel, und man sieht sie häufig in Gemeinschaft anderer früchtefressender Vögel, die sich von fruchtbeladenen Bäumen angezogen fühlen. Irenen nisten in den oberen Stockwerken der Bäume, und ihre Rufe wurden als ein »Twing twing« beschrieben. *Irena cyanogaster* lebt ausschließlich auf den Philippinen, während sich das Verbreitungsgebiet von *I. puella* von dort noch bis zum Nordosten Indiens ausdehnt.

Blattvögel

Die acht Blattvogel-Arten der Gattung Chloropsis sind überwiegend grün. Die Männchen tragen auf der Brust ein blauschwarzes Band, das, wie beim Blaubart-Blattvogel *(C. cyanopogon)* lebhaft blau markiert sein kann. Die Stirn ist grün, gelb oder rot. Einige Arten besitzen eine orangefarbene Unterseite und beim Blauflügel-Blattvogel *(C. cochinchinensis)* sind die Flügel blau. Die Weibchen zeigen mattere Farben als die Männchen, und ihnen fehlt auch das dunkle Band auf der Brust. Sie alle besitzen schlankere Schnäbel als die Irenen; jedoch trägt auch dieser am Oberkiefer eine Kerbe.

Die Blattvögel bewohnen verschiedene Waldtypen

selbst die Mangroven, allerdings auch Gärten und Parks. Trotz ihrer kurzen, angerundeten Flügel können sie ausdauernd und rasch fliegen. Feldbeobachter beschreiben diese Vögel als in hohem Maße aggressiv. Nahrungskonkurrenten werden von Vögeln, die nach Früchten, Wirbellosen oder Blütennektar suchen, sogleich verjagt. Da sie sich unter dem Schirm des Blätterdachs und in dicht belaubten Ästen aufhalten, sind sie aufgrund ihrer überwiegend grünen Färbung nur schwer zu erkennen. Allerdings sind Blattvögel auf der Nahrungssuche ebenso lebhaft und geschickt wie die Meisen der Familie Paridae. Auf der Suche nach versteckt lebender Beute und anderen Nahrungsobjekten lassen sie sich mit dem Kopf nach unten hängen und nehmen allerlei akrobatische Stellungen ein.

Ihre Nester werden als locker gebaute, halb hängende Mulden beschrieben, die sie aus zusammengeflochtenem Pflanzenmaterial bauen. Die blaß-gelbbraunen Eier sind mit rotbraunen Flecken und Sprenkeln markiert.

Aegithinas

Die vier *Aegithina*-Arten sind vom Nordwesten Indiens bis nach Borneo und zu den Philippinen verbreitet. Sie besitzen die Größe kleiner Sperlinge und sind überwiegend grün gefärbt. Die schwarzen Flügel werden von zwei deutlich abgesetzten, weißen Balken bedeckt. Wie schon bei anderen Vertretern der Familie ist der obere Schnabel in der Nähe der Spitze eingekerbt.

Im Gegensatz zu den Schnäbeln von *Irena* und *Chloropsis* ist allerdings das Culmen nicht gebogen, sondern vergleichsweise gerade. Der Langschnabel-Aegithina *(A. lafresnayei)* und der Smaragd-Aeginthina *(A. viridissima)* zeigen eine merkwürdige Eigentümlichkeit: Sie stellen ihre langen, hell gefärbten Seitenfedern über den Rücken, um den Eindruck eines weißen Bürzels zu erwecken (er ist in Wirklichkeit nicht weiß). Aegithinas sind Fruchtfresser, die jedoch auch Insekten, Spinnen und Nektar zu sich nehmen. Sie leben paarweise in Wäldern, und sie ähneln in ihrem Brutverhalten den Blattvögeln.

D. Avon/Ardea London Ltd

◀ Die Türkis-Irene ist ein lauter, geselliger und aktiver Bewohner der Baumwipfel. Diesen überwiegend früchtefressenden Vogel findet man häufig in den immergrünen Wäldern der Tieflandgebiete Südostasiens, von Indien bis Java und zu den Philippinen.

WÜRGER UND VANGAWÜRGER

P.A. CLANCEY

Ordnung Passeriformes, Unterordnung Oscines, Familie Laniidae, ca. 11 Gattungen, ca. 78 Arten, Familie Vangidae, ca. 12 Gattungen, ca. 14 Arten

GRÖSSE
Kleinste Art
Kleiber-Vanga *(Hypositta corallirostris)*, Länge 12 Zentimeter; Gewicht 10 Gramm.
Größte Art
Elsterwürger *(Corvinella melanoleuca)* Länge 50 Zentimeter; Gewicht 87 Gramm.

ARTENSCHUTZ
Folgende Arten werden in der ICBP-Liste der bedrohten Vögel aufgeführt: Gabela-Würger *(Prionops gabela)*, Halsband-Würger *(Malaconotus kupeensis)*, Grünkehl-Würger *(M. gladiator)*, Monteiro-Würger *(M. monteiri)*, Schwarzkappen-Würger *(M. alius)*, Fiskalwürger *(Lanius newtoni)*, Schlegel-Vanga *(Xenopirostris damii)*, und Pollen-Vanga *(X. polleni)*.

Die weit verbreitete und zusammengesetzte Familie der Laniidae (Würger) ist eng mit der kleinen Familie Vangidae verwandt, deren Vertreter man nur auf Madagaskar und den Komoren findet. Neuen Untersuchungen zufolge stammen die Vangawürger von einer altertümlichen, vom kontinentalen Afrika stammenden Form der Brillenwürger ab.

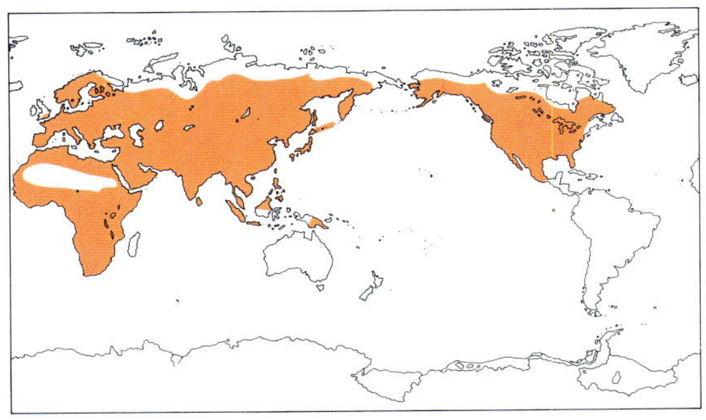

WÜRGER

Diese Familie mittelgroßer, auf Ästen hockender Vögel umfaßt drei unterschiedliche Gruppen: Die Brillenwürger (Unterfamilie Prionopidae, neun Arten) im tropischen Afrika und die Buschwürger (Malaconotidae, etwa 44 Arten), ebenfalls aus dem tropischen Afrika (allerdings reicht die Verbreitung des Senegal-Tschagras *(Tchagra senegala)* bis in das nordwestliche Afrika hinein). Die dritte Gruppe bilden schließlich die »echten«, räuberischen Würger (Laniidae, etwa 25 Arten), die über große Teile Afrikas, Europas, Asiens und Nordamerikas verbreitet sind, in Südamerika, Australasien und auf Madagaskar jedoch fehlen.

Würger

Die Würger sind durch graue, kastanienbraune, schwarze und weiße Muster gekennzeichnet, und viele der afrikanischen Arten sind gescheckt. Sie alle besitzen einen kräftigen, hakenförmigen Schnabel mit einer Kerbe. Vielleicht mit Ausnahme der beiden langschwänzigen afrikanischen Arten *Corvinella corvina* und *C. melanoleuca* leben sie territorial und einzeln. Von einem geeigneten Sitzplatz aus halten sie nach Beute auf dem Boden Ausschau, die auch am Boden gepackt wird, und viele Arten sind dafür berüchtigt, daß sie Beutetiere, die sie nicht gleich verzehren, auf die Dornen von Büschen oder auf Stacheldraht spießen. Die Geschlechter sind gut zu unterscheiden. In ihren schrillen Rufen finden sich auch Teile, die sie von anderen Vogelarten aufgeschnappt haben. Die Nester sind einfach und becherförmig, aus Zweigen und Gräsern gefertigt und mit Wurzelfasern und Haaren ausgelegt. Sie werden in Büschen und Bäumen in nicht allzu großer Höhe angelegt. Die Eier sind anziehend gemustert.

Würger bewohnen typischerweise offene Lebensräume, besonders die Steppengebiete (selbst wenn diese ein wenig wüstenähnlich sind) und Savannen mit leichtem Baumbestand. Praktisch alle Vögel, die weit im Norden brüten *(Lanius*-Arten), ziehen, um dem Winter zu entgehen, in südliche Breiten.

Buschwürger

Bei den Buschwürgern handelt es sich generell um nicht ziehende Bewohner der hohen, immergrünen Wälder oder der baumbestandenen Savannen Afrikas. Diese Vögel sammeln Insekten vom Geäst und von den Blättern. Allerdings suchen einige von ihnen, so etwa der südafrikanische Bokmakiri *(Telephorus zeylonus)* ihre Nahrung auf dem Boden. Die meisten sind auf der Unterseite attraktiv gefärbt, besonders die baumbewohnenden *Malaconotus*- und *Chlorophoneus*-Arten, die am Rücken, an den Flügeln und am Schwanz überwiegend grün, am Bauch dagegen gelb, orange oder sogar rot gefärbt sind. Heute versteht man die vielfältig gefärbten Schwänze der *Chlorophoneus*-Arten als eine Nachahmung der Farbmuster, die bei den größeren, kräftigeren und gefürchteten Malaconotus-Arten vorkommen, zwischen denen sie leben. Dies verleiht den kleineren Vögeln bei der Nahrungssuche einen gewissen Schutz. Ihre Nester bauen diese Vögel in Bäumen oder Schlingpflanzen. Sie legen gefleckte Eier.

▶ Der Rostrücken-Würger — einer der echten Würger — kommt im ganzen südostasiatischen Raum vom Iran bis nach Neu Guinea vor. Eng mit ihm verwandte Arten bewohnen Nordamerika, Afrika und Eurasien. Als einzelgängerische, aggressive Bewohner des offenen Landes sieht man die Würger meist an auffälligen Plätzen sitzen, etwa auf Telefonmasten oder vereinzelten, toten Bäumen.

Peter Johnson/NHPA

◀ Ein brütender Brillenwürger. Diese Vögel unterscheiden sich von anderen Würgern unter anderem durch ihre Geselligkeit und ihr relativ tiefes, enges und dicht verwobenes Nest. Die ausschließlich afrikanischen Brillenwürger umfassen etwa neun Arten. Sie sind geräuschvolle, auffällige Bewohner des trockenen Buschlandes.

Brillenwürger

Die Brillenwürger (Gattung *Prionops)* sind durch Federn auf dem Kopf gekennzeichnet, die einen vorn bürstenförmigen »Helm« bilden. Ihr Hang zur Geselligkeit ist nur mäßig entwickelt, und sie durchstreifen in Gruppen die Wälder, um in den Bäumen nach Nahrung zu suchen. Auch die Weißscheitel-Würger (Gattung *Eurocephalus)* ziehen oder schlafen in Gruppen. Beim Fressen geht allerdings jeder seiner Wege, etwa wie es bei den Würgern der Fall ist. Beide Typen bauen wunderschön gestaltete Nester. Bei den Brillenwürgern wurden erwachsene Tiere ohne eigenes Gelege dabei beobachtet, wie sie den Jungen der übrigen Familienmitglieder Hilfe leisteten.

VANGAWÜRGER

Die 14 Arten der Vangawürger werden durch kleine, baumbewohnende Vögel vertreten, die man nur auf den Inseln des westindischen Ozeans antrifft. Der attraktive Blauvanga· *(Cyanolanius madagascarinus)*, dessen Verbreitung sich bis zu den Komoren erstreckt, ist die einzige Art, die außerhalb der madagassischen Hauptinsel lebt. Der lange Zeit als aberranter Bülbül betrachtete Bülbülvanga *(Tylas eduardi)* Madagaskars konnte zunächst nur schwer systematisiert werden, wird heute jedoch als Mitglied der Vangidae angesehen.

In dieser Familie existiert eine Fülle von Schnabelformen. So besitzt der aus dem Südosten stammende Sichelvanga *(Falculea palliata)* einen langen, krummsäbelförmigen Schnabel. Der Unterkiefer der drei *Xenopirostris*-Arten ist am Ende steil nach oben gebogen. Der Helmvanga schließlich trägt einen schweren Schnabel, der weit nach hinten auf den Scheitel ausgreift.

O. Langrand/Bruce Coleman Ltd

◀ Die Verbreitung der 14 Vanga-Arten ist auf die madagassische Region beschränkt. Hier haben sich diese Vögel verschiedenen Lebensräumen angepaßt und unterschiedliche Lebensweisen entwickelt. In dieser Beziehung erinnern sie an die Galapagos-Finken oder die Kleidervögel von Hawaii. Hier sieht man den Rotvanga.

Im allgemeinen unterstellt man diesen Vögeln eine enge Verwandtschaft zu den Laniidae. Allerdings unterscheiden sich die Vangawürger von den eigentlichen Würgern in ihrem Feldverhalten, und ihre Strategien zur Nahrungssuche sind am ehesten mit denen der Brillenwürger vergleichbar. Sie halten sich bevorzugt im Blätterdach des Waldes auf und sammeln ihre aus Insekten und niederen Wirbellosen bestehende Beute von den Blättern, Zweigen und Ästen. Viele sind gesellig, andere wiederum recht einzelgängerisch. Sie bauen ihre Nester in den Bäumen und zwischen Kletterpflanzen, und ihre Eier tragen dunkle Flecken. Über ihr Brutverhalten weiß man allerdings nur sehr wenig.

SEIDENSCHWÄNZE UND VERWANDTE

H. ELLIOTT McCLURE

Ordnung Passeriformes, Unterordnung Oscines, Familie Bombycillidae, 1 Gattung, 3 Arten, Familie Ptilogonatidae, 3 Gattungen, 4 Arten, Familie Hypocoliidae, 1 Gattung, 1 Art, Familie Dulidae, 1 Gattung, 1 Art

Von links: Seidenschwanz, Seidenschnäpper, Seidenwürger, Palmenschmätzer.

GRÖSSE
Seidenschwänze *(Bombycillidae)* Länge 14 bis 21 Zentimeter; Gewicht 25 bis 69 Gramm. Seidenschnäpper *(Ptilogonatidae)* Länge 19 bis 24 Zentimeter. Seidenwürger *(Hypocoliidae)* Länge 17 Zentimeter. Palmschmätzer *(Dulidae)* Länge 12 bis 17 Zentimeter.

ARTENSCHUTZ
Diese Arten sind offenbar nicht bedroht.

Die Seidenschwänze werden mit ihren Verwandten neuerdings in vier getrennte Familien unterteilt. Es sind die Seidenschwänze (Familie Bombycillidae), die Seidenschnäpper (Ptilogonatidae), die Seidenwürger (Hypocoliidae) und die Palmenschmätzer (Dulidae). Es sind fruchtfressende Bewohner der Nordhalbkugel, und von den Palmschmätzern abgesehen besitzen alle ein seidiges Gefieder.

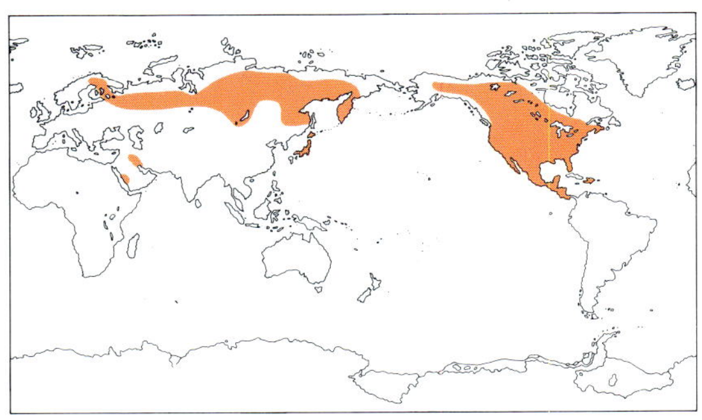

SEIDENSCHWÄNZE

Der englische Name dieser Vögel, »Waxwing«, resultiert aus einem roten, wachsähnlichen Tröpfchen, das sich an der Spitze einer jeden Armschwinge bildet. Die Funktion dieses Schmuckes ist unbekannt. Es existieren drei ähnliche Arten: Der Gemeine Seidenschwanz *(Bombycilla garrulus)* in Nordamerika, Nordeuropa und Sibirien, der Zedern-Seidenschwanz *(B. cedrorum)* in Nordamerika, und auf den Nordosten Asiens ist eine kleine Population des Blut-Seidenschwanzes *(B. japonica)* beschränkt. Die Seidenschwänze sind beigefarbene Vögel mit einem hohen Kamm und so schnittig und gepflegt, daß sie aussehen wie aus Holz geschnitzt. Außerhalb der Nistzeit leben sie sehr gesellig, und wenn sie auf einem Ast oder Draht aufgereiht sitzen, wirken sie regelrecht rührend.

Zum Brüten bevorzugen diese Vögel die nördlichen Zedern- und Nadelwälder, und das becherförmige Nest wird meist hoch in einem Baum angelegt. Solange das Weibchen brütet, wird es vom Männchen gefüttert. Nach dem Schlüpfen werden die Nestlinge beinahe ausschließlich mit Insekten gefüttert, bis sie nach 14 bis 16 Tagen flügge sind. Alle drei Arten ernähren sich in starkem Umfang von den Beeren der Zedern, deren Samen sie unverletzt wieder ausscheiden, nachdem sie die Hüllen verdaut haben. Dadurch können sie entscheidend zu Wiederaufforstung beitragen. Ist die Nistperiode abgeschlossen, sammeln sich die Seidenschwänze zu großen Schwärmen und ziehen in einer nicht vorhersagbaren Weise nach Süden.

SEIDENSCHNÄPPER

Die Vertreter dieser neuweltlichen Familie sind weitgehend auf Mexiko und die südwestlichen USA beschränkt. Man kennt vier Arten in drei Gattungen. Von diesen ist der Trauer-Seidenschnäpper *(Phainopepla nitens)* am bekanntesten, ein schwarz schimmernder Vogel mit weißen Flecken an den Flügeln und purpurroten Augen. Er unterscheidet sich im Verhalten und im Flug erheblich von den Seidenschwänzen. Von den Trockengebieten Mexikos aus zieht er nördlich in die USA bis nach Sacramento hinauf, um in einzelnen Paaren zu nisten. Das Männchen legt das Nest hoch in einem Laub- oder Nadelbaum an und übernimmt zudem den größten Teil des Brutgeschäftes. Die Nestlinge werden von beiden Eltern gefüttert. Es kommt vor, daß ein Pärchen für seine zweite Brut ein anderes Territorium in einem anderen Lebensraum aufsucht.

SEIDENWÜRGER

Hypocolius ampelinus, ein blaßgrauer Vogel mit an der Spitze schwarz gefärbten Schwanzfedern, ist in seiner Verbreitung auf das Zweistromland und die umliegenden Gebiete Kleinasiens beschränkt. Er zieht in kleinen Gruppen durch die Buschlandschaften und frißt dabei beinahe ausschließlich kleine Früchte. Männchen und Weibchen bauen zusammen ein offenes Bechernest.

PALMSCHMÄTZER

Der Palmschmätzer *(Dulus dominicus),* der Haiti und die Dominikanische Republik in der Karibik bewohnt, ist eine gesellige Art. Die Vögel bauen sich hoch in den Palmenbäumen Gemeinschaftsnester. Dabei legen sie eine lose verwobene Schutzhülle an, die einen Durchmesser bis zu einem Meter besitzt und im Schutze derer sich mindestens fünf fester verwobene Einzelnester befinden, von denen jedes durch einen getrennten Tunnel mit der Außenwelt verbunden ist. Die Brut- und Nestlingszeit beträgt jeweils etwa zwei Wochen, und die geräuschvollen, schnatternden Vögel nutzen die Schutzhülle zum Ausruhen und Schlafen.

J. Kenning

▶ Zedern-Seidenschwänze. Bei allen drei Seidenschwanz-Arten ähneln sich die Geschlechter im Gefieder. Die Jungvögel sind dagegen mattbraun und auffällig gestreift.

SPOTTDROSSELN UND BRAUNELLEN

H. ELLIOTT McCLURE

Spottdrosseln und ihre Verwandten sind drosselähnliche Vögel der Neuen Welt. Die Braunellen sind kleiner, etwa wie Sperlinge gebaut, besitzen jedoch einen schlankeren Schnabel. Sie bewohnen die Alte Welt von Europa bis Japan.

Ordnung Passeriformes, Unterordnung Oscines, Familie Mimidae, 12 Gattungen, 32 Arten, Familie Prunellidae, 1 Gattung, 12 Arten

GRÖSSE
Spottdrosseln *(Mimidae);* Länge 20 bis 33 Zentimeter; Gewicht 36 bis 56 Gramm. Braunellen *(Prunellidae);* Länge 14 bis 18 Zentimeter; Gewicht 25 bis 35 Gramm.

ARTENSCHUTZ
Die Socorro-Spottdrossel *(Mimodes graysoni)* und die Weißbrust-Spottdrossel *(Ramphocinclus brachyurus)* stehen auf der ICBP-Liste der bedrohten Vögel.

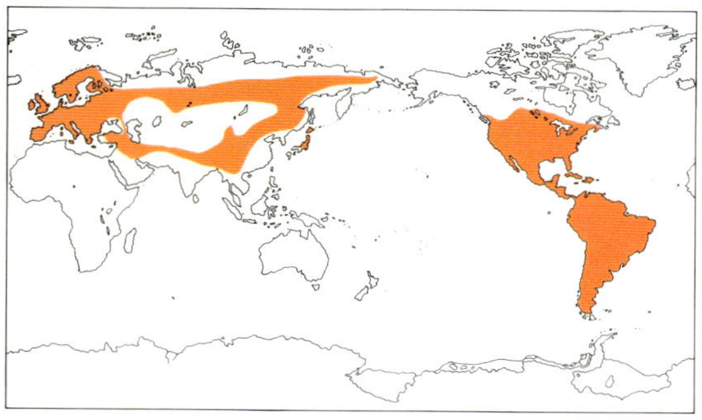

SPOTTDROSSELN UND IHRE VERWANDTEN

Die Familie Mimidae umfaßt 32 Arten von Spottdrosseln, Katzendrosseln und Zitterdrosseln, die etwa gleichmäßig aufgeteilt zwischen Nord- und Südamerika leben. Sie sind Bewohner der ebenen Erde oder niedriger Vegetation mit kräftigen Beinen, starken, nach unten gebogenen Schnäbeln, kurzen Flügeln und langen Schwänzen. Von der in dieser Familie üblichen grauen oder braunen Färbung weichen nur die südamerikanische Lasur-Spottdrossel *(Melanotis hypoleucos)* und die in Mexiko lebende Glanzkatzendrossel *(Melanoptila glabirostris)* ab. Darüber hinaus findet man bei vielen von ihnen ansprechende Musterungen, durch die sie sich unterscheiden lassen.

Die Familie ist für ihre ungewöhnlichen Gesangs- und Imitationsfähigkeiten bekannt. Man ist versucht, die Gemeine Spottdrossel *(Mimus polyglottus),* die bis zu 20 Vogelarten der Umgebung imitieren kann, für die talentierteste Art zu halten. Dies liegt jedoch nur daran, daß diese Art in Städten lebt und von zahlreichen Beobachtern studiert und bewundert wird, während die in weniger stark besiedelten Gebieten lebenden Arten weniger bekannt sind.

Alle leben streng territorial, besonders die Spottdrosseln, die Grenzübertreter angreifen, seien es Säuger oder Vögel, und viele von ihnen erhalten die Territorien über das ganze Jahr. Die nordamerikanischen Arten bewohnen Waldränder, offenes Gelände und Wüstengebiete. Die erfolgreiche Eingliederung der Gemeinen Spottdrossel, der Katzendrossel *(Dumatella carolinensis)* und der Rotrücken-Spottdrossel

◀ Die Spottdrossel verdankt ihren Namen ihrer Fähigkeit, die Rufe anderer Vogelarten zu imitieren. Sie ist in weiten Teilen Nordamerikas ein häufiger Gast in den Stadträndern. Diese streng territorialen Vögel erheben im Winter unter Umständen Anspruch auf einen beerentragenden Zierstrauch oder eine vergleichbare Nahrungsquelle und verteidigen diesen gegen alle neu Hinzukommenden. Sie sind lebhaft und furchtlos und necken häufig Hunde und Katzen.

▶ Die häufige und weitverbreitete Rotrücken-Spottdrossel ist der Gemeinen Spottdrossel in vieler Hinsicht ähnlich. Sie neigt allerdings mehr als letztere zu Wanderzügen, lebt sehr zurückgezogen und imitiert nur selten andere Vögel. Sie lebt meist auf dem Boden.

Don & Esther Phillips/Tom Stack & Associates

(Toxostoma rufum) ist zum Teil auf die offenen Baum- und Buschanpflanzungen zurückzuführen, die man in Stadtgebieten findet. Diese Anpflanzungen simulieren die Bedingungen am Waldrand, wie sie von diesen Arten bevorzugt werden, und versorgen die Vögel obendrein mit Insekten, Beeren und Früchten. Die meisten von ihnen konstruieren in der niedrig wachsenden Vegetation aus Zweigen klobige, becherförmige Nester, die sie mit Gräsern und Fasern auslegen. Die Hauptlast des Brutgeschäftes, das etwa zwei Wochen in Anspruch nimmt, liegt beim Weibchen; allerdings hilft das Männchen dabei. Nach weiteren zwei Wochen sind die Jungen flügge. Verschiedene Arten brüten in jedem Jahr ein zweites Mal, die Sichel-Spottdrossel sogar noch im Herbst. Die meisten Arten suchen ihre Nahrung auf dem Boden und fressen dort Wirbellose, die sie mit Hilfe ihres abwärts gebogenen Schnabels aus der Erde graben oder unter Pflanzenresten hervorholen.

Wie es bei Inselbewohnern grundsätzlich der Fall ist, sind die karibischen Arten durch die Einschleppung kleiner Beutegreifer und die Umweltzerstörung des Menschen gefährdet. Sowohl die Weißbrust-Spottdrossel *(Ramphocinclus brachyurus)* von Martinique und Santa Lucia als auch die Zitterdrossel *(Cinclocerthia ruficauda)* der kleineren der Westindischen Inseln (letztere ist für ihr Zitterverhalten bekannt) werden heute nur noch selten beobachtet. Dagegen sind zwei andere Arten, die Schuppen-Spottdrossel *(Margarops fuscus)* von den Kleinen Antillen und die Perlaugen- Spottdrossel *(M. fascatus)*, deren Verbreitungsgebiet sich von den Bahamas nach Süden über zahlreiche Inseln erstreckt, noch immer recht häufig. Allerdings sind diese Inselbewohner durch ihre geringe Fortpflanzungsrate gefährdet, denn sie legen nur zwei oder drei Eier.

▼ Nur wenige europäische Vögel sind so häufig und doch so selten zu sehen wie die Heckenbraunelle. Sie verbringt den größten Teil des Tages auf dem Boden, schlurft und schleicht geräuschlos über die Erde und zuckt dabei ständig mit den Flügelspitzen. Sie nistet dicht am Boden, häufig im Efeu oder in Gartenabfällen. Zwar ist das Weibchen allein für den Nestbau und das Ausbrüten der Eier zuständig, doch werden die Jungen später von beiden Eltern gemeinsam aufgezogen.

Stephen Dalton/NHPA

BRAUNELLEN

Die zwölf Braunellen-Arten (Familie Prunellidae, Gattung *Prunella)* besetzen in Eurasien zahlreiche in hohen Breiten und großen Höhen gelegene Lebensräume. Dabei bevorzugen sie Gebiete, die mit Gestrüpp bewachsen sind. Die meisten führen im Laufe der Jahreszeiten Vertikalwanderungen aus, und einige ziehen auch. Es sind sperlingsgroße Vögel mit einem drosselähnlichen Schnabel und rundlichen Flügeln mit zehn Handschwingen. Sie fliegen nicht besonders gut und suchen ihre Nahrung auf dem Boden oder in niedrigem Buschwerk. Dabei fressen sie in den warmen Jahreszeiten Insekten, im Winter jedoch Samen und Beeren. Mit ihrem Kropf und ihrem Muskelmagen können sie dieser widerstandsfähigen Nahrung beikommen. Ihre Nester befinden sich auf dem Boden oder in Felsspalten. Sie sind sauber verwoben und mit Federn gepolstert. Die drei oder vier grünlich-blauen Eier werden vom Weibchen etwa 15 Tage lang ausgebrütet, und die Jungen werden rasch flügge, manchmal noch ehe sie fliegen können. Meist werden zwei Gelege aufgezogen. Die Heckenbraunelle ist als Bewohnerin von Moorlandschaften und Gebieten mit niedrigem Buschwerk in Europa bekannt.

WASSERAMSELN UND DROSSELN

C. PERRINS

Bei den fünf Arten von Wasseramseln, aus denen sich die Familie Cinclidae zusammensetzt, handelt es sich um die einzigen wirklich wasserbewohnenden Singvögel. Die Drosseln (Familie Turdidae) bilden eine bedeutende, praktisch überall auf der Welt verbreitete Familie, sieht man von der Arktis, der Antarktis und einigen ozeanischen Inseln einmal ab.

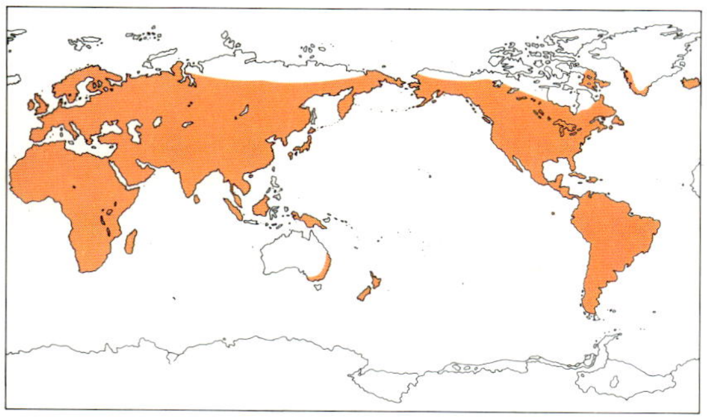

WASSERAMSELN

Die Wasseramseln (alle fünf Arten gehören zur Gattung *Cinclus*) bewohnen, saubere, schnell fließende Ströme und sind daher überwiegend in hügeligen oder gebirgigen Gegenden anzutreffen. Sie bewohnen große Bereiche Europas, Asiens, des westlichen Nordamerika und in Südamerika die Nordhälfte der Anden, wo immer es derartige Flüsse gibt. Da sie jedoch nicht über längere Strecken ziehen, haben sie die Ströme und Flüsse der hohen Arktis nicht besetzt, die sich zwar im Sommer anbieten, den Winter über jedoch zugefroren sind.

Wasseramseln ernähren sich zumeist von den Larven aquatischer Insekten, wie Eintags- und Steinfliegen; sie verschmähen jedoch auch kleinere Fische nicht. Sie tauchen ins Wasser, wo sie entweder schwimmen oder am Boden entlanggehen. Dabei gehen sie meist stromaufwärts, halten sich mit ihren kräftigen Füßen an Steinen fest und nutzen die Kraft der Strömung, um sich am Boden zu halten. Sie bauen nahe am Wasser aus Moosen ein klobiges, kuppelförmiges Nest, und das Weibchen erbrütet drei bis sechs völlig weiße Eier. Die Jungen werden von beiden Eltern großgezogen und werden etwa nach drei Wochen flügge.

Ordnung Passeriformes, Unterordnung Oscines, Familie Cinclidae, 1 Gattung, 5 Arten, Familie Turdidae, 48 Gattungen, ca. 304 Arten

GRÖSSE
Wasseramseln *(Cinclidae)* Länge 17 bis 20 Zentimeter. Drosseln und Verwandte *(Turdidae)* Länge 11 bis 33 Zentimeter.

ARTENSCHUTZ
Auf der ICBP-Liste der bedrohten Vögel werden 37 Arten aufgeführt, darunter: Rostkehl-Wasseramsel *(Cinclus schulzii)*, Rotbauch-Kurzflügel *(Brachypteryx hyperythra)*, Blauflügel-Rötel *(Sheppardia gunningi)*, Bülbül-Timalie *(Modulatrix orostruthus)*, Cebu-Schama *(Copsychus cebuensis)*, Sundaschnäpper-Drossel *(Cochoa azurea)*, Olomao *(Myadestes lanaiensis)*, Wüsten-Braunkehlchen *(Saxicola macrorhyncha)*, Kanaren-Schmätzer *(S. dacotiae)*, Benson-Rötel *(Monticola bensoni)*, Everett-Drossel *(Zoothera everetti)*, Taita-Drossel *(Turdus helleri)*, Jemen-Drossel *(T. menachensis)* und Rostdrossel *(T. feae)*.

◀ Wasseramseln trifft man nur selten in größerer Entfernung von Fließgewässern. Sie jagen unter Wasser nach aquatischen Insekten. Dabei steuern sie mit den Flügeln und schnellen beim Auftauchen wie Korken hoch. Selbst beim Fliegen folgen sie den Strömen. Mit raschen Flügelbewegungen schwirren sie dicht über die Wasseroberfläche dahin. Hier sieht man die in Europa und großen Bereichen des gemäßigten Asien häufige Gemeine Wasseramsel.

Tom & Pam Gardner

DROSSELN

Die Familie Turdidae wird normalerweise in zwei Unterfamilien unterteilt: Die Turdinae mit etwa 114 Arten, von denen 64 der Gattung *Turdus* angehören, sowie die *Saxicolinae* mit etwa 190 Arten.

Unterfamilie Turdinae

Unter den Turdinae sind die typischen Drosseln zu finden, etwa die Wanderdrossel *(Turdus migratorius)*, die eurasische Amsel *(Turdus merula)*, die südafrikanische Kapdrossel *(T. olivaceus)* und die Trauerdrossel *(T. albicollis)* aus Südamerika. Sie besitzen eine Länge von etwa 23 Zentimeter, sind überwiegend unauffällig gefärbt, zumeist in Grautönen mit einigen braunen oder schwarzen Anteilen. Zudem sind viele unterseits gefleckt. Bei vielen Arten sehen die Geschlechter gleich aus, bei anderen sind die Männchen etwas leuchtender gefärbt. Viele Arten singen hervorragend und sind über weite Entfernungen zu hören.

Diese Unterfamilie besitzt eine nahezu weltweite Verbreitung, wenngleich es in Australien nur wenige und auf Neuseeland überhaupt keine Arten gibt, sieht man von den eingeschleppten einmal ab. Obwohl die meisten in baumbestandenen Gebieten leben, sieht man sie häufig sowohl auf Bäumen als auch auf dem Boden nach Nahrung suchen. Der Speiseplan sieht in der Regel eine Fülle von Früchten und tierischer Nahrung vor, besonders an Insekten und Würmern. Die in den kälteren Klimaten lebenden Arten passen ihre Ernährung den Jahreszeiten an: Im Herbst fressen sie Früchte, im Winter Würmer und Schnecken und den Sommer über Insekten.

▲ Die Amsel war früher nur in dichten Wäldern zu finden. Etwa im Laufe der letzten 150 Jahre haben sich ihre Ansprüche an den Lebensraum gelockert, so daß sie heute in den europäischen Gärten und Parks zu den häufigsten Vögeln gehört. Hier erreicht sie oft höhere Populationsdichten als in ihrem ursprünglichen Lebensraum.

▶ Das Rotkehlchen ist in Großbritannien ein an Menschen gewöhnter, vertrauter Bewohner der Parks und Gärten. In anderen Ländern ist dieser Vogel wesentlich zurückhaltender und scheuer. Die rote Brust dient als ein Signal eher der Verteidigung des Territoriums als der Balz. Beide Geschlechter tragen dieses Merkmal und verteidigen ihre Territorien über das ganze Jahr — in Winter getrennt, im Sommer gemeinsam.

▲ Zwei Walddrosseln aus Ostasien: Die Erddrossel (links) und eine Schama-Drossel (rechts). Der Gesang der Schama-Drossel kann sich an Reichhaltigkeit und Vielseitigkeit durchaus mit dem der Nachtigall messen. Dagegen ist die Erddrossel ein vergleichsweise ruhiger, unauffälliger Bewohner des Waldbodens.

Die Bewohner der wärmeren Klimate bleiben dort in der Regel das ganze Jahr über. Dagegen legen diejenigen, die in höheren Breiten brüten, zwischen ihren Brutgründen und Überwinterungsgebieten lange Entfernungen zurück. So brütet etwa die Rotdrossel *(T. iliacus)* im Norden Skandinaviens oder Rußlands und überwintert in Irland oder Italien. Viele der neuweltlichen Arten wandern noch wesentlich weiter: Die Zwergdrossel *(Catharus ustulatus)* brütet in den Vereinigten Staaten und zieht dann südwärts bis an den Nordwesten Argentiniens, und die Grauwangen-Drossel *(C. minimus)*, die überwiegend im Norden Kanadas brütet, wandert bis nach Brasilien.

Die Mehrheit der Arten baut recht durchschnittliche, becherförmige Nester, und bei einigen werden diese mit Schlamm überzogen. Sie legen zwei bis fünf überwiegend bläulich bis grünliche Eier, die braun und schwarz gesprenkelt sind. Es kommt vor, daß sie in einem Jahr zwei oder mehr Gelege großziehen. Beide Eltern helfen einander bei der Aufzucht der Jungen. Die im Norden brütende Wacholderdrossel fällt insofern aus dem Rahmen, als sie häufig in Kolonien nistet. Werden diese großen, mutigen Drosseln von einem Beutegreifer bedroht, stürzen sie sich aus der Luft auf ihn und entleeren sich über ihm, so daß er sich meist arg beschmutzt zurückziehen muß.

Unterfamilie Saxicolinae

Die Vertreter der anderen Unterfamilie, der Saxicolinae, sind meist kleinere Vögel, wie die Schmätzer und Rotkehlchen-Verwandten der Alten Welt, sowie die Hüttensänger der amerikanischen Kontinente. Ihre Durchschnittsgröße beträgt 15 Zentimeter. Viele von ihnen sind recht leuchtend gefärbt, einige weisen lebhafte Rot- und Orangetöne auf, und die Hüttensänger sind überwiegend blau. Viele Schmätzer sind auffallend schwarz, grau und weiß gemustert. Die Männchen weisen bei zahlreichen Arten ein heller leuchtendes Gefieder auf als ihre Partnerinnen. Die im Himalaya lebenden Scherenschwänze (Gattung *Enicurus)* besitzen stark abgestufte, tief gegabelte Schwänze aus schwarzen Federn mit jeweils einer weißen Spitze. Viele Arten, darunter die Nachtigall *(Luscinia megarhynchos)* sind hervorragende Sänger mit einem weiten Tonspektrum.

Man findet diese Unterfamilie in einer weiten Spanne von Lebensräumen, angefangen vom Wald und dichten Buschland (einige Rotschwänze, Rotkehlchen-Verwandte und Nachtigallen) über die Uferbereiche ruhig fließender Gewässer (Weißkopf-Schmätzer, *Chaimarrornis leucocephalus)*, bis zur Wüste (einige afrikanische Schmätzer). Ihre Nistplätze sind vielfältiger als die der eigentlichen Drosseln, denn obwohl einige Arten völlig normale, becherförmige Nester in den Büschen bauen, richten viele ihre Nester in einem Baumloch oder in einer Höhlung unter einem Felsen ein. Viele sind primär Insektenfresser, andere nehmen, der Jahreszeit entsprechend, Früchte zu sich. Gerade unter den auf Insekten spezialisierten Arten suchen viele über lange Entfernungen wärmere Überwinterungsgebiete auf. So brütet beispielsweise der Steinschmätzer *(Oenanthe oenanthe)* in den arktischen Gebieten der Alten Welt (von Grönland bis zum Osten Sibiriens und sogar nach Alaska hinein), doch weichen alle diese Vögel dem Winter aus, indem sie nach Afrika ziehen. Von Grönland aus steht ihnen über dem Meer ein Non-Stop- Flug von 3200 Kilometern Länge bevor. Zu dieser Unterfamilie gehören auch einige größere Arten, etwa die Röteln (Gattung *Monticola)* und der Grandala *(Grandala coelicolor)*, ein Bewohner der hochgelegenen Bereiche des Himalaya.

Ordnung Passeriformes, Unterordnung Oscines, Familie Timaliidae, 53 Gattungen, 276 Arten, Familie Troglodytidae, 14 Gattungen, ca. 60 Arten

GRÖSSE
Timalien und Verwandte *(Timaliidae)* Länge 9 bis 36 Zentimeter. Zaunkönige *(Troglodytidae)* Länge 10 bis 22 Zentimeter.

ARTENSCHUTZ
Auf der ICBP-Liste der bedrohten Vögel werden 34 Arten aufgeführt, darunter: Kuba-Zaunkönig *(Ferminia cerverai)*, Haus-Zaunkönig *(Troglodytes tanneri)*, Kurzschwanz-Säbler *(Jabouilleia danjoui)*, Rotkehl-Zaunkönigtimalie *(Spelaeornis caudatus)*, Khasi-Zaunkönigtimalie *(S. longicaudatus)*, Grauwangen-Buschtimalie *(Stachyris grammiceps)*, Weißkehl-Buschtimalie *(S. oglei)*, Bronzedrossling *(Turdoides hindei)* und Buntkopf-Alcippe *(Alcippe variegaticeps)*.

TIMALIEN UND ZAUNKÖNIGE

C. PERRINS

Die Timaliidae sind eine altweltliche Familie, die drei Unterfamilien umfaßt. Man findet sie in sämtlichen wärmeren Gebieten. Bei den Zaunkönigen, Troglodytidae, handelt es sich um eine neuweltliche Familie. Die einzige Ausnahme ist »der« Zaunkönig *(Troglodytes troglodytes)*, dessen Vorfahren vermutlich die Behringstraße überquerten und sich dann über Asien und Europa ausbreiteten.

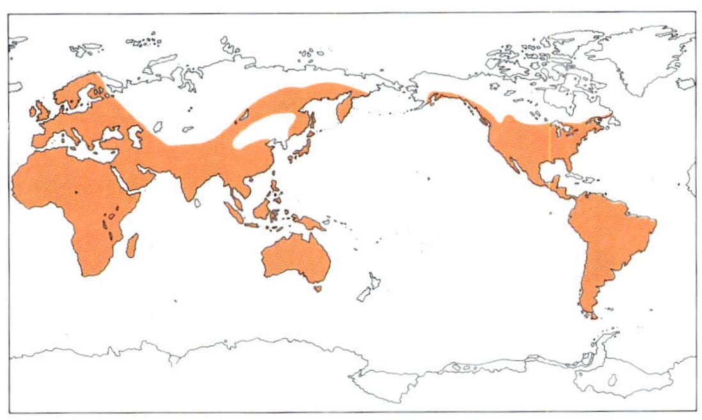

TIMALIEN

Die Timaliidae lassen sich in drei Unterfamilien unterteilen: Die Timalien, Timaliinae, mit etwa 255 Arten in 49 Gattungen, die Papageischnäbel, Paradoxornithinae, mit 19 Arten in drei Gattungen, sowie die Felshüpfer, Picathartinae, mit nur zwei Arten in einer einzigen Gattung.

Timalien

Die Timalien sind über alle wärmeren Gebiete der Welt verbreitet. Unter den vier australischen Arten der Gattung *Pomatostomus* wurde der Rußbauchsäbler *(P. halli)* erst 1963 in Akazienbüschen des trockenen Binnenlandes in Queensland entdeckt. In Bereichen Indiens und Südostasiens bilden die Timalien einen wichtigen Bestandteil der Vogelgemeinschaften. So gehört etwa in Nepal ein Fünftel aller Vogelarten zu den Timalien. In Amerika findet man lediglich eine verwandte Art, die Chaparral-Timalie *(Chamaea fasciata)*, die an der Westküste von der kalifornischen Bucht bis zum Columbia River, an der Nordgrenze Oregons, vorkommt.

Eine typische Timalie wäre ein recht unauffälliger

▶ Der Brauensäbler lebt in permanenten Gruppen von etwa einem dutzend Individuen im trockenen australischen Buschland. Seine Nahrung sucht der Vogel zumeist auf dem Boden. Jede Gruppe besteht normalerweise aus einem dominaten Paar und einigen seiner Nachkommen, die bei der Aufzucht kommender Generationen helfen.

Morten Strange

Vogel von der Größe einer kleinen Drossel. Allerdings reicht die Größenspanne dieser Vögel von der nur neun Zentimeter langen Moos-Timalie *(Pnoepyga pusilla)*, einem sehr kurzschwänzigen Vogel, bis zu den 36 Zentimeter langen Häherlingen. Zwar sind die meisten überwiegend braun, einige weisen jedoch leuchtend rote, blaue und gelbe Färbungen auf. Bei dem rein weißen, südafrikanischen Elsterdrossling *(Turdoides bicolor)* sind Flügel und Schwanz schwarz. Im Gefieder unterscheiden sich beide Geschlechter nur wenig. Die meisten verfügen über Mehrzweckschnäbel, wie sie bei Drosseln oder Grasmücken vorkommen. Allerdings besitzen die Vertreter der Gattungen *Pomatostomus* und *Pomatorhinus* längere, stärker nach unten gebogene Schnäbel, während der treffend benannte Dünnschnabel-Säbler *(Xiphirhynchus superciliaris)*, der die Gebirge Nordost-Indiens bis nach Burma bewohnt, einen langen, nach Art eines Krummsäbels abwärts gebogenen Schnabel trägt.

Die Timalien bewohnen baumbestandene Gebiete, und viele leben im dichten Buschwerk, wo man sie nur durch ihre lauten Rufe orten kann. Einige wenige haben sich auf besondere Lebensräume spezialisiert, so etwa der Rieddrossling *(Turdoides altirostris)*, der überwiegend in schilfbewachsenen und anderen sumpfigen Gebieten lebt und der Graudrossling *(T. squamiceps)*, eine der größeren Timalien, die in den Büschen lebt, die in Wüstenregionen an den Rändern der Wadis wachsen. Die meisten Arten sind Insektenfresser, die nach dieser Beute oder anderen Wirbellosen zwischen den Blättern der Bäume oder auf dem Boden jagen. Die größeren Arten fressen auch kleine Wirbeltiere, wie etwa Echsen. Zudem fressen viele von ihnen Beeren, und einige nehmen auch Nektar auf, wenn er verfügbar ist.

Diese Vögel sind im Prinzip standorttreu und verteidigen ihre Territorien über das ganze Jahr. Nur

▲ Dem Blauflügel-Siva begegnet man meist in lockeren Gruppen von etwa einem Dutzend Vögeln. Er schließt sich häufig anderen Timalien- oder sonstigen Vogelarten an und zieht so in größeren Gruppen durch die Bäume der Bergwälder Indiens und Südostasiens. Die bläulichen Schwungfedern sind zwar deutlich entwickelt, aber nur schwer zu erkennen.

▶ Der Sonnenvogel, ein beliebter Käfigvogel, ist den Vogelhaltern weithin als Chinesische Nachtigall bekannt. In der Wildnis lebt er in kleinen Gruppen, die ihre Nahrung auf dem Boden dichter Wälder suchen. Seine Verbreitung erstreckt sich von Indien bis nach Nordchina.

▶ Die Nester der Winterzaunschlüpfer sind kugelförmige Gebilde aus Moosen, Zweigen und Gräsern, die von den Vögeln in jede verfügbare Lücke gestopft wurden und häufig gut versteckt sind. Zur Brutzeit baut der männliche Winterzaunschlüpfer innerhalb seines Territoriums eine Reihe von Nestern. Er paart sich dann unter Umständen mit mehreren Weibchen. Nach der Paarung sucht sich jedes Weibchen ein Nest aus und zieht ihre Brut — weitgehend ohne Unterstützung des Männchens — darin auf.

▼ Der treffend benannte Kaktus-Zaunkönig baut sein Nest häufig inmitten der fürchterlichen Stacheln des Chola-Kaktus. Diese größte unter den Zaunkönig- Arten ist von Südmexiko bis in den Südwesten der USA verbreitet. Sie lebt in kleinen Gruppen, und die Nachkommen der letzten Brut helfen ihren Eltern bei der Aufzucht der Jungen.

wenige wurden bisher eingehend erforscht, die folgenden Bemerkungen scheinen jedoch auf viele Arten zuzutreffen: Sie leben in kleinen Gruppen, die bis zu einem Dutzend Individuen umfassen. Sie sind außerordentlich gesellig, und die Vögel bleiben beinahe die ganze Zeit zusammen. Bei einigen Arten schlafen sie auch zusammen, Schulter an Schulter dicht beieinander auf einem Ast. Das Territorium wird von der Gruppe gemeinsam verteidigt, wobei die Vögel eine Vielfalt von Rufen anwenden und sehr geräuschvoll vorgehen. Sie brüten gemeinsam, wobei das dominante Pärchen in einem Baum oder Busch ein Nest aus Zweigen errichtet und die übrigen Gruppenmitglieder dabei helfen, dieses Nest zu verteidigen und die Jungen aufzuziehen. Die jungen Männchen bilden ihre eigenen Gruppen und brüten entweder, wenn sie ein Territorium von ihren verstorbenen Vätern übernommen haben, oder indem sie mit einigen anderen Jungvögeln aus der Nachbarschaft in einem neuen Territorium »Ableger« bilden. Die jungen Weibchen verteilen sich auf die anderen Gruppen in der Nähe, vermutlich um Inzucht zu vermeiden.

Viele Arten sind weit verbreitet und häufig. Einige machen von den Lebensräumen, die der Mensch geschaffen hat, Gebrauch, andere geben jedoch Anlaß zur Sorge. Man muß zugeben, daß ihre Neigung, im dichten Buschwerk zu leben, dazu geführt haben könnte, daß einige übersehen wurden und zahlreicher sind als man vermutet. Dennoch kennt man einige nur aus kleinen Waldgebieten, und das rasche Verschwinden dieses Lebensraumes bedeutet unweigerlich, daß sie gefährdet sind. Wenigstens fünf Arten leben nur in kleinen Arealen auf den Philippinen und gelten als gefährdet oder bedroht. So findet man beispielsweise die Grauwangen-Buschtimalie *(Stachyris grammiceps)* nur an den Berghängen im Norden der Insel Luzon.

Papageischnäbel

Die Papageischnäbel leben im Norden Indiens und in Südostasien. Lediglich die Bartmeise *(Panurus biarmicus)* bewohnt die Schilfbetten von Zentral-Asien westwärts bis nach Europa. Es sind kleine, bräunliche Vögel, deren Größe zwischen 10 und 28 Zentimeter liegt. Die meisten besitzen nur stummelartige Schnäbel; der Schnabel des Brustflecken-Papageischnabels *(Paradoxornis guttaticollis)* liegt jedoch besonders tief und ist zudem einem Papageienschnabel ähnlich. Diese Vögel leben meist im dichten Buschwerk, viele von ihnen auch im Bambus-Dickicht.

Felshüpfer

Die beiden Felshüpfer-Arten sind außergewöhnliche Vögel. Ihre Verwandtschaft zu dieser und anderen Familien wurde lange diskutiert. Sie erinnern an extrem langbeinige Drosseln und besitzen einen kahlen Kopf. Beim Gelbkopf-Felshüpfer *(Picathartes gymnocephalus)* ist die Kopfhaut, wie der Name schon sagt, gelb; beim Buntkopf-Felshüpfer *(P. oreas)* ist sie dagegen leuchtend blau und pinkfarben. Diese Vögel bewohnen die dichten Wälder Westafrikas, wo sie ihre Nester in großen Höhlen oder auf tief abgeschirmten Kliffen erbauen. Dabei setzen sie ein Schlammnest direkt an die Felswand. Sie nisten in Gruppen, was vermutlich auf die Besonderheiten ihrer Nistplätze zurückzuführen ist. Das Weibchen legt ein bis zwei Eier, und beide Eltern versorgen ihre Jungen mit Insekten und Würmern.

Jeff Foott/Auscape International

ZAUNKÖNIGE

Die Mehrheit der Zaunkönig-Arten findet man in Süd- und Zentralamerika. Nur neun Arten brüten in Nordamerika. Während einige von diesen den Winter über nach Süden in mildere Klimate ziehen, sind beinahe alle übrigen Arten Stand-Vögel.

Die meisten sind klein, und die größte Art, der Kaktus-Zaunkönig *(Campylorhynchus brunneicapillus)*, erreicht eine Länge von 22 Zentimeter. Sie besitzen kurze, abgerundete Flügel und fliegen nicht besonders gut. Alle sind im Prinzip gräulich oder bräunlich gefärbt. Viele tragen auffällige, schwarze Streifen, und bei einigen findet man weiße Augenstreifen oder Kehlen. Viele Zaunkönige sind recht stimmgewaltig, und Arten wie der Flöten-Zaunkönig *(Microcerculus ustulatus)* und der Flageolett-Zaunkönig *(Cyphorinus aradus)* sind hoch musikalisch. Bei einigen Arten singen die Vögel in kleinen Gruppen einander im Wechselgesang zu. Alle Arten bauen kuppelförmige Nester. Wenn auch die meisten tropischen Arten als monogam gelten, gibt es einige nordamerikanische Arten, die polygam leben (dies trifft auch auf den europäischen Zaunkönig zu). Dabei errichten die Männchen mehrere Nester nacheinander in der Hoffnung, zu jedem eine Partnerin locken zu können.

Die Verbreitung des Apolinar-Zaunkönigs (Cistothorus apolinari) ist auf ein kleines Gebiet der östlichen Anden in Kolumbien beschränkt. Hier lebt er in der Ufervegetation. Den Kuba-Zaunkönig *(Ferminia cerverai)* findet man ausschließlich in den kubanischen Zapata-Sümpfen, und durch den Schwund der Lebensräume sind die Bestände dort merklich reduziert.

GRASMÜCKEN UND SÄNGER

C. PERRINS

Ordnung Passeriformes, Unterordnung Oscines, Familie Sylviidae, ca. 66 Gattungen, ca. 361 Arten, Familie Muscicapidae, ca. 28 Gattungen, ca. 179 Arten

GRÖSSE
Grasmücken *(Sylviidae)* Länge 9 bis 16 Zentimeter. Sänger *(Muscicapidae)* Länge 10 bis 21 Zentimeter.

ARTENSCHUTZ
Auf der ICBP-Liste der bedrohten Vögel werden 47 Arten aufgeführt, darunter: Kuba-Mückenfänger *(Polioptila lembeyei)*, Kivu-Buschsänger *(Bradypterus graueri)*, Seggen-Rohrsänger *(Acrocephalus paludicola)*, Seychellen-Rohrsänger *(A. sechellensis)*, Spiegelfeinsänger *(Apalis chariessa)*, Bräunling *(Amaurocichla bocagii)*, Nacktzügel-Sänger *(Chaetornis striatus)*, Riedsänger *(Megalurus pryeri)*, Nimba-Sänger *(Melaenornis annamarulae)*, Sumba-Grundschnäpper *(Ficedula harterti)*, Heriot-Blauschnäpper *(Cyornis herioti)*, Lendu-Schnäpper *(Muscicapa lendu)*, Gabun-Schnäpper *(Batis minima)* und Schwarzkehl-Lappenschnäpper *(Platysteira laticincta)*. Der Aldabra-Buschsänger *(Nesillas aldabranus)* ist vermutlich ausgestorben.

Die meisten Vögel der Familie Sylviidae werden als die Altwelt-Grasmücken der Unterfamilie Sylviinae eingeordnet, zu der 349 Arten in 63 Gattungen gehören. Die Muscicapidae, eine große, vollständig altweltliche Familie, besitzt zu den Tyrannidae (siehe Seite 166) nur ein geringes Verwandtschaftsverhältnis. Man unterteilt sie in zwei Unterfamilien: Die Muscicapinae, die 153 Arten in 24 Gattungen umfassen, und die Platysteirinae mit 26 Arten in vier Gattungen.

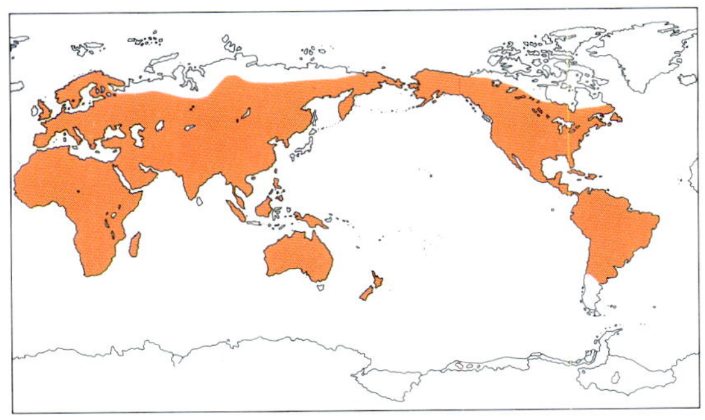

GRASMÜCKEN

Nur wenige Vertreter der Familie Sylviidae haben den Sprung in die Neue Welt geschafft. So brütet etwa der Wanderlaubsänger *(Phylloscopus borealis)* in den Wäldern quer durch Sibirien, und seine Verbreitung reicht noch in das westliche Alaska hinein. Alle Vögel wandern im Winter nach Südostasien. Nur zwei Arten sind in Nordamerika weit verbreitet; es sind der Satrap *(Regulus satrapa)* und das Rubingoldhähnchen *(R. calendula)*.

Innerhalb der Familie Sylviidae existiert noch eine weitere, wesentlich kleinere Unterfamilie, die Polioptilinae oder Mückenfänger, zu der 12 Arten in drei Gattungen zählen. Sie sind auf die amerikanischen Kontinente beschränkt und fehlen in der Alten Welt. Mückenfänger sind sehr kleine Vögel. Einschließlich ihres langen Schwanzes messen sie etwa 10 bis 12 Zentimeter. Wie die übrigen Grasmücken sind auch sie Insektenfresser. Die meisten findet man in Süd- oder Zentralamerika; drei erreichen im Norden jedoch die USA. Die einzige hier weit verbreitete Art, der Blaumückenfänger *(Polioptila caerulea)*, wandert zum Überwintern nach Süden. Der Schwarzschwanz-Degenschnäbler *(Ramphocaenus melanurus)*, eine südamerikanische Art, besitzt eine Länge von 12,5 Zentimeter. Allerdings sind dabei sein 4,5 Zentimeter langer Schwanz und sein außerordentlich langer Schnabel (drei Zentimeter) bereits mitgerechnet.

In der Unterfamilie Sylviinae sind sechs Gattungen von besonderer Bedeutung: Acrocephalus (28 Arten) ist weit über die Alte Welt verbreitet, besonders in Schilfgebieten. Sylvia (20 Arten) ist am häufigsten in Europa und Nordafrika vertreten. Phylloscopus (40 Arten) leistet einen wichtigen Beitrag zu der Vogelwelt im Wald, besonders in einigen Bereichen des Himalaya. *Cisticola* (41 Arten) und *Prinia* (26 Arten) findet man überwiegend, und *Apalis* (20 Arten) ausschließlich in Afrika. Die Vögel dieser Unterfamilie haben beinahe alle Winkel der Alten Welt erreicht, einschließlich einiger recht entlegener Inseln im Pazifik. Trotz dieser weiten Verbreitung kommen in Australien nur acht Arten vor, einschließlich der Kap-Grassänger und des Spinifexsängers, und auf Neuseeland lebt nur eine Art, der Farnsteiger *(Bowdleria punctata)*. Im Prinzip bewohnen sie offene Wälder und Buschlandschaften; allerdings leben einige, darunter einige Vertreter der Gattung Cisticola und die Brillen-Grasmücke *(Sylvia conspicillata)*, in sehr spärlich und niedrig wachsender Vegetation. Viele brüten in den Waldgebieten hoher Breiten oder Höhenlagen und suchen den Winter über wärmere Klimate auf. Dabei legen sie, verglichen mit der geringen Größe der Vögel, erhebliche Entfernungen zurück. So weicht etwa der Fitislaubsänger *(Phylloscopus trochillus)*, der in Ostsibirien brütet, dem Winter aus, indem er über eine Strecke von 25000 Kilometern nach Zentralafrika zieht.

Die meisten Grasmücken sind kleine Vögel von nicht einmal 15 Zentimeter Länge, wobei der bei einigen Arten recht lange Schwanz schon mitgerechnet

Die meisten Grasmücken sind kleine Vögel von nicht einmal 15 Zentimeter Länge, wobei der bei einigen Arten recht lange Schwanz schon mitgerechnet

▶ Die Satrapen gehören zu einer kleinen Gattung winziger, plumper Grasmücken und zeichnen sich durch einen lebhaften roten oder gelben Fleck auf dem Scheitel aus. Sie sind auf der Nordhalbkugel weit verbreitet. Die meisten leben in Nadelwäldern.

ist. Eine Ausnahme bildet der südafrikanische Kap-Grassänger *(Sphenoeacus afer)*. Er erreicht (wiederum einschließlich des langen Schwanzes) eine Länge von 23 Zentimeter. Die meisten sind matt gefärbt, zumeist grün oder braun; einige weisen wiederum kräftige, schwarze Streifen auf. Die Geschlechter sehen grundsätzlich ähnlich aus. Nur bei der Gattung Sylvia sind die Männchen recht leuchtend gefärbt, an der Unterseite orange bzw. rötlich oder schwarz mit einem Graumuster. Die Weibchen fallen dagegen ab. Bei einigen Arten, so bei den überwiegend afrikanischen *Apalis*- und *Prinia*-Arten, findet man stark abgestufte Schwänze. Dagegen besitzen die afrikanischen Sylvietten (Gattung Sylvietta) beinahe überhaupt keinen Schwanz. Sie bewegen sich an den Stämmen und Zweigen von Bäumen in einer ähnlichen Weise wie die Kleiber (Familie Sittidae). Ihre Nahrung setzt sich überwiegend aus allen Insektenarten zusammen, und vermutlich ziehen aus diesem Grunde so viele Arten, die in großen Höhen oder in hohen Breiten nisten, über den Winter in wärmere Gebiete. Passend zu dieser Ernährungsweise ist der Schnabel klein und spitz. Viele Grasmücken fressen auch kleine Früchte und Beeren, wo sie welche bekommen, und einige wenige nehmen auch Nektar oder winzige Samen zu sich.

Was den Grasmücken am äußeren Erscheinungsbild fehlt, kompensieren viele von ihnen durch ihren Gesang, denn sie sind wunderschöne, kräftige Sänger. Viele singen im Flug, segeln aufwärts und gleiten dann in spektakulärer Weise wie ein Fallschirmspringer hinunter. Zahlreiche Cistensänger, die vielleicht nicht zu den außergewöhnlichen Sängern gehören, vollführen eine komplizierte Flugbalz. Allerdings sind viele dieser Arten im Feld schwer zu entdecken, so daß die Arten sich am leichtesten anhand ihrer Rufe auseinanderhalten lassen.

Die meisten altweltlichen Grasmücken leben monogam, doch findet man bei einigen Arten regelmäßig polygame Männchen. So brüten im Revier des männlichen Seidensängers *(Cettia cetti)* bis zu fünf Weibchen oder sogar mehr. Die Mehrheit baut in der dichten Vegetation einfache, becherförmige Nester, die häufig sehr sauber verflochten sind. Andere bauen kuppelförmige oder börsenähnliche Nester. Die Schneidervögel (Gattung *Orthotomus)* Indiens und Südostasiens sind dafür bekannt, daß sie zwei oder mehr große Blätter mit kleinen Fasern oder Spinnweben zusammennähen, die sie durch kleine, in den Blättern vorbereitete Öffnungen ziehen. Anschließend wird das Nest innerhalb dieser Blätter gebaut. Ein normales Gelege umfaßt, je nach Art, zwei

▲ Afrika ist die Heimat einer erstaunlichen Fülle von Cistensänger-Arten. Einige Formen kommen jedoch auch in Asien vor, und zwei erreichen sogar noch Australien. Die meisten leben in verschiedenartigen Graslandschaften. Dies ist der Goldkopf-Cistensänger. In seiner Heimat in Indien, Südostasien und Australien kennt man ihn häufig als den »Schneidervogel«, da er Blätter zur Verstärkung seines Nestes annäht.

▲ Ein Schilfrohrsänger in vollem Gesang auf einer deutschen Wiese. Obwohl Grasmücken ein so schlichtes Gefieder besitzen, daß sich viele Arten nur schwer bestimmen lassen, verfügen sie häufig über laute, reichhaltige und vielfältige Gesänge. Der Vogelgesang hat die Funktion, den Anspruch auf ein Territorium zu verkünden — und Eindringlinge fernzuhalten — oder Weibchen anzulocken.

bis sechs Eier. Die Jungen werden von beiden Eltern aufgezogen (nur bei den polygamen Arten nicht) und benötigen etwa zwei Wochen, bis sie fliegen können. Allerdings gibt es Arten, bei denen sich die Jungen bereits vor dem Erreichen dieses Stadiums verstreuen.

Da viele Arten auf kleinen Inseln leben, sind ihre Bestandsgrößen häufig nur gering, und die Arten reagieren auf Störungen empfindlich, besonders auf Habitatzerstörung. Im westlichen Indischen Ozean bewohnt zum Beispiel der Aldabra-Buschsänger *(Nesillas aldabranus)*, der übrigens erst 1967 entdeckt wurde, nur einen winzigen Bereich auf der Insel Aldabra. Es leben dort vermutlich weniger als zehn Individuen. Nur wenig besser geht es dem Seychellen-Rohrsänger *(Acrocephalus sechellensis)*, von dem im Jahre 1967 vermutlich nur 20 bis 30 Individuen auf Cousin Island lebten. Die Insel wurde vom Internationalen Rat für Vogelschutz (ICBP) gekauft, und der Lebensraum des Vogels nahm zu. Die Bestände sind inzwischen stabil.

SÄNGER

Die Vertreter der Unterfamilie Muscicapinae gibt es nahezu überall. Sie fehlen lediglich in baumlosen Gebieten, in den Zentren der Wüsten, in hohen Breiten und in großen Höhenlagen. Sie sind in erster Linie Bewohner der Waldgebiete, vom dichten Wald bis zur offenen Baumlandschaft und leben überall, wo sie geeignete Sitzplätze vorfinden, von denen aus sie nach Insekten jagen können. Der Zimtkehlschnäpper *(Muscicapa strophiata)* nistet 4000 Meter hoch im Himalaya an der Baumgrenze; sie alle sind jedoch auf irgendwelche Bäume oder Büsche angewiesen.

Arten, die in den nördlichen Breiten brüten, ziehen, um dem kalten Winter zu entgehen, südwärts. Dabei wandert der europäische Grauschnäpper *(Muscicapa striata)* sogar bis nach Südafrika. Ungewöhnlicherweise ziehen die am Westrand ihres Verbreitungsgebietes, die in Europa lebenden Zwergschnäpper *(M. parva)*, nach Südosten, um in Indien und Südostasien zu überwintern. Vögel, die die wärmeren Gebiete der Welt bewohnen, bleiben dort meist das ganze Jahr über.

Die Sänger sind kleine Vögel von etwa 10 Zentimeter Länge. Allerdings gibt es auch langschwänzige Arten, deren Gesamtlänge dadurch bedeutend größer wird. Ihre Färbung variiert außerordentlich. Viele sind ziemlich mattbraun, bei anderen wirken die Männchen allerdings auffälliger. So findet man beim Halsbandschnäpper *(Ficedula collaris)* schwarz und weiß, blau beim Hainan-Blauschnäpper und bei anderen wieder andere Farben. Der männliche Vangaschnäpper ist überwiegend schwarz mit einem weißen Bauch, und das schwarzköpfige Weibchen besitzt an seiner Oberseite eine tief kastanienbraune Färbung.

Wie ihr englischer Name »Flycatcher« nahelegt, ernähren sich diese Vögel in erster Linie von Insekten. Einige fangen buchstäblich Fliegen. Sie starten von offenen Zweigen aus, um vorüberziehende Insekten zu schnappen. Andere suchen stärker zwischen den Blättern und bevorzugen auf Ästen kriechende Insekten oder Raupen.

Die Nistplätze der Sänger können sehr vielfältig aussehen. Viele Arten bauen lediglich becherförmige Nester in Bäumen oder an den Kanten von Kliffen oder Gebäuden, während andere, wie der Trauerschnäpper *(Ficedula hypoleuca)* in hohlen Bäumen nisten. Die Gelege der Höhlennister sind größer als die der in offenen Nestern brütenden Arten, etwa acht Eier gegenüber zwei bis fünf. Der in Afrika überwinternde und in Europa brütende Trauerschnäpper lebt manchmal in Bigamie: Wenn ein Weibchen die Nistgründe betritt, balzt das Männchen und paart sich mit ihm. Sobald das Weibchen jedoch brütet, gründet das Männchen in der Nähe ein weiteres Territorium und versucht, ein zweites Weibchen anzulocken. Normalerweise füttert das Männchen die Jungen im Nest seines ersten Weibchens, also zieht das zweite Weibchen den kürzeren. Da sie keine Hilfe bei der Aufzucht ihrer Jungen erfährt, kommt es häufig vor, daß einige von diesen sterben.

Etliche Arten leben auf den Inseln Südostasiens. Sie sind kaum bekannt, allerdings möglicherweise gefährdet. Der Graubrust-Dschungelschnäpper lebt zum Beispiel nur auf den philippinischen Inseln Negros und Guimaras, und auch die wenigen, verbliebenen Waldstücke, in denen er wohnt, werden gegenwärtig abgeholzt. Viele Bewohner der westafrikanischen Wälder werden durch fortgesetzte, umfangreiche Holzgewinnung bedroht, darunter der Marula-Schnäpper, ein vollständig schwarzer Sänger von den Ausläufern des Mount Nimba.

Die andere Unterfamilie der Muscicapidae, die Platysteirinae, findet man nur in Afrika. Die beiden Hauptgattungen werden von den Schnäppern der Gattung *Batis* und den Lappenschnäppern (Gattung *Platysteira)* gebildet. Letztere verdanken ihren Namen den auffälligen Hautlappen oberhalb der Augen. Häufig sind diese Strukturen rot, beim westafrikanischen Glanzlappenschnäpper *(P. blissetti)* sind sie allerdings grün oder blau, je nach Rasse. Man findet diese Vögel in allen möglichen Landschaften, vom dichten Wald bis zum offenen Baumland.

Die meisten Vertreter dieser Unterfamilie sind offenbar nicht bedroht. Lediglich der Schwarzkehl-Lappenschnäpper *(P. laticincta)* lebt ausschließlich im Bamenda-Hochland West-Kameruns, einem anderen westafrikanischen Waldgebiet, das unter der Zerstörung zu leiden hat.

◀ Der Rotbauch-Niltava ist in den dichten Wäldern des westlichen Himlaya bis nach Burma und Malaysia durchaus häufig. Die Hochland-Populationen wandern im Winter in geringere Höhenbereiche hinab. Dieser etwa sperlingsgroße Vogel ist trotz seines leuchtenden Gefieders recht unauffällig. Er erinnert in seinem Verhalten an andere Sänger, denn er spurtet von niedrig stehenden Zweigen aus im dichten Unterwuchs nach Insekten.

▼ Die Wälder Indiens und Südostasiens sind die Heimat des Rostschnäppers. Dies ist ein unscheinbarer Vogel, der häufig in den unteren Baumbereichen anzutreffen ist, wo er in kurzen Ausflügen nach Insekten jagt.

Morten Strange

Ordnung Passeriformes, Unterordnung Oscines, Familie Maluridae, 6 Gattungen, 26 Arten, Familie Acanthicidae, 11 Gattungen, 65 Arten, Familie Ephthianuridae, 2 Gattungen, 5 Arten

GRÖSSE
Kleinste Art
Stutzschnabel *(Smicrornis brevirostris)*, Länge 8 bis 9 Zentimeter; Gewicht 5,5 Gramm.
Größte Art
Rotkopf-Lackvogel *(Dasyornis broadbenti)*, Länge 27 Zentimeter; Gewicht 40 Gramm.

ARTENSCHUTZ
Auf der ICBP-Liste der bedrohten Vögel werden u. a. folgende Arten aufgeführt: Purpurkopf-Staffelschwanz *(Malurus coronatus)*, Dickschnabel-Grasschlüpfer *(Amytornis textilis)*, Brauen-Grasschlüpfer *(A. barbatus)*, Carpentaria-Grasschlüpfer *(A. dorotheae)*, Rotscheitel-Borstenschwanz *(Stipiturus mallee)*, Braunkopf-Lackvogel *(Dasyornis brachypterus) und der Langschnabel-Lackvogel (D. longirostris)*.

STAFFELSCHWÄNZE UND VERWANDTE

STEPHEN GARNETT

Australasien — Australien, Neuseeland, Neu Guinea und die umliegenden Inseln — besitzt eine ganz eigene Vogelfauna, die sich in vielen Millionen Jahren der Isolation herangebildet hat. Obwohl viele Arten ihre Trivialnamen von europäischen Vögeln erhielten, denen sie ähnlich sehen, wie etwa den Zaunkönigen, besteht in Wirklichkeit keinerlei Verbindung zwischen ihnen.

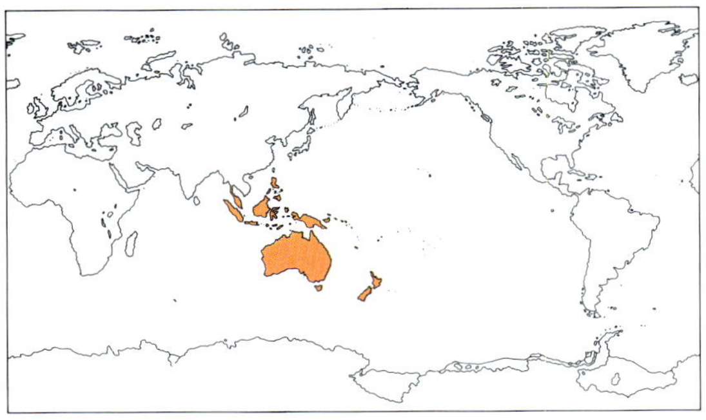

STAFFELSCHWÄNZE

Die wesentlichen Ähnlichkeiten unter den Staffelschwänzen, Grasschlüpfern und Borstenschwänzen Australiens und Neu Guineas (Familie Maluridae) und den im Norden lebenden Zaunkönigen bestehen in der geringen Größe und in der Tatsache, daß sie ihren Schwanz aufrecht tragen. Davon abgesehen sind die beiden Gruppen recht verschieden. Die männlichen Staffelschwänze (Gattung *Malurus*) gehören zu den Juwelen des australischen Buschs. Es sind winzige Tiere mit atemberaubenden Farbkombinationen aus türkis, rot, schwarz und weiß. Ihre Partnerinnen und die meisten anderen australasiatischen Staffelschwänze sind düsterer gefärbt. Die Borstenschwänze (Gattung *Stipiturus;* auf englisch: emu-wrens) haben ihren merkwürdigen Namen von den spärlichen, Emu-ähnlichen Schwanzfedern, und sie tragen einen blauen Latz. Auch bei einigen der verborgen lebenden Grasschlüpfern (Gattung *Amytornis*) findet man ein kräftiges Schwarz und Kastanienbraun; die Gesamterscheinung eignet sich allerdings besser zur Tarnung als zur auffälligen Balz.

Die Familie umfaßt 26 Arten in sechs Gattungen. Alle fressen Insekten, und die meisten suchen ihre Nahrung am Boden oder unter Büschen. Die Gras-

▶ Stets auf der Hut vor Gefahren sammelt ein Weißbauch-Staffelschwanz Nahrung für seine Jungen. Wie bei den meisten Staffelschwänzen sind die Männchen in schillerndes Blau und die Weibchen in Mausbraun gekleidet. Der Weißbauch-Staffelschwanz ist mit Abstand die am weitesten verbreitete Art und hat überall in Australien eine Fülle von Lebensräumen besetzt.

schlüpfer Neu-Guineas und einige Staffelschwänze bewohnen den Regenwald. Dabei dringen einige wenige Arten in die Baumkronen vor. Jedoch findet man die meisten Vertreter dieser Familie im Grasland oder in den unteren Bereichen der Bäume. Der Eyre-Grasschlüpfer *(Amytornis goyderi)* lebt nur auf den Sandhügeln der trockensten australischen Wüsten, und einige andere Grasschlüpfer und Borstenschwänze schützen sich durch spitze Grasbüschel.

Die meisten Vertreter der Familie sind Stand-Vögel und bauen Kuppelnester in dichter Vegetation. Wie es bei so vielen australischen Vögeln der Fall ist, bleiben die Jungen einer Brut häufig bei ihren Eltern, um ihnen bei der Aufzucht des späteren Nachwuchses zu helfen. Genaue Untersuchungen an Arten wie dem Prachtstaffelschwanz *(Malurus cyaneus)*, der im Südosten Australiens auch in den Gärten der Vorstädte häufig ist, erwiesen, daß Pärchen mit Helfern mehr Junge aufziehen können als diejenigen, die auf sich allein gestellt sind.

SÜDSEEGRASMÜCKEN

Die Südseegrasmücken bilden eine vielgestaltige Gruppe unauffälliger, kleiner bis mittelgroßer Singvögel mit schlanken Schnäbeln und vergleichsweise langen Beinen. Ihr Gefieder ist typischerweise olivgrün, grau oder braun. Einige Dornschnäbel (Gattung *Acanthiza)* tragen jedoch gelbe oder kastanienbraune Flecken an der Schwanzbasis, und viele Gerygonen (Gattung *Gerygone)* sind unterseits gelb gefärbt. Die meisten Arten dieser Gruppe findet man ausschließlich in Australien, wenngleich die Gerygonen, kleine Vögel mit weittragenden, klirrenden Rufen, sich über Neuseeland, zahlreiche pazifische Inseln und einen großen Teil Südostasiens ausgebreitet haben. Zudem sind die Gerygonen innerhalb dieser Gruppe die einzigen Zugvögel; die meisten übrigen bleiben das ganze Jahr über in einem Territorium. Die Dornschnäbel, Weißstirnchen (Gattung *Aphelocephala)* und Sericornis *(Sericornis)* leben typischerweise auf dem Boden. Sie suchen nach Insekten und Samen zu ebener Erde oder unter dem Gestrüpp. Einige wenige Dornschnabel-Arten, so der Stutzschnabel *(Smicrornis brevirostris)*, und die Gerygonen stöbern nach Nahrung in den Baumwipfeln, während der Steinhuscher *(Origma solitaria)* nur auf Sandstein-Komplexen lebt, wo er seine Kuppelnester in Höhlen anlegt.

Zahlreiche Arten brüten gemeinsam. Dabei helfen die jeweils jüngeren Familienmitglieder, Futter für die Nestlinge zu finden und das Territorium zu verteidigen. Untersuchungen an markierten Vögeln haben gezeigt, daß die Erwachsenen häufig länger als zehn Jahre leben. Ein Stricheldornschnabel *(Acanthiza lineata)* wurde sogar mindestens 17 Jahre alt. Da so viele Vögel den Winter überleben, steht den im Frühling brütenden Individuen weniger zusätzliche Nahrung zur Verfügung. Dies erklärt vielleicht, warum die Gelege der Südseegrasmücken normalerweise nur ein oder zwei Eier enthalten, während die Vögel vergleichbarer Größe in den rauheren Klimaten häufig mehr als ein Dutzend Eier legen.

In den meisten Wäldern gibt es Vögel, die ihre Nahrung auf der Baumrinde suchen. Neuseeland übernehmen diese Rolle die Mohouinae (Mori-Grasmücken; eine eigene Gruppe, die meist als eine Unterfamilie der Acanthicidae geführt wird). Sie besteht aus dem Finschia *(Finschia novaeseelandiae)*, dem

Weißköpfchen *(Mohioua albicilla)* und dem Gelbköpfchen *(M. ochrocephala)*. Es sind kleine Vögel, die an den Spitzen ihrer Schwänze Stacheln tragen. Obwohl sie auch Nahrung von den Blättern sammeln, untersuchen sie sehr ausführlich die Risse in der Rinde nach Insekten. Dabei stützen sie sich manchmal mit den Schwänzen ab und hängen oft mit dem Kopf nach unten. Alle drei Arten sammeln sich über Winter in Gruppen, und die Gelb- und Weißköpfchen brüten in der Großfamilie. Ihre Nester sind kuppelförmig, und dasjenige des Weißköpfchens befindet sich stets in einer Baumhöhlung.

TRUGSCHMÄTZER

Die Männchen der Trugschmätzer (Familie Ephthianuridae) sind kräftig rot, orange, gelb oder schwarzweiß gefärbt — alle diese Farben treten in den Sümpfen oder offenen Buschgebieten, die sie bewohnen, deutlich hervor — während die Weibchen meist die gedämpften Farbversionen ihrer Partner tragen. Lediglich beim Wüsten-Trugschmätzer *(Ashbyia lovensis)* sind die Geschlechter in ein ähnliches düsteres Gelb gekleidet. Diese fünf kleinwüchsigen Arten besitzen lange Beine, wie sie für Vögel typisch sind, die einen großen Teil des Tages zu ebener Erde zubringen. Obwohl alle Trugschmätzer eine bürstenförmig ausgebildete Zungenspitze aufweisen, wie man sie sonst bei nektarfressenden Arten findet, scheint die Hauptnahrung dieser Vögel aus Insekten zu bestehen. Sie sind gesellige Tiere, die häufig in losen Verbänden vorkommen. Der Scharlach-Trugschmätzer *(Ephthianura tricolor)* und der Goldstirn-Trugschmätzer *(E. aurifrons)* unternehmen weitreichende Wanderzüge.

▲ Zwei farbenprächtige Australier: Der Goldstirn-Trugschmätzer (oben) und der Türkis-Staffelschwanz. Beide Vögel bewohnen die trockenen Buschgebiete des Hinterlandes, und in beiden Fällen sind die Weibchen erheblich matter gefärbt als die hier gezeigten Männchen.

Ordnung Passeriformes, Unterordnung Oscines, Familie Orthonychidae, 8 Gattungen, 21 Arten

GRÖSSE
Kleinste Art
Dongaflöter *(Cinclosoma alisteri),* Länge 17 Zentimeter; Gewicht 20 Gramm.
Größte Art
Schwarzschopf-Wippflöter *(Psophodes olivaceus),* Länge 30 Zentimeter; Gewicht 80 Gramm.

ARTENSCHUTZ
Eine Unterart der Augenstreif-Scheindrossel *(Drymodes superciliaris colcloughi)* ist ausgestorben. Einige Arten sind whrscheinlich durch Zerstörung der Lebensräume bedroht.

LAUFFLÖTER UND VERWANDTE

STEPHEN GARNETT

Die Verwandtschaftsbeziehungen zwischen den acht Gattungen der Familie Orthonychidae sind noch immer Gegenstand wissenschaftlicher Untersuchungen, und in Feldführern oder anderen Nachschlagewerken findet man für sie sehr verschiedenartige Trivialnamen. Alle Arten leben, von einer abgesehen, in Australien und auf Neu Guinea.

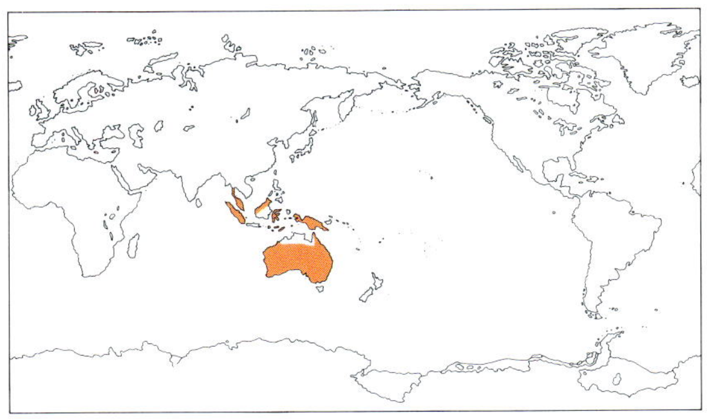

R. Drummond

▶ Die Flöter leben in losen Gemeinschaften im trockenen Buschland. Sie suchen ihre Nahrung auf dem Boden, verbringen jedoch auch viel Zeit auf exponierten Sitzplätzen, von denen aus sie ihre unverwechselbaren Rufe ausstoßen.

▼ Der Stachelschwanz-Flöter bewohnt die Regenwälder auf Neu Guinea sowie im Südosten Australiens. Dieser Vogel lebt beinahe ausschließlich zu ebener Erde und sichtet das abgefallene Laub mit schwungvollen, seitlichen Bewegungen seiner kräftigen Füße nach Insekten.

EINZIGARTIGE STIMMEN

Nach der Systematik, der dieses Buch folgt, umfaßt die Familie 21 Arten, die unter folgenden Namen bekannt sind: Flöter (Gattungen *Orthonyx*), Wippflöter *(Psophodes)*, die Flöter der Gattung *Cinclosoma*, Scheindrosseln *(Drymodes)*; auf Neu Guinea leben die Rallenläufer und andere Gattungen *(Androphobus, Eupetes, Infrita* und *Melampitta)*. Der Rallenläufer *(Eupetes macrocercus)* ist die eine südostasiatische Art.

Der Stachelschwanzflöter *(Orthotonyx temminckii)* und der Schwarzkopfflöter *(O. spaldingii)* sind Bewohner des Waldbodens. Es handelt sich um stabil gebaute, mittelgroße Vögel, die mit ihren gedrungenen Beinen im Laub scharren und sich dabei auf starke Stacheln stützen, die sich an den Enden ihrer Schwanzfedern befinden. Obwohl sie in ihrem dicht bewachsenen Lebensraum nur schwer zu sehen sind, bleiben sie durch ungewöhnlich laute Rufe untereinander in Kontakt. Andere Vertreter der Familie führen eine ähnliche Lebensweise. Der Schwarzschopf-Wippflöter *(Psophodes olivaceus)*, ein dunkel-olivfarbener Bewohner des dichten Waldes trägt seinen englischen Namen »whipbird« von dem Ruf des Männchens, der wie ein Peitschenknall klingt. Dagegen sind der Glockenflöter *(P. occidentalis)* und der Buschflöter bis auf den Gesang identisch. Sie besitzen schallende Rufe, die über die trockenen Buschebenen, die sie bewohnen, weithin hörbar sind. Diese Rufe werden typischerweise in einer Bauchrednertechnik hervorgebracht. So sind zum Beispiel die Scheindrosseln trotz ihrer starken Rufe außerordentlich schwer für einen Beutegreifer oder Vogelbeobachter zu orten. Die meisten Vertreter der Familie tragen ein Tarnkleid, obwohl die komplexen Verbindungen von schwarz, kastanienbraun und weiß, wie man sie bei den Flötern der Gattung *Cinclosoma* im Süden und im Binnenland Australiens findet, durchaus auffällig wirken. Die einzige, wirklich farbenprächtige Art ist der Blauflöter *(Eupetes caerulescens)* aus den Regenwäldern Neu Guineas; hier ist das Männchen lebhaft blau und weiß gefärbt.

Beinahe alle Arten finden ihre Nahrung zu ebener Erde oder in der Nähe des Bodens. Die meisten fressen Insekten, nur die Schwarzkopf- und Stachelschwanzflöter haben sich — jedenfalls zur Nistzeit — auf Blutegel spezialisiert. Manchmal tragen sie im Schnabel zehn oder mehr dieser glitschigen, sich windenden Beute zu gleicher Zeit im Schnabel. Die verschiedenen Arten decken die Bandbreite bewaldeter Lebensräume von Australien bis nach Südostasien voll ab. Allerdings erreichen sie ihre größte Vielfalt in den Regenwäldern. Sie scheinen sämtlich standorttreu zu sein, und die Familiengruppen verteidigen dieselben Territorien das ganze Jahr über.

MONARCHEN UND VERWANDTE

STEPHEN GARNETT

Obwohl die vier Familien von Schnäppern und insektenfressenden Vögeln aus diesem Kapitel eine besondere Vielfalt in Australien aufweisen, kommen sie auch auf Neu Guinea, Neuseeland und anderen pazifischen Inseln vor. Einige wenige leben auch noch weiter entfernt.

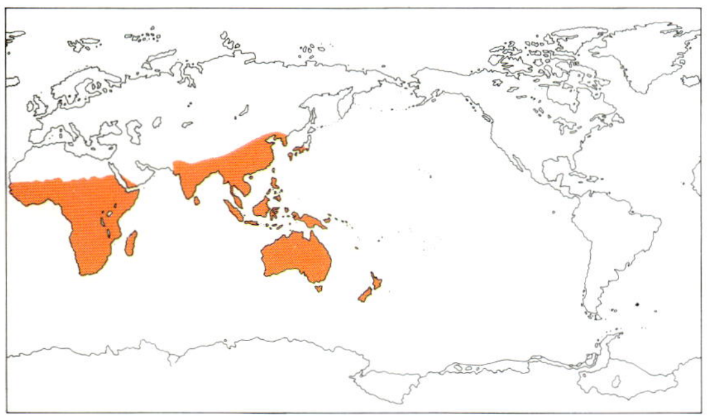

FÄCHERSCHWÄNZE

Aufgrund zufälliger Beobachtungen könnte man annehmen, daß der Grau-Fächerschwanz *(Rhipidura fulginosa)* mehr Energie auf den Erwerb seiner Nahrung verwendet als er sich durch das Verzehren derselben zuführt. Sein langer Schwanz ist ständig aufgefächert oder wird von einer Seite zur anderen gewedelt, und der kleine Vogel selber dreht bei der Verfolgung unsichtbarer Beute unaufhörlich seine Pirouetten in der Luft. Allerdings muß solch ein Verhalten von Vorteil sein, denn alle 40 Arten der Fächerschwänze (Gattung *Rhipidura)*, von Indien bis Neuseeland, sind von ähnlicher Form und Größe, und die meisten von ihnen erscheinen überaktiv. Der Goldbauch-Fächerschwanz *(R. hypoxantha)* wird manchmal in eine separate Gattung gestellt. Bei den übrigen Fächerschwänzen findet man jedoch alle Kombinationen von schwarz, grau, weiß oder rotbraun und einen Schwanz, dessen Länge die des Körpers übertrifft. Den kurzen, breiten Schnabel umstehen Stacheln, die als Schnabelborsten bezeichnet werden und vermutlich den Fangradius des Mundes erhöhen.

Die Nahrungssuche der meisten Fächerschwänze erfolgt in allen Stockwerken der Waldgebiete, die sie bewohnen. Einige sind nur in den Mangroven zu finden. In den Regenwäldern können verschiedene Arten nebeneinander leben, indem sie sich auf bestimmte Höhenbereiche im Wald beschränken, etwa auf die Wipfel, die mittleren Höhen und den Bodenbereich. Dadurch kommt es hier zu einer ungewöhnlichen Artenvielfalt. Der australische Garten-Fächerschwanz *(R. leucophrys)* sucht seine Nahrung häufig auf unbedeckten Flächen zu ebener Erde, und dafür besitzt er lange Beine.

Die in den kälteren Teilen Australiens oder im Himalaya lebenden Arten ziehen den Winter über in wärmere Klimate. Dabei wandert der südaustralische Fuchs-Fächerschwanz *(R. rufifrons)* nordwärts bis

Ordnung Passeriformes, Unterordnung Oscines, Familie Rhipiduridae, 1 Gattung, 40 Arten, Familie Monarchidae, 17 Gattungen, 97 Arten, Familie Petroicidae, 11 Gattungen, 42 Arten, Familie Pachycephalidae, 10 Gattungen, 45 Arten

GRÖSSE
Kleinste Art
Rosenschnäpper *(Petroica rosea)*, Länge 10 Zentimeter; Gewicht 10 Gramm.
Größte Art
Fahlbauch-Paradiesschnäpper *(Terpsiphone paradisi)*, Länge 20 Zentimeter; Gewicht 20 Gramm.

ARTENSCHUTZ
Auf der ICBP-Liste der bedrohten Vögel werden u. a. folgende Arten aufgeführt: Seychellen-Paradiesschnäpper *(Terpsiphone corvina)*, Silber-Paradiesschnäpper *(Eutrichomyias rowleyi)*, Helen-Schnäpper *(Hypothymis helenae)*, Himmelsschnäpper *(H. coelestis)*, Rarotonga-Monarch *(Pomarea dimidiata)*, Marquesas-Monarch *(P. mendozae)*, Flecken-Monarch *(P. iphis)*, Fatuhiva-Monarch *(P. whitneyi)*, Rennell-Würgermonarch *(Clytorhynchus hamlini)*, Truk-Monarch *(Metabolus rugensis)*, Schwarzkehl-Monarch *(Monarcha boanensis)*, Everett-Monarch *(M. everetti)*, Falbschwanz-Monarch *(M. brehmii)*, Dunkel-Monarch *(M. atra)*, Malaita-Fächerschwanz *(Rhipidura malaitae)*, Rostzügel-Dickkopf *(Pachycephala rufogularis) und Braunohr-Dickkopf (P. meyeri)*.

◀ Ein Fuchs-Fächerschwanz brütet in einem australischen Regenwald. Die Nester dieser Vögel sind normalerweise um dünne, waagerechte Zweiggabeln geschlungen und werden vom Blätterdach abgeschirmt.

▲ Drei Vertreter verwandter Familien, deren größte Artenvielfalt in Australien und auf Neu Guinea vorliegt: Der Rotstirn-Schnäpper (links) bewohnt trockenes Buschland. Dagegen ist der Brillen-Monarch (Mitte) im tropischen Regenwald zu Hause, und den Haubenwürger (rechts) findet man in den Eucalyptuswäldern.

▼ Der Garten-Fächerschwanz besitzt bedeutend längere Beine als andere Fächerschwänze. Dies belegt, daß nur diese Art im offenen Gelände lebt und ihre Nahrung zum größten Teil auf dem Boden sucht.

Graeme Chapman

nach Neu Guinea hinauf. Die Fächerschwänze brüten im Frühjahr, verteidigen dabei energisch ihre Territorien und ziehen in ihren anfällig gebauten Bechernestern häufig mehrere Gelege in einem Jahr auf. Der Garten-Fächerschwanz, eine der genauer untersuchten Arten, bedroht seine Rivalen durch das Zurschaustellen seiner weißen Augenbrauen. Bei besiegten Konkurrenten zeigen diese nur noch einen schwachen Silberschimmer.

MONARCHEN

Zu der Familie Monarchidae zählen mehr als 90 Arten in 17 Gattungen. Es sind kleine Singvögel, die gern mit dem Schwanz zucken und zuweilen Kämme auf dem Kopf aufrichten, die bei vielen Arten den Eindruck einer typischen, steilen Stirn hervorrufen. Bei den meisten findet man lange Schwänze. Nur der auf Hawaii lebende Elepaio *(Chasiempis sandwichensis)* besitzt einen kleinen Schwanz, den er normalerweise aufrecht trägt. Die am häufigsten gefundenen Gefiederfarben sind rotbraun, schwarz, weiß, blau oder grau, häufig auch mit auffälligen, irisierenden Stellen. Zu den spektakulären Ausnahmen gehören die schwarzgelben Flachschnäbel der Gattung *Machaerirhynchus* und die Paradiesschnäpper (Gattung *Terpsiphone*), deren Männchen auffällig lange Schwänze besitzen, die häufig 30 Zentimeter Länge übersteigen. Zwar sind die Männchen häufig leuchtender gefärbt als die Weibchen, doch wirken bei vielen Arten die Geschlechter ähnlich.

Bei den meisten Vertretern dieser Familie handelt es sich um Waldbewohner. Allerdings gibt es diese Vögel in den meisten baumbestandenen Gebieten Afrikas südlich der Sahara, in Südostasien, Australien und auf den Pazifischen Inseln. Die größte Artenvielfalt findet man im Regenwald Neu Guineas. Hier spurten einige Arten ganz oben von den Baumwipfeln nach Insekten, andere suchen ihre Nahrung zwischen den belaubten Ästen, und viele weitere bewohnen die unteren Teile des Waldes. Beim Krausenmonarch *(Arses telesophthalmus)* haben sogar die Geschlechter eine unterschiedliche Ernährungsweise entwickelt: Die Männchen suchen Baumstämme ab, während die Weibchen Insekten im Fluge jagen. Häufig findet man Monarchen in Gruppen fressend, die sich aus mehreren Vogelarten zusammensetzen. So durchstreifen manchmal vier oder fünf unterschiedliche Monarchen-Arten den Wald.

Die meisten tropischen Monarchen bleiben vermutlich ganzjährig in ihrem Territorium. Allerdings wandern die in den gemäßigten Regionen brütenden Arten den Winter über in die Tropen. Dazu gehören einige Populationen des asiatischen Fahlbauch-Paradiesschnäppers *(Terpsiphone paradisi)*, der Seiden-Myiagra *(Myiagra cyanoleuca)* und der südostaustralische Masken-Monarch *(Monarcha melanopsis)*. Innerhalb der gemäßigten Gebiete nisten die Vögel nur im Frühling, in den Tropen jedoch auch außerhalb dieser Jahreszeit. Ihre Nester sind empfindliche, becherförmige Gebilde, die manchmal sorgfältig mit Flechten dekoriert sind.

SÜDSEESCHNÄPPER

Diese Arten werden auf Englisch als »Australasian Robins« bezeichnet. Zwar wird der Name »Rotkehlchen« auf alle Vogelarten mit einer roten Brust angewendet, jedoch sind die scharlachroten, rosa- oder pinkfarbenen »robins« der australasiatischen Region weder mit ihren europäischen noch mit ihren amerikanischen Namensvettern verwandt. Noch weniger treffend ist der Name für die gedrungenen, kleinen Schnäpper aus derselben Gruppe, denn gelbe, dunkle und schwarze Rotkehlchen besitzen überhaupt kein Rot. Dennoch haben sie viele Merkmale hinsichtlich ihrer Gestalt und Größe mit dem europäischen Rotkehlchen *(Erithacus rubecula)* gemeinsam.

Die Südseeschnäpper werden gegenwärtig mit 42 Arten und 11 Gattungen in die Familie Petroicidae eingeordnet. Sie sind zumeist Bewohner des Waldes und der weniger dicht bewaldeten Gebiete, wo sie, anstatt aktiv nach Nahrung zu suchen, lieber still sitzen und abwarten, bis sich ein Beutetier zeigt. Die meisten fangen sich Insekten auf dem Boden; lediglich der Mangrove-Schnäpper *(Eopsaltria pulverentula)* frißt auch Garnelen und kleine Krabben. Einige wenige Arten verwenden auch mehr Energie auf den Nahrungserwerb — der Gelbbrust-Schnäpper *(Mircoeca flavigaster)* sammelt seine Beute von den Blattoberflächen oder spurtet hinter fliegenden Insekten her, und der Weißschwanz-Schnäpper *(M. leucophaea)* bleibt sogar zuweilen in der Luft stehen.

Die meisten Vertreter der Familie sind Stand-Vögel. Nur einige südaustralische Schnäpper ziehen über den Winter in Gebiete nördlich von Tasmanien oder von den Gebirgen herunter. Zur Brutzeit halten die Flammenbrust-Schnäpper *(Petroica phoenica)* und der Scharlachschnäpper *(P. multicolor)* einander von ihren individuellen Territorien fern. Wenn die Flammenbrust-Schnäpper ziehen, weiten sich die Territorien der anderen Art aus. In den gemäßigten Regionen wird im Frühjahr gebrütet, und die aus Baumrinde, Moos und Flechten gebauten Nester werden meist in Astgabeln angelegt.

Die meisten Arten sind durchaus noch häufig. Allerdings gibt es einige, nur auf wenigen Inseln verbreitete Arten, die in letzter Zeit ernsthaft gefährdet sind. Auf Neuseeland fiel der Bestand des Chatham-Schnäppers *(Petroica traversi)* auf nur sieben Exemplare ab, als man versuchte, die Population von Little Mangere Island auf die Mangere Island überzusiedeln. Man war davon ausgegangen, daß der Lebensraum auf der ersten Insel bereits in hohem Maße unbrauchbar geworden sei und auf der zweiten Insel bessere Bedingungen herrschten. Zunächst starben zwei dieser sieben Vögel noch. Doch dann gelang es mit Hilfe eines Zuchtprogramms, an dem auch der eng verwandte Maori-Schnäpper *(P. macrocephala chathamensis)* beteiligt wurde, und durch zusätzliche Übersiedlung auf eine dritte Insel, South East Island, den Bestand 1990 auf 119 Exemplare anzuheben.

DICKKÖPFE

Zu dieser Familie (Pachycephalidae), deren Artenschwerpunkt sich auf Neu Guinea und Australien konzentriert, gehören zehn Gattungen mit 45 Arten. Die Dickköpfe sind gedrungene Schnäpper mit stabilen Schnäbeln, und viele von ihnen besitzen zudem liebliche Rufe. Die meisten sind rotbraun, braun oder grau gefärbt. Es gibt unter ihnen jedoch auch gelbe, schwarze und weiße Vögel, etwa den Meisen-Dickkopf *(Falcunculus frontatus)* und den Gelbbauch-Dickkopf *(Pachycephala pectoralis)*. Bei einigen wenigen der sonst schmucklosen Arten, wie dem Meisen-Dickkopf, dem Hauben-Gudilang *(Oreoica gutturalis)* und dem Schopf-Pituhui *(Pitohui cristatus)*, findet man Kämme auf dem Kopf. Die meisten Arten fressen Insekten, die sie sich von den Blättern und Zweigen des Waldes oder zwischen dem abgefallenen Laub suchen. Dabei zeigen sie nur wenig von der hektischen Betriebsamkeit, die für die Fächerschwänze typisch ist. Man findet unter diesen Vögeln abweichende Ernährungsweisen: Die Meisen-Dickköpfe suchen mit ihren kräftigen Schnäbeln unter der Baumrinde, der Weißbrust-Dickkopf *(Pachycephala lanioides)*, ein Bewohner der australischen Mangroven, frißt Winkerkrabben, und der auf Neu Guinea lebende Wellen-Dickkopf *(Rhagologus leucostigma)*, ernährt sich von Früchten.

Hans & Judy Beste/Auscape International

▲ Ein Krausenmonarch auf seinem Nest. Dieser Vogel bewohnt die Regenwälder Neu Guineas und der australischen Halbinsel Cape York.

▼ Der Augenstreif-Schnäpper ist ein Stand-Vogel, der sich bevorzugt im Ranken- und Palmendickicht entlang der Ströme des tropischen Australiens aufhält.

Tom & Pam Gardner

MEISEN

Ordnung Passeriformes, Unterordnung Oscines, Familie Aegithalidae, 3 Gattungen, 7 Arten, Familie Remizidae, 4 Gattungen, 10 Arten, Familie Paridae, 3 Gattungen, 46 Arten

GRÖSSE
Schwanzmeisen *(Aegithalidae)* Länge 10 bis 14 Zentimeter. Beutelmeisen *(Remizidae)* Länge 8 bis 11 Zentimeter. Meisen *(Paridae)* Länge 10 bis 22 Zentimeter.

ARTENSCHUTZ
Die Weißflügel-Meise *(Parus nuchalis)* und die Formosa-Meise *(P. holsti)* befinden sich auf der ICBP-Liste der bedrohten Vögel.

▼ Bei der Schwanzmeise macht der lange Schwanz etwa die Hälfte der gesamten Körperlänge von 14 Zentimetern aus.

C. PERRINS

Die drei normalerweise unter diesem Titel geführten Familien — die Aegithalidae, Remizidae und Paridae — sind weit verbreitet und setzen sich überwiegend aus kleinen, waldbewohnenden Vögeln zusammen. Einige von ihnen sind vertraute Bewohner der Stadtgebiete. Die Kohl-, Blau- und Tannenmeisen gehören zu den am besten untersuchten Vogelarten überhaupt.

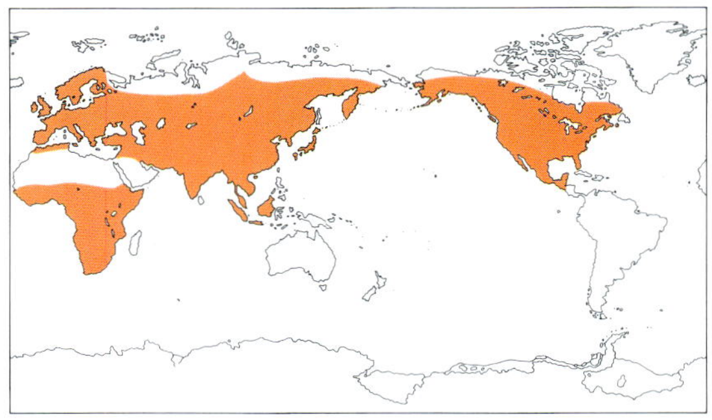

SCHWANZMEISEN

Zu den sieben Arten der Schwanzmeisen (Familie Aegithalidae) gehören die Buschmeise *(Psaltriparus minimus)* aus dem Westen Nordamerikas und Mexikos und die Gemeine Schwanzmeise *(Aegithalos caudatus)*, deren sehr umfangreiches Verbreitungsgebiet sich von Großbritannien über Europa und Asien nach Japan erstreckt. Die übrigen fünf Arten bewohnen den Himalaya und die umliegenden Gebirgszüge. Sie alle sind nur klein: Ihr Gewicht beträgt zwischen sechs und acht Gramm, ihre Länge (einschließlich des langen Schwanzes) zehn bis zwölf Zentimeter. Es sind überwiegend mattbraun oder grau gefärbte Vögel. Allerdings trägt die Schwanzmeise ein leuchtendes Pink im Gefieder, und bei einigen Rassen ist der Kopf weiß. Mit ihren kleinen Schnäbel ernähren sich diese Vögel von Insekten und winzigen Samen. Bei allen Arten wird ein wunderschön konstruiertes Kuppelnest aus Spinnweben und Flechten gebaut und mit Federn ausgelegt. Diese Nester werden zwischen dichten Blättern gut versteckt.

Richard T. Mills

BEUTELMEISEN

Zu den Beutelmeisen, Familie Remizidae, gehören zehn Arten, von denen sieben (Gattung *Anthoscopus)* nur in Afrika vorkommen, wo sie die bewaldeten Gebiete bewohnen. Der Rest verteilt sich auf andere Kontinente: Die Gemeine Beutelmeise *(Remiz pendulinus)* ist über die niedrigen Breiten Europas und Asiens weit verbreitet und lebt dort in den Marschen, sowie entlang der Flußufer. In Gebieten mit besonders strengem Winter weicht sie während dieser Jahreszeit nach Süden aus. Das Goldköpfchen *(Auriparus flaviceps)* findet man im Südwesten der USA und im Norden Mexikos im dichten Buschland der Wüste. Das Flammenstirnchen *(Cephalopyrus flammiceps)* lebt in den hoch gelegenen Wäldern des Himalaya. Bei den meisten Arten handelt es sich um Stand-Vögel mit kleinen Schnäbeln, die Insekten und kleine Samen zu sich nehmen. Die Beutelmeise frißt auch Samen aus Rohrkolben.

Ihr Gefieder ist zumeist matt. Nur die männliche, Gemeine Beutelmeise ist attraktiv gefärbt, und bei dem Flammenstirnchen findet man, wie der Name bereits andeutet, Kopf und Kehle leuchtend orange. Sie bauen kompliziert verwobene, börsenähnliche Nester, die häufig von den äußeren Zweigen eines Busches herunterhängen. Die Kap-Beutelmeise *(Anthoscopus minutus)* ist dafür bekannt, daß sie in ihr Nest einen Eingang einbaut, der bei ihrer Abwesenheit verschlossen wird. Zudem werden potentielle Nestplünderer durch einen blind endenden Gang unterhalb des Eingangs in die Irre geführt.

EIGENTLICHE MEISEN

Die Familie Paridae umfaßt 46 Meisen-Arten, die — von zwei Arten abgesehen — sämtlich der Gattung *Parus* angehören. Die Ausnahmen sind die im ganzen Himalaya verbreitete Laubmeise *(Sylviparus modestus)*, ein mattgrüner Vogel mit einem winzigen gelben Fleck über dem Auge, sowie die Sultansmeise *(Melanochlora sultanea)*, ein 22 Zentimeter langer, schwarzer Vogel mit einem auffälligen, gelben Kamm und gelber Unterseite. Dieser bewohnt die niedrig gelegenen Wälder von Nepal bis Sumatra. Nur in wenigen Fällen übersteigt die Körpergröße 13 Zentimeter. Die Meisen sind oberhalb meist braun, grau oder

Stephen Dalton/NHPA

grün, an der Körperunterseite dagegen blasser oder gelblich. Die Mehrheit weist eine schwarze Kappe auf. Bei einigen findet man zudem Kämme auf dem Kopf und weiße Wangen.

Die Lasurmeise *(Parus cyanus)* und die Blaumeise *(P. caeruleus)* sind oben überwiegend blau gefärbt.

Die *Parus*-Arten findet man in den meisten Gebieten Europas, Asiens, Afrikas und Nordamerikas bis nach Mexiko hinein. Allerdings erreichen sie weder Zentral- noch Südamerika oder Australasien. Die meisten Arten sind standorttreu, wenn auch die extrem nördlich wohnenden Populationen von Arten wie der Schwarzkopfmeise *(P. atriacapillus)* in Kanada und der Kohlmeise *(P. major)* im Norden Europas über erhebliche Entfernungen ziehen, um mildere Klimate aufzusuchen. Sie sind in erster Linie Vögel des Waldes. Die Erwachsenen füttern ihre Jungen nur mit Insekten, fressen jedoch selber zusätzlich Samen, besonders während der kalten Jahreszeiten. Sie besitzen kurze, gerade Schnäbel, die bei vielen Arten leicht gedrungen wirken und geeignet sind, kleine Nüsse aufzumeißeln. Die Bewohner der Nadelwälder besitzen feiner gebaute Schnäbel. Wahrscheinlich ist dies eine Anpassung an ihre Gewohnheit, zwischen den Nadeln nach Nahrung zu suchen.

Alle Arten nisten in Höhlen, normalerweise in denen von Bäumen. Allerdings gibt es auch Arten, die Gänge am Boden oder zwischen Felsen beziehen. Einige Meisen sind auf natürlich entstandene oder von Spechten geschaffene Baumhöhlen regelrecht angewiesen, andere Arten zimmern sich selber welche im faulenden Holz. Die Gelege der tropischen Arten umfassen höchstens drei Eier; die der in den gemäßigten Breiten lebenden Meisen sind wesentlich größer. Von allen Vögeln, die ihre Jungen im Nest großziehen, legt die Blaumeise das größte Gelege.

▲ Mit zum Bremsen gespreizten Schwungfedern und landungsbereiten Füßen nähert sich eine Blaumeise ihrer Nisthöhle. In ihrem Schnabel trägt sie Futter für ihre Jungen. Diese Vogelart ist lebhaft, zäh, unternehmungslustig und unterhaltsam und daher ein beliebter Gast an den Futterhäusern aller europäischen Gärten.

KLEIBER UND BAUMLÄUFER

C. PERRINS

Die Familie Sittidae teilt sich in zwei Gruppen auf: Die eurasischen Kleiber (Unterfamilie Sittinae) und die australasiatischen Spiegelkleiber (Unterfamilie Neosittinae). Von den 22 Arten der Kleiber (Gattung *Sitta*) leben die meisten in Eurasien. Vier Arten gibt es in Nordamerika. Der Mauerläufer *(Tichodroma muraria)* wird meist als ein aberranter Vertreter dieser Familie angesehen. Die übrigen drei Familien dieser Gruppe — die Certhiidae (Baumläufer), Climacteridae (Baumrutscher) und Rhabdornithidae (Trugbaumläufer) — sind einander wenigstens oberflächlich ähnlich.

Ordnung Passeriformes, Unterordnung Oscines, Familie Sittidae, 3 Gattungen, 26 Arten, Familie Certhiidae, 2 Gattungen, 6 Arten, Familie Rhabdornithidae, 1 Gattung, 2 Arten, Familie Climacteridae, 1 Gattung, 7 Arten

GRÖSSE
Kleiber und Spiegelkleiber *(Sittidae)* Länge 10 bis 18 Zentimeter. Baumläufer und Verwandte *(Certhiidae, Rhabdornithidae* und *Climacteridae)* Länge 12 bis 18 Zentimeter.

ARTENSCHUTZ
Folgende Arten werden in der ICBP-Liste der bedrohten Vögel aufgeführt: Weißschwanz-Kleiber *(Sitta victoriae)*, Kabylen-Kleiber *(S. ledanti)*, Yünnan- Kleiber *(S. yunnanensis)*, Gelbschnabel-Kleiber *(S. solangiae)*, Riesenkleiber *(S. magna)*, Schmuckkleiber *(S. formosa)* und Trugbaumläufer *(Rhabdornis grandis)*.

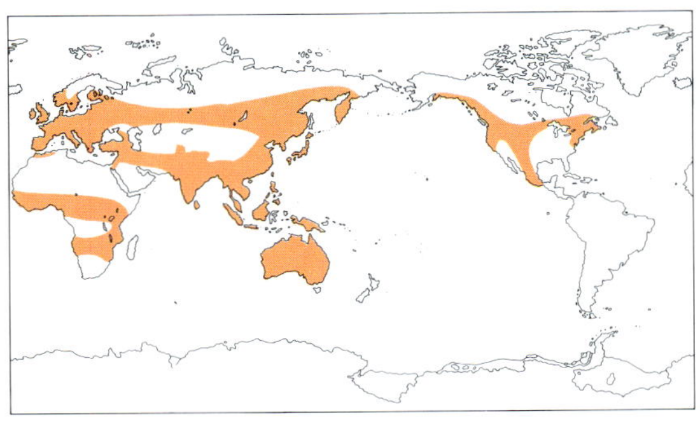

KLEIBER UND SPIEGELKLEIBER

Typische Kleiber sind gedrungene, kleine Vögel mit länglichen, geraden Schnäbeln. Ihr Gefieder ist normalerweise oben herum blaugrau und auf der Unterseite weiß, blaßgrau oder rötlich-braun. Bei einigen findet man eine dunkle Kappe oder einen dunklen Strich über der Augenregion. Sie besitzen die einzigartige Fähigkeit, an Baumstämmen auf- und abwärts zu laufen. Dabei suchen sie nach in der Rinde verborgenen Insekten. Außerhalb der Brutsaison nehmen viele Arten auch Samen zu sich. Im Winter ist dies bei einigen Arten sogar die einzige Nahrung. Die meisten nisten in Baum- oder Felsenhöhlen und bauen dabei den großen Eingang mit Schlamm, Kot, oder anderen gut haftenden und aushärtenden Substanzen soweit zu, daß sie sich selber gerade hindurchzwängen können.

Die drei Spiegelkleiber-Arten findet man in Australien und auf Neu Guinea. Obwohl sie den Kleibern in der Art und Weise, wie sie an Baumstämmen auf und ab gehen, ähnlich sehen, sind sie mit diesen vermutlich nicht nahe verwandt. Anstatt in Höhlen zu nisten, bauen sie wunderschön verwobene, becherförmige Nester in einer Astgabel und tarnen sie an der Außenseite mit Rindenstückchen. In den australischen Wäldern zeigt der Gemeine Spiegelkleiber *(Daphoenositta chrysoptera)* ein halbes Dutzend verschiedener Formen, deren Farben und Muster je nach geographischem Standort variieren. Heute sieht man sie grundsätzlich als Rassen einer einzigen Art an.

Der Mauerläufer bewohnt die Gebirgsregionen Europas und Asiens, von den Pyrenäen bis zum Himalaya. Er nistet in großen Höhenlagen an fließendem Wasser, sucht jedoch über den Winter niedriger gelegene Gebiete auf. An den Flügeln trägt er ein leuchtendes Rot, und mit seinem langen, abwärts gebogenen Schnabel ernährt er sich von Insekten.

BAUMLÄUFER, TRUGBAUMLÄUFER UND BAUMRUTSCHER

Die am weitesten verbreitete Familie ist die der Certhiidae, der holarktischen Baumläufer. Dazu gehören sowohl der eurasische Waldbaumläufer *(Certhia familiaris)* als auch der Andenbaumläufer *(C. americana)* aus Nordamerika. Die anderen Arten sind über den Himalaya und dessen angrenzende Gebirgszüge verbreitet. Diese kleinen, bräunlichen Vögel stützen sich mit ihren versteiften Schwanzfedern ab, während sie an Bäumen emporklettern. Der in Afrika und Indien vorkommende Stammsteiger *(Salpornis spilonotus)* wird manchmal in eine getrennte Unterfamilie, Salpornithinae, gestellt.

Zu den australischen Baumrutschern (Familie Climacteridae) gehören sieben Arten, von denen sechs nur in Australien leben und die siebente auf Neu Guinea. Die philippinischen Trugbaumläufer (Familie Rhabdornithidae) umfassen nur zwei Arten. Beide leben ausschließlich auf den Philippinen.

▼ Ein eurasischer Baumläufer verläßt sein Nest. Das Nest wird von beiden Eltern gebaut und normalerweise hinter loser Baumrinde verborgen.

Stephen Dalton/NHPA

HONIGFRESSER UND VERWANDTE

TERENCE LINDSEY

Die Mistelfresser, Nektarvögel, Brillenvögel und Honigfresser repräsentieren mehrere Familien kleiner, baumbewohnender Vögel, die über Afrika, das tropische Asien, Australasien und die Inseln des südwestlichen Pazifik verbreitet sind. Viele dieser Arten ernähren sich unter anderem vom Nektar (»Honig«), den sie aus Blüten herausholen.

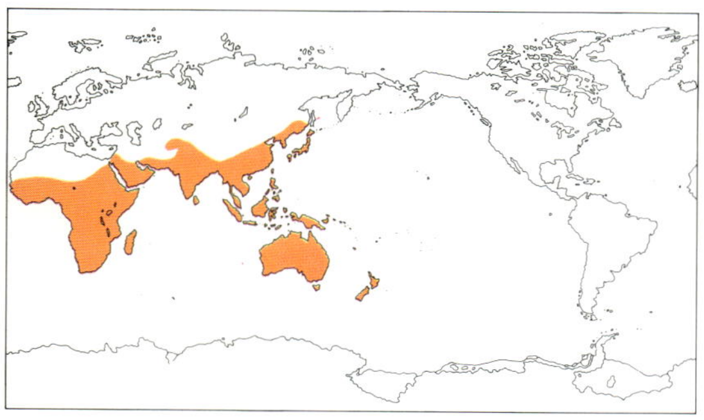

MISTELFRESSER

Die Familie der Mistelfresser (Dicaeidae) umfaßt etwa 55 über Südasien und Australasien weit verbreitete Arten. Die Familie ist relativ einheitlich, und mindestens 40 Arten werden in nur zwei weit verbreiteten Gattungen (*Prionochilus* und *Dicaeum*) zusammengefaßt. In den meisten Fällen handelt es sich um plump gebaute, kleine Vögel mit langen, zugespitzten Flügeln, stummeligen Schwänzen und kurzen, konischen Schnäbeln. Die kurze Zunge besitzt eine charakteristische Gestalt: Sie ist tief gespalten, und ihre Enden sind nach oben gewunden, um zwei Teilröhren zu bilden. Es handelt sich dabei vermutlich um eine Anpassung an die nektarsammelnde Lebensweise dieser Vögel. Bei vielen Arten ist das Gefieder nur matt. Bei anderen sind die Männchen wiederum leuchtend gefärbt und gemustert, häufig mit Tönen wie purpurrot und einem schimmernden Blauschwarz. Beinahe alle sind in hohem Maße an die Bäume gebunden und fressen überwiegend Nektar, Früchte und Insekten. Sie bewohnen eine weite Spanne von Lebensräumen: Vom dichten Regenwald und dem feuchten Wald der Hochländer bis zu den

◀ Der Orangebauch-Mistelfresser ist in den Tieflandwäldern Südostasiens weit verbreitet.

Ordnung Passeriformes, Unterordnung Oscines, Familie Dicaeidae, 6 Gattungen, 55 Arten, Familie Nectariniidae, 5 Gattungen, 116 Arten, Familie Zosteropidae, 10 Gattungen, 85 Arten, Familie Meliphagidae, 42 Gattungen, 167 Arten

GRÖSSE
Mistelfresser *(Dicaeidae)* Länge 7 bis 19 Zentimeter. Nektarvögel *(Nectariniidae)* Länge 9 bis 21 Zentimeter. Brillenvögel *(Zosteropidae)* Länge 10 bis 14 Zentimeter. Honigfresser *(Meliphagidae)* Länge 7 bis 50 Zentimeter.

ARTENSCHUTZ
Auf der ICBP-Liste der bedrohten Vögel werden 41 Arten aufgeführt, darunter: Braunrücken-Mistelfresser *(Dicaeum everetti)*, Tasman-Panthervogel *(Pardalotus quadragintus)*, Blutbrust-Nektarvogel *(Nectarina rockefelleri)*, Ganonga-Brillenvogel *(Zosterops luteirostris)*, Norfolk-Brillenvogel *(Z. albogularis)*, Oliv-Brillenvogel *(Z. chloronotus)*, Langschnabel-Brillenvogel *(Rukia longirostra)*, Crangekehl-Brillenvogel *(Madanga ruficollis)*, Wetar-Hoinigfresser *(Myzomela kuehni)*, Bonin-Honigfresser *(Apalopteron familiare)*, Hihi *(Notiomystis cincta)*, Schuppenkehl-Moho *(Moho braccatus)* und Ohrbüschel-Moho *(M. bishopi)*.

Morten Strange/Flying Colours

▲ Der Temminck-Nektarvogel, der Indien und Südostasien bewohnt, ist lebhaft und aktiv wie alle Nektarvögel. Er schwebt häufig in der Luft, um Nektar direkt aus kleinen Blüten herauszuziehen. Bei großen Blüten wie Hibiscus und Cannas erreicht er sein Ziel jedoch dadurch, daß er die Blütenkrone an der Basis durchsticht. Seine Rufe klingen wie eine abwechselnd geöffnete und geschlossene Schere.

trockenen, baumbestandenen Savannen.

Diese Familie erweckt ein besonderes Interesse wegen ihres beinahe symbiotischen Verhältnisses zwischen einigen ihrer Arten und den Pflanzen (überwiegend Misteln), von denen diese sich ernähren. Ein gutes Beispiel bietet der australische Rotsteiß-Mistelfresser *(Dicaeum hirundinaceum)*, der sich beinahe ausschließlich von den Beeren verschiedener Mistel-Arten ernährt. Sein Schlund ist so modifiziert, daß er beinahe nur eine einfache Röhre bildet, von der der Muskelmagen als ein Blindsack abgeht und über einen Sphincter abgeschlossen wird. Diese Anordnung ermöglicht den Beeren, den Vogelmagen vollständig zu passieren. Die Fruchthülle wird absorbiert und im Laufe der Passage verdaut. Dagegen wandert der zentral gelegene Same unbeschädigt hindurch und wird mit einer klebrigen Umhüllung wieder ausgeschieden. So bleibt der Same an der Rinde oder an Ästen von Bäumen haften, keimt aus und bildet eine neue Pflanze. Das Verhältnis der beiden Organismen versorgt also den Vogel mit einer beständigen Nahrungsquelle und die Pflanze mit einem wirkungsvollen Aussaat-Mechanismus. Diese Partnerschaft ist so eng, daß einer von beiden selten ohne den anderen gefunden wird.

Die meisten Mistelfresser bauen ihre aus dichten Pflanzenfasern zusammengesetzten, hängenden Kugelnester in Büschen und jungen Bäumen. Eine auffällige Ausnahme bilden die Panthervögel (Gattung *Pardalotus)*, deren vier oder fünf Arten man nur in Australien findet. Sie errichten nämlich ihre Nester in Tunnels auf dem Boden oder in Baumhöhlen. Die Panthervögel unterscheiden sich von den Mistelfressern auch durch ihre extrem komplexen Gefiedermuster. Bei den meisten Arten findet man einen leuchtend gelben oder roten Bürzel und eine schwarze, fein weiß gesprenkelte oder gestreifte Krone. Auch die Panthervögel zeigen ein enges Verhältnis zu ihrer Nahrungsquelle: Sie fressen beinahe ausschließlich die Larven blätterfressender Insekten, die sie auf Eucalyptus-Bäumen finden, sowie deren zuckerhaltige Ausscheidungen.

NEKTARVÖGEL

Die Existenz der Nektarvögel ist eng mit den Blüten eines Gebietes gekoppelt. Sie bilden eine aus etwa 116 Arten bestehende Familie. Die kleinen, lebhaften, extrem lebendigen und farbenfrohen Vögel sind weit über die Tropen der Alten Welt verbreitet. Am besten ist diese Gruppe in Afrika vertreten, wo die meisten Lebensräume wenigstens eine oder zwei Arten ernähren. Eine einzige Art ist im Osten bis nach Australien vorgedrungen. Die meisten Arten gehören zu der einzigen Gattung *Nectarina.*

Zu den charakteristischen Merkmalen dieser Vögel gehören ein langer, schlanker, abwärts gebogener Schnabel, dessen Ränder am Ober- und Unterkiefer fein gesägt sind. Dazu kommt eine röhrenförmige, tief gespaltene Zunge. Es gibt zwar einige matt gefärbte Arten, meist leuchtet jedoch das Männchen an seiner Oberseite lebhaft grün oder blau und zeigt unten herum gelbe oder rote Farbtöne. Bei vielen Arten kommt es zu langen, spitzen Verlängerungen der zentralen Schwanzfedern, und bei einigen findet man seitlich an der Brust leuchtend gefärbte Federbüschel.

Die Nektarvögel fressen kleine Insekten und Nektar. Es ist zu vermuten, daß in Afrika viele Pflanzen für ihre Bestäubung auf die Hilfe der Nektarvögel angewiesen sind. Manchmal sammeln sich die Vögel vor blühenden Bäumen oder Büschen. Sie sind jedoch nicht wirklich gesellig, denn besonders die Männchen verteidigen häufig ihre Lieblingsblüten gegen alle anderen Nektarvögel. Ihre Rufe klingen normalerweise abgerissen und metallisch; bei vielen Arten findet man jedoch rasch aufeinander folgende, zwitschernde Gesänge. Die Nektarvögel brüten in monogamen Paaren und errichten komplizierte, hängende Kuppelnester. Zwar beteiligt sich das Männchen weder am Nestbau noch am Ausbrüten, hilft jedoch meist bei der Aufzucht der Jungvögel.

Es existiert etwa ein halbes Dutzend von Arten, die die Regenwälder Südostasiens, besonders Malaysias, bewohnen und sich von den übrigen Nektarvögeln eindeutig unterscheiden: Ihr Gefieder ist größtenteils schmuddelig-braun. Zudem besitzen sie lange, kräftige, nach unten gebogene Schnäbel, bauen becherförmige Nester, und beide Geschlechter brüten. Diese als Spinnenjäger bezeichneten Arten werden in der Gattung *Arachnothera* zusammengefaßt.

BRILLENVÖGEL

Etwa 85 Arten von Brillenvögeln gibt es in Afrika, sowie über Südostasien bis nach Australasien. Außerdem erstreckt sich ihr Verbreitungsgebiet nördlich bis nach Japan und östlich zu den Samoa-Inseln. Sie besetzen beinahe jeden bewaldeten Lebensraumtyp und sind auch häufig in den Parks und Gärten der Vorstädte zu finden. Die Mehrheit gehört zu einer einzigem weitverbreiteten Gattung, *Zosterops,* deren Vertreter im Erscheinungsbild und im Körperbau einander so ähnlich sind, daß sich die Grenzen zwischen den Arten nur sehr schwer festlegen lassen (*Zosterops* gehört zu den umfangreichsten Vogelgattungen überhaupt). Die meisten Arten sind zwischen zehn und zwölf Zentimeter lang, unauffällig proportioniert und mit recht schlanken, ausgezogenen Schnäbeln ausgestattet. Das Gefieder ist normalerweise oberseits grün, unterseits dagegen blaßgrau oder gelb. Dabei wird jedes Auge von einem Ring winziger, dichter, rein weißer Federn umgeben. Die Zungenspitze ist bürstenförmig modifiziert.

Die meisten Arten ziehen gesellig in wandernden Gruppen umher. Von Zeit zu Zeit sondern sich Paare ab, um zu brüten, und schließen sich diesen Gruppen anschließend wieder an. Bei einigen Arten bleiben die Partner ihr Leben lang zusammen; dies mag wohl auf die gesamte Gruppe zutreffen. Diese Merkmale der Geselligkeit und eines starken Wandertriebes führen bei diesen Vögeln zu einer außerordentlichen Verbreitungsfähigkeit. Brillenvögel gehören zu den erfolgreichen Besiedlern entlegener, ozeanischer Inseln. Die meisten Inseln des Indischen Ozeans und des westlichen Pazifik sind von der einen oder anderen Art besetzt; auf einigen leben sogar zwei. In solchen Fällen kommt es vor, daß beide Arten auf dieselbe Stammform zurückgehen, dann nämlich, wenn der Zeitraum zwischen beiden Besiedlungswellen lang genug war, daß sich die eingesessenen Individuen mit den Neuankömmlingen nicht mehr paaren konnten. Es gibt zwei Inseln im südwestlichen Pazifik (Norfolk Island und Lifou Island in der Nähe Neu Kaledoniens), auf denen sogar eine dreifache Besiedlung dieser Art erfolgte: Auf beiden Inseln leben drei verschiedene Arten, die sich sämtlich von demselben Urbestand herleiten.

Graeme Chapman

▲ Der Mangroven-Brillenvogel bewohnt die Mangroven an den Küsten des tropischen Australiens.

▼ Das Verbreitungsgebiet des Königsnektarvogels (oben) ist auf die hochgelegenen Gebirgsmassive Zentralafrikas beschränkt. Dagegen lebt der Flecken-Panthervogel (unten) in den Eucalyptuswäldern Südaustraliens.

▲ Zwei australische Honigfresser: Der Rotnacken-Honigfresser (oben) ist entlang der Ostküste und in Tasmanien häufig im Dickicht blühender Büsche zu finden. Der Warzen-Honigfresser (rechts) ist ein seltener, vielleicht im Bestand zurückgehender Nomade. Er lebt in den trockenen Eucalyptuswäldern an den westlichen Hängen des großen, ostaustralischen Gebirgszuges.

▼ Die Heideflächen der südaustralischen Küsten sind die Heimat des Weißaugen-Honigfressers.

Jean-Paul Ferrero/Auscape International

HONIGFRESSER

Zu der Familie Meliphagidae gehören 167 Arten von Honigfressern, Lederköpfen und Schwatzvögeln. Sie alle sind auf die australasiatische Region beschränkt. Auf Neuseeland, Neu Kaledonien und anderen Inseln des südwestlichen Pazifik leben jeweils einige Arten. Die meisten Vertreter der Familie findet man jedoch auf Neu Guinea (63 Arten) und in Australien (68 Arten). Ein auffälliges Familienmerkmal ist der einzigartige Bau der Zunge. Sie ist tief gespalten und an der Spitze fein zerfranst, so daß sie vier parallele Pinbildet. Auch hier liegt eine Anpassung an die Nektaraufnahme vor. Davon abgesehen variieren die Honigfresser in Größe, Körperbau und allgemeinem Erscheinungsbild außerordentlich. Zwar leben sie überwiegend auf Bäumen und sind meist gesellig, doch sind nur wenige Merkmale allen gemeinsam.

Einige Arten bewohnen den Regenwald; diese fressen bevorzugt Früchte. Viele andere sind in erster Linie auf Nektar angewiesen. Schließlich zeigt eine große Gattung (*Myzomela,* mit 24 Arten) einige verblüffende Ähnlichkeiten mit den Nektarvögeln (Familie Nectariniidae): Auch diese Vögel sind sehr klein, lebhaft und aggressiv, leuchtend gefärbt (jedenfalls die Männchen) und sind eine enge Bindung mit den blühenden Bäumen und Büschen eingegangen. Viele andere sind wiederum Insektenfresser, und bei diesen sind die Unterschiede in den besiedelten Lebensräumen, im Erscheinungsbild und im Verhalten besonders groß.

Die Familie der Honigfresser bildet eines der auffälligsten Elemente der australischen Singvogel-Fauna. Hier erreicht diese Gruppe auch ihre größte Vielfalt: Die Vögel besiedeln praktisch alle Lebensräume, vom Regenwald des Hochlandes bis zum Heideland an der Küste und zum trockenen Buschland im Landesinneren. Ein Vogelbeobachter wird in jedem australischen Lebensraum zu jeder Zeit zahlreiche Individuen verschiedener Honigfresser-Arten beobachten können. Einige davon, etwa der Weißaugen-Honigfresser *(Phylidonyris novaehollandiae),* seine nächsten Verwandten und die Honigfresser der Gattung *Acanthorhynchus),* bewohnen die Heidegebiete an der Küste und bieten in den blühenden Büschen eine farbenprächtige, auffallende Erscheinung und ein interessantes Verhalten. Die insektenfressenden Formen der Wälder besitzen häufig ein matteres Gefieder und zeigen ein weniger auffälliges Verhalten; sie sind jedoch nicht weniger zahlreich. Einige sammeln Insekten von den Blättern, während andere in der Baumrinde nach Nahrung stochern. Einige Arten sind auf eine bestimmte Nahrung und bestimmte Lebensräume spezialisiert. Andere bewohnen dagegen eine Fülle von Lebensräumen und fressen anspruchslos Früchte, Nektar und Insekten.

Auch die Spanne ihrer sozialen Verhaltensweisen macht die Honigfresser bemerkenswert. Einige sind nur insofern gesellig, als sie sich an einer reichen Nahrungsquelle zusammentun. Viele andere leben allerdings in dauerhaft strukturierten Gemeinschaften. Bei den Schwatzvögeln (Gattung *Manorina)* erfährt dieses Gesellschaftsleben eine außergewöhnliche Verfeinerung. Am besten ist der Weißstirn-Schwatzvogel *(Manorina melanocephala)* untersucht. Er lebt normalerweise in losen Gemeinschaften von mehreren hundert Individuen, die Dauerterritorien mit einem Umfang von mehreren Hektar besetzt halten. Dieses Gemeinschaftsterritorium wird von allen Gliedern gemeinsam gegen jeden eindringenden Vogel energisch verteidigt (ein Phänomen unter Vögeln). Dazu kommt, daß jeder Vogel zugleich auch ein Mitglied einer kleineren Untergruppe innerhalb der Großgemeinschaft ist. Diese Untergruppen bilden ihrerseits abgegrenzte Gemeinschaften. Eine jede davon besteht aus einem erwachsenen Weibchen und einigen männlichen Gefährten; sie bilden innerhalb der Gemeinschaft die basale Fortpflanzungseinheit.

VIREOS

KENNETH C. PARKES

Die Vireos gehören zu der ausschließlich neuweltlichen Familie Vireonidae, deren Verwandtschaft zu den übrigen Singvögeln noch ungewiß ist. Früher glaubte man die Familie der großen Gruppe »neuweltlicher Singvögel mit neun Handschwingen« zuordnen zu können (dies sind Singvögel, bei denen die zehnte, die äußerste Handschwinge reduziert ist oder fehlt). Allerdings zeigen neue Untersuchungen, daß die Vireos nicht in diese Gruppe hineingehören. Ihre wirklichen nächsten Verwandten sind bisher unbekannt.

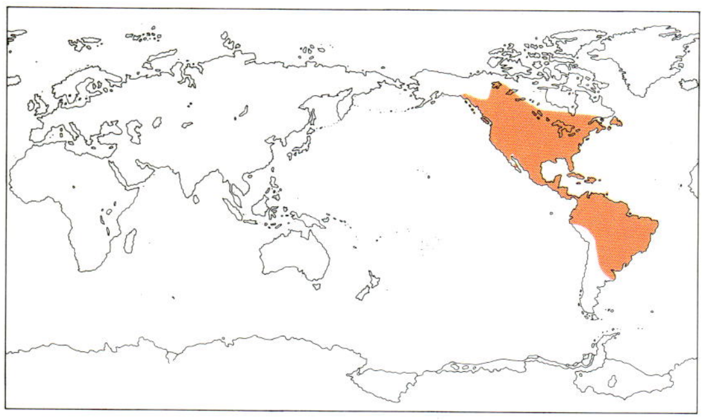

KLEINE, GRAUGRÜNE SINGVÖGEL

Die 25 typischen Vireos (Gattung *Vireo)* sind weit über Nord-, Zentral- und Südamerika verbreitet. Diese kleinen Vögel sind zumeist unauffällig in Kombinationen von matten Grün-, Braun-, Gelb-, Grau- und Weißtönen gefärbt. Von den elf Arten, die so weit nördlich brüten wie in den USA, handelt es sich, von dem Hutton-Vireo *(Vireo huttoni)* abgesehen, der die westlichen Staaten südlich bis Mexiko und Guatemala bewohnt, um echte Zugvögel. Die am weitesten verbreitete Art, der Rotaugen-Vireo *(Vireo olivaceus),* weicht dem Winter aus, indem er südwärts bis in das Amazonasgebiet Brasiliens zieht. Hier teilt er vorübergehend den Regenwald mit den dort ansässigen Vireos. Wenn es einige Monate später auf der Südhalbkugel Herbst wird, wandern andere Arten aus dem Süden Südamerikas ebenfalls in diese äquatorialen Wälder ein.

Die kleinsten Vertreter der Familie sind die 13 Arten der Gattung *Hylophilus,* die ausschließlich in den Tropengebieten Zentral- und Südamerikas die Wald- und Buschlandschaften bewohnen. Die Dickschnabel-Vireos (zwei Arten der Gattung *Cyclarhis)* und die Würger-Vireos (drei Arten der Gattung *Vireolanius)* sind recht unverwechselbar und werden in eigene Unterfamilien eingeordnet. Dies sind die größten Vireos, und man findet sie in Mexiko und südlich davon im tropischen Südamerika. Die Dickschnabel-Vireos besitzen schwere, Würger-ähnliche Schnäbel. Diejenigen der Würger-Vireos sind nicht ganz so massiv, man findet allerdings in dieser Unterfamilie die Vireos mit den kräftigsten Farben.

Vireos findet man in sehr verschiedenartigen Lebensräumen. Einige bevorzugen das Blätterdach, während andere das dichte, verwachsene Unterholz, Waldränder oder Mangroven bevorzugen. Diese Vögel haben einen regelrechten Drang zum Singen, und man hört sie häufig in der Mittagshitze, wenn die meisten Singvögel schweigen. Sie sind in erster Linie Insektenfresser; viele von ihnen erweitern jedoch ihren Speiseplan mit Früchten. Bei ihren Nestern handelt es sich, ob sie hoch in den Bäumen oder in niedrigen Büschen angelegt werden, beinahe immer um verwobene Becher, die am Rand an gegabelten Zweigen befestigt sind. Ihre weißen Eier weisen kleine, verschiedenfarbige Flecken auf.

Ordnung Passeriformes,
Unterordnung Oscines,
Familie Vireonidae,
4 Gattungen, 43 Arten

GRÖSSE
Länge 10 bis 16 Zentimeter; Gewicht 8 bis 40 Gramm.

ARTENSCHUTZ
Der Schwarzkopf-Vireo *(Vireo atricapillus)* befindet sich auf der ICBP-Liste der bedrohten Vögel.

◀ Der Graukappen-Vireo besitzt ein auffälliges Gefieder, macht sich jedoch durch sein Verhalten kaum bemerkbar. Er lebt in den tropischen Tieflandwäldern Südamerikas, besonders in der Nähe von Strömen. Er besetzt die mittleren und höheren »Stockwerke« der Bäume und schließt sich häufig aus verschiedenen Arten zusammengesetzten Vogelgruppen an. Mit ihnen zieht er gemeinsam auf der Nahrungssuche durch den Wald.

AMMERN UND TANGAREN

LUIS F. BAPTISTA

Die Familie Emberizidae umfaßt fünf Unterfamilien, die früher als getrennte Familien behandelt wurden: Emberizinae, Catamblyrhynchinae, Cardinalinae, Thraupinae und Tersininae. Diese Namen werden im folgenden Text verwendet, da Trivialnamen wie »Finken« auf Vögel verschiedener Gruppen der Alten und der Neuen Welt angewendet werden. Alle Vertreter der Familie besitzen neun Handschwingen; manchmal kommt noch eine reduzierte, zehnte Handschwinge vor.

Ordnung Passeriformes, Unterordnung Oscines, Familie Emberizidae, 134 Gattungen, 560 Arten

GRÖSSE
Eine der kleinsten Arten Zwergpfäffchen *(Sporophila minuta)*, Länge 9 Zentimeter; Gewicht 8 Gramm.
Größte Art
Weißkappen-Tangare *(Sericossypha albocristata)*, Länge 24 Zentimeter; Gewicht 114 Gramm.

ARTENSCHUTZ
Auf der ICBP-Liste der bedrohten Vögel werden 49 Arten aufgeführt, darunter: Sierra-Ammer *(Xenospiza baileyi)*, Wilkins-Ammerfink *(Neospiza wilkinsi)*, Sumpf-Pfäffchen *(Sporophila palustris)*, Kleinschnabel-Darwinfink *(Camarhynchus pauper)*, Grünkardinal *(Gubernatrix cristata)*, Schwarzwangen-Habia *(Habia atrimaxillaris)*, Graurücken-Habia *(H. gutturalis)*, Schwarzmantel-Tangare *(Tangara peruviana)*, Weißbauch-Pitpit *(Dacnis albiventris)* und Rotbrust-Pitpit *(D. berlepschi)*.

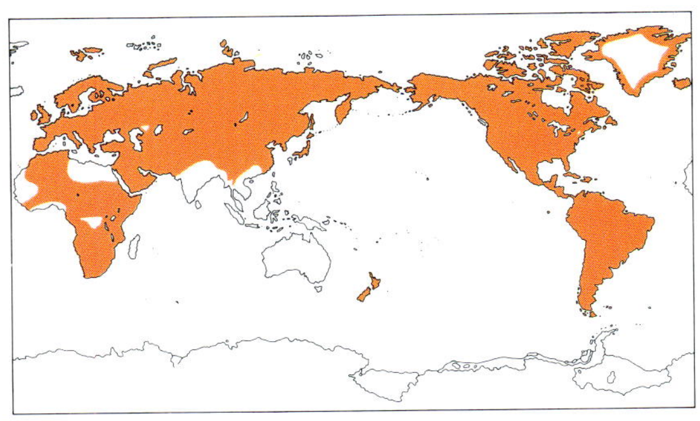

EMBERIZINAE

Zu den Emberizinae gehören 279 Arten in 65 Gattungen. Man vermutet, daß sie in der Neuen Welt entstanden und sich dann in verschiedenen Besiedlungswellen über die Alte Welt ausbreiteten. Zu dieser Unterfamilie gehören auch die »Finken« der Neuen Welt. Diese kleinen, durchschnittlich etwa 15 Zentimeter langen Vögel besitzen alle kurze, konische und dünn auslaufende, finkenartige Schnäbel. Dies weist darauf hin, daß sie sich von Samen und Körnern ernähren. Sie leben zum größten Teil auf

▶ Eine männliche Goldammer am Nest. Zwar brütet das Weibchen allein die Eier aus, doch werden die Jungen von beiden Eltern gemeinsam aufgezogen. Als typische Altwelt-Ammer findet man die Goldammer häufig in den offenen, buschbestandenen Gebieten Europas und Westasiens. Außerhalb der Brutzeit leben diese Vögel gesellig und schließen sich im Winter häufig Schwärmen anderer Ammern oder Finken an.

Wardene Weisser/Ardea Photographics

◀ Die Rötel-Grundammer weist innerhalb ihres riesigen, nordamerikanischen Verbreitungsgebietes ein verändertes Erscheinungsbild auf. So besitzen die Vögel im Norden rote Augen, diejenigen in Florida dagegen weiße. Im Westen lebende Vögel, wie dieser hier, sind am Rücken auffällig weiß gefleckt; bei den östlichen Artgenossen ist der Rücken einfach schwarz. Die Grundammern bewohnen das Dickicht, das dichte Unterholz und den Wald. Ihre Nahrung suchen sie unauffällig auf dem Boden.

dem Boden, können jedoch eine Vielfalt von Lebensräumen besetzen, unter anderem Grasland, Buschgebiete, Waldränder und Marschen.

In der Alten Welt leben 42 Arten; davon brüten 28 in Europa. Dazu gehören die typischen, im eurasischen und afrotropischen Raum verbreiteten Ammern der Gattung Emberiza, sowie die Spornammer *(Calcarius lapponicus)* und die Schneeammer *(Plectrophenax nivalis)*, die im arktischen Amerika und in Sibirien brütet. Die letztgenannte Art brütet im Norden Grönlands, weiter nördlich als irgendein anderer Landvogel. Bei den meisten Arten ist das Körpergefieder braun gestreift. Ungewöhnlich für diese Gruppe sind der spitze Kamm und das blauschwarz schimmernde Gefieder der Haubenammer *(Melophus lathami)* und das dunkelblaue Gefieder der Blauammer *(Latoucheornis siemsseni)*.

In der Neuen Welt leben 234 Arten in 60 Gattungen. Besonders die Ammern der Gattungen *Zonotrichia* und *Ammodramus* sind überwiegend braun und gestreift. Bei vielen Arten findet man jedoch außerordentlich attraktive Farben, etwa das Rotbraun und Grün einiger Piplio-Ammern und Buschammern (Gattung *Atlaptes)*, sowie das leuchtende Orange-Gelb der Gilbammern (Gattung *Sicalis)*, die das tropische Zentral- und Südamerika bewohnen.

Die Emberizinen sind generell Samenfresser. Bei der Fütterung ihrer Jungen spezialisieren sie sich jedoch häufig auf Insekten. Bei einigen Arten der neuweltlichen Juncos (Gattung *Junco)* und *Zonotrichia*-Ammern hat sich herausgestellt, daß ihre Schnabellänge mit der Jahreszeit wechselt: Während sich die Vögel von Samen ernähren, sind die Schnäbel kürzer. Bei einigen neuweltlichen Gattungen (etwa *Melospiza, Pilio, Zonotrichia)* fressen die Vögel mit einem »Doppelstoß«. Dabei springen sie mit beiden Füßen zugleich nach hinten und reißen dabei ein wenig die Erde auf, um einen Bissen freizulegen. Keiner der altweltlichen Vettern ernährt sich auf diese Weise. Die Bewohner der Grasländer des tropischen Zentral- und Südamerika (beispielsweise *Sporophila, Tiaris, Geospiza)* klammern Nahrungsobjekte mit den Füßen an einem Zweig fest und zupfen Stücke mit dem Schnabel herunter.

Die meisten Emberizinen bauen aus Gräsern, Wurzeln und anderen Pflanzenfasern becherförmige Nester. Allerdings findet man bei den Vertretern einiger Gattungen der amerikanischen Tropen *(Tiaris, Loxigilla, Geospiza, Melanospiza)* kuppelförmige Nester, und der Kuba-Fink *(Tiaris canora)* versieht sein Nest darüber hinaus häufig mit einem langen, röhrenförmigen Eingang. Die meisten Arten leben monogam oder gelegentlich mit zwei Partnern. Bei der Dachs-Ammer *(Zonotrichia leucophrys)*, die man für monogam hielt, enthüllten biochemische Untersuchungen ihrer Blutproteine, daß die Weibchen »außereheliche Beziehungen« eingehen, so daß etwa 40 Prozent ihrer Nachkommen »unehelich« sind.

Von wenigen Ausnahmen abgesehen — dazu gehören die Singammer *(Melospiza melodia)* und die Fünfstreifen-Ammer *(Aimophila quinquestriata)* — findet man bei den meisten Arten nur ein kleines Gesangsrepertoire, das sich aus einzelnen, kurzen Rufen zusammensetzt. Schließlich sind mehrere Arten für ihre Gesangsdialekte bekannt, so etwa der Ortolan *(Emberiza hortulana)* in der Alten Welt, die Dachs-Ammer in Nordamerika, die Morgen-Ammer des tropischen Amerika, sowie die 14 Arten von Galapagos-Finken (Gattungen *Geospiza, Cactospiza, Platyspiza, Camarhynchus, Certhidea, Pinaroloxias)*, die

Wayne Lankinen/DRK Photo

▲ Die Dachsammer findet man auf grasbewachsenen Lichtungen und im offenen Wald. Hier bewohnt sie weitgehend den gesamten Norden Kanadas und die gebirgigen Grasflächen der Rocky Mountains.

▲ Der Türkis-Naschvogel (oben) ist von Mexiko bis nach Zentral-Brasilien weit verbreitet. Dieser häufige, lebhafte und gesellige Waldbewohner ernährt sich von Nektar, Früchten und kleinen Insekten. Dagegen kommt die Prachttangare (rechts) nur in den Wäldern Brasiliens vor. Der Papstfink (unten) brütet in dem Gebiet zwischen dem Südosten der Vereinigten Staaten (Texas) bis nach North Carolina im dichten Gestrüpp und überwintert in Zentralamerika. Bei der Prachttangare sehen die Geschlechter gleich aus, doch die Weibchen der beiden anderen Arten sind wesentlich matter gefärbt als die Männchen.

durch Charles Darwin berühmt wurden. Die *Melospiza-* und *Zonotrichia*-Ammern wurden bei umfangreichen Untersuchungen über die Erlernbarkeit von Gesängen eingesetzt. Dadurch bekamen die Forscher einen Einblick in die relative Bedeutung des Lernens gegenüber dem angeborenen Bereich der Tradition von Vogelgesängen.

CATAMBLYRHYNCHINAE

Die Plüschkopf-Tangare *(Catamblyrhynchus diademata)* der südamerikanischen Anden ist ein finkenähnlicher, etwa 15 Zentimeter langer Vogel. Seinen Namen hat er von seinen aufrecht stehenden, goldbraunen Kronenfedern. Dieser Vogel bevorzugt die Bambus-Wäldchen, wo er nach Insekten und Pflanzen sucht. In der Gestalt und im Bau ähnelt sein Schnabel dem der altweltlichen Papageischnäbeln (Gattung *Paradoxornis),* die sich ebenfalls auf Bambus spezialisiert haben. Von der Lebensweise der Plüschkopf-Tangare ist nur wenig bekannt. In einigen Systemen wird sie zusammen mit den Tangaren in die Unterfamilie Thraupinae gestellt.

CARDINALINAE

Diese Gruppe setzt sich aus 39 Arten in neun Gattungen zusammen und ist auf beiden amerikanischen Kontinenten verbreitet. Einige von ihnen, besonders die »Finken« der Gattung Passerina, sind sehr farbenprächtig. Das Gefieder der Männchen leuchtet wesentlich kräftiger als das der Weibchen, etwa bei den Kardinälen (Gattung *Cardinalis),* den Finken *(Passerina)* und einigen Kernknackern *(Pheucticus).* Bei den zwölf zentralamerikanischen *Saltator*-Arten der westindischen Inseln und Südamerikas sind die Farben beider Geschlechter gleich, überwiegend grün und braun.

Alle Cardinalinen sind dickschnäbelige Finken. Sie unterscheiden sich im Bau ihres Gaumens, der Zunge und der Kiefermuskulatur von den zuvor beschriebenen, mit etwas schlankeren Schnäbeln ausgestatteten Emberizinen. Erstere haben sich daran angepaßt, Samen zu zerquetschen, während letztere in der Regel Samenschäler sind, die die Hülsen entfernen und die Kerne ganz schlucken. Die Nahrung der Cardinalinen besteht aus einer Mischung von Früchten, Getreide und Insekten. Die Saltatoren bevorzugen Beeren, Früchte und Insektenlarven.

Sämtliche Arten errichten becherförmige Nester in Bäumen oder Büschen. Beim Schwarzkopf- und Rosenbrust-Kernknacker *(Pheucticus melanocepahlus resp. P. ludovicianus)* helfen die Männchen den Weibchen beim Brüten. Zudem besitzen sie die Eigenart, während sie auf den Eiern sitzen zu singen. Der Rotkardinal *(Cardinalis cardinalis)* ist für seine regionalen Gesangsdialekte wohlbekannt. Einige der in Nordamerika brütenden Arten, so etwa der Dickcissel *(Spiza americana)* und der Indigofink (Passerina cyanea), überwintern in Zentralamerika. Der Indigofink war das Objekt faszinierender Untersuchungen über das Zugverhalten der Vögel, besonders über das Orientierungsverhalten an den Sternen und am Magnetfeld der Erde.

THRAUPINAE

Die Tangaren, dies sind etwa 240 Arten in 58 Gattungen, verteilen sich ausschließlich über die Neue Welt. Vier Arten (Gattung *Piranga)* brüten in den USA und wandern im Herbst in die Tropen. 163 Arten leben in Südamerika. Das Auffächerungszentrum dieser Gruppe befindet sich in den Anden. Die meisten dieser Vögel (etwa 149 Arten) sind Bewohner des Waldes, andere (etwa 54 Arten) bevorzugen dagegen halb offene Gebiete, und die übrigen zeigen keine besondere Vorliebe für einen bestimmten Lebensraumtyp.

Obwohl es unter ihnen auch einige düster gefärbte und verborgen lebende Arten gibt, findet man unter den Tangaren einige der farbenprächtigsten Vögel überhaupt, besonders in der Gattung *Tangara.* Die meisten fressen bevorzugt Früchte, nehmen aber auch Insekten zu sich. Arten, wie die Schillertangaren (Gattungen *Cyanerpes* und *Dacnis)* sowie die Hakenschnäbel *(Diglossa)* sind auf Blütennektar spezialisiert und besitzen lange, dünne und zerbrechliche Schnäbel. Einige wenige (so etwa die Gattungen *Lanio* und *Habia)* sind Insektenspezialisten, und ihre schweren Schnäbel sind mit Kerben ausgestattet, um das Ergreifen der Insekten zu erleichtern. Einige Tangaren sind für ihre Verhalten bekannt, räuberischen Wanderameisen zu folgen, die Insekten aufstöbern, und andere schließen sich Gruppen an, die aus verschiedenen Arten zusammengesetzt sind. Einige Arten haben attraktive Gesänge. Wenn der Dickschnabel-Organist *(Euphonia laniirostris)* einen Beutegreifer erblickt, imitiert er die Alarmrufe eines anderen Singvogels, beispielsweise des Wechselpfäffchens *(Sporophila aurita).* Damit werden zahlreiche Pfäffchen angelockt, die den Beutegreifer »hassen« (bedrängen), so daß der Organist seiner Wege gehen und einer ihm gefährlichen Begegnung ausweichen kann.

Die meisten Tangaren bauen becherförmige Nester

Ian Beames/Ardea London Ltd

zwischen Moos oder abgefallenem Laub. Bei anderen, wie den *Euphonia-* und *Chlorophonia*-Arten, findet man kugelförmige Nester. Den Hauptanteil des Nestbaus übernimmt das Weibchen; auch brütet es meist die Eier aus. Es kommt vor, daß das Männchen sein brütendes Weibchen füttert; die Jungen werden von beiden Geschlechtern versorgt. Da sie natürlichen Feinden in höherem Maße ausgesetzt sind, ist die Brutdauer bei den Arten mit becherförmigen Nestern kürzer (10 bis 13 Tage) als bei den Euphonia-Arten (18 bis 24 Tage), deren Kuppelnester gut getarnt sind. Die brütenden Paare bilden im Anschluß an die Brutzeit jeweils zusammen mit ihrer Nachkommenschaft kleine Gruppen, die etwa ein Dutzend Individuen umfassen. Fünf Arten sind dafür bekannt, mit Helfer- Individuen zu brüten.

TERSININAE

Die Schwalbentangare *(Tersina viridis)*, die in einigen Systematiken mit den thraupinen Tangaren zusammen geführt wird, besitzt ein Verbreitungsgebiet von Panama bis zu den nördlichen Teilen Südamerikas und nach Trinidad. Sie ist eine Bewohnerin der Gebirgsregionen. Wenigstens in Teilen des Verbreitungsgebietes gibt es ziehende Populationen. Der Vogel ist etwa 15 Zentimeter lang. Die Flügel sind länger und die Beine kürzer als bei den thraupinen Tangaren. Er besitzt einen breiten, flachen, an der Spitze leicht hakenförmigen Schnabel und einen abgesetzten Gaumen. Der Schnabel ist daran angepaßt, Insekten auszugraben oder in der Luft zu fangen, wie es die Schwalben tun (daher der Name). Die Schwalbentangare frißt außerdem Früchte, die sie von Bäumen herunterpflückt. Dabei zieht sie große, weiche Früchte den kleinen Beeren vor.

Bei der Paarung legen diese Vögel ihre Kopffedern an, senken die Flügel und flattern, und die Partner verneigen sich voreinander. Diese Gesten werden auch bei feindseligen Begegnungen eingesetzt, besonders im Konflikt mit Nachbarn des Territoriums. Bei dieser Art singen nur die Männchen (zumeist während der Phase des Nestbaus). Das becherförmige Nest wird in einem waagerechten Gang angelegt, den die Vögel in einem Erdwall oder in einer Wand graben. Zudem übernehmen die Schwalbentangare verlassene Gänge anderer Tiere. Zwar brütet das Weibchen die drei Eier allein aus, wird jedoch anschließend bei der Fütterung der Jungen vom Männchen unterstützt.

▲ Die Siebenfarben-Tangare lebt in den Baumwipfeln der südamerikanischen Tropenwälder.

▼ Die Brasilien-Tangare kommt — wie ihr Name schon sagt — nur in Brasilien vor. Hier lebt sie an Waldrändern und auf Lichtungen.

John S. Dunning/Ardea London Ltd

WALDSÄNGER UND STÄRLINGE

KENNETH C. PARKES

Diese beiden Familien bewohnen die amerikanischen Kontinente. Einige Vögel der Waldsänger-Familie, Parulidae, kennt man als Gelbkehlchen. Die unter allen neuweltlichen Singvögeln am stärksten morphologisch und ökologisch abweichende Gruppe ist die Familie Icteridae (Stärlinge). Sie werden im Englischen häufig als »amerikanische Amseln« bezeichnet. Allerdings sind nur wenige der etwa 92 Arten ganz oder überwiegend schwarz gefärbt.

Ordnung Passeriformes, Unterordnung Oscines, Familie Parulidae, 22 Gattungen, 114 Arten, Familie Icteridae, 25 Gattungen, 92 Arten

GRÖSSE
Waldsänger *(Parulidae)*
Kleinste Art
Rotbürzel-Waldsänger *(Vermivora luciae)*, Länge 10 Zentimeter; Gewicht 6 Gramm.
Größte Art
Gelbbrust-Waldsänger *(Icteria virens)*, Länge 19 Zentimeter; Gewicht 33 Gramm.

Stärlinge *(Icteridae)*
Kleinste Art
Garten-Trupial *(Icterus spurius)*, Länge 15 Zentimeter; Gewicht 18 Gramm.
Größte Art Olivkopf-Stirnvogel *(Psarocolins bifasciatus)*, Länge 52 Zentimeter; Gewicht 445 Gramm.

ARTENSCHUTZ
Auf der ICBP-Liste der bedrohten Vögel werden 25 Arten aufgeführt, darunter: Gelbstirn-Waldsänger *(Vermivora bachmanni)*, Goldwangen-Waldsänger *(Dendroica chrysoparia)*, Michigan-Waldsänger *(D. kirtlandii)*, Pfeif-Waldsänger *(Catharopeza bishopi)*, Goldscheitel-Gelbkehlchen *(Geothlypis flavovelata)*, Blaßfuß-Waldsänger *(Leucopeza semperi)*, Goldaugen- Waldsänger *(Myioborus pariae)*, Graukehl-Waldsänger *(Basileuterus cinereicollis)*, Spiegel-Waldsänger *(Xenoligea montana)*, Perlbrust- Spitzschnabel *(Conirostrum margaritae)*, Rotstirn-Spitzschnabel *(C. tamarugense)*, Loretokassike *(Cacicus koepckeae)*, Braunkopf-Trupial *(Icterus bonana)*, Gilbstärling *(Xanthopsar flavus)*, und Schwarzschenkel- Soldatenstärling *(Sturnella defilippi)*.

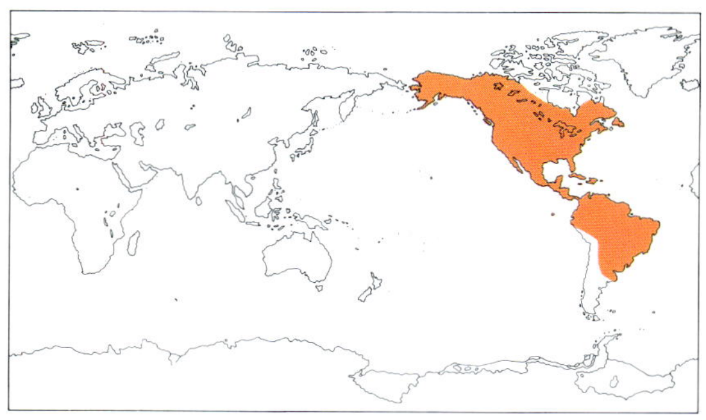

WALDSÄNGER

Die Waldsänger besitzen ihre größte Vielfalt in Nord- und Zentralamerika, sowie auf den Westindischen Inseln. Etwa 13 Arten und viele weitere Unterarten sind auf diese Inselgruppe beschränkt. Allerdings besetzen die Vertreter der Familie praktisch jeden erreichbaren Lebensraum südlich der Tundra. Die meisten nisten auf Bäumen, in Büschen oder in Rankengewächsen. Die Nester der auf dem Boden nistenden Arten findet man in baumbestandenen Gebieten, nicht im offenen Land. Einige Arten sind typisch für den Gürtel aus Nadelwald, der sich über Kanada und die nördlichen USA hinzieht und sich südwärts in die Gebirge nach Mexiko ausdehnt. Andere bevorzugen dagegen Laub- und Mischwälder. Die Gelbkehlchen (Gattung *Geothlypis)* nisten untypischerweise in Marschen und im Hochland, wo ein Baumbestand unter Umständen fehlt. Einige Arten stellen recht enge Ansprüche an ihren Lebensraum. So findet man einige Populationen der am weitesten verbreiteten Art, des Goldwaldsängers *(Dendroica petechia)* nur in den küstennahen Mangroven. Und der in den Tropen lebende Schmätzer-Waldsänger *(Phaeothlypis fulvicauda)* und der Stelzen-Waldsänger *(Seiurus motacilla)* aus den gemäßigten, östlichen Gebieten der USA nisten selten weit von Bächen und Flüssen entfernt.

Obwohl sie in erster Linie Insektenfresser sind, gibt es bei den Waldsängern viele Methoden, nach Nahrung zu suchen. Einige können hervorragend fliegende Insekten fangen und entwickelten einen flachen, von langen, haarähnlichen Borsten umstandenen Schnabel, wie er für Vögel typisch ist, die ihre Beute in der Luft fangen. Dagegen zeichnen enge, dünne Schnäbel diejenigen Arten aus, die kleine Insekten oder deren Eier von den Blättern oder Zweigen sammeln. Der Kletter-Waldsänger *(Mniotilta varia)* aus dem Osten Nordamerikas benimmt sich wie ein Baumläufer (er klettert auf Ästen und Baumstämmen herum und sucht in Rindenspalten nach Insekten und deren Eiern). Zudem entwickelte er einen längeren Schnabel sowie längere Zehen und Krallen als man sie in der Regel bei seinen nächsten Verwandten findet.

Die meisten Waldsänger sind leuchtend gefärbt und gemustert. Unter den nordamerikanischen Arten sind die Männchen während der Brutzeit häufig intensiver gefärbt als die Weibchen, doch ersetzen meist beide Geschlechter ihr Federkleid vor der Herbstwanderung durch ein weniger auffälliges Gefieder, das dem ihrer Jungtiere ähnlich ist. So gehen im Herbst viele auffällige Merkmale des Brutgefieders verloren, und diese Arten stellen die Vogelbeobachter vor berüchtigte Probleme bei der Bestimmung im Feld. Sie sind dann unter dem Namen »verwirrende Herbstsänger« bekannt. Unter den wenigen düster gefärbten, nördlichen Arten, bei denen die Geschlechter das ganze Jahr über gleich aussehen, befinden sich die Waldsänger der Gattung Seiurus, der Halden-Waldsänger *(Helmintheros vermivora)* und der Swainson-Waldsänger *(Limnothlypis swainsonii)*.

Bei den meisten südamerikanischen Arten sind die Geschlechter gleichartig gefärbt und zeigen auch keinen auffälligen, jahreszeitlichen Gefiederwechsel. Die meisten von ihnen gehören zu den großen, tropischen Gattungen *Myioborus* und *Basileuterus*, die nur in Ausnahmefällen den Südwesten der USA erreichen.

ICTERIDEN ODER STÄRLINGE

Die Familie Iceridae gliedert sich in drei Unterfamilien auf. Die Stirnvögel (Gattung *Psarocolius)*, Kassiken (vier Gattungen) und Trupiale (Gattung *Icterus*, darunter auch der Orangetrupial (I. icterus) bilden die Unterfamilie Icterninae. Die meisten von ihnen leben auf Bäumen, und alle (von einem Kassik abgesehen) bauen verwobene Hängenester. Zu der Unterfamilie Aegelaiinae gehören sowohl die »amselähnlichen« Vertreter der Familie als auch die im Grasland am Boden lebenden Wiesenstärlinge (Gattung *Sturnella)*. Ferner zählen die Grackeln (Gattung *Quiscalus)*, die Kuhstärlinge (Gattungen *Molothrus* und *Scaphidura)* und einige kleinere Gattungen, die in Südamerika endemisch sind, dazu. Die Vögel dieser

Unterfamilie unterscheiden sich von praktisch allen anderen Singvögeln dadurch, daß sie ihre Schwanzfedern von außen nach innen wechseln. Der Bobolink *(Dolychonyx oryzivorus)* ist der einzige Vertreter der Unterfamilie Dolychonychinae. Er brütet in den Getreidefeldern und Marschen Kanadas und der nördlichen USA und zieht nach Brasilien und Argentinien. Er gleicht weitgehend einer Ammer und mausert sein Gefieder zweimal im Jahr vollständig (dies ist bei Vögeln außerordentlich selten).

Trotz ihrer überwiegend tropischen Verbreitung besitzt diese Familie zahlreiche Vertreter sowohl in den nördlichen als auch in den südlichen gemäßigten Regionen. Der Rotschulter-Stärling *(Agelaius phoenicus)*, einer der zahlreichsten nordamerikanischen Vögel, brütet sogar im Norden Alaskas, ebenso der Roststärling *(Euphagus carolinus)*. Am anderen Ende der Welt brütet der Langschwanz-Soldatenstärling *(Sturnella loyca)* noch in Feuerland und auf den Falkland- Inseln.

Abgesehen von einigen Stirnvögeln und Kassiken sind nur vergleichsweise wenige Vögel dieser Familie echte Waldbewohner. Viele wohnen in Sümpfen, Marschen und Savannen, und zahlreiche Stirnvögel bevorzugen offene Waldgebiete und trockenes Buschland. Einige Grackeln wurden zu regelrechten Stadtvögeln. So findet man den Purpurgrackel *(Quiscalus quiscula)* häufig in den städtischen Parks großer Teile der USA und Kanadas, und die großen, lauten Ruheplätze der Dohlengrackeln *(Q. mexicanus)* sind typisch für alle Dörfer und Städte Mexikos und Zentralamerikas. In dieser Familie ist der Größenunterschied zwischen den Geschlechtern besonders auffällig, was gerade auf die größerwüchsigen Arten zutrifft. Bei der Dohlengrackel kann das Männchen bis zu 60 Prozent mehr als das Weibchen wiegen. Tatsächlich weist diese Familie eine weitere Größenspanne unter den Arten auf als irgendeine andere Familie der Ordnung Passeriformes.

Die Nistgewohnheiten sind in hohem Maße unterschiedlich. Einige Stirnvögel, Kassiken und Wiesenstärlinge nisten in dichten Kolonien. Nur eine der sechs Arten von Kuhstärlingen (Gattungen *Molothrus* und *Scaphidura)* baut ein eigenes Nest. Alle anderen verfahren parasitisch und legen ihre Eier in die Nester anderer Vögel hinein. Zwar haben viele Wirtsvogel-Arten Verteidigungsmechanismen gegen diesen Parasitismus entwickelt, doch können, wenn die Kuhstärlinge in ein neues Gebiet einwandern, die neuen Wirtsarten ernsthaften Schaden davontragen, besonders wenn sie schon vorher selten waren. Ein solcher Fall trug sich zu, als der Braunkopf-Kuhstärling *(Molothrus ater)* in die Verbreitungsgebiete des Michigan-Waldsängers *(Dendroica kirtlandii)* im Staate Michigan und des Schwarzkopf-Vireos *(Vireo atricapillus)* in Oklahoma eindrang. Weiterer Schaden entstand, als der Seiden-Kuhstärling *(M. bonariensis)* in das begrenzte Verbreitungsgebiet des Gelbschulter-Stärlings *(Agelaius xanthomus)* in Puerto Rico vordrang.

Gregory K. Scott/Photo Researchers, Inc.

▲ Ein männlicher Bobolink in seiner Sommerresidenz. Das Weibchen ist düster, bräunlich und gestreift. Dieser Vogel bewohnt üppige Grasflächen, unter anderem Heu- und Kleefelder, in den gemäßigten Gebieten Nordamerikas. Er überwintert auf dem Südkontinent. Sein reicher, sprudelnder Gesang, den er häufig auch im Fluge hören läßt, besitzt eine eigenartige, Banjo-ähnliche Klangfarbe.

◀ Dies ist einer der liebenswertesten Waldsänger. Den Zitronen-Waldsänger beobachtet man am besten in seinem bevorzugten Brutgebiet, den Sümpfen und überschwemmten Wäldern im Südosten der Vereinigten Staaten. Hier strahlen Kopf und Brust in leuchtendem Orange-gelb vor den dunklen Zypressen. Dieser Vogel verbringt den größten Teil des Tages in der Nähe des Bodens und überwintert, wie die meisten Waldsänger, in Zentral- und Südamerika.

FINKEN

ANTHONY H. BLEDSOE
UND ROBERT B. PAYNE

Ordnung Passeriformes, Unterordnung Oscines, Familie Fringillidae, 20 Gattungen, 122 Arten, Familie Drepanididae, 17 Gattungen, 29 Arten, Familie Estrildidae, 26 Gattungen, 123 Arten, Familie Ploceidae, 15 Gattungen, 126 Arten, Familie Passeridae, 3 Gattungen, 33 Arten

GRÖSSE
Kleinste Art
Goldbrüstchen *(Amandava subflava),* Länge 9 Zentimeter; Gewicht 7 Gramm.
Größte Art
Hahnschweif-Wida *(Euplectes progne),* Länge (mit Schwanz) 60 Zentimeter; Gewicht 42 Gramm.

ARTENSCHUTZ
Auf der ICBP-Liste der bedrohten Vögel werden 44 Arten aufgeführt, darunter: Alauwahio *(Paroreomyza flammea),* Akialoa *(Hemignathus procerus),* Oahu *(Paroreomyza maculata),* Nukupuu *(Hemignathus lucidus),* Ou *(Psittirostra psittacea),* Poo-Uli *(Melamprosops phaeosoma),* Papageischnabel-Gimpel *(Pseudonestor xanthophrys),* Teydefink *(Fringilla teydea),* Einfarbweber *(Geospiza concolor),* Feuerzeisig *(Carduelis cucullata),* Braunwangen- Weber *(Ploceus batesi),* Schwarzkinn-Weber *(P. nigrimentum),* Nicoll-Weber *(P. nicolli),* Ibadan-Weber *(Malimbus ibadanensis),* Ballmann-Weber *(M. Ballmanni)* und Rodriguez-Weber *(Foudias flavicans).* Der Augenbrauen-Sperling *(Serinus flavigula)* und der Goldnacken-Weber *(Ploceus aureonucha)* sind vermutlich ausgestorben.

Der Begriff »Fink« umschreibt normalerweise verschiedene Gruppen samenfressender Vögel, die in fünf Familien unterteilt werden. Obwohl die typischen Finken eine konische Schnabelform besitzen, ernähren sich keineswegs alle Vertreter dieser fünf Familien von Samen, und einige von ihnen weisen ganz unterschiedliche Schnabelformen auf.

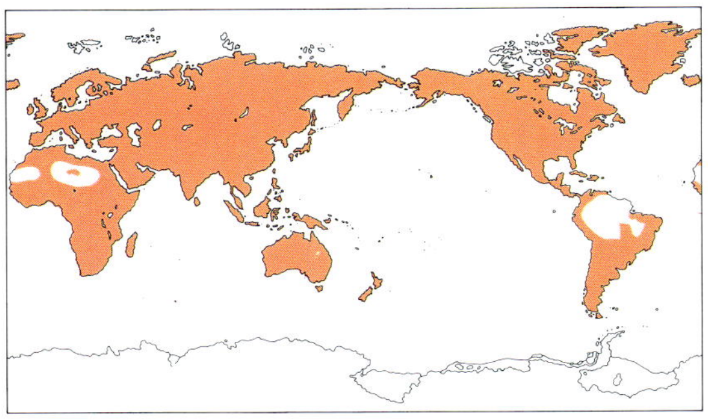

FLÜGEL MIT NEUN HANDSCHWINGEN

Die Buchfinken und carduelinen Finken der Familie Fringillidae und die Kleidervögel der Gattung *Drepanididae* besitzen lediglich neun große Handschwingen in jedem Flügel (die zehnte ist reduziert). Daher werden sie mit der überwiegend amerikanischen Gruppe von Singvögeln zusammen gruppiert, die als die »neuweltlichen Singvögel mit neun Handschwingen« bezeichnet wird. Der geographische Name dieser Gruppe trifft indes kaum zu, denn die größte Vielfalt in der Familie Fringillidae findet man außerhalb der Neuen Welt, und die Kleidervögel gibt es nur auf Hawaii. Dennoch zeigen anatomische und genetische Studien, daß es sich bei diesen beiden Familien um enge Verwandte der altweltlichen Ammern und anderer Vertreter dieser mit neun Handschwingen versehenen Gruppe handelt. Dazu gehören auch die ausschließlich neuweltlichen Tangaren, die Waldsänger, Kardinäle, sowie die icterinen Wiesenstärlinge und Trupiale.

Trotz deutlicher Unterschiede im Erscheinungsbild, in der Verbreitung und im Verhalten sind die fringilliden Finken und die Kleidervögel miteinander am engsten verwandt. Alle fringilliden Finken besitzen konische Schnäbel, und die meisten bewohnen gemäßigte Klimate. Zudem sind sie echte Zugvögel und ernähren sich von großen Mengen von Samen und Knospen. Dagegen ist das Verbreitungsgebiet der Kleidervögel begrenzt. Hier findet man eine unglaubliche Spanne von Schnabelgrößen und -formen. Die Vögel bewohnen die tropischen und semi-tropischen Wälder, und viele fressen Nektar aus den Blüten.

▶ Die Kreuzschnäbel setzen ihre einander überkreuzenden Schnabelhälften dazu ein, Samen aus den Zapfen von Kiefern und Fichten herauszuhebeln. Diese bilden beinahe ausschließlich ihre Nahrung.

Die einzige äußerlich sichtbare Gemeinsamkeit zwischen den Kleidervögeln und der carduelinen Unterfamilie der Fringellidae ist die Tatsache, daß bei beiden in irgendeinem Stadium ihres Lebens rote oder gelbe Gefiederanteile vorkommen. Allerdings werden diese beiden scheinbar ungleichen Familien durch Ähnlichkeiten in der Anordnung der Muskulatur, der Proteinstruktur und der DNA-Sequenzen vereint.

FRINGELLIDE FINKEN

Die Familie Fringillidae besteht aus zwei Unterfamilien, den Buchfinken und den carduelinen Finken.

Buchfinken

Die Buchfinken (Unterfamilie Fringillinae) sind die einzigen fringilliden Finken, denen rote oder gelbe Farbanteile im Gefieder fehlen. Es gibt drei Arten. Der Gemeine Buchfink *(Fringilla coelebs)* und der Bergfink *(F. montifringilla)* sind primär eurasiatisch. Sie bewohnen offene Waldlandschaften, Gärten und landwirtschaftlich genutzte Gebiete. Die Männchen sind kräftig gemustert, die Weibchen jedoch matter gefärbt. Der Teydefink *(F. teyeda)* lebt nur in den gebirgigen Kiefernwäldern der Kanarischen Inseln. Die Männchen sind gleichmäßig blau gefärbt. Buchfinken ernähren sich von Samen, Knospen, Früchten und Insekten.

Der Gemeine Buchfink nimmt einen besonderen Platz in der Geschichte der ornithologischen Gesangsforschung ein. Dies war die erste Art, an der das Zusammenspiel zwischen Gesang, angeborenem Trieb zur Lautäußerung und Lernverhalten ausführlich untersucht wurde. Indem die Ornithologen jungen Buchfinken in bestimmten Lebensabschnitten Aufnahmen von Gesängen erwachsener Tiere vorspielten, entdeckten sie, daß die Lernphase zu Beginn des Lebens etwa ein Jahr lang dauert. Es schließt sich eine gesanglose Phase an. Dann durchlaufen die Vögel eine Übungsphase, während derer ihre Lautäußerungen sich zu Gesängen verdichten. Dabei hängen die Stadien der Gesangsentwicklung eng mit dem Spiegel endokriner Hormone zusammen.

Cardueline Finken

Die 119 Arten der carduelinen Finken (Unterfamilie Carduelinae) sind weit über beide amerikanische Kontinente, Afrika und Eurasien verbreitet. Die größte Vielfalt findet man im Gebiet des Himalaya. Die meisten Arten trifft man auch in der Subarktis, in gemäßigten Zonen oder Wüstengebieten an. Die wenigen in Äquatornähe lebenden Arten bewohnen die Gebirge, in denen ein gemäßigtes Klima herrscht. Ursprünglich brüten sie nicht auf Madagaskar, dem indischen Subkontinent südliche des Himalaya oder in Australasien. Allerdings wurden sie von Menschen in viele Gebiete gebracht, in denen sie ursprünglich nicht zu Hause waren, so etwa auf Inseln wie Bermuda und Neuseeland. Zu den Gattungen dieser Unterfamilie gehören *Serinus* (gemeinhin als Kanarienvogel bekannt), *Carduelis* (Grünfinken, Diestelfinken und Zeisige), *Acanthis* (Birkenzeisig, Berghänfling und Hänflinge), *Leucosticte* (Schneegimpel), *Carpodacus* (Rosengimpel), *Pinicola* (Fichtengimpel), *Loxia* (Kreuzschnäbel), *Pyrrhula* (Dompfaff), *Coccothraustes* (Kernbeißer und Abendkernbeißer), sowie elf weitere Gattungen.

Die meisten carduelinen Finken der Nordhalbkugel sind Zugvögel; außerdem führen zahlreiche Arten

S.R. Cannings

▲ Ein männlicher Goldzeisig testet das Wasser. Das Baden im Wasser oder Staub bildet einen wesentlichen Teil der täglichen Gefiederpflege. Dieser Goldzeisig ist nur einer von vielen, die dazu seichte, abgeschlossene Teiche verwenden.

◀ Der Stieglitz (oben links) und der Buchfink (unten links) sind zwei der häufigsten und am besten bekannten Finken aus europäischen Feldern und Gärten.

ein nomadisches Leben. Einige nomadische Arten, etwa der Kreuzschnabel, brüten zu jeder Jahreszeit, sofern genug Nahrung vorhanden ist. Diese Tendenz zur Wanderung erklärt vielleicht zum Teil die Fähigkeit dieser Gruppe, abgelegene, ozeanische Inseln zu besiedeln. In prähistorischer Zeit legte ein carduelinen-ähnlicher Ursiedler auf Hawaii den Grundstock zu den Kleidervögeln.

Die carduelinen Finken ernähren sich in erster Linie von Samen, Knospen und Früchten. Insekten bilden keinen wesentlichen Bestandteil ihrer Nahrung, nicht einmal zur Nistzeit. Dies ist insofern ungewöhnlich, als die meisten getreide- und früchtefressenden Singvögel ihre Ernährung während dieser Periode auf Insekten umstellen. Stattdessen füttern die Carduelinen ihre Jungen mit einem Gemisch vorverdauten Pfanzenmaterials, in dem sich unter anderem Samen und Knospen befinden. Typischerweise nisten sie hoch über dem Boden in Büschen und Bäumen, obwohl es einige Arten gibt, die ein enges, kommensales Verhältnis mit dem Menschen eingegangen sind, also an dessen Anpflanzungen teilhaben und unter Umständen auf Gebäuden nisten. Dies gilt etwa für den nordamerikanischen Hausgimpel *(Carpodacus mexicanus)*. Es ist auch ungewöhnlich, daß sich die jungen Carduelinen in das Nest hinein entleeren, so daß sich der Kot an den Wänden und am Rand auftürmt. Bei anderen Vögeln spritzen die Jungen ihren Kot entweder aus dem Nest hinaus oder entleeren sich in einen Auffangbehälter, der von den Eltern entfernt wird. Obwohl die Kanarienvögel die bekanntesten Sänger unter den Carduelinen sind, produzieren auch viele andere Arten wundervolle Gesänge. Die domestizierten Kanarienvögel stammen vom Kanaren-Girlitz *(Serinus canaria)* ab, einer Art, die auf den Azoren, den Kanaren und Madeira endemisch ist. Diese Art wurde im 16. Jahrhundert als Käfigvogel nach Europa gebracht und mit anderen, gut singenden Carduelinen, etwa mit dem Dompfaff, gekreuzt. Die Nachkommen dieser Kreuzungen verfügen häufig über ungewöhnliche Gesangsfähigkeiten. Bastarde zwischen verschiedenen Carduelinenarten sind in der Natur selten, doch wurden in Gefangenschaft viele davon hervorgebracht, darunter auch von Elternarten, die genetisch weit voneinander entfernt sind.

▼ Mindestens acht Arten von Kleidervögeln sind heute ausgestorben, doch einige wenige, wie dieser Apapane, sind noch häufig. Wie bei anderen Vertretern der Unterfamilie Drepanidinae sehen die Geschlechter beinahe gleich aus.

P. La Tourrette/Vireo

KLEIDERVÖGEL UND VERWANDTE

Das Erscheinungsbild einiger Kleidervögel ist dem der fringilliden Finken recht ähnlich. Vermutlich ist dies auf die enge entwicklungsgeschichtliche Verwandtschaft beider Familien zurückzuführen. In der Familie Drepanididae existieren 29 überlebende oder kürzlich ausgestorbene Arten in 17 Gattungen.

Die hawaiianischen Gimpel

Die hawaiianischen Gimpel (Unterfamilie Psittirostrinae) setzen sich aus neun modernen Arten zusammen, von denen nur noch fünf überlebt haben (selbst diese nur in kleinen Beständen). Diese Vögel besitzen einen konischen Schnabel. Beim Papageischnabel-Gimpel *(Pseudonestor xanthophrys)* ist der Schnabel so modifiziert, daß er wie der eines kleinen Papageis aussieht.

Dreizehn weitere Arten (in vier Gattungen) werden manchmal in einer getrennten Unterfamilie *(Hemignathinae)* zusammengefaßt. Von diesen sind zwei mit Sicherheit, zwei wahrscheinlich ausgestorben, und die übrigen neun überleben in sehr kleinen Individuenzahlen oder in stark eingegrenzten Verbreitungsräumen. Diese Vögel erinnern an die hawaiianischen Gimpel; ihre Schnäbel sind jedoch weniger konisch geformt. Entweder sind sie vergleichsweise gerade, wie beim Kauai-Gimpel *(Oreomystis bairdi)*, oder besitzen einen weitgehend verlängerten und gebogenen oberen Teil, wie beim Amakihi *(Hemignathus virens)*.

Alle hawaiianischen Gimpel ernähren sich von Samen, Knospen und Insekten. Zudem nehmen zwei von ihnen, der Laysan-Gimpel *(Telespiza cantans)* und der Nihoa-Gimpel *(T. ulima)* auch die Eier von Seevögeln in ihren Speiseplan auf. Ihre Rufe und Gesänge sind weitgehend unbekannt oder unzureichend untersucht; sie wurden jedoch verschiedentlich als kanarienvogel- oder hänflingähnlich beschrieben. Die Nester der Arten, über die man Informationen besitzt, sind aus Gras, Stöckchen und Wurzeln gefertigt. Der Laysan-Gimpel legt es zehn Zentimeter über dem Boden in Grasbüscheln an. Der Nihoa-Gimpel baut sein Nest auf Felsvorsprüngen und der Palila *(Loxoides bailleui)* auf Bäumen. Die Brutsaison der hawaiianischen Gimpel auf den leeseitigen Inseln (die Laysan- und Nihoa-Gimpel) beginnt etwa im Januar und endet offenbar in der Mitte des Juli. Anderenorts nisten die Arten, soweit man weiß, von Mai bis Juli.

Kleidervögel

Die andere Unterfamilie (Drepaninidinae) besteht aus dem Mamo, dem Iiwi und ihren Verwandten, insgesamt sieben Arten. Davon haben bis heute — zudem

P. La Tourrette/Vireo

▲ Viele Kleidervögel, darunter auch dieser Iiwi, besitzen ungewöhnliche Namen, denn sie behielten die ursprünglichen Namen, die ihnen vor Jahrhunderten einst die Eingeborenen Hawaiis gegeben hatten, bei. Einige dieser Vögel spielten im kulturellen und zeremoniellen Leben der Hawaiianer eine herausragende Rolle.

in kleinen Zahlen und eingeschränkten Verbreitungsarealen — nur vier überlebt. Die Vertreter dieser Gruppe ernähren sich von Nektar, was ihnen den Trivialnamen »Hawaiian honeycreeper« einbrachte.

Die nektarfressenden Kleidervögel nisten hoch über dem Boden und weisen eine vielfältige Nahrung auf. Einige Arten haben sich auf Blüten spezialisiert. Um den Nektar aufnehmen zu können, sind ihre Zungen an der Spitze bürstenförmig modifiziert.

FLÜGEL MIT ZEHN HANDSCHWINGEN

Bei den im folgenden beschriebenen Familien — Estrildidae, Ploceidae und Passeridae — handelt es sich um kleine Finken der Alten Welt. Sie besitzen typischerweise einen konisch geformten Schnabel, kurze Flügel mit zehn Handschwingen, und sie ziehen ihre Brut in überdachten Nestern auf. Sie zeigen auch eine bemerkenswerte Vielfalt im Sozial- und Paarungsverhalten, sowie in der Brutfürsorge.

ESTRILIDIDE FINKEN

Zu den estrilididen Finken (Familie Estrilididae) gehören fünf Unterfamilien: Astrilde (Estrildinae), Amadinen (Poephilinae), Bronzemännchen (Lonchurinae) und Papageiamadinen (Erythrurinae). Diese kleinen, fünf bis fünfzehn Zentimeter langen Vögel leben zumeist in tropischen Gebieten und fressen kleine Grassamen. Die meisten von ihnen leben in Afrika, wo sie in grasbestandenen Gebieten zahlreich sind. Einige trifft man häufig in der Umgebung von Ortschaften an, und einige wenige suchen sich Nahrung und Nistplätze in den Wäldern und Sümpfen. Ihr fröhlicher Gesang, ihre nickenden Balzgesten sowie die Tatsache, daß sie zum Fressen nur Körner benötigen, machte sie zu beliebten Käfigvögeln. Aus diesem Grund kennt man das Verhalten vieler Arten besser aus Beobachtungen in Gefangenschaft als aus dem freien Feld. Männchen und Weibchen unterscheiden sich in der Größe kaum; bei einigen Arten trifft dies auch auf die Gefiederfarben zu. Die Nester sind häufig mit Federn ausgepolstert.

Die Astrilden-Pärchen bleiben in einem engen sozialen Verband, sitzen dicht nebeneinander auf dem Ast, treiben gegenseitige Gefiederpflege und ziehen auch ihre Jungen zusammen auf. Eine dieser Arten ist der kleine Senegal-Amarant *(Lagonosticta senegala)*, der seine Nester aus Gräsern und den Federn von

▲ Drei farbenprächtige Grasfinken und Weber: Die Gould-Amadine (links) ist in ihrer Verbreitung auf das tropische Nordaustralien beschränkt, wo ihr Bestand stetig zurückgeht. Der Buntastrild (Mitte) und der Oryxweber (rechts) bewohnen das Dornenveldt beziehungsweise die Schilfbestände Afrikas.

Haus- und Perlhühnern häufig in den strohgedeckten Dächern afrikanischer Siedlungen baut. Hier sind sie als »Lebende Pflaumen« bekannt. Die Erwachsenen werden meist nicht einmal ein Jahr alt und erhalten ihre Populationen dadurch, daß sie mehrmals brüten. Dabei ziehen sie mehrere Gelege in einer Saison auf. Sie beginnen mit dem Brüten, sobald in der Regenzeit ein frischer Bestand an Grassamen entstanden ist. Die erwachsenen Vögel fressen die Samen, nachdem diese auf den Boden gefallen sind, und manchmal überfallen sie die aufgewölbten Röhren der Gänge von Erntetermiten, um Samen zu trocknen.

Die Nestlinge der Astrilden tragen innerhalb des Maules wunderschöne Markierungen. Beim jungen Senegal-Amarant besteht diese Markierung aus einem leuchtenden Orange-gelb mit schwarzen Flecken auf dem Gaumen und zwei blauen Schattierungen an den Licht reflektierenden Knoten am Rande des Maules. Ein derart leuchtender Schlund steuert das Fütterungsverhalten zwischen den Altvögeln und den bettelnden Jungen. Bei anderen Arten von Amaranten — und dies gilt eigentlich für die meisten übrigen Estrildiden — findet man jeweils ein eigenes Muster im Maul. Vermutlich spielen diese Muster für die Eltern eine wichtige Rolle beim Erkennen ihrer Jungen. Sobald die Nachkommen größer sind, verschwinden diese Farben.

Die Astrilden der Gattung Estrilda fressen Samen von den stehenden Grashalmen und nisten früh in der Regenzeit. Der Buntastrild *(Pytilia melba)* durchbohrt in der Trockenzeit mit seinem scharfen Schnabel eine Lage von »Start- und Landebahnen« auf dem Boden und auf Baumstämmen, so daß er die darunter lebenden Termiten fressen kann. Bei einer samenfressenden Art, *Pyrenestes ostrinus,* gibt es dick- und dünnschnäbelige Formen, die in den Sumpfgebieten Zentralafrikas zusammen leben und sich dort auch kreuzen. Sie fressen die Samen von Riedgräsern und zeigen bei reichlichem Nahrungsangebot keine Unterschiede in der Ernährungsweise. Wird das Futter jedoch in gewissen Jahreszeiten knapp, spezialisieren sich die dickschnäbeligen Formen auf Seggen mit hartem Samen, und die dünnschnäbeligen Formen weichen auf andere Nahrung aus.

Die Bronzemännchen besitzen dickere Schnäbel und andere Balzrituale. Das Spitzschwanz-Bronzemännchen *(Lonchura striata)* sucht seine Nahrung auf bewässerten Reisfeldern. Dabei nimmt es neben Reis auch die proteinreichen Fadenalgen auf, die dort wachsen. Einige malaysische Populationen brüten zweimal im Jahr, und jede Brut fällt zeitlich mit einer Reisernte und einer Algenblüte zusammen. Die Brutzeiten dieser Vögel werden also durch die vom Menschen geschaffenen Zyklen des Reisanbaus bestimmt. Die »japanischen Möwchen« sind ein domestizierter Zweig der Bronzemännchen, der vor Jahrhunderten in China entwickelt wurde. Sie werden als Zieheltern anderer estrildider Finken und Witwenvögel in Gefangenschaft eingesetzt, um die Eier auszubrüten und die Jungen mit ausgewürgter Nahrung großzuziehen. Da jedoch die Jungen mit kopfüber verdrehtem Gesicht um Futter betteln, lassen sich die »japanischen Möwchen« als Zieheltern nur für Vögel mit einem solchen Fütterungsverhalten gebrauchen.

Unter den Amadinen ist der in den Trockengebieten Australiens weitverbreitete Zebrafink *(Taeniopygia guttata)* am bekanntesten. Er führt ein in hohem Maße unstetes Leben und brütet nach dem Regen in lose zusammenhängenden Kolonien. Die zwölf in der Gattung *Erythrura* zusammengefaßten Papageiamadinen leben auf den Tropeninseln des Westpazifiks. Zwei Arten haben Australien erreicht. Auch bei ihnen findet man leuchtende, ungewöhnliche Farben in den Mäulern der Jungvögel.

WEBERVÖGEL ODER PLOCEIDE FINKEN

Die Ploceidae sind eine aus 126 Arten bestehende, überwiegend afrikanische Familie. Einige dieser Arten leben in Asien und auf den Inseln des Indischen Ozeans. Die Familie unterteilt sich in die Büffelweber, Mahalis und die echten Webervögel, zu denen unter anderem die Bischofsweber, Widas und Witwen gehören.

Büffelweber

Die Büffelweber (Unterfamilie Bubalornithinae) unterscheiden sich von den übrigen ploceiden Finken durch eine große äußere (zehnte) Handschwinge an jedem Flügel. Diese geräuschvollen Vögel bewohnen die afrikanischen Savannen (und Ortschaften) in Schwärmen und Kolonien über das ganze Jahr. Eine Art baut Gemeinschaftsnester aus Dornen und Ästen, andere überdachen ihre aus Gras geflochtenen Nester mit Stroh. Als einziger Singvogel besitzt der männliche Alektoweber *(Bubalornis albirostris)* einen Phallus. Zudem wächst ihm in der Brutsaison ein Fortsatz auf dem Schnabel.

Mahalis

Die afrikanischen Mahalis und Siedelweber (Unterfamilie Plocepasserinae) stecken die Enden von Gräsern oder Zweigen in eine Masse von Stroh und sind eher »Dachdecker« als »Weber«. Bei einigen Arten helfen sich die Individuen gegenseitig beim Brüten. Die auf diese Weise zusammenarbeitenden Kolonien des Augenbrauen-Mahali *(Plocepasser mahali)* bleiben über viele Generationen zusammen. Häufig bleiben die Jungen bei ihren Eltern und helfen ihnen beim Brüten. Anderenfalls verlassen sie ihre Geburtskolonie und schaffen sich eine Position in einer anderen Kolonie, indem sie die dort brütenden Pärchen unterstützen. Die Siedelweber *(Philetarius socius)* errichten einen gewaltigen Bau aus Stöcken (der bis zu einer Tonne schwer sein kann), der von einem gemeinsamen Dach bedeckt wird und unterhalb einzelne Nisthöhlen aufweist. Eine jede Höhle wird von einem brütenden Paar besetzt. Dieses zusammengesetzte Nest schützt die Vögel vor den extremen Temperaturen, wie sie in der Kalahari-Wüste auftreten, und vor natürlichen Feinden.

Webervögel, Bischofsweber und Widas

Die Vertreter der Unterfamilie Ploceinae zeigen sehr unterschiedliche Verhaltensweisen. Einige sind monogame, insektenfressende Waldbewohner. Allerdings leben die meisten der 100 Arten in Graslandschaften oder Marschen, sind polygyn (ein Männchen paart sich mit mehr als einem Weibchen) und ernähren sich von Grassamen. Nur ihre Jungen werden mit Insekten gefüttert. In der afrikanischen Landschaft bilden die Kolonien aus hunderten von Webervogel-Nestern ein auffälligen Blickfang. Ein Männchen baut mehrere Nester, um dann verschiedene Weibchen anzulocken. Zunächst legt es eine Schaukel an, um einen Ausgangspunkt zum Sitzen zu haben. Dann wird die Schaukel zu einem Ring ausgebaut und ein überdachter Korb hinzugefügt; der Ring bleibt als Eingang erhalten. Der Vogel zieht und schiebt das Nistmaterial in Schlaufen und Knoten um andere Grasblätter herum — etwa wie beim Flechten eines Korbes. Einige Arten konstruieren kugelförmige Nester mit einem Eingangsloch an einer Seite. Bei anderen erhält das Nest eine lange Eingangsröhre aus verflochtenem Gras. Dabei müssen die jungen Männchen noch üben; ihre Nester fallen normalerweise wieder auseinander. Beim Textor *(Ploceus cucullatus)* plündern die Männchen gegenseitig ihre Nester, um grünes Gras zu ergattern. Die Weibchen werden dadurch angelockt, daß die Männchen kopfunter am Nest hängen und beim Flügelschlagen gelbe und schwarze Farbanteile aufblitzen. Das Weibchen begutachtet das Nest, und sofern es ihm gefällt, legt es seine Eier und zieht die Jungen selber auf. Die Weibchen nisten mit den Männchen gern in größeren Kolonien. Verschiedene Webervögel nisten auch in Kolonien, die sich aus mehreren Arten zusammensetzen.

Der Blutschnabel-Weber *(Quelea quelea)* ist eine den Heuschrecken vergleichbare Plage für Getreidefelder. Er brütet in Kolonien in tausenden von Akazienbüschen. Dabei können sich in einem einzigen Busch hunderte oder gar tausende von Nestern befinden. Der zum Brüten günstige Zeitraum, in dem die Samen noch eine weiche, milchige Konsistenz haben und sich gut an die Jungen verfüttern lassen, ist nur kurz. Daher erfolgt das Brüten sehr rasch: Das Männchen baut das Nest innerhalb von zwei oder drei Tagen, und das Weibchen legt drei Eier und brütet zehn Tage lang. Die Jungen sind bereits im Alter von zehn Tagen flügge und rasch unabhängig. Die Schwärme folgen den Niederschlägen über Afrika. Ein Vogel kann durchaus mehrfach brüten: Zunächst dort, wo früh Regen fällt, anschließend einige hun-

Belinda Wright

▲ Nachdem der männliche Bayaweber ein Nest gebaut hat, bewegt er unter lebhaftem Flügelschlagen ein Weibchen dazu, es zu akzeptieren. Ist dies geschehen, zieht das Weibchen sofort ein und beginnt mit der Brut. Derweil baut das Männchen in der Nähe ein weiteres Nest, und der Vorgang wiederholt sich so häufig, bis es drei oder vier Partnerinnen und Familien besitzt.

▼ Die ungemein geselligen Zebrafinken bewohnen die Wüsten und Graslandschaften in ganz Australien.

R. Drummond

Peter Johnson/NHPA

▲ Eine langschwänzige Witwe. Diese Vögel setzen ihre langen Schwänze bei eindrucksvollen Schauflügen über ihrem Territorium ein, um Weibchen anzulocken. Je länger der Schwanz, desto erfolgreicher die Balz.

◀ Der Reisfink, ursprünglich in Südostasien zu Hause, ist als beliebter Käfigvogel weithin bekannt.

dert Kilometer entfernt, wo der Regen ein paar Wochen später fällt.

Unter den Bischofswebern und Widas findet man einen extremen Sexualdimorphismus in der Körpergröße und Befiederung. Die Männchen sind größer und leuchtend gefärbt, dagegen zeigen die Weibchen und die nicht brütenden Männchen nur ein braun gestreiftes Kleid und lösen sich optisch im Gras ihres Lebensraumes auf. Die Bischofsweber tragen ihren Namen aufgrund der roten oder gelben Haube, die zum Hochzeitskleid der Männchen gehört. Einige langschwänzige Arten sind als »Witwen« bekannt (nach dem Schwanz, der wie die Schleppe einer trauernden Witwe aussieht), andere als Widas (nach einem portugiesischen Wort mit derselben Bedeutung). Beim Hahnschweif-Wida *(Euplectes progne)* balzt das Männchen, indem es langsam über sein grasbewachsenes Territorium flattert. Dabei beeindruckt der hinterherschleifende Schwanz die Weibchen offenbar tief. In einem in Kenia durchgeführten Versuch heftete man einigen Männchen zusätzlich die Schwanzfedern anderer Männchen an, und diese waren in der Lage, mehr Weibchen ans Nest zu locken als andere Männchen. Der afrikanische Kukucksweber *(Anomalospiza imberbis)* ist ein Brutparasit. Er legt seine Eier in die Nester von Grassängern, die das fremde Küken auf Kosten ihrer eigenen Jungen aufziehen.

Widas oder viduine Finken

Die Widas besitzen überhaupt kein Familienleben. Diese Brutparasiten (es sind 14 nur in Afrika vorkommende Arten) legen ihre Eier in die Nester von Zieheltern einer anderen Art, die die Eier ausbrüten und die jungen Widas zusammen mit ihrer eigenen Brut aufziehen. Es handelt sich bei diesen Pflegeeltern um Astrilde, mit denen die Widas aufgrund der Anordnung ihrer Federn und ihrer biochemischen Genetik verwandt sind. Die meisten Widas legen ihre Eier in die Nester einer einzigen Astrilden-Art. Die Rotfuß-Atlaswitwe *(Vidua chalybeata)* ist ein Brutparasit des Senegal-Amarant. Die weibliche Atlaswitwe fühlt sich von Männchen angezogen, deren Gesänge denen ihres Pflegevaters gleichen. So bringt der Gesang das Weibchen mit einem Männchen der eigenen Art und zugleich mit einem Ziehelternpaar zusammen, in dessen Nest es seine Eier anschließend legt. Ein Männchen beherrscht mehrere imitierte Gesänge, die es nicht nur von seinen Zieheltern, sondern auch von den älteren, männlichen Atlaswitwen der Umgebung gelernt hat. Die Männchen besuchen gegenseitig ihre Singplätze und verfügen so über dasselbe Repertoire an Gesängen, seien es imitierte oder eigene.

Die jungen Widas zeigen dieselben Rachenmarkierungen und Bettelrufe wie die Nestlinge ihrer Pflegeart. So besitzen die Nestlinge der Rotfuß-Atlaswitwe dieselben Farben im Maul wie die jungen Senegal-Amaranten. Und der Indigo-Fink *(V. raricola)* besitzt einen pinkfarbenen Gaumen sowie rote und hellblaue Tuberkeln wie der Schwarzbauch-Amarant *(Lagonosticta rara)*. Bei einigen Widas ähnelt das Jugendgefieder dem ihrer Stiefgeschwister. Dies trifft besonders auf die Schmalschwanz-Paradieswitwe *(Vidua paradisaea)* zu, deren einfaches Grau dem des Buntastrild entspricht. Auch das goldene Gefieder der Strohwitwe *(V. fischeri)* ähnelt dem des Veilchen-Astrild *(Granatina ianthinogaster)*.

SPERLINGE

Die Sperlinge der Alten Welt (Familie Passeridae) bauen grasgedeckte Nester mit einem Seiteneingang. Von den übrigen samenfressenden Vögeln unterscheiden sie sich durch eine oben liegende, reduzierte äußere Handschwinge und durch einen zusätzlichen Zungenknochen. Einige der 33 Arten leben bereits seit Jahrhunderten in enger Nachbarschaft zum Menschen. Besonders der Haussperling *(Passer domesticus)* hat extrem erfolgreich Regionen besiedelt, die weit von seinem Ursprungsgebiet entfernt liegen. Er drang vermutlich vom Mittleren Osten aus mit der fortschreitenden Landwirtschaft vor etwa 7000 Jahren nach Europa vor und begleitete die Europäer auf ihren Eroberungszügen in andere Teile der Welt. In Nordamerika entwickelten sich getrennte Populationen von Haussperlingen innerhalb nur eines Jahrhunderts und sind heute von den Gründerformen an Größe und Gestalt deutlich zu unterscheiden. Diejenigen in den Great Plains im Norden sind groß, die Bewohner der Trockengebiete des Südwestens sind blaß gefärbt. Verschiedene Passer-Arten übernehmen häufig wie Piraten die Nester anderer Vögel, indem sie die Nestbauer verjagen. Ein derartiges Verhalten findet man zuweilen beim Maronen- Sperling *(P. eminibey)*; zu anderen Zeiten baut er sein eigenes Nest.

STARE UND VERWANDTE

TERENCE LINDSEY

Stare und Mainas (Familie Sturnidae), Pirole und Feigenpirole (Oriolidae) sowie Drongos (Dicruridae) sind Bewohner der Alten Welt und hier am stärksten in den wärmeren Klimaten vertreten. Eine Reihe von Arten besitzt ein glänzend schwarzes Gefieder, viele sind jedoch kräftig gemustert und leuchtend gefärbt. Obwohl die meisten auf den Bäumen leben, sind einige Arten auf ebener Erde zu finden.

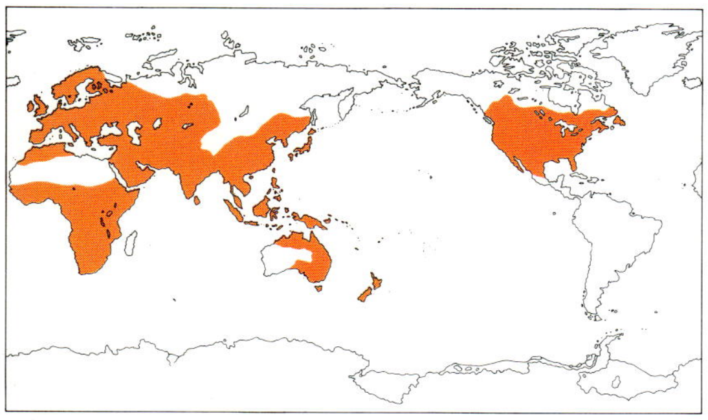

STARE

Beinahe überall in der englisch sprechenden Welt gehört der Gemeine Star *(Sturnus vulgaris)* zu den häufigsten Gartenvögeln. Er ist ein gedrungener, recht kurzschwänziger Vogel. Er stolziert selbstsicher umher und ist dabei wachsam und kampfeslustig. Sein schwarzes Gefieder trägt einen grünen und lilafarbenen Schimmer und ist (außerhalb der Brutzeit) mit blaßbraunen Flecken übersät. Seinen Gesang, ein ungewöhnliches Durcheinander von quiekenden, rasselnden, pfeifenden und anderen, offenbar zufälligen Tönen, läßt der Star ungehemmt von exponierten Sitzplätzen, Telefonkabeln oder Fernsehantennen aus hören. Er nistet in einem unsauberen Gemenge von Gras und Abfällen, die er in jede verfügbare Höhlung eines Baumes oder Gebäudes hineinstopft, und ehe er sich zur Nachtruhe begibt, sammelt er sich in großen, lauten Schwärmen.

Dieser Vogel ist tatsächlich ein recht typischer Vertreter der Sturnidae, einer Familie von etwa 113 Arten, die überall in der Alten Welt zu finden ist. Der Gemeine Star besitzt seinen Ursprung in Europa und verdankt seine gegenwärtig umfangreichere Verbreitung der freizügigen Verbreitung durch den Menschen. Dies war besonders im ausgehenden 19. Jahrhundert der Fall, als man Vögel in Nordamerika, Südafrika, Australien, Neuseeland und an anderern Orten aussetzte und die Bestände anschließend zunahmen.

Bei einigen Star-Arten handelt es sich um auf Bäumen lebende, fruchtfressende Bewohner des Dschungels und des Regenwaldes. Die meisten ernähren sich jedoch von Insekten, bewohnen offene Landschaften und verbringen viel Zeit zu ebener Erde. Die meisten Arten leben gesellig, viele schlafen in Schwärmen, und einige nisten in dichten Kolonien.

Es gibt eine Reihe hochspezialisierter Formen mit sehr eingeschränktem Verbreitungsgebiet. Daneben existieren jedoch einige größere, bezeichnendere Gruppen. Die Gattung *Aplonis* umfaßt etwa 20 auf Bäumen lebende Arten von Fruchtfressern, die man überall in der Region Polynesiens und Neu Guineas finden kann. Zu den etwa 35 afrikanischen Arten, dies betrifft in erster Linie die Gattungen *Onychognathus, Lamprotornis* und *Spreo,* zählen einige überraschend schöne Vögel mit schimmerndem, irisierendem Gefieder, in dem man häufig Spuren eines lebhaften Violett, Grün, Orange und Blau findet. Indien ist die Heimat der Mainas (Gattung *Acridotheres).* Diese überwiegend mattbraun gefärbten Vögel besitzen auf dem Kopf unbefiederte, gelbe Hautareale sowie kräftige, weiße Markierungen am Flügel. Der Hirtenmaina *(Acridotheres tristis)* wurde unter anderem in Südafrika, Australien und Polynesien eingeschleppt. Diese kräftige, aggressive Art liegt häufig mit dem Gemeinen Star in Konkurrenz um die Vorherrschaft in der städtischen Umgebung.

Zu dieser Familie gehören auch die beiden Madenhacker (Gattung *Buphagus),* die zumeist auf Büffeln, Nashörnern und anderen Großsäugern der afrikanischen Ebenen umherreiten. Noch immer sind die Forscher nicht sicher, ob die beiden südafrikanischen Proteavögel (Gattung *Promerops)* zu den Staren oder zu den Honigfressern gehören.

PIROLE

Die typischen Rufe der meisten Pirole besitzen einen eigenartigen Klang — ein satter, flüssiger, blubbernder Ton, der schwer zu beschreiben, aber leicht zu erkennen ist. Diese Rufe gehören zum typischen Klangbild der Waldgebiete beinahe überall in der Alten Welt, von Europa bis Japan und von Australien bis Südafrika. Die Vögel selber sind häufig nur schwer zu beobachten, da sie sich meist im dichten Blätterwald hoch in den Baumwipfeln aufhalten.

Die Familie umfaßt etwa 25 Arten in zwei Gattungen: *Oriolus* (Pirole) und *Sphecotheres* (Feigenpirole). Die typischen Pirole sind recht gedrungen gebaut, besitzen jedoch lange, spitz zulaufende Flügel. Der Schnabel ist mäßig lang und schlank und leicht nach unten gebogen. Die Augen sind in der Regel rot. Die Männchen vieler Arten besitzen eine schwarze und leuchtend gelbe Zeichnung (bei einigen Arten findet man Purpurrot, Rot- oder Kastanienbraun). Einige sind jedoch mattgrün gefärbt und unterseits gestreift. Letzteres betrifft auch die Weibchen der meisten Arten. Die meisten Pirole leben allein oder paarweise. Obwohl sie ständig rufen, wirken sie unaufdringlich und zeigen allgemein ein bedächtiges Verhalten. Einige wenige Arten ziehen, die meisten sind Stand-Vögel. Pirole ernähren sich von Insekten und Früchten.

In verschiedener Hinsicht unterscheidet sich eine Art dieser Familie deutlich von den übrigen Pirolen: Der Feigenpirol *(Sphecotheres viridis)* ist gesellig,

Ordnung Passeriformes, Unterordnung Oscines, Familie Sturnidae, 27 Gattungen, 113 Arten, Familie Oriolidae, 2 Gattungen, 25 Arten, Familie Dicruridae, 2 Gattungen, 20 Arten

GRÖSSE

Stare *(Sturnidae)* Länge 18 bis 45 Zentimeter; Gewicht 30 bis 105 Gramm. Pirole *(Oriolidae)* Länge 18 bis 31 Zentimeter; Gewicht 45 bis 120 Gramm. Drongos *(Dicruridae)* Länge 18 bis 38 Zentimeter; Gewicht 45 bis 90 Gramm.

ARTENSCHUTZ

Folgende Arten werden in der ICBP-Liste der bedrohten Vögel aufgeführt: Rostbürzel-Star *(Aplonis santovestris),* Pelzelnstar *(A. pelzelni),* Rarotonga-Star *(A. cinerascens),* Abbott-Star *(Cinnyricinclus femoralis),* Bali-Star *(Leucopsar rothschildi),* Helmatzel *(Basilornis galeatus),* Sula-Atzel *(Streptocitta albertinae),* Isabella-Pirol *(Oriolus isabellae),* Seidenpirol *(O. mellianus),* Braunschwingen-Drongo *(Dicrurus fuscipennis)* und Mayotte-Drongo *(D. waldeni).*

◀ ▲ Der Flaggendrongo (ganz links) bewohnt Indien und Südostasien. Die spatelförmigen, zum Schaft verdrehten Federspitzen verursachen beim Flug ein typisches summendes Geräusch. Der Dreifarben-Glanzstar (oben) ist den Safari-Touristen Ostafrikas ein vertrauter Anblick. Dieser Vogel besucht häufig die Lager und Picknick-Plätze. Der Feigenpirol (links) lebt dagegen in großer Zahl in Indonesien, auf Neu Guinea sowie im Norden und Osten Australiens.

laut, aktiv und streitsüchtig. Dieser Vogel bewohnt Indonesien, Neu Guinea, das nördliche und östliche Australien und ist häufig in den Gärten und Parks der Vorstädte anzutreffen. Seine Nahrung besteht beinahe ausschließlich aus Früchten, insbesondere Feigen, und ein Schwarm dieser Vögel ist in der Lage, einen Baum nahezu kahlzufressen.

Einige als Pirole bezeichnete Vögel leben auch in Nord- und Südamerika. Diese Arten sind den altweltlichen Pirolen in verschiedener Hinsicht außerordentlich ähnlich: Sie sind stark an die Bäume gebunden, besitzen laute, schallende Gesänge, bauen hängemattenförmige Nester, und die Männchen haben kräftige schwarze, gelbe oder orangefarbene Muster. Allerdings sind sie mit den echten Pirolen nicht verwandt.

DRONGOS

Etwa 20 Vogelarten bilden die Familie Dicruridae. Das Wort »Drongo« stammt von dem Trivialnamen, den die Einheimischen im Norden Madagaskars der lokalen Art verliehen haben. Dieser Name hat sich für alle Arten im deutschen und englischen Sprachgebrauch eingebürgert. Die Drongos sind kräftige, aggressive, mittelgroße Singvögel mit vergleichsweise kurzen Beinen, langen, gegabelten Schwänzen und gedrungenen Schnäbeln. Zudem zeigen sie eine aufmerksame, aufrechte Haltung und ein aufwendiges Verhalten. Die Geschlechter sehen einander ähnlich. Beinahe alle Arten besitzen ein glänzend schwarzes Gefieder. Bei vielen Arten findet man Kämme, und bei einigen sind die Schwanzfedern stark verlängert oder in anderer Weise zu einem Schmuck modifiziert. Zu den typischen Rufen der Drongos gehören quietschend metallische Töne, modulierte Pfiffe und rauhe, schimpfende Töne. Nur bei wenigen findet man komplexe oder attraktive Gesänge. Drongos leben beinahe überall in den Tropen der Alten Welt, von Afrika bis nach Australien. Am besten ist die Familie allerdings im Süden Asiens vertreten. Diese Vögel bewohnen alle nur denkbaren baumbestandenen Landschaften, vom dichten Dschungel bis zur Savanne. Ihr typischer Lebensraum ist jedoch der gerodete oder gerade nachwachsende Randbereich des Regenwaldes. Die meisten Arten fressen in erster Linie große, fliegende Insekten. Sie starten von einem Sitzplatz in einem hohen, toten Baum oder einem anderen günstigen Startpunkt aus und fangen ihre Beute in der Luft. Für einige Arten bildet auch der Blütennektar eine wichtige Nahrung. Überdies fangen die meisten Drongos Echsen und kleine Vögel.

NEUSEELÄNDISCHE LAPPENVÖGEL

TERENCE LINDSEY

Die auf Neuseeland beschränkten Callaeidae weisen eine gewisse Ähnlichkeit mit den australischen Würgerkrähen und Gimpelhähern auf; ihr Ursprung bleibt allerdings unklar. Es wäre denkbar, daß sie die Nachfahren einer frühen, krähenähnlichen Gruppe sind.

Ordnung Passeriformes, Unterordnung Oscines, Familie Callaeidae, 3 Gattungen, 3 Arten

GRÖSSE
Kleinste Art
Sattelvogel *(Creadion carunculatus)*, Länge 26 Zentimeter.
Größte Art
Graulappenvogel *(Callaeas cinerea)*, Länge 38 Zentimeter.

ARTENSCHUTZ
Sowohl der Sattelvogel als auch der Graulappenvogel stehen auf der ICBP- Liste der bedrohten Vögel.

DER HOPFLAPPENVOGEL

Der Hopflappenvogel *(Heteralocha acutirostris)* war insofern bemerkenswert als die verschiedenen Geschlechter unterschiedliche Schnabelformen besaßen: Beim Weibchen war der Schnabel sehr lang, schlank und nach unten gebogen, der des Männchens war dagegen nur mäßig lang und mehr oder weniger konisch geformt. (Bei Vögeln kommt es häufig zu drastischen Geschlechterunterschieden im Gefieder und in der Körpergröße. Dagegen sind deutliche Unterschiede im Körperbau außerordentlich selten.) Diesen zuerst im Jahre 1835 beschriebene Vogel kannte man nur aus den dichten Wäldern im Norden Neuseelands. Allerdings gibt es seit 1907 keine verläßlichen Meldungen mehr über ihn, und er ist wahrscheinlich ausgestorben.

Allerdings gibt es seit 1907 keine verläßlichen Meldungen mehr über ihn, und er ist wahrscheinlich ausgestorben.

GRAULAPPENVOGEL UND SATTELVOGEL

Es existieren noch zwei überlebende Verwandte des Hopflappenvogels. Der Graulappenvogel *(Callaeas cinerea)* und der Sattelvogel *(Creadion carunculatus)*, aus denen die Familie Callaeidae besteht, bilden eine sehr eigenartige, auf Neuseeland beschränkte Gruppe. Man hält sie normalerweise (was allerdings noch genau zu beweisen wäre) für die engsten Verwandten der Stare, Laubenvögel, Gimpelhäher und Drosselstelzen. Alle drei Arten sind mittelgroße Singvögel, die den dichten Wald bewohnten. Ihre Flugfähigkeit ist weitgehend eingeschränkt. Sie besitzen kräftige Beine, rundliche Flügel und auffällige, nackte Hautlappen an der Schnabelbasis. Ihre Nahrung besteht aus Insekten, besonders aus deren Larven. Sie sind standorttreu und erreichen ein hohes Alter. Die Pärchen bleiben ihr Leben lang zusammen und bleiben ständig in ihren Territorien. Selbst die beiden überlebenden Arten sind ernsthaft bedroht, denn sie werden zur leichten Beute für eingeschleppte Wiesel und Ratten.

▲ Der Hopflappenvogel zeigte einen bemerkenswerten Geschlechterunterschied in der Schnabelform (der Schnabel des Weibchens war länger). Dieser Vogel flog nur ungern und hatte daher keine Chance gegen die zweifache Bedrohung, die von eingeschleppten Beutegreifern und von der Zerstörung seiner Wälder ausging. Die Art war um 1907 verschwunden.

◀ Der einst auf den Hauptinseln Neuseelands weitverbreitete Sattelvogel überlebt heute lediglich auf wenigen kleinen Inseln vor der Küste.

Ordnung Passeriformes, Unterordnung Oscines, Familie Grallinidae, 3 Gattungen, 4 Arten, Familie Corcoracidae, 2 Gattungen, 2 Arten, Familie Artamidae, 1 Gattung, 10 Arten, Familie Cracticidae, 3 Gattungen, 10 Arten

GRÖSSE

Kleinste Art

Zwerg-Schwalbenstar *(Artamus minor)*, Länge 12 Zentimeter.

Größte Art

Schlankschnabel-Würgerkrähe *(Strepera versicolor)*, Länge 50 Zentimeter; Gewicht 350 Gramm.

ARTENSCHUTZ

Diese Arten sind offenbar nicht bedroht.

DROSSELSTELZEN UND VERWANDTE

IAN ROWLEY

Ein typisches Merkmal der australischen Landschaft sind die schwarzen oder schwarzweißen, geselligen Vögel, die einander zurufen. In den Stadtparks können dies Würgerkrähen oder die dort ansässigen Drosselstelzen sein. In landwirtschaftlich genutzten Gebieten gehören sie beinahe immer zu einer von etwa einem Dutzend dort vorkommender Arten, denn die in diesem Kapitel besprochenen Vögel sind im gesamten Gebiet Australiens häufig.

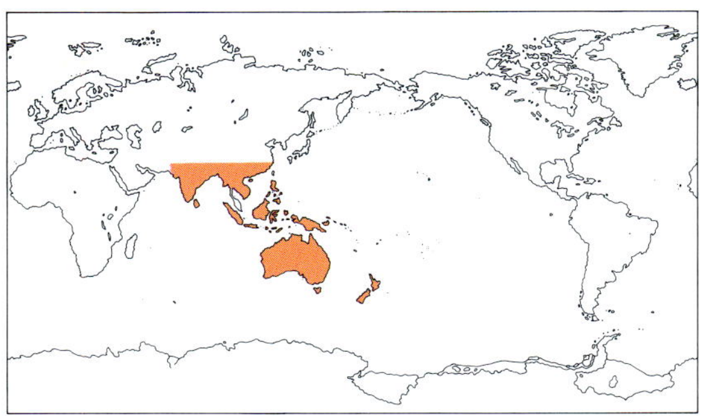

ERBAUER VON SCHLAMMNESTERN

Die vier unter dieser Überschrift zusammengefaßten Arten haben eines gemeinsam: Sie alle bauen Schlammnester auf waagerechten Ästen hoch über dem Boden. Allerdings ist der Gebrauch von Schlamm zum Nestbau bei vielen Familien verbreitet.

▼ Der in hohem Maße gesellige Masken-Schwalbenstar führt im trockenen Binnenland Australiens ein Nomadenleben.

R. Drummond

Man weiß heute, daß diese vier Vögel zwei recht unterschiedlichen Familien angehören, den Grallinidae (Drosselstelze und Trugstelze) und den Cocoracidae (Drosselkrähe und Gimpelhäher).

Drosselstelze und Trugstelze

Diese etwa drosselgroßen Vögel besitzen ein schimmerndes, schwarzweißes Gefieder, und die Geschlechter zeigen deutliche Unterschiede. Die Drosselstelze *(Grallina cyanoleuca)* ist in den meisten Lebensräumen Australiens und Neu Guineas häufig, nur in den Wäldern nicht. Beide Eltern bauen das Nest, brüten die Eier aus und füttern die Nestlinge. Nachdem sie flügge geworden sind, bleiben die Jungen mehrere Wochen bei ihren Eltern. Im späten Sommer schließen sie sich dann den Schwärmen anderer Jungvögel an. Die Pärchen bleiben im allgemeinen das ganze Jahr über auf demselben Territorium zusammen. Dabei bleiben sie durch ein charakteristisches piependes Gesangsduett, das etwa wie »Pi-wi« klingt, miteinander in Kontakt. Die Trugstelze *(G. bruijni)* ist weniger gut bekannt, da sie die Randgebiete und Felsen an den schnellfließenden Strömen der Gebirge Neu Guineas bewohnt.

Drosselkrähe und Gimpelhäher

Diese beiden Arten findet man nur im Buschland und in den waldbestandenen Gebieten Ostaustraliens. Hier suchen die Vögel ihre Nahrung auf dem Boden. Die Drosselkrähe *(Corocorax melanorhamphus)* sucht nach Insekten und deren Larven, indem sie mit ihrem langen, gebogenen Schnabel durch das Laub streicht oder im Boden stochert. Dagegen besitzt der Gimpelhäher *(Struthidea cinerea)* einen breiten, finkenähnlichen Schnabel und ernährt sich überwiegend von Samen. Beide Arten leben sehr gesellig und werden meist in Gruppen von fünf bis zehn Individuen angetroffen. Diese Gruppen bestehen aus einem Elternpaar und dessen Nachwuchs der vergangenen zwei oder drei Brutperioden. Bis ein Jungvogel die für eine erfolgreiche Nahrungssuche erforderliche Fertigkeit und die Erfahrung besitzt, um eine Familie ernähren zu können, können einige Jahre vergehen. Und selbst dann sind junge Paare nur selten erfolgreich, es sei denn, sie haben Helfer, die mit ihnen die Last der Aufzucht von Jungvögeln teilen. Die Helfer beteiligen sich auch am Nestbau und am Ausbrüten der Eier. Zudem wärmen und leiten sie die Jungvögel. Das gesamte Brutgeschäft verläuft also weitgehend in Zusammenarbeit.

SCHWALBENSTARE

Die zehn Glieder der Familie Artamidae gehören sämtlich zu der einen Gattung *Artamus*. Sie besitzen blaugraue Schnäbel mit einer schwarzen Spitze und kurze Beine. Ihre langen, kräftigen Flügel sind so geformt, daß ihre Flugsilhouette derjenigen des Gemeinen Stars sehr ähnlich sieht. Die Familie ist überwiegend in Australien verbreitet. Man findet die Vögel in allen Lebensräumen, in denen genügend Insekten vorkommen. Obwohl die Vögel in erster Linie Insektenfresser sind, können sie mit Hilfe ihrer bürstenförmigen Zungenspitze Nektar und Pollen auflecken, wo er verfügbar ist. Zwar halten sich die meisten Arten das ganze Jahr über in derselben Gegend auf, mindestens drei Arten leben jedoch weitgehend nomadisch und nutzen für sich tropische und gemäßigte Gebiete zu verschiedenen Jahreszeiten. Dabei bewegen sie sich in großen Schwärmen, die sich zuweilen aus mehr als einer Art zusammensetzen. Eine Reihe von Arten bewohnt das Inselgebiet im Norden Australiens. Ihr Verbreitungsgebiet erreicht Fidji im Osten sowie Südostasien und Indien.

Wenn sie nicht gerade fliegende Insekten in der Luft fangen, sitzen diese außergewöhnlich geselligen Vögel häufig Seite an Seite auf gut sichtbaren Ästen (oder Telegrafenmasten) und pflegen gegenseitig ihr Gefieder. Zur Nacht ruhen sie meist in einem dichten Schwarm auf einem Baumstamm oder in einer Höhlung. Die Nester der Schwalbenstare sind meist zerbrechliche Konstruktionen aus feinen Zweigen, und ein Vogelbeobachter kann die Eier häufig durch den Boden des Nestes sehen. In trockenen Gegenden werden die Nester unter Umständen innerhalb von sechs Regentagen gebaut und die Eier innerhalb von zwölf Tagen gelegt. Dieser Zeitraum ist, gemessen am normalen Nestbau, recht kurz. Beide Eltern bauen das Nest, brüten die Eier aus und füttern die Jungen.

Tom & Pam Gardner

▲ Die Dickschnabel-Würgerkrähe ist ein kräftiger, wachsamer und aggressiver Vogel. Er bettelt häufig an Rastplätzen im Wald um Futter und wohnt im Hochland Tasmaniens. Im Winter scharen sich viele Vögel zu Gruppen zusammen und wandern zum Küstentiefland hinunter. Die Geschlechter sehen äußerlich gleich aus.

WÜRGERKRÄHEN UND WARZENKÖPFE

Die Cracticidae sind eine in Australien endemische Familie, die sich aus etwa zehn Arten sowie einigen Rassen oder Unterarten zusammensetzt. Sie alle sind mehr oder weniger schwarz, weiß und grau und stämmig gebaut. Sie besitzen kräftige, meist blaugrau gefärbte Schnäbel mit einer schwarzen Spitze und gehören zu den guten Sängern. Die drei Gattungen sehen recht unterschiedlich aus: Die Würgatzeln der Gattung *Cracticus* sind geringfügig größer als eine Drossel und sehen den Würgern anderer Kontinente recht ähnlich. Die Flötenvögel der Gattung *Gymnorhina* besitzen etwa die doppelte Körpergröße. Mit einer Länge von etwa 50 Zentimetern sind jedoch die Würgerkrähen der Gattung *Strepera* am größten.

Würgatzeln und Flötenvögel findet man überwiegend in den Baum- und Buschgebieten der Savanne, während die Würgerkrähen vornehmlich Waldbewohner sind. Auf Neu Guinea leben vier Arten von Würgatzeln und Flötenvögeln, jedoch keine Würgerkrähen. Der Flötenvogel *(Gymnorhina tibicen)* wurde nach Neuseeland eingeschleppt, wo es vorher keine Vertreter dieser Familie gegeben hatte. Sieht man von diesen Beispielen ab und von der Tatsache, daß dieser Gruppe der auf Borneo lebende Warzenkopf *(Pityriasis gymnocephala)*, über den man praktisch nichts weiß, möglicherweise zu Unrecht zugerechnet wird, beschränkt sich die Verbreitung der Familie auf Australien. In den meisten Teilen des Landes findet man eine Handvoll typischer Arten, und sie gehören zu den häufigsten lokalen Vögeln. Flötenvögel und Würgatzeln bleiben meist das Jahr über in ihren Lebensräumen. Dabei sind die Gruppen häufig größer als einzelne Paare, denn die Jungen bleiben noch lange, nachdem sie selbständig geworden sind, bei ihren Eltern. Dagegen ziehen die Würgerkrähen nach der Brutzeit in großen Gruppen durch die Wälder.

Alle Arten fressen grundsätzlich Insekten. Wird diese Nahrung knapp, geben sie sich jedoch mit Samen und Aas zufrieden. Die Würgatzeln fangen ihre Beute in der Luft, oder sie starten von einem geeigneten Sitzplatz aus und schnappen die Beute auf dem Boden. Dagegen holen sich die Flötenvögel ihre Nahrung, indem sie über den offenen Boden laufen, in der weichen Erde stochern und Stöcke, Kuhfladen oder ähnliche, für Insekten geeignete Versteckplätze umdrehen. Die Würgerkrähen besitzen den größten Schnabel, der zudem dolchförmig gebogen ist. Sie konzentrieren sich auf größere Beute. Man beobachtete sie schon bei der Plünderung von Nestern anderer Vogelarten, und sie töten sogar kleine Passerinen. Alle Vertreter dieser Familie bauen klobige Nester aus Stöcken. Obwohl das Weibchen beim Nestbau und beim Brüten die Hauptarbeit übernimmt, helfen ihm jedoch sein Männchen und andere Mitglieder der Gruppe beim Füttern der Nestlinge und Jungvögel.

Ordnung Passeriformes, Unterordnung Oscines, Familie Ptilonorhynchidae, 8 Gattungen, 19 Arten, Familie Paradisaeidae, 16 Gattungen, 42 Arten

GRÖSSE
Laubenvögel
Kleinste Art Säulengärtner *(Prionodura newtoniana)*, Länge 22 Zentimeter; Gewicht 70 Gramm. Größte Art Graulaubenvogel *(Chlamydera nuchalis)*, Länge 40 Zentimeter; Gewicht 230 Gramm.

Paradiesvögel
Kleinste Art Königs-Paradiesvogel *(Cicinnurus regius)*, Länge 25 Zentimeter; Gewicht 50 Gramm. Größte Art Breitschwanz-Sichelhopf *(Epimachus fastuosus)*, Länge 110 Zentimeter; Gewicht 320 Gramm.

ARTENSCHUTZ
Folgende Arten werden in der ICBP-Liste der bedrohten Vögel aufgeführt: Gelbscheitelgärtner *(Amblyornis flavifrons)*, Rotscheitel-Laubenvogel *(Sericulus bakeri)*, Langschwanz-Paradigalla *(Paradigalla carunculata)*, Breitschwanz-Sichelhopf *(Epimachus fastuosus)*, Schmalschwanz- Paradieselster *(Astrapia mayeri)*, Wahnes-Paradiesvogel *(Parotia wahnesi)* und Lavendel-Paradiesvogel *(Paradisaea decora)*.

LAUBENVÖGEL UND PARADIESVÖGEL

CLIFFORD B. FRITH

Diese beiden Gruppen findet man nur auf Neu Guinea, in Australien sowie auf den Molukken. Dazu gehören einige Arten, deren Verhaltensweisen komplexer sind und deren Befiederung ungewöhnlicher ist als bei irgendwelchen anderen Vögeln. Über lange Zeit wurden Ornithologen in aller Welt von den männlichen Laubenvögeln fasziniert, die kunstvoll ihre Lauben bauen und ausschmücken, und das phantastisch geschmückte Gefieder und die Balz der männlichen Paradiesvögel waren nicht weniger anziehend. Früher einmal hielt man diese beiden Gruppen für eng miteinander verwandt und für Glieder einer Familie. Neue genetische Untersuchungen zeigen allerdings, daß man sie getrennt einordnen muß.

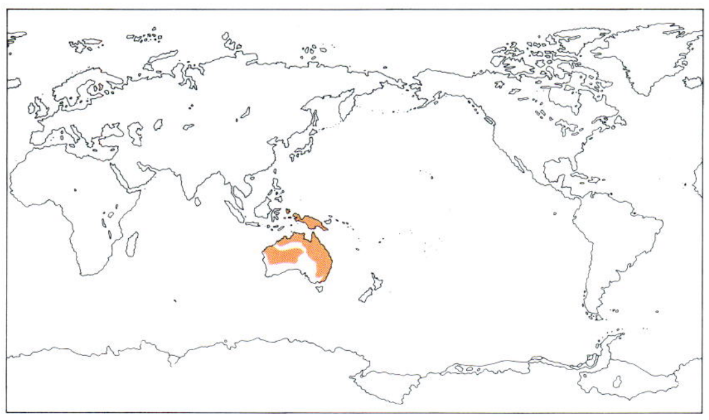

LAUBENVÖGEL

Die Laubenvögel (Familie Ptilorhynchidae) sind enge Verwandte der australischen Leierschwänze, Buschvögel und erstaunlicherweise auch der Baumläufer. Es sind stämmige Vögel mit schwerem Schnabel und kräftigen Füßen. Neun Arten sind typisch für Neu Guinea, wo die Gruppe vermutlich ihrer Ursprung hat, acht findet man nur in Australien, und zwei kommen in beiden Gebieten vor. Drei Arten, die wegen ihres katzenähnlichen Rufes auch Katzenvögel genannt werden, leben monogam. Dabei bilden die Geschlechter Paare, um ein Territorium zu verteidigen und die Jungen zu versorgen. Alle übrigen 16 Laubenvogel-Arten sind polygyn. Die Weibchen besorgen den Nestbau, das Ausbrüten der Eier und die Aufzucht der Jungen allein.

Laubenvögel leben im Regenwald oder in anderen Feuchtwäldern. Lediglich die fünf *Chlamydera*-Arten bewohnen trockene Wälder, Graslandschaften und — in drei Fällen — das trockene australische Binnenland. Während die Erwachsenen überwiegend Früchte fressen, werden die Nestlinge mit wechselnden Anteilen tierischer Nahrung, zumeist Insekten, versorgt. Die Nestlinge der Katzenvögel erhalten nicht selten die Nestlinge anderer Vogelarten zum

Leo Meier/Weldon Trannies

▶ Ein Seiden-Laubenvogel ordnet seine Schätze neu. Deutlich zeigt sich die starke Neigung seiner Art zu blauen Farbe. Wie bei anderen Laubenvögeln ist die Balzfläche mit vielfältigen, kleinen Objekten geschmückt. Häufig findet man darunter Plastik-Strohhalme und ähnlichen Picknick-Abfall.

Frithfoto

Fraß. Einige Arten nehmen außerdem Blüten, Blüten- und Blattknospen und frische Blätter zu sich.

Ihre klobigen Bechernester bauen sie aus Blättern, Farnwedeln und Ranken. Die Nester werden auf einem unsauberen Fundament aus Ästen in einem Busch, einer Baumgabel oder einer Kletterpflanze angelegt. Nur der Säulengärtner *(Prionodura newtoniana)* errichtet sein Nest in einer Baumhöhlung. Es werden ein bis zwei, manchmal auch drei Eier abgelegt und 19 bis 24 Tage lang ausgebrütet.

Einige Experten neigen dazu, den geheimnisumwobenen und möglicherweise ausgestorbenen, neuseeländischen Piopio *(Turnagra capensis)* systematisch zu den Laubenvögeln zu stellen.

PARADIESVÖGEL

Die meist mit einem stämmigen oder langen Schnabel und starken Füßen ausgestatteten Paradiesvögel besitzen im Prinzip das Erscheinungsbild und die Größe einer Krähe. Genetisch besitzt die Familie Paradisaeidae auch mit den Krähen und deren Verwandten die meisten Gemeinsamkeiten. Aufgrund anatomischer Merkmale unterteilt sich diese Gruppe in die Unterfamilie Paradiseinae, die 38 typische Paradiesvogel-Arten umfaßt, sowie in die *Cnemophilinae,* zu denen drei wenig bekannte Arten gehören: Der Loria-Paradiesvogel *(Loria loriae),* der Lappen-Paradiesvogel *(Loboparadisea sericea)* und der Furchenvogel *(Cnemophilus macgregorii).* Sie leben im Regenwald, sowie im Moos- und Sumpfwald und sind auch in der Nähe von Gärten häufig. Früchte bilden den Hauptanteil ihrer Nahrung. Bei einigen Manucodias und beim Furchenvogel sind diese die einzige Nahrung.

Die meisten leben auf dem gebirgigen Neu Guinea sowie auf den unmittelbar benachbarten Inseln. Es gibt jedoch Ausnahmen. So leben der Krähen-Paradiesvogel *(Lycocorax pyrrhopterus)* und der Bänder-Paradiesvogel *(Semioptera wallacii)* auf den Molukken. Der Schild-Paradiesvogel *(Ptiloris paradiseus)* und der Victoria-Paradiesvogel *(P. victoriae)* bewohnen das östliche Australien. Schließlich weitet sich das Verbreitungsgebiet des Pracht- Paradiesvogels *(P. magnificus)* und der Schall-Manucodia *(Manucodia keraudrenii)* über Neu Guinea hinaus auf die Regenwälder von Cape York im Norden Australiens aus.

Man untersuchte einige der typischen Paradiesvögel, bei denen die Geschlechter nahezu gleich (monomorph) aussehen und fand, daß sie monogam leben. Männchen und Weibchen teilen sich die Pflichten am Nest. Daher unterstellt man den monomorphen Krähen-Paradiesvögeln und den beiden Paradigallas ebenfalls eine monogame Lebensweise. Als es mir vor kurzem gelang, eine nistende Kurzschwanz-Paradigalla *(Paradigalla brevicauda)* zu untersuchen, konnte ich nur ein einzelnes Elternteil beobachten, vermutlich das Weibchen. Von den übrigen 30 typischen Paradiesvögeln, die einen Sexualdimorphismus aufweisen, ist etwa die Hälfte polygyn.

Die klobigen Nester bestehen aus Blättern, Farnen, Orchideensprossen und Ranken und werden in einer Astgabel angelegt. Nur wenige bauen Stöcke in ihre Nester; nur beim Furchenvogel wird ein kuppelförmiges Moosnest auf wenigen Stöcken errichtet. Diese Art galt einmal als ein monogamer Laubenvogel. Vor kurzem untersuchte ich jedoch sein Nistverhalten und konnte bestätigen, daß es sich um einen Paradiesvogel handelt, bei dem auch nur ein Elternteil (vermutlich das Weibchen) brütet. Der Königs-Paradiesvogel *(Cincinnurus regius)* unterscheidet sich von den übrigen Arten dadurch, daß er in hohlen Bäumen nistet. Paradiesvögel legen ein bis zwei wunderschön markierte und gefärbte Eier. Diese benötigen bis zum Schlüpfen etwa 16 bis 22 Tage. Die Jungvögel verlassen das Nest im Alter von 16 bis 30 Tagen.

▲ Der Kaiser-Paradiesvogel lebt nur in den Bergen der Halbinsel Huon auf Papua-Neu Guinea.

▼ Der Gelbnacken-Laubenvogel bewohnt die Wälder im zentral-östlichen Bereich Australiens.

Tom & Pam Gardner

Hans & Judy Beste/Auscape International

▶ Ein männlicher Victoria-Paradiesvogel auf dem Höhepunkt seiner außergewöhnlichen Balz. Für seine »Vorstellung« bevorzugt der Paradiesvogel abgebrochene Baumstämme, die sich im dichten Regenwald einige Meter über den Boden erheben.

D. Parer & E. Parer-Cook/Auscape International

▲ Die meisten Vertreter der Gattung Paradisaea, versammeln sich zu Balz in Gruppen, so auch dieser Göttervogel: Ein Baum voller derartiger Vögel, die in gleichzeitiger Balz ihre langen Seitenfedern schütteln und dabei hysterisch rufen, gehört zu den erstaunlichsten Phänomenen, die man bei Vögeln beobachten kann.

SPEKTAKULÄRE PAARUNGSRITUALE

Die Paradiesvögel sind für die spektakulären Schmuckgefieder der Männchen und deren phantastische Balzgesten bekannt. Die Männchen der verschiedenen polygynen Arten umwerben die Weibchen auf unterschiedliche Weise. Am besten kennt man jedoch die Form der Balz, bei der die Männchen sich gruppenweise in einer Balzarena zur Schau stellen. Dies betrifft, bis auf eine einzige Ausnahme, sämtliche »echten« Paradiesvögel der Gattung Paradisaea. Dabei hüpfen und rufen die Männchen dieser Arten auf deutlich sichtbaren Ästen, tanzen im Gleichklang, spreizen ihre Federn und stellen sich zur Schau. Kürzlich zeigten Untersuchungen an den Balzgemeinschaften des Göttervogels *(P. raggiana)*, daß sich die meisten der angelockten Weibchen mit ein und demselben Männchen paaren. Dieses Männchen dominiert also in der Gruppe und ist vermutlich das leistungsfähigste.

Die Männchen einiger anderer Arten, bei denen sich die Geschlechter auffällig unterscheiden, balzen nicht zusammen, sondern verteidigen ein Territorium für sich und balzen allein. So stellt sich etwa beim Kragen-Paradiesvogel *(Lophorina superba)* und bei den Reiffel-Paradiesvögeln ein einzelnes Männchen auf einem Baumstumpf, einem umgefallenen Baumstamm oder einem Ast zur Schau.

Bei den polygynen Arten der Laubenvögel

konstruiert das Männchen eine ausgeschmückte Laube aus Gräsern, Farnen, Orchideen oder Zweigen. Neben diesem Bauwerk ruft und balzt er, um Weibchen anzulocken und zu beeindrucken. Einige erwachsene, männliche Laubenvögel besitzen ein hinreißend farbenprächtiges Gefieder, bei anderen ist es wiederum einheitlich dunkel wie das der Weibchen. Die Männchen mit farbenfrohem Gefieder bauen einfache, die schmucklosen Männchen dagegen sehr komplizierte Lauben. Dies zeigt deutlich, daß die Laubenvögel die sexuelle Anziehung vom Erscheinungsbild des Männchens weg auf einen künstlichen Bau und dessen Ausschmückung hin verlagern.

Es gibt vier Typen von Lauben: Den Platz, die Matte, den Maibaum und die Allee. Nur der Zahn-Laubenvogel *(Scenopoeetes dentirostris)* baut einen »Platz«, indem er einen Bereich des Waldbodens säubert und mit frisch umgedrehten Blättern dekoriert. Die einzige Mattenlaube wird von dem seltenen Archbold-Laubenvogel *(Archboldia papuensis),* einem großen, schwarzen Bewohner des neuseeländischen Hochlandes, hergestellt. Er sammelt auf dem Waldboden eine Matte aus Farnwedeln und schmückt sie mit Schneckengehäusen, den Flügeldecken von Käfern, Pilzen, Holzkohle und anderen Gegenständen. Zusätzlich legt er Orchideensprosse auf die darüberstehenden Zweige. Maibaum-Lauben werden von den vier auf Neu Guinea lebenden Arten von Gärtnern (Gattung *Amblyornis)* konstruiert. Auch der nordost-australische Säulengärtner bedient sich dieser Form der Balz. Die übrigen acht Arten bauen alleenförmige Lauben.

Jean-Paul Ferrero/Auscape International

▲ Der kleinste und lebhafteste Vertreter seiner Familie ist der Königs-Paradiesvogel. Dieser Vogel ist zwar häufig und sehr laut, jedoch im Dickicht, daß er bevorzugt bewohnt, außerordentlich schwierig zu beobachten. Obwohl jedes Männchen für sich allein balzt, befinden sich meist andere Männchen nicht allzu weit entfernt.

Jim Frazier/Mantis Wildlife Films

◀ Ein männlicher Graulaubenvogel leitet ein Weibchen zu seiner Balzfläche. Diese eine Laube bildet ein geschlossenes Portal. Dies ist ungewöhnlich, denn normalerweise lassen die Vögel ihre Lauben oben offen.

Ordnung Passeriformes, Unterordnung Oscines, Familie Corvidae, ca. 20 Gattungen, ca. 130 Arten

GRÖSSE
Kleinste Art
Höhlenhäher *(Pseudopodoces humilis)*, Länge 20 Zentimeter.
Größte Art
Kolkrabe *(Corvus corax)*, Länge 66 Zentimeter.

ARTENSCHUTZ
Auf der ICBP-Liste der bedrohten Vögel werden 12 Arten aufgeführt, darunter: Schmuckhäher *(Cyanolyca pulchra)*, Azur-Blaurabe *(Cyanocorax caeruleus)*, Schmuck-Kitta *(Urocissa ornata)*, Spatelschwanz-Elster *(Crypsirina cucullata)*, Zavattarivogel *(Zavattariornis stresemanni)*, Guamkrähe *(Corvus kubaryi)* und Hawaiikrähe *(C. hawaiiensis)*.

KRÄHEN UND HÄHER

IAN ROWLEY

Bei den Corvidae, der Familie der Krähen, handelt es sich um einen außerordentlich erfolgreichen Zweig der Passerinen, der vermutlich in Australien zu einer Zeit entstand, als dieser Kontinent von der asiatischen Landmasse isoliert war. Erst als die Kontinente vor etwa 20 bis 30 Millionen Jahren enger aufeinander zutrieben, waren Landvögel in der Lage, das Meer zu überqueren, so daß ein Austausch von Arten erfolgen konnte. Kaum hatten die ursprünglichen Corviden Asien einmal erreicht, setzte eine umfangreiche Entwicklung ein, die zu den vielfältigen Formen führte, die sich heute über alle Teile der Welt verbreitet haben. Die etwa 110 Arten lassen sich grob in Krähen (einschließlich Dohlen, Saatkrähen und Raben) Alpendohlen, Tannenhäher, Elstern, Baumelstern und Blauhäher und echte Häher unterteilen.

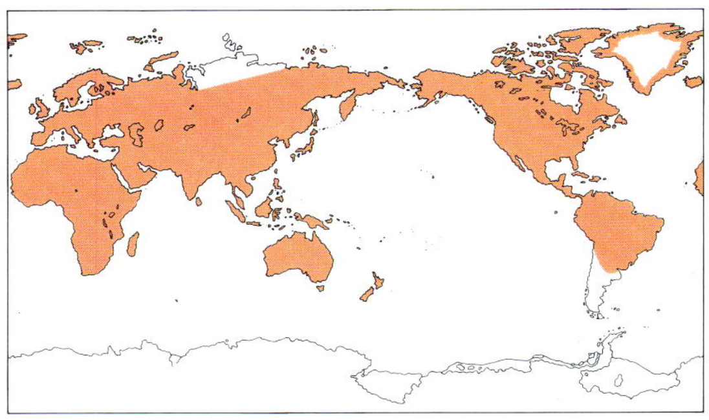

LANGBEINIGE FUTTERSUCHER

Die meisten Corviden sind mittelgroß bis groß und besitzen relativ lange Beine mit einer typischen Beschuppung. Ihre Nasenöffnungen sind mit Borsten bedeckt. Ihre Farben variieren vom traurigen Schwarz des Raben bis zu den leuchtenden Rot- und Grüntönen der asiatischen Elstern. Beide Eltern bauen das Nest und füttern die Jungen, jedoch hockt ausschließlich das Weibchen auf den Eiern und den Nestlingen. Während dieser Zeit wird es vom Männchen ernährt. Viele Corviden verbergen überschüssige Nahrung an Versteckplätzen, die sie häufig verlegen und noch nach langer Zeit benutzen.

Man findet die Vertreter dieser Familie in erster Linie in dichten und offenen Wäldern, auf Buschland und auf Ebenen. Mit ihren langen Beinen können sie rasch über den Boden laufen oder hüpfen und dabei nach Nahrung suchen. Mit ihren starken Schnäbeln stochern sie nach Insekten, reißen Fleisch von Kadavern herunter, sammeln Beeren oder picken herabgefallene Samen auf. Viele kleinere Arten suchen ausführlich im Blätterdach des Waldes, und einige haben sich auf eine besondere Nahrung spezialisiert. So sammeln sie Nüsse und Kiefernsamen, um sie mitunter zu verstecken. Viele Corviden brüten nicht vor ihrem dritten Lebensjahr. In der Zwischenzeit bilden die noch nicht geschlechtsreifen Vögel große Schwärme und fressen, fliegen und ruhen gemeinsam. Dabei suchen sie ein weites Umfeld nach geeigneter Nahrung ab und werden zuweilen zu einer Plage. Bei zahlreichen Arten bleibt ein brütendes Paar lebenslänglich zusammen und verläßt sein Gebiet oder Territorium nicht. Beide Vögel verteidigen ihr Gebiet auch gegen eindringende Artgenossen. Andere Arten, darunter die Saatkrähe *(Corvus frugilegus)*, die Dohle *(C. monedula)* und der Nacktschnabelhäher *(Gymnorhinus cynocephala)* nisten gern in Kolonien. Einige wenige Arten, etwa der Buschhäher *(Aphelocoma coerulescens)* und der Graubrusthäher *(A. ultramarina)* haben eine gewisse Form des Zusammenlebens entwickelt. Sie leben in Gruppen, die aus der Nachkommenschaft der vergangenen Jahre bestehen. Die Jungvögel bleiben noch lange nach Erreichen der Geschlechtsreife in der Familie und helfen den brütenden Paaren bei der Aufzucht der Jungen.

▼ Eine Neuhollandkrähe stößt ihren rauhen, unmusikalischen Ruf aus.

C.A. Henley

DIE GRUPPEN DER CORVIDEN

Die Krähen, Dohlen, Saatkrähen und Raben (40 Arten innerhalb der Gattung *Corvus)* variieren in ihrer Größe von 33 bis 66 Zentimeter. Sie sind im Prinzip schwarz, obwohl man bei einigen Arten auch weiße, graue oder braune Körperteile findet. Diese Gattung ist, mit Ausnahme Südamerikas, auf jedem Kontinent vertreten, und einige Arten leben in enger Nachbarschaft des Menschen. Ich habe beispielsweise Aaskrähen *(C. corone corvix)* dabei beobachtet, wie sie ihre Spiegelbilder in den vergoldeten Kuppeln des Kremls bekämpften, und in Mombasa wurden Fahrradkörbe von Glanzkrähen *(C. splendens)* eingehend untersucht.

Die beiden Alpendohlen (Gattung *Parrhocorax)* erinnern stark an die echten Krähen, besitzen jedoch dünnere Schnäbel; einer ist scharlachrot, der andere gelb. Beide leben in den felsigen Gebieten Eurasiens, entweder an den Küstenkliffen oder im Gebirge. Die meiste Zeit des Jahres über leben sie oberhalb der Baumgrenze und fressen dort Insekten und Beeren.

Im Gegensatz dazu gehören die beiden Arten von Tannenhähern (Gattung *Nucifraga)* zu den ständigen Bewohnern der mit Nadelbäumen bewachsenen Berge. Eine Art lebt in Amerika, die andere bewohnt Europa und Asien. Bemerkenswert sind ihre umfangreichen Vorratslager an Kiefernsamen, von denen sie in starkem Maße abhängig sind, um harte Winter überleben zu können. Das Verbreitungsgebiet der andersartigen, aber sehr ähnlich aussehenden Häher der Gattung *Perisoreus* deckt sich weitgehend mit dem der Tannenhäher.

Die Elster *(Pica pica)* ist ein in den meisten Teilen Nordamerikas, Europas und Asiens durchaus häufiger Vogel. Sie ist leicht an ihrem schwarzweißen Gefieder, dem langen Schwanz und den großen Familiengruppen zu erkennen. Elstern haben gern eine dichte Buschdecke über ihren überdachten Nestern, jedoch sammeln sie ihre Nahrung, Insekten und Samen, auf offenem Land, besonders in landwirtschaftlich genutzten Gebieten und, neuerdings, am Stadtrand. Es kommt vor, daß sie die Eier und Jungvögel aus anderen Nestern rauben. Eine weitere in Kalifornien lebende Art, *P. nuttalli,* ist leicht an ihrem gelben Schnabel zu erkennen. Eine nahe verwandte Art mit einer ähnlichen Lebensweise ist die in Spanien und Ostasien lebende Blauelster *(Cyanopica cyana).*

Die Elstern der Gattung *Cissa* sind von etwa der gleichen Größe wie die echten Elstern, sie besitzen jedoch noch längere Schwänze. Die Schmuck-Kittas sind Bewohner des Dickichts und des offenen Waldes. Man findet sie überall auf dem indischen Subkontinent. Außerdem reicht ihr Verbreitungsgebiet von Südostasien bis nach Taiwan und zu den größeren indonesischen Inseln Java und Borneo. In dieser Gegend leben auch die zu dieser Gattung gehörenden Kinbalu-Elstern im Dschungel und im Wald.

Die zehn Arten von Baumelstern (Gattung *Crypsirina)* sind im wesentlichen ähnlich verbreitet wie die Cissa-Elstern; ihre Färbung beschränkt sich jedoch auf einfache Abstufungen von grau, schwarz und weiß. Sie besitzen schwarze Füße, kräftige, gebogene, schwarze Schnäbel und lange Schwänze. Den größten Teil des Tages verbringen sie auf Bäumen. Dabei bilden sie oft Gruppen mit anderen Vogelarten.

Die echten Häher (drei Arten der Gattung *Garrulus)* besitzen ungewöhnliche, blau und schwarz gestreifte Federn. Diese nur in Europa und Asien lebenden Vögel weisen ein weites Nahrungsspektrum auf. Eine besondere Vorliebe haben sie für Eicheln, die sie zuweilen auch verstecken. Die amerikanischen Blauhäher sind sehr vielfältig, und viele besitzen ein erstaunlich schönes Gefieder. Obwohl die etwa 30 verschiedenen Arten sieben Gattungen zugeordnet werden, haben sie vermutlich gemeinsame Vorfahren. Man findet sie in Amerika von Kanada bis nach Argentinien im Buschland und im Wald. Die meisten Arten fressen bevorzugt Insekten und Früchte, andere haben sich jedoch extrem spezialisiert. So versorgt sich im westlichen Nordamerika der Nacktschnabelhäher, wo immer die Pinon-Kiefer wächst, mit deren Samen, die seine Hauptnahrung bilden. Zudem legt dieser Vogel für die Brutzeit einen Vorrat dieser Samen an.

Wilhelm Möller/Ardea Photographics

▲ Bei der Aufzucht ihrer Jungen arbeiten beide Eltern des europäischen Eichelhähers zusammen. Die Häher, die sich sonst meist geräuschvoll in den Vordergrund drängen, werden zur Nistzeit ganz still und unauffällig.

John Cancalosi/Auscape International

◀ Der Grünhäher, ein lauter, agiler und neugieriger Vogel, lebt in den trockenen Bereichen Zentralamerikas. Häufig besucht er dort Gehöfte, Viehweiden und die Gärten am Stadtrand. Besonders schätzt er das Dickicht der Büsche und die Ufervegetation entlang der Flüsse.

Die Häher der Gattung *Podoces* bilden eine Corvidengruppe für sich. Sie bewohnen die hochgelegenen Wüsten Zentralasiens. Vier Arten besitzen im wesentlichen die Größe der übrigen Häher. Die fünfte jedoch, der Höhlenhäher *(Pseudopodoces humilis)* ist nicht größer als ein Sperling. Schließlich werden drei systematisch schwierige Vögel gegenwärtig den Corvidae zugerechnet, bis man sie besser einordnen kann. Es handelt sich um den äthiopischen Zavattarivogel *(Zavattariornis stresemanni),* den west- und zentralafrikanischen Piapia *(Ptilostomus afer),* sowie den Haubenhäher *(Platylophus galericulatus),* der Malaysia und Indonesien bewohnt.

Seitenzahlen in *kursiv* beziehen sich auf Abbildungen

- A -

Acanthis 217
Acanthisitta chloris 161
Acanthisittidae 158, 161
Acanthiza 197
lineata 197
Acanthizidae 196, 197
Acanthorhynchus 208
Accipiter 78
collaris 74
gentilis 78
minullus 78
nisus 41, 74
novaehollandiae 74
Accipitridae 74, 76, 80
Aceros 151
corrugatus 140, 149
nipalensis 140
subruficollis 140
undulatus 149
Acestrura berlepschi 134
Acridotheres 223
tristis 223
Acrocephalus 192
familiaris 39
paludicola 192
rodericanus 192
sechellensis 192, 194
Acropternis orthonyx 164
Acterioides bougainvillei 140
Adler 26, 39, 41, 74, *75*, 77, 78, 80
Aechmophorus occidentalis 59
Aegithalidae 202-203
Aegithalos caudatus 202
Aegithina 179
lafresnayei 179
tiphia 177
viridissima 179
Aegithinas 177, 178-179
Aegothelidae 130
Aegypius monachus 77, 80
Aepyornithidae 46
Aerodramus 136
elaphra 134
leucophaeus 134
Afropavo congensis 92
Agelaiinae 214
Agelaius
phoeniceus 215
xanthomus 215
Agelastes meleagrides 88
Aglaeactis aliciae 134
Agriocharis ocellata 88, 89
Agriornis albicauda 166
Aimophila quinquestriata 211
Aix
galericulata 85
sponsa 85
Akialoa 216
Alauda
arvensis 171
razae 171
Alaudidae 171-172
Albatrosse 18, 25, 50, 51, 52, 53, 54
Alca
impennis 41, 113
torda 113
Alcedinidae 20
Alcedininae 140
Alcedo
atthis 141
hercules 140
Alcippe variegaticeps 188
Alectroenas pulcherrima 116
Alken 26, 41, 103, *112*, 112-113
Alle alle 113
Alpenschneehühner 31, *90*, 91
Amakihi 218
Amandava subflava 216
Amaranten 220, 222
Amaurocichla bocagii 192
Amazilia castaneiventris 134
Amazona 119
vittata 118
Amazonen 118
Ambiortus 24
Amblyornis 231
flavifrons 228
Ameisendrosseln 165
Ameisenpittas 162, 165
Ameisenschlüpfer 162, 165
Ameisenvögel 27, 38, 162, *162*, 164, *164*
Ameisenwürger 162, 165
Ammern 210, 211, 212
Amodramus 211
Ampelion stresemanni 166, 168
Amseln 186, *186*
Amytornis 196
barbatus 196
dorotheae 196
goyderi 197
textilis 196
Anadorhynchus
hyacinthinus 37
Anairetes alpinus 166
Anarhynchus frontalis 105
Anas 85
aucklandia 81
bernieri 81
formosa 81
laysanensis 39, 81
platyrhynchos 86
wyvilliana 81
Anastomas 70
Anatidae 81
Andropadus importunus 178
Androphobus 198
Anhina cornuta 87
Anis 126
Anodorhynchus 119
glaucus 118
hyacinthinus 118
Anomalospiza imberbis 222
Anorrhinus galeritus *150*
Anous 111
stolidus 112
Anser
caerulescens 83, 84
erythropus 81
indicus 81
Anseranas
semipalmata 82
Anseriformes 25, 81-87
Anthoscopus 202
minutus 202
Anthropoides virgo 96
Anthus 173
chacoensis 171
nattereri 171
sokokensis 171
Anumbi 162
Anumbius annumbi 162
Apalis 193
chariessa 192
Aphelocephala 197
pectoralis 196
Aphelocoma
coerulescens 223
ultramarina 232
Aplonis
cinerascens 223
pelzelni 223
santovestris 223
Apodidae 134
Apodiformes 26, 134-137
Aptenodytes
forsteri 55
patagonicus 56
Apterygidae 46
Apteryx
australis 49
haastii 49
owenii 46, 49
Apus 31
apus 134
melba 134
sladeniae 134
Aquila 78
audax 74
chrysaetos 41, 74
heliaca 74
Ara 119
Arachnothera 207
Aramidae 96-98
Aramus guarauna 96
Aras 37, *37*, 40, 118, 119, *119*, 122, 124
Arassaris 155
Aratinga guarouba 119
Arborophila davidi 43
Archaeopteryx 94
lithographica 23, 23-24
Archboldia papuensis 231
Archilochus colubris 137
Ardea
goliath 67, 68
humbloti 67
imperialis 67
Ardeola rufiventris 68
Arenaria 104
Argentavis magnificens 26
Argusianus argus 92
Arses telescophthalmus 200
Artamidae 227
Artamus 227
minor 226
Ashbyia lovensis 197
Asio
capensis 131
flammeus 131
Aspatha gularis 144
Astrapia
mayeri 228
stephaniae 230
Astrilden 216, 219, 220, *222*
Atelornis crossleyi 140
Athene cunnicularia 128
Atlapetes 211
Atrichornis
clamosus 42, 169, 170
rufescens 169, 170
Atrichornithidae 169-170
Aulacorhynchus
huallagae 152
Auriparus flaviceps 202
Austernfischer 102, 105, *105*
Automolus 163
erythrocephalus 162
Aviceda 77
Aythya
baeri 81
innotata 81
marila 86
valisineria 86

- B -

Bach-Stachelschwanz 163
Bänder-Paradiesvogel 229, 230
Baeopogon
clamans 178
indicator 178
Balaeniceps rex 67, 70
Balearica pavonina *95*
Bandvögel 164
Bankivahuhn 92, 92-94
Bartmeise 190
Barttrappe 95
Bartvögel 152-157, *153*, *154*
Basileuterus 214
cinereicollis 214
Basilornis galeatus 223
Basstölpel 34, *35*, 44-45, 61, *61*, 62, 65
Batara cinerea 162
Batis 195
minima 192
Batrachostomus 132, 133
harterti 130
Baumelstern 232, 233
Baumhopfe 140, 148
Baumläufer 204, *204*
Baumspäher 163
Baumsteiger 27, 162, *162*, *163*, 163-164
Bazas 77
Bentevi, Schwefeltyrann *167*
Bergente 86
Bergfink 217
Berghänfling 217
Bermuda-Sturmvogel 50, 53
Bias musicus 195
Biatas nigropectus 165
Bischofsweber 221
Biziura lobata 83
Blatthühnchen 31, 108, *108*
Blattspäher 162
Blattvögel 177, 178-179
Blauflügelsiva *189*
Bleßhühner 98
Bobolinks 215, *215*
Bokmakiris 180
Bombycilla
cedrorum 182
garrulus 182
japonica 182
Bombycillidae 182
Borstenschwänze 196
Bostrychia
bocagei 67
hagedash 70
Bowdleria punctata 192
Brachschwalben 108-109
Brachvögel 40, 102, *102*, 103-105
Brachypteracias
leptosomus 140
squamiger 140
Brachypteryx hyperythra 185
Brachyramphus 113
brevirostre 113
marmoratus 28, 113
Bradypterus graueri 192
Branta
canadensis 84
ruficollis 81, 83
sandvicensis 81, 82
Braunellen 183, 184
Braunsichler 96-98, *98*
Breitmäuler 38, *158*, 158-161, *159*
Breitschnäbel 166
Breitschwanzschlüpfer 162
Brillenvögel 205, *205*, 207, *207*
Bronzemännchen 220
Brotogeris tirica 121
Bubalornis albirostris 221
Bubalornithinae 221
Bubo
bubo 128
virginiatus 131
Bubulcus ibis 68
Buchfink 31, 216, 217, *217*
Bucconidae 152
Buceros
bicornis 150
rhinoceros 150
Bucerotidae 19, 20, 149
Bucorvus 150
abyssinicus 140, 150
cafer 140, 149
Büffelkopfenten 86
Büffelweber 221
Bülbüls *177*, 177-178, *178*
Bülbülvangas 181
Bündelnister 162
Bürzelstelzer 162, *162*, 164, *164*
Bulweria fallax 53
Buphagus 223
Burhinidae 105-106
Burhinus 106
Buschhuhn 35
Buschmeise 202
Bussard 76, 78, 80
Buteo 78
galapagoensis 74, 75
lagopus 74
platypterus 80
solitarius 75
swainsonii 80

- C -

Cacatua
moluccensis 118
pastinator 121
tenuirostris 119
Cacatuinae 119
Cacicus koepckeae 214
Cactospiza 212
Cairina
moschata 83
scutulata 81
Calcarius lapponicus 211
Calidris minutilla 102, 103
Callaceas cinerea 225
Callaeidae 225
Caloenas nicobarica 114
Calonectris
diomedea 53
leucomelas 53
tenuirostris 53
Calyptocichla serina 178
Calyptorhynchus 122
Calyptomena 159
Camarhynchus 30, 212
pauper 210
Campephaga lobata 176
Campephilus principalis 152
Campylorhamphus 163
Campylorhynchus brunneicapillus 190
Caperphagidae 176
Capito
aurovirens 154
hypoleucus 152
Capitonidae 152
Caprimulgidae 130
Caprimulgiformes 26, 130-133
Caprimulgus 132
centralasicus 130
climacurus 130
donaldsoni 130
noctitherus 130
pectoralis 133
pulchellus 130
vociferus 133
Cardinalinae 210, 212
Cardinalis 212
cardinalis 212
Carduelinae 217-218
Carduelis 217
cucullata 40, 216
Carpococcyx 127
Carpodacus 217
mexicanus 218
Casuariidae 46
Casuarius
bennetti 49
casuarius 48
unappendiculatus 49
Catamblyrhynchinae 210, 212
Catamblyrhynchus diademata 212
Catharacta 109
Catharopeza bishopi 214
Cathartes aura 76
Cathartidae 76
Catharus
minimus 187
ustulatus 187
Cecropis 174
Centrocercus urophasianus 91
Centropodinae 127
Centropus
chlororhynchus 125
rectunguis 125
Cephalopterus
ornatus 166
penduliger 166
Cepphus 113
Ceratogymna
atrata 149
elata 150
Cercomacra 165
Cereopsis novaehollandiae 82
Certhia
americana 204
familiaris 204
Certhidea 212
olivacea 30
Certhiidae 204
Ceryle
alcyon 141
maxima 140
torquata 141
Cerylinae 140
Cettia cetti 193
Ceyx 141
Chaetornis striatus 192
Chaetura 135
pelagica 134
Chaimarrornis leucocephalus 187
Chamaea fasciata 188
Chamaeza 165
Chaparral-Timalien 188
Charadriidae 105
Charadriiformes 26, 102-113
Charadrius
melodus 102
santaehelenae 102
Charmosyna papou 119
Chasiempis sandwichensis 200
Chauna chavaria 81
Chelidoptera tenebrosa 153
Chettusia gregaria 102
Chinesische Nachtigall, Sonnenvogel *189*
Chionis 109
Chiroxiphia 168
Chlamydera 228
nuchalis 228
Chliaonias 110
Chloephaga
hybrida 84
rubidiceps 83
Chlorocichla prigoginei 177
Chlorophoneus 180
Chlorophonia 213
Chloropsis 178
cochinchinensis 178
cyanopogon 178
Chondrohierax uncinatus 76
Chordeilinae 130
Chrysococcyx
cupreus 126
malayanus 125
Chrysolophus
amherstiae 93
pictus 93
Cicinnurus regius 228, 229
Ciconia
boyciana 67
ciconia 41, 70
stormi 67
Ciconiiformes 67-72
Cinclidae 185
Cinclocerthia ruficauda 184
Cinclodes 162
aricomae 162
palliatus 162
Cinclus schulzii 185
Cinnyricinclus femoralis 223
Circaetus gallicus 78
Circus 78
approximans 75
assimilis 78
Cissa 233
Cisticola 192
Cistothorus apolinari 190
Cladorhynchus leucocephalus 107
Clangula hyemalis 82
Climacteridae 204
Clytoceyx rex 140
Clytorhynchus hamlini 199
Cnemophilinae 229
Cnemophilus macgregorii 229
Coccothraustes 217
Coccygus 126
ferrugineus 125
Cochlearius cochlearius 69
Cochoa azurea 185
Colaptes 157
fernandinae 152
Coliiformes 20, 138-139
Collocalia troglodytes 134
Columba
argentina 114
jouyi 117
leuconota 116
livia 116
palumbus 116
versicolor 117
Columbidae 114
Columbiformes 114-117
Conirostrum
margaritae 214
tamarugense 214
Conopophaga 165
roberti 162
Conuropsis carolinensis 119
Copsychus cebuensis 185
Coracias 146
garrulus 146
temminckii 147
Coraciiformes 20, 26, 140-151
Coracina
coerulescens 176
newtoni 176
ostenta 176
schistacea 176
sula 176
tenuirostris 176
Coracopsis 119
Corcoracidae 226
Corcorax melanorhamphus 226
Corvidae 232-233
Corvinella
corvina 180
melanoleuca 180
Corvus
corax 232
corone cornix 232
frugilegus 232
monedula 232
splendens 232
Corydon sumatranus 159
Corythaeola cristata 125
Corythaixoides concolor 125
Corythornis lecontei 1411
Cotinga ridgwayi 166
Cotingidae 168
Coturnix
chinensis 88
coturnix 88, 91
delegorguei 91
Couinae 127
Cracidae 89
Cracticidae 227
Cracticus 227
Creadion carunculatus 39, 225
Crex crex 95
Criniger olivaceus 177
Crotophaginae 126

Crypsirina 233
cucullata 232
hawaiiensis 232
kubaryi 232
Crypturellus
noctivagus 46
saltuarius 46
soui 46
Cucilidae 126
Cuculidae 125, 126
Cuculiformes 26, 125-127
Cuculinae 126
Cuculus canorus 126
Cursorius bitorquatus 102
Cyanerpes 212
Cyanocorax caeruleus 232
Cyanolanius madagascarinus 181
Cyanolyca pulchra 232
Cyanopica cyana 233
Cyanopsitta 119
spixii 40, 118
Cyanoramphus 120, 123
unicolor 120
Cyclarhis 209
Cygnus
buccinator 81, 84
colombianus 83
Cymbirhynchus macrorhynchos 159
Cyornis
hainana 195
herioti 192
Cypseloidinae 135

- D -

Dacelo
leachii 143
novaeguineae 140
Daceloninae 140
Dacnis 212
Daenis
albiventris 210
berlepschi 210
Daphoenositta chrysoptera 204
Daption capense 52
Daptrius americanus 79
Dasyornis
brachypterus 196
broadbenti 196
longirostris 196
Deconychura 163
Degenschnäbler 192
Delichon 175
dasypus 174
nipalensis 174
urbica 31, 174
Dendragapus
canadensis 91
obscurus 91
Dendrexetastes rufigula 163
Dendrocincla 163
tyrannina 164
Dendrocolaptes 163
Dendrocolaptidae 162, 163
Dendrocygna
arborea 81
bicolor 84
Dendroica
chrysoparia 214
kirtlandii 27, 214, 215
petchia 214
Dendronanthus indicus 173
Dendrortyx 91
Diatryma 25
Diacaeidae 205-207
Diacaeum 205
everetti 205
hirundinaceum 206
quadricolor 38
Dickcissel 212
Dickichtvögel 42, 169-170, *170*
Dickköpfe 199, 201
Dickschnabel-Vireos 209
Dicruridae 223, 224
Dicrurus
fuscipennis 223
waldeni 223
Didunculus strigirostris 114
Diglossa 212
Dinornis maximus *25*
Diomedea
albatrus 50, 52
amsterdamensis 50, 52
chlororhynchos 51
chrysostoma 52
epomophora 51
exulans 50
immutabilis 52
irrorata 51
melanophrys 51
nigripes 52
Diomedeidae 51
Dinornithidae 46
Dieselfinken 217
Dohlen 232
Dolichonyx oryzivorus 215
Dommeln 67, 70
Dompfaff 217, 218
Dornschnäbel 197
Dreizehenmöwen 110
Drepanididae 30, 216, 218-219
Drepanidinae 218
Drepanis pacifica 40
Dromaiidae 46
Dromaius novaehollandiae 48
Dromas ardeola 106
Dromococcyx
pavoninus 127
phasianellus 127
Drongos 223, 224, *224*
Dronte 117, *117*
Drosselkrähe 226, 233
Drosseln 28, 33, 34, 185, 186-187, *187*
Drosselstelze 226
Drymodes siperciliaris 198
Drymornis 163
Dryocopus
galeatus 152
pileatus 157
Dschungelschnäpper 195
Ducula 116
aurorae 114
goliath 114
spillorrhoa 116
Dünnschnabel-Säbler 188, 189
Dulidae 182
Dulus dominicus 182
Dumatella carolinensis 183
Dysithamnus 165

- E -

Eclectus roratus 119
Ectopistes migratorius 40, 117
Egretta
ardesiaca 69
eulophotes 67
vinaceigula 67
Eiderente 82, *82*, 83, 86
Einsiedler 117
Eisente 82
Eisvögel 20, *21*, 26, *32*, 140-151, *141*
Elanus 77
Electron carinatum 140
Eleothreptus anomalus 130
Elepaio 200
Elster 232, 233
Emberiza 211
hortulana 211
Emberizidae 210-213
Emberizinae 210-212
Empidonax griseipectus 166
Emu 25, 46, 48-49, *49*
Enicognathus
ferrugineus 120
leptorhynchus 119
Enicurus 187
Enten 18, 25, 31, 36, 81, 82, *82*, *83*, 83-85, 86, 87, *87*
Entenschnepfen 104
Eolophus roseicapillus 121
Eopsaltria pulverentula 201
Epimachus fastuosus 228
Epthianura
aurifrons 197
tricolor 197
Epthianuridae 196, 197
Eremophila 27
alpestris 171
Eremopterix 172
Eriocnemis nigrivestis 42
Erythrura 220
Erythrurinae 219
Esacus 106
magnirostris 106
Estrilda 220
Estrildidae 216, 219-220
Estrildinae 219
Eudromia elegans 48
Eudyptes
robustus 57
schlegeli 57
Eudyptula minor 55, 57
Eulen 17, 19, 26, 32, *33*, 34, 128-133, *129*, *132*, *133*
Eulenpapagei *siehe* Kakapo
Eulenschwalme 130, *130*, 132, 133
Eupetes
caerulescens 198
macrocerus 198
Euphagus carolinus 215
Eupherusa poliocerca 134
Euphonia 213
laniirostris 212
Euplectes progne 216, 222
Euptilotis neoxenus 138
Eurocephalus 181
Eurostopodus diabolicus 130
Euryceros prevostii 181
Eurylaimi 148-161
Eurylaimidae 38, 158
Eurynorhynchus pygmaeus 103
Eurypga helias 100
Eurypgidae 100
Eurystomus 146
azureus 147
orientalis 146
Eutrichomyias rowleyi 38, 199
Eutriorchis astur 74
Excalfactoria adansonii 91

- F -

Fächerschwänze *199*, 199-200
Falco 79
eleonorae 75
naumanni 74, 80
novaezeelandiae 75
peregrinus 19, 27, 41, 79
punctatus 74
rusticollis 79
Falconidae 79
Falconiformes 26, 74-80
Falculea palliata 181
Falcunculus frontatus 201
Falken 19, 26, 27, 36, 41, *41*, 74, 75, 79
Farnsteiger 192
Fasanen 25, 31, 38, 88, 92-94
Faulvögel 152, 153, *154*
Feenvögel 177, 178-179, *179*
Feigenpirole 223, *224*
Feldlerche 171, *171*
Ferminia cerverai 188, 190
Fettschwalm 129, 130, 131, 132, 133, 136
Feueraugen 162
Ficedula
collaris 195
harterti 192
hypoleuca 195
Finken 30, *30*, 32, 34, 36, 39, 210-213, 219, *220*, 216-222, *221*
Finschia novaeseelandiae 197
Fischadler 26, 41, 76
Flachschnäbel 200
Flamingos *8-9*, 26, 67, 72, *73*
Flammenköpfe 168
Fliegenjäger 166
Fliegenstecher 166
Flöter 198
Flöter 198, *198*
Flughühner *114*, 114-117
Formicariidae 38, 162
Formicarius 165
Foudias flavicans 216
Francolinus ochropectus 88
Frankoline 88, 91
Fratercula 113
Fregata
andrewsi 61, 66
aquila 41, 61, 66
ariel 66
Fregattvögel 41, 42, 61, 66
Fringilla
coelebs 31, 217
montifringilla 217
teydea 216, 217
Fringillidae 216, 217-218
Fringillinae 217
Fruchttauben 28
Fulmarus
glacialis 52
glacialoides 52
Furnarii 162
Furnariidae 162
Furnarius rufus 162

- G -

Gänse *12-13*, 25, 81, 82, *82*, 83, 85, *85*
Gänsesäger 87
Galbula ruficauda 153
Galbulidae 152
Gallicolumba
ferruginea 117
norfolciensis 117
Galliformes 25, 88-94
Gallirallus australis 98
Gallitos 164
Gallus gallus 94
Gansus 24
Garrulus 233
Garten-Fächerschwanz 199, *200*
Gaukler 78, *79*
Gavia
adamsii 58, 59
arctica 59
immer 59
pacifica 59
stellata 58
Gaviiformes 58-59
Gebirgs- und Schneehühner 91
Geier 26, 34, 74, 76, 77, *77*, 78, 80
Gelbbürzelmamo 40, 218
Gelbkehlchen 214
Gelbköpfchen 197
Gelbnasen-Albatros *52*, *52*
Gelbohr-Arassari 152
Gelbschenkel 104
Gelochelidon nilotica 111
Geopelia cuneata 114
Geopsittacus occidentalis 118
Geositta poeciloptera 162
Geospiza 211
difficilis 30
fortis 30
fulginosa 30
magnirostris 30
scandens 30
Geothlypis flavovelata 214
Gerfalke 79
Geronticus
calvus 67, 70
eremita 67, 71
Gerygone 197
hypoxantha 196
Gerygonen 196, 197
Gimpelhäher 226
Girlitze 40, 217, 218
Gischtläufer 104
Glanzvögel 28, 152, *152*, 153, *153*
Glareolidae 108-109
Glaucidium minutissimum 128
Glyporynchus spiurus 163
Goldammer *210*
Goldköpfchen 202
Goldspechte 152, 157
Goldzeisig 217, *217*
Gon-Gon 50
Gorsachinus
goiagi 67
magnificus 67
Goura 116
victoria 114
Grackeln 214
Grallaria 165
gigantea 162
Grallaricula 165
lineifrons 162
Grallina
bruijni 226
cyanoleuca 226
Grallinidae 226
Granatina ianthinogaster 222
Grandala coelicolor 187
Grandalas 187
Grasmücken 27, 192-194, *194*, 197 / Wood 214, *215*
Grassänger 192
Grasschlüpfer 196
Grau-Lärmvogel 125
Graubrust-Tachuri 166
Graukehl-Nikator 177
Graulappenvogel 225
Graydidascalus brachyurus 119
Greifvögel 31, 74-80
Grenadier 161, *161*
Großfußhühner 18, 88-89
Grünfink 217
Grünschenkel 102, 104
Gruidae 95-96
Gruiformes 25, 95-101
Grundammer 211, *211*
Grus
americana 43, 95, 96
antigone 95, 96
canadensis 95
japonensis 95, 96
leucogeranus 95
Guans 88, 89
Gubernatrix cristata 210
Guirakukucke 126
Gygis alba 112
Gymnogyps
californianus 74
Gymnorhina 227
tibicen 227
Gymnorhinus cyanocephala 232
Gypaetus barbatus 77
Gypohierax angolensis 78
Gypopsitta vulturina 124
Gyps 77
coprotheres 74

- H -

Habia 212
atrimaxillaris 210
gutturalis 210
Habichte 26, 32, 33, 74, 75, 78, 80
Häher 232-233, *233*
Häherlinge 189
Haematopodidae 105
Hänfling 217
Haematopus
chathamensis 102
meadewaldoi 102
Hagedasch 70
Hakenschnäbel 212
Halbgänse 84
Halcyon
australasia 140
gambieri 140
godeffroyi 140
hombroni 140
ruficollaris 140
sancta 142
Haliaeetus 77
leucocephalus 77, 80
leucoryphus 74
vociferoides 74
Halietor pygmaeus 61
Halobaena caerulea 53
Halocyptena microsoma 50
Halsbandsittiche 118, *120*, 121
Hammerhuhn 89
Haplophaedia lugens 134
Harpia harpyia 38, 74, 78
Harpyhaliaetus coronatus 39
Hauben-Gudilang 201
Heckenbraunelle 184, *184*
Heliopais personata 95
Heliornithidae 99-100
Helmitheros vermivora 214
Helmvanga 181
Hemignathus
lucidus 216
procerus 216
virens 218
Hemimacronyx
chloris 171, 173
sharpei 173
Hemiprocne 136
Hemiprocnidae 134
Hemipus 176
Henicopernis infuscata 74
Hesperornis 24, *24*
Heteralocha acutirostris 225
Heteromirafra
archeri 171
ruddi 171
sidamoensis 171
Heteronetta atricapilla 83
Hieraaetus 78
Hihi 27, 39, *39*, 205
Himantopus
himantopus 107
novaezealandiae 102
Hirundapus
caudacutus 134
celebensis 134
Hirundinidae 174-175
Hirundo 174, *175*
megaesis 174
perdita 43, 174
Histrionicus histrionicus 87
Hoatzin 94, *94*
Höhenläufer 109
Höhlenschwalme 130, *131*, 132, 133
Hokkohühner 88, 89
Hokkos 89, *89*
Honiganzeiger 152, 155, 178
Honigfresser 28, 205, *205*, 208, *208*
Honigfresser 27, 223
Hopflappenvogel 225, *225*
Horsfield-Lerche 171
Houbaropsis bengalensis 95, 98
Hühnergänse 81, 84
Hühnervögel 88-94
Huethuet 164
Hydrobatiidae 51
Hylexetastes 163
Hylomanes momotula 144
Hylopezus 165
Hylophilus 209
Hypocoliidae 182
Hypocolius ampelinus 182
Hypopyrrhus pyrohypogaster 214
Hypositta corallirostris 180
Hypothymis
coelestis 199
helenae 199
Hypsipetes 178
olivaceus 177
siquijorensis 177

- I -

Ibadan-Weber 216
Ibidorhynchus struthersi 106-107
Ibisschnäbel 106-107
Ibisse 26, 67, 70-71, 72
Ichthyophaga 77
Ichthyornis 24
Icteria virens 214
Icteridae 214-215
Icterinae 214
Icterus
bonana 214
icterus 162, 214
spurius 214
Idioptilon kaempferi 166
Iiwi 218, *219*
Indicator 178
indicator 155
Indicatoridae 178
Indicoridae 152
Infrita 198
Irena
cyanogaster 178
puella 177, 178
Irenidae 177, 178-179
Ixobrychus minutus 67

- J -

Jabouilleia danjoui 188
Jacamaralcyon tridactyla 152
Jacanidae 108
Jacky Winter 201
Jägerliest 140, 143
Juan Fernandez-Kolibri 134
Jubula lettii 129
Junco 211
Jynx 157

- K -

Kagu 95, 100
Kakadus 121, *123*
Kakadus 118, 123, 124
Kakapo 38, 118, 122, 123, 124, *124*
Kamm-Blatthühnchen *108*
Kampfläufer 104, *105*
Kanarenschmätzer 185
Karakaras 79, *79*, 80
Kardinäle 210, 212
Kassiken 214
Kasuar 25, 46, 48-49
Helm- 48
Bennett- 49
Einlappen- *48*, 49
Katzendrosseln 183, 228
Kea 121, 123
Keilschwanzhühner 91
Kernknacker 212, 216, 217
Ketupa blakistoni 128
Kiebitze 102, *103*, 105
Kiwis 25, 32, 46, 49, *49*
Kleiber 180, 193, 204
Kleidervögel 27, 30, *218*, 218-219, *219*
Kleinalken 113
Klippenvögel *167*, 168
Knutts 104, *104*
Kolibris 14, *15*, 30, 33, 134-137, *135-137*

Kondore 74, 76, *76*
Kormorane 25, 33, 61, *65*, 65-66
Krähen 34, 229, 232-233 / BALD 188, 190
Krähenscharbe *siehe* Kormorane
Kraniche 43, *95*, 95-101, *96*, *97*
Kreuzschnäbel 27, *216*, 217, 218
Krickenten 81, *85*
Krontauben *116*
Kuba-Fink 211
Kuhstärlinge 214
Kukucke 26, 125-127, *126*, *127*, 162
Kuckucksweber 222
Kurol 147

- L -

Lagonosticta
rara 222
senegala 220
Lagopus 31
lagopus 91
Lalage 176
Lalagen 176
Lamprotornis 223
Langlappen-Schirmvogel 166
Laniidae 180-181
Lanio 212
Lanius 180
Lappenpittas 158, *158*, 159
Lappenschnäpper 42, 192, 195
Lappentaucher 22, 25, *34*, *36*, 39, 58, *59*, 59-60, *60*
Lappenvögel 225
Laridae 109-110
Larosterna inca 111
Larus
marinus 102
philadelphia 110
relictus 102
Lathamus discolor 119
Latoucheornis siemsseni 211
Laubenvögel 27, *228*, 228-229, *229*, *231*
Laubwender 163
Laufhühnchen 95, *101*
Laufhühnchen 95, 101
Laysan-Rohrsänger 39
Leierschwänze 27, 35, *169*, 169-170
Leipoa ocellata 88
Leocosticte 217
Lepidocolaptes 163
Lepidopyga lilliae 134
Leptitila ochraceiventris 114
Leptoptilos
dudius 67
javanicus 67
Leptosomus discolor 147
Lerchen 27, 171-172
Lerchenstärlinge 28, 214
Leucopeza semperi 214
Leucopsar rothschildi 223
Leucopternis polionota 74
Limnodromus semipalmatus 102
Limnothlypis swainsonii 214
Liosceles thoracicus 164
Lipaugus 168
Loboparadisea sericea 229
Lochmas nematura 163
Löffelenten 85
Löffler 7, 67, *71*, 71-72
Lonchura striata 220
Lonchurinae 219
Lophorina superba 230
Lophortyx californica 91
Loria loriae 229
Loriinae 119, 122
Loris 118, *118*, *120*, 119, 121, 122
Loxia 217
curvirostra 27
Loxigilla 211
Loxioides bailleui 218
Lummen 113
Lunda cirrhata 113
Luscinia megarhynchos 187
Lybius 154
Lycocorax pyrrhopterus 229

- M -

Machaerhamphus alcinus 76
Machaerirhynchus 200
Macrocephalon maleo 89
Macrodipteryx
longipennis 130
vexillaria 130
Macronectes
giganteus 53
halli 52
Macronyx 173
ameliae 173
aurantiigula 173
capensis 173
croceus 173
flavicollis 173
fuelleborni 173
grimwoodi 173
Macropsalis creagra 130
Madagaskarstrauß 46
Madanga ruficollis 205
Madeira-Sturmvogel 50, 53
Madenhacker 223
Mahalis 221
Mainas 223
Makawa-Bartvogel 152
Malaconotinae 180
Malaconotus 180
alius 180
gladiator 180
kupeensis 180
monteiri 180
Malacorhynchus membranaceus 82
Malimbus
ballmanni 216
ibadanensis 216
Maluridae 196-197
Malurus 196
coronatus 196
cyaneus 197
Manorina melanocephala 208
Manucodia 229
Manucodia keraudrenii 229
Margarops
fascatus 184
fuscus 184
Marmaronetta angustirostris 81
Marmelalk 28, 102, 113
Maskenralle 95, 99-100
Mauerläufer 204
Mauersegler 15, 26, 31, *134*, 134-137
Mausvögel 20, *138*, 138-139
Mayadestes lanaiensis 185
Megadyptes antipodes *55*, *57*
Megalaima 155
haemacephala 155
javensis 152
Megalurus pryeri 192
Megapodius pritchardii 89
Megaxenops parnaguae 163
Meisen 31, 34, 36, 190, 201, *202*, 202-203, *203*
Meisen-Dickkopf *200*, 201
Melaenornis annamarulae 192, 195
Melampitta 198
Melamprosops phaeosoma 216
Melanerpes 157
formicivorus 157
Melanochlora sultanea 202
Melanopareia 164
Melanoptila glabirostris 183
Melanospiza 211
Melanotis hypoleucos *183*
Meleagris galloparo 89
Melidora macrorrhina 140
Melignomon eisentrauti 152
Meliphagidae 205, 208
Mellisuga helenae 14, 134
Melophus lathami 211
Melospiza 211, 212
melodia 211
Meniceros birostris 151
Mennigvögel 176
Menura
alberti 169
novaehollandiae 169
Menuridae 169-170
Mergus
merganser 87
octosetaceus 81, 87
squamatus 81
Merops
apiaster 145
breweri 145
malimbicus 144
nubicoides 144
nubicus 144
ornatus 145
persicus 145
Merulaxis 164
stresemanni 162
Mesiten 100-101
Mesitornithidae 100-101
Metabolus rugensis 199
Micrastur 79
Micrathene whitneyi 131
Microcerculus ustulatus
Microeca
flavigaster 201
leucophaea 201
Microgoura meeki 117
Microhierax
fringillarius 74
latifrons 74
Micropanyptila furcata 134
Micropsitta 123
pusio 118
Milane 74, *75*, *76*, *77*
Milvus migrans 77
Mimidae 183-184
Mimodes graysoni 183
Mimus polyglottus 183
Mirafra
ashi 171
degodiensis 171
javanica 171
Mistelfresser 206
Mistelfresser 38, *205*, 205-207
Mniotilta varia 214
Moas *25*, 46
Modulatrix orostruthus 185
Mönchsraupenfänger 176
Möwen *18*, 26, 34, 36, 102, 109-110, *110*
Möwensturmvögel 35, 52, 53, *53*
Mohioua
albicilla 197
ochrocephala 197
Moho
bishopi 205
braccatus 205
Moos-Timalie 188, 189
Mückenfänger 192
Mückenfresser 162, 165
Mohouinae 197
Molothrus 214, *215*
ater 215
bonariensis 215
Momotidae 143
Momotus aequatorialis 144
Monarcha
atra 199
boanensis 199
brehmii 199
everetti 199
melanopsis 201
Monarchidae 200-201
Monarchen 199-201, *200*, *201*
Monasa 153
atra 153
Monticola 187
bensoni 185
Montifringilla 222
Motacilla
capensis 173
cinerea 173
citreola 173
clara 173
flava 173
flaviventris 173
Motacillidae 171, 172-173
Muscicapidae 192, 194-195
Muscicapa
lendu 192
parva 194
striata 194
strophiata 194
Muscicapinae 192, 194-195
Musophagidae 125
Mycteria cinerea 67
Myiagra
cyanoleuca 201
freycineti 39, 199
Myioborus 214
pariae 214
Myiopsitta monachus 121
Myiornis ecaudatus 166
Myrmeciza 165
griseiceps 162
Myromothera 165
Myromotherula 165
Myzomela 208
kuehni 205

- N -

Nachtigallen 35, 187
Nandu 25, 46, 47-48
Nannopterum harrisi 61, 65
Nasica longirostris 163
Nashornvögel 19, 20, *20*, 38, 140, *149*, 149-151, *150*, *151*
Nectarinia 207
rockefelleri 205
Nectariniidae 205, 207, 208
Nektarjalas 158, 159
Nektarvögel *14*, 205, *295*, 206, *206*, *207*, 208
Neodrepanis
coruscans 159
hypoxantha 158, 159
Neomorphinae 126
Neomorphus radiolosus 125
Neophema 121
chrysogaster 118
Neophron percnopterus 77
Neosittinae 204
Neospiza concolor 216
Nesillas aldabranus 192, 194
Nesoctites 157
Nesoenas mayeri 114
Nesospiza wilkinsi 210
Nestor notabilis 121
Nettapus 85
coromandelianus 81
Nicator gularis 177
Ninox 129, 131, 133
connivens 128
Nipponia
nippon 67, 71
Nothoprocta
kalinowskii 46
ornata 48
taczanowskii 46
Nothura minor 46
Notiomystis cincta 27, 39
Notornis mantelli 98
Nucifraga 233
Nukupuu 216
Numenius
borealis 102
madagascariensis 103
tenuirostris 40, 102
Numida meleagris 94
Nyctea scandiaca 131
Nyctibiidae 130
Nyctibius
aethereus 130
bracteatus 130
leucopterus 130
Nycticorax nycticorax 70
Nyctyornis 145
Nymphensittich 118, 119
Nymphicus hollandicus 119

- O -

Oceanites oceanicus 54
Ocxeanodroma
hornbyi 50
macrodactyla 50
markhami 50
matsudairae 54
Odontophorus 91
Oenanthe oenanthe 187
Olivbürzel-Tachuri 166
Olomao 185
Olor buccinator siehe Cygnus buccinator
Onychognathus 223
o'o 205
Ophrysia superciliosa 88
Orange-Trupial 162, 214, 223-224
Oreoica gutturalis 201
Oreomystis bairdi 218
Oreortyx picta 91
Organisten 212
Origma solitaria 197
Oriolidae 223-224
Oriolus
isabellae 223
mellianus 223
Oropendolas 28, 214
Ortalis erythroptera 88
Orthonychidae 198
Orthonyx 198
spaldingii 198
temminckii 198
Orthotomus 193
Oscines 169-233
Otididae 98-99
Otis tarda 95
Otus 131, 132, 133
albogularis 131
alfredi 128
roboratus 131
Ou 216
Oxyruncus cristatus 168
Oxyura
jamaicensis 83
leucocephala 81

- P -

Pachycephala
lanoides 201
meyeri 199
pectoralis 201
rufiventris 201
rufogularis 199
Pachycephalidae 201
Pachyptila
crassirostris 53
turtur 53
Pagodroma nivea 52
Palila 218
Palmenschwätzer 182, *182*
Pandion haliaetus 41, 76
Panthervögel *28*, 205, 206
Panurus biarmicus 190
Papageiamadinen 219, 220
Papageien 15, 26, 27, *27*, 28, 31, 37, 38, 40, 118-125, *121*, *122*
Papageientaucher 26, *103*, 113, *113*
Papageischnäbel 188, 190, 216, 218
Parabuteo unicinctus 78
Paradieselstern 228, 230
Paradiesschnäpper 38
Paradiesvögel 38, 228, *229*, 229-231, *231*
Paradigalla
brevicauda 229
carunculata 228
Paradigallas 229
Paradisaea 230, *230*
decora 228
raggiana 230
Paradisaeidae 38, 229-231
Paradiseinae 229
Paradoxornis 212
guttaticollis 190
Paradoxornithinae 188
Pardalotus 206
quadragintus 205
Paridae 202-203
Paroreomyza
flammea 216
maculata 216
Parotia 230
wahnesi 228
Parulidae 214
Parus 202
ater 31
atricapillus 203
caeruleus 31, 203
cyanus 203
holsti 202
inornatus 31
major 31, 203
nuchalis 202
rufescens 31
Passer
domesticus 222
eminibey 222
Passeridae 216, 219, 222
Passeriformes 26, 158-133
Passerina 212
cyanea 212
Passerinen 158
Patagona gigas 136
Pauraque 130
Pavo 93
cristatus 88
muticus 93
Pedionomidae 101
Pedionomus torquatus 95, 101
Pelecaniformes 61-66
Pelecanoides 54
garnoti 50
Pelecanoididae 50, 51
Pelecanus
conspicillatus 61, 64
crispus 61, 64
erythrorhynchos 61
occidentalis 41, 64
onocrotalus 64
philippensis 61, 64
rufescens 64
Pelikane 25, 31, 33, 41, 61-66, *63*, *64*
Penelope perspicax 88
Perdix perdix 91
Pericrocrotus 176
Perisoreus 233
Perlenfasan 88, 92
Perlhühner 88, 94, *94*
Pernis 76
Petrochelidon *174*
Petroica
macrocephala chathamensis 201
multicolor 201
phoenica 201
rosea 199
traversi 201
Petroicidae 201
Petronia 222
Pezophaps solitaria 117
Pezoporus wallicus 121
Pfau 35, 88, 92, 92-94
Pfeifenten 85
Pflanzenmäher 166, 168, *168*
Phacellodomus rufifrons 162
Phaenicophaeinae 126
Phaenicophaeus pyrrhocephalus 125
Phaeothlypis fulvicauda 214
Phaethon
genus 63
lepturus 61
Phaethonitidae 61
Phainopepla nitens 182
Phalacrocoracidae 61
Phalacrocorax carunculatus 61
Phalaenoptilus nuttallii 133
Phalaropus 104
tricolor 104
Phaps histrionica 116
Pharomachrus 139
mocinno 138
Phasianus colchicus 93
Phedina borbonica 175
Pheucticus 212
ludovicianus 212
melanocephalus 212
Phibalura flavirostris 166
Philepitta
castanea 159
schlegeli 159
Philepittidae 158, 159
Philesturnus carunculatus 27
Philetarius socius 221
Philomachus pugnax 104
Phylidor 163
fuscus 165
novaesi 162
Phleocrytes melanops 162
Phodilus prigoginei 128
Phoebetria 51
fusca 52
palpebrata 52
Phoenicoparrus
andinus 72
jamesi 72
Phoenicopteriformes 72-73
Phoenicopterus
minor 72
ruber 72, 73
Phoeniculidae 148
Phoeniculus
bollei 148
castaneiceps 148
purpureus 149
Pholailus 129
Phororhacos 95
Phylidonyris novaehollandiae 208
Phyllastrephus 177
apperti 177
cinereiceps 177
debilis 177
leucolepis 177
tenebrosus 177
Phylloscartes roquettei 166
Phylloscopus 192, *194*
borealis 192
trochilus 192
Phytotoma 168
raimondii 166
Piapia 233
Pica
nuttalli 233
pica 233
Picathartes
gymnocephalus 190
oreas 190
Picathartinae 188
Picidae 152
Piciformes 152-157
Picoides
borealis 27, 152
major 28, 157
pubescens 157
Picumnus 157
squamulatus 152
Picus rabieri 152
Pieper 171, 172-173, *173*
Pinaroloxias 212
Pinguine 2-3, 25, *29*, 32, *55*, 55-57, *56*, *57*
Pinicola 217
Piopio 229
Pipilo 211

Pipridae 167
Piprites pileatus 166
Piranga 212-213
Pithecophaga jefferyi 78
Pithys albifrons 164
Pitohui cristatus 201
Pitta
anerythra 158
angolensis 160
brachyura/moluccensis 161
ellioti 158
erythrogaster 161
gurneyi 43, 158
iris 160
kochi 158
nympha 158
reichenowi 160
schneideri 158
steerii 158
superba 158
versicolor 160
Pittas 43, *43*, *158*, 158-161, *160*
Pittasoma 165
Pittidae 158
Pituhui 201
Pityriasis gymnocephala 227
Platalea
ajaja 72
alba 72
flavipes 72
leucorodia 72
minor 67, 72
regia 72
Platycercus
elegans 124
eximius 121
flaveolus 119
Platylophus galericulatus 233
Platysteira 195
blissetti 195
laticincta 42, 192, 195
Platysteirinae 192, 195
Platyzpiza 212
Plectrophenax nivalis 211
Plectropterus 85
Ploceidae 216, 219, 221-222
Plocepasser mahali 221
Plocepasserinae 221
Ploceus
aureonucha 216
batesi 216
cucullatus 221
nicolli 216
nigrimentum 216
Pluvianus aegyptius 108
Pnoepyga pusilla 189
Pogardus 132, 133
papuensis 130
strigoides 132
Podiceps
(nigricollis) andinus 58
cristatus 59
gallardoi 58
grisegena 59
major 58
nigricollis 60
taczanowskii 58, 60
Podicipediformes 59-60
Podilymbus gigas 58
Podoces 233
Poephilinae 219
Pogoniulus 154
makawai 152
Poicephalus
flavifrons 121
meyeri 121
Polihierax 79
Polioptlia
caerulea 192
lembeyei 192
Polioptilinae 192
Polytelis
alexandrae 119
anthopeplus 119
Pomarea
dimidiata 199
iphis 199
mendozae 199
nigra 199
whitneyi 199
Pomatorhinus 189
Pomatostomus 188, 189
halli 188
Poo-Uli 216
Porzanula palmeri 39
Präsident des Schmutzes 163
Prinia 192, 193
Prioniturus 119
Prionochilus 205
Prionodura newtoniana 228
Prionopinae 180
Prionops 181
gabela 180
Probosciger 122
Procellaria 53
parkinsoni 39, 50, 53
westlandica 50
Procellariidae 51
Procelsterna cerulea 111
Progne 175
Promerops 223
cafer 27
Prosobonia concellatus 102
Prunella modularis 184
Prunellidae 183, 184
Psalidoprocne 175
Psaltriparus minimus 202
Psarisomus dalhousiae 159
Psarocolins bifasciatus 214
Psephotus
chrysopterygius 27, 118
haematonotus 121
pulcherrimus 118
Pseudibis
davisoni 67
gigantea 67
Pseudocalyptomena graueri 158
Pseudochelidon
eurystomina 175
sirintarae 174, 175
Pseudocolaptes lawrencei 163
Pseudonestor xanthophrys 216, 218
Pseudopodoces humilis 232, 233
Psilorамphus guttatus 164
Psittacidae 37
Psittaciformes 15, 26, 118-125
Psittacula 124
derbiana 121
eques 118
himalayana 120
krameri 120
longicauda 119
Psittirostra psittacea 216
Psittirostrinae 218
Psophodes 198
cristatus 198
occidentalis 198
olivaceus 198
Pterocles
alchata 115
namaqua 115
Pteroclididae 114
Pterocnemia pennata 47
Pterodroma
atterrima 50, 53
axillaris 50
becki 50
cahow 50, 53
cooki 39, 50
defilippiana 50
feae 50
hasitata 50
macgillivrayi 42, 50
madeira 50, 53
magentae 50, 53
phaeopygia 50
pycrofti 50
Pteroglossus torquatus 155
Pteropodocys maxima 176
Pteroptochos 164
Ptilinopus 116
layardi 116
luteovirens 116
roseicapilla 114
victor 116
Ptilogonatidae 182
Ptilonorhynchidae 228-229
Ptilonorhynchus violaceus 231
Ptiloris
magnificus 229
paradiseus 229
victoriae 229
Ptilostomus afer 233
Puffinus 53
auricularis 50
creatopus 50
heinrothi 50
newelli 50
Purpureicephalus spurius 119
Purpurrücken-Kolibri 134
Purpursegler 134
Pycnonotidae 177-178
Pycnonotus 178
barbatus 178
jocosus 177
nieuwenhuissii 177
Pygarrhichas albogularis 163
Pygoscelis
adeliae 57
antarctica 57
papua 56, 57
Pyrenestes ostrinus 220
Pyriglena atra 162
Pyrrhocorax 233
Pyrrhula 217
Pyrrhura cruentata 118
Pyrroglaux podargina 131
Pytilia melba 220

\- Q -

Quelea quelea 221
Quetzal 138, 139, *139*
Quiscalus 214
mexicanus 215
quiscula 215

\- R -

Raben 232
Racken 26, 140, *145*, 145-147, *146*, *147*
Rallen 25, 39, 95, 98, 99
Rallenläufer 198
Rallidae 98
Rallus owstoni 39
Ramphastidae 152
Ramphastos
ambiguus 152
tucanus 152
Ramphocaenus melanurus 192
Ramphocinclus brachyurus 183, 184
Raphidae 114
Raphus
cucullatus 117
solitarius 117
Ratiten (Laufvögel) 18, 24, 46-49
Raupenfresser 176, *176*
Raupenschmätzer 176
Rebhuhn 43, 91
Recurvirostra 107
Recurvirostridae 107
Regenbrachvogel 104
Regenpfeifer 26, 102, *103*, 105, 108
Regulus
calendula 192
satrapa 192
Reiher 31, 41, *67*, 68, 67-73, *68*
Reiherläufer 106, *106*
Remiz pendulinus 202
Remizidae 202-203
Rennell-Würgermonarch 199
Rennkukuck 126
Rennvögel 102, 108-109
Rhabdornis grandis 204
Rhabdornithidae 204
Rhagologus leucostigma 201
Rheidae 46
Rheinartia ocellata 88, 92
Rhinocrypta 164
Rhinocryptidae 162, 164
Rhinomyias albigularis 195
Rhinoplax vigil *150*
Rhipidura
fulginosa 199
hypoxantha 199
leucophrys 199
malaitae 199
rufifrons 199
Rhipiduridae 199-200
Rhodonessa caryophyllacea 81
Rhostrhamus sociabilis 75
Rhynchops 112
Rhynchopsitta pachyrhyncha 118
Rhynchotus rufescens 48
Rhynochetidae 100
Rhynochetos jubatus 95, 100
Rhyticeros everetti 140
Riesensteigschnabel 163
Rindenpicker 163, 198, *198*
Riparia 175
Rissa 110
Rodriguez-Weber 216
Röhrennasen 50
Rohrschlüpfer 162
Rollandia micropterum 60
Rosakakadu 121
Rosellas *118*, 121, 124
Rosengimpel 217
Rostratula 107
Rosttöpfer *162*
Rosttöpfer 162
Rotaugen-Ameisenvogel *165*
Rotdrossel 187
Rotfuß-Atlaswitwe 222
Rotkehlchen und Verwandte 18, *43*, 185, 186, *186*, 187, *189*, 199
Rotschenkel 104
Ruderenten 87
Rukia longirostra 205
Rupicola 168

\- S -

Saatkrähen 232
Säbelschnäbler 26, 107
Säger 81, *81*, 82, 86, 87
Sägeracken 28, 140, 143, *143*, *145*
Sänger 33, 39, 194-195, *195*, 199, 200-201, *201* /
Saftlecker 157
Sagittariidae 79
Sagittarius serpentarius 79
Sakesphorus 165
Salanganen 35, 134, 135
Salpornis spilonotus 204
Saltator 212
Sanderling 104, hinterer Einband
Sapheopipo noguchii 152
Sarcorhamphus papa 76
Sasia 157
abnormis 152
Satrap 192, *192*
Sattelvogel 27, 39, 225, *225*
Saurothera 126
Saxicola
dacotiae 185
macrorhyncha 185
Saxicolinae 186, 187
Scaphidura 214, 215
Scelorchilus albicollis 164
Scenopoeetes dentirostris 231
Schamas 185, *187*
Scheindrosseln 198
Scherenschnäbel *102*, 112
Scherenschwänze 187
Schiefschnabel 105
Schillertangaren (Pitpits) 210
Schillertangaren 212, *212*
Schlammläufer 102, 104
Schlangenhalsvögel 61, 65-66
Schlangensperber *78*
Schlangenweihe 74
Schmätzer 187, 214
Schmätzer 187, 214
Schmuckvögel 27, 166, 168
Schnäpper 195
Schnäpperrötel 185
Schneehöschen 42, 134
Schneidervögel 193
Schnepfen 40, 103, *104*
Schnepfen 34, 103-105, 107
Schnurrvögel 27, 219, 220
Schnurrvögel 166, *167*, 167-168
Schopfohren 163
Schuhschnabel 67, 70, *70*
Schwalben 31, 43, *174*, 174-175
Schwalben 31, 174, *175*
Schwalbenstare 226, *226*, 227
Schwäne 25, 81, 83, 84, *84*, *85*
Schwarzkopfflöter 198
Schwarzwangenhabia 210
Sclerurus 163
Scolopacidae 103-105
Scotopelia 129
ussheri 128
Scytalopus 164
Scythrops norgehollandiae 126
Sechsfedern-Schlüpfer 162
Seeadler 77
Seeschwalben 26, 102, 110-112, *111*, *112*
Seetaucher 21, 25, *58*, 58-59
Seidenkukucke 125, 127
Seidenschnäbel 109, *109*
Seidenschnäpper 182
Seidenschwänze 182, *182*
Seidenwürger 182, *182*
Sekretär 26, 79, 80, *80*
Seiurus motacilla 214
Semioptera wallacii 229
Semmornis ramphastinus 152
Sensenschnäbel 163
Sephanoides fernandensis 134
Sericornis 197
Sericornis 197
Sericosypha albocristata 210
Seriemas 25, 95, *100*
Serinus 217
canaria 40, 218
flavigula 216
Serpentophaga araguayae 166
Sheppardia gunningi 185
Sicalis 211
Sichel-Spottdrosseln 35, *36*, 183, *184*
Sichelhopfe 30, 228, 229
Siphonorhis americanus 130
Sitta 204
formosa 204
ledanti 204
magna 204
solangiae 204
victoriae 204
yunnanensis 204
Sittasomus 163
Sittiche 119, 120
Sittidae 193, 204
Sittinae 204
Skuas 36, 109, *109*
Smicrornis brevirostris 196, 197
Smithornis 159
Somateria
molissima 83
spectabilis 82
Sonnenrallen 100, *100*
Spateltyrann 166
Spechte 27, 28, 34, 152-157, *156*, *157*
Spechttöpfer 163
Spelaeornis
caudatus 188
longicaudatus 188
Sperber 41, 74, 78
Sperlinge 34, 210-213, *211*, 222, *222*
Sphecotheres 223
viridis 224
Sphenisciformes 55-57
Spheniscus
demersus 55, 57
humboldti 55
mediculus 55
Sphenoeacus afer 192
Sphyrapicus 157
Spiegel-Waldsänger 214
Spiegelkleiber 204
Spilornis elgini 74
Spinifexsänger 192
Spinnenjäger 207
Spinte *1*, 140, *144*, 144-145, *145*
Spitzschnäbel 214
Spitzschwanzenten 85
Spiza americana 212
Spizaetus 78
bartelsi 74
Spiziastur 78
Spizocorys fringillaris 171
Spornammer 211
Spornkukucke 125, 127, *127*
Sporophila
aurita 212
minuta 210
palustris 210
Spottdrosseln *183*, 183-184
Spreo 223
Stachyris
grammiceps 188, 190
oglei 188
Staffelschwänze 27, *196*, 196-197, *197*
Stare 223, *224*
Stärlinge 214-215
Stärlinge 214-215
Steatornis caripensis 130, 136
Steatornithidae 130
Steinhuscher 197
Steinschmätzer 187
Steinwälzer 104
Steißhühner 46
Stelzen 171, *172*, 172-173
Stelzenläufer *31*, 102, 107, *107*
Stercorariidae 109
Stercorarius 109
Sterna
albifrons 111
albostriata 102
bernsteini 102
caspia 111
fuscata 111
paradisaea 111
virgata 102
Stictonetta naevosa 81
Stiltia isabella 109
Stipiturus 196
mallee 196
Stockente *4-5*, *10-11*, 86, *86*
Storchenvögel 26, *36*, 41, 67, *68*, *69*, 70
Strandläufer 26, 102, 103-105
Strandvögel 26, 102-113
Strauß 14, 15, 25, 34, 46, *47*
südamerikanischer *siehe* Nandu
Strepera 227
versicolor 226
Streptocitta albertinae 223
Streptoprocne semicollaris 134
Strigidae 26, 129
Strigiformes 19, 128-129
Strigops habroptilus 38, 118, 122, 124
Strix 131
Struthidea cinerea 226
Struthio camelus 14, 46
Struthionidae 46
Struthioniformes 46-49
Stummelschwanz-Zwergtyrann 166
Sturmschwalben 39, 42, 52-54, *54*
Sturnella
defilppi 214
loyca 215
magna 28
Sturnidae 223
Stutzschnabel 196, 197
Sula
abbotti 61, 65
leucogaster 65
nebouxii 65
sula 65
Sulidae 61
Surnia ulula 128
Sylvia 192, 193
conspicillata 192
Sylvietta 193
Sylvietten 193
Sylviidae 192-194
Sylviinae 192
Sylviorthorhynchus desmursii 162
Sylviparus modestus 202
Synallaxis courseni 162
Synthliborhamphus wumizusume 102
Syrmaticus ellioti 88

\- T -

Tachybaptus
dominicus 58
pelzelni 39, 58
rufolavatus 58
Tachycineta cyaneoviridis 174
Tadorna cristata 81
Taeniopygia guttata 220
Tafelente 81, 86, *86*
Tagschläfer *128*, 130, 131, 133
Takahe *42*, 98
Tangara 212
peruviana 210
Tangaren 210, *213*
Tannenhäher 233
Tanysiptera 141, *141*
riedelii 140
Taoniscus nanus 46
Tapaculo 162, 164
Tapera naevia 127, 162
Taraba 165
Tauben 38, 40, 114, *114*, 115-117, *115*, *116*, *117*
Tauraco bannermani 42, 125
Tchagra senegala 180
Teichhühner 98
Teledromas 164
Telephorus zeylonus 180
Telespiza
cantans 39, 218
ulima 218
Tephrodornis 176
Terathopius ecaudatus 78
Teratornis merriami 26, *26*
Terenura sicki 162
Tersiphone
corvina 199
paradisi 199, 201
Tersina viridis 213
Tersininae 210, 213
Tersiphone 200
Thalassoica antarctica 52
Thamnomanes 165
Thamnophilus 165
doliatus 162
Thermometerhuhn 88, *88*
Thinocoridae 109
Thinornis novaeseelandiae 102
Thraupinae 210
Threskiornis aethiopicus 72
Thripadectes 163
Thripophaga macroura 163
Thrupinae 212-213
Tiaris 211
canora 211
Tichodroma muraria 204
Tijuca condita 166
Timalien *188*, 188-190, 212
Timaliidae 188-190
Timaliinae 188
Tinamidae 46

Tinamus 24, 46, 46-49, *48*
Tinamus
osgoodi 46
solitarius 46
Titanis walleri 25
Tmetothylacus tenellus 173
Tockus 149
deckeni 150
erythrorhynchus 149
Todis 143
Todus 143
angustirostris 143
mexicanus 140
subulatus 143
Tölpel 61, 62, *64*, *65*
Töpfer *162*, 162-165, 214
Tordalk 113
Touit 119
Toxostoma
redivivum 184
rufum 183
Trachyphonus erythrocephalus 154
Tragopane 92, *93*
Trapisten 153
Trappen 95, 98-99, *99*
Trappenlaufhühnchen 95, 101
Trauer-Seidenschnäpper 182
Trauerenten 86
Treron 166
Trichoglossus johnstoniae 121
Tricholimnas lafresnayanus 95
Triele 105-106, *106*
Tringa guttifer 102
Trochilidae 134
Troglodytes tanneri 188
Troglodytidae 188, 190
Trogon
bairdii 138
rufus 138
Trogone 138-139
Trogoniformes 138-139
Trompetervögel 96-98
Tropikvogel 61, 62, *62*, 63
Weißschwanz- 61
Trug-Zaunkönig 164
Trugschmätzer 197, *197*
Trugstelze 226
Trupiale 214
Truthühner 88, 89 / BRUSH 35
Tschagras 180
Tschajas 81, *82*, 87
Tukane 149, 152, 155, *155*
Turakos 42, *125*, 125-127
Turcos 164
Turdidae 185, 186
Turdinae 186
Turdoides
altirostris 189
bicolor 189
hindei 188
squamiceps 189
Turdus 186
albicollis 186
feae 185
helleri 185
iliacus 187
menachensis 185
merula 186
migratorius 186
olivaceus 186
pilaris 187
Turmfalken 74, *79*, 80
Turnagra capensis 229
Turnix melanogaster 95
Tylas edouardi 181
Tyrannen *166*, 166-168, *167*
Tyranni 166-168
Tyrannidae 166
Tyto 129
alba 27, 128
capensis 131
novaehollandiae 129
soumagnei 128
Tytonidae 129

- U -

Uferwipper 162
Unzertrennliche 118
Upupa epops 147
Upupidae 147
Uratelornis chimaera 140, 147
Uria
aalge 113
lomvia 113
Urocissa ornata 232

- V -

Vallisneria-Ente 86
Vanellus
macropterus 102
vanellus 105
Vangawürger 180,
181, *181*
Vangidae 180, 181
Veilchen-Astrild 222
Vermivora
bachmanni 214
luciae 214
Vidua
chalybeata 222
fischeri 222
paradisaea 222
raricola 222
Vini
kuhlii 118
ultramarina 118
Vireo
atricapillus 209, 215
huttoni 209
olivaceus 209
Vireolanius 209
Vireonidae 209
Vireos 209, 215
Vultur gryphus 74

- W -

Wacholderdrossel 187
Wachtelkönig 95, *99*
Wachteln 25, 88, *91*, 91-92
Wahnes-Paradiesvogel 228, 230
Waldralle *42*
Waldrapp 67, *68*, 71
Waldsänger 214
Waldschnepfen 104
Walvögel 53
Warzenkopf 196, *227*
Wasseramseln 185, *185*
Wasserläufer 104
Wasserscherer 25, *50*, 51,
52, *53*, *54*
Wassertreter 34, 104
Wasservögel 81-87
Weber 221
Webervögel 216, *221*, 221-222
Weichschwanzspechte 152, 157
Weihen 74, *75*, 7, *78*, 80
Weißköpfchen 197
Weißschwanz-Niltava *195*
Weißschwanztyrann 166
Weißstirnchen 196, 197
Weka 98
Wellensittich 118, 121
Wendehälse 157
Whip-poor-will 130, 133
Widas 216, 221, 222
Wiedehopf 140, 147, *149*
Wippflöter 198
Witwen 220, 221, 222, *222*
Würgatzeln 227
Würger 42, *180*, 180-181, *181*
Würger-Vireos 209, *209*
Würgerkrähen 226, 227, *227*
Würgerkrähen 227
Würgerlinge 165
Würgerlinge 165
Wüsten-Trugschmätzer 197

- X -

Xanthopsar flavus 214
Xenicidae 161
Xenicus
gilviventris 161
longipes 158, 161
lyalli 161
Xenoligea montana 214
Xenopirostris 181
damii 180
polleni 180
Xenops 163
Xenospiza baileyi 210
Xiphirhynchus superciliaris 189
Xiphocolaptes 163
falcirostris 162
Xiphorhynchus 163

- Y -

Yetapa risoria 166

- Z -

Zahnwachteln 91
Zaunkönige 39, 158, *158*, 161, 190, *190*,
191, 196
Zavattariornis stresemanni 232, 233
Zavattarivogel 232, 233
Zebrilus undulatus 67
Zeisige 40, *40*, 216, 217
Zenaida auriculata 116
Ziegenmelker 26, 130-133
Zitterdrosseln 183, 184
Zonotrichia 211
capensis 212
leucophrys 211
Zoothera everetti 185
Zosteropidae 205, 207
Zosterops 207
albogularis 205
chloronothus 205, *luteirostris* 205

LITERATURHINWEISE

Die Herausgeber sind Dr. Walter Boles (Australisches Museum) und Graeme Phipps (Kurator der Vogelabteilung im Taronga-Zoo,Sydney, Australien) für ihre hilfreichen Hinweise zu Dank verpflichtet. Ebenso gilt ihr Dank Jenny Mills und Tristan Phillips für ihre Hilfe und Unterstützung.

Ein großer Teil der in diesem Buch enthaltenen Fakten stammt aus der Originalforschung der Autoren. Zusätzlich bildeten jedoch die folgenden Veröffentlichungen, die auch für solche Leser interessant sein dürften, die sich näher mit der Welt der Vögel beschäftigen möchten, eine wertvolle Informationsquelle:

Ali, Salim und Ripley, S. Dillon (1968-1974): *Handbook of theBirds of India and Paksitan.* Oxford University Press.

Airone

Australian Geographic

Book of British Birds (1980). Dritte Auflage, überarbeitet 1988.Reader's Digest Assiociation, London.

Book of North American Birds (1990). Reader's Digest Association, Pleasantville, New York/Montreal.

Campbell, B. und Lack, E. (Herausgeber), 1985. *A Dictionary of Birds.* Poyser, Calton/Buteo, Vermillion.

Feduccia, Alan (1980): *The Age of Birds.* Harvard University Press, Cambridge, Massachsetts/London.

Henry, G.M. (1979): *A Guide to the Birds of Ceylon.* Oxford University Press, überarbeitete Ausgabe.

The living World of Animals (1971). Reader's Digest Association, London.

Long, John L. (1981): *Introduced Birds of the World.* A. H. & A. W. Reed, Sydney.

Peters, J. L. (1931-1962): *Check-list of Birds in the World.* Harvard University Press, Cambridge, Massachusetts.

Reader's Digest Complete Book of Australian Birds (1988). 2.Auflage, überarbeitet. Reader's Digest Association, Sydney.

The World Atlas of Birds (1974). Mitchell Beazley, London / 1989 Colour Library Books, Godalming, Surrey.